ALMANACH

DE PARIS,

CAPITALE DE L'EMPIRE,

ET

ANNUAIRE

ADMINISTRATIF ET STATISTIQUE

DU DÉPARTEMENT DE LA SEINE.

Deux Exemplaires ont été déposés à la Bibliothèque impériale, conformément à la Loi du 19 juillet 1793.

SE VEND,

Chez
- L'AUTEUR, rue Culture - Sainte - Catherine, n. 27.
- DELAUNAY, Libraire, Palais-Royal, 2ᵉ galerie de bois, n. 243.
- LE NORMANT, rue des Prêtres St.-Germain-L'Auxerrois.
- MONGIE l'aîné, Libraire, Cour des Fontaines, n. 1.
- PETIT, Libraire, Palais-Royal.
- A l'Hôtel-de-Ville, chez le Concierge.
- A St.-Denis et à Sceaux, chef-lieux des deux Sous-Préfectures.
- Et chez les principaux Libraires de Paris et des Départemens.

ALMANACH

DE PARIS,

CAPITALE DE L'EMPIRE;

ET

ANNUAIRE

ADMINISTRATIF ET STATISTIQUE

DU DÉPARTEMENT DE LA SEINE,

POUR L'ANNÉE 1808.

PAR P. J. H. ALLARD,

Membre du Collége électoral du Département de
Seine-et-Oise, Inspecteur des Contributions du
Département de la Seine.

PRIX : *3 fr. broché, 3 fr. 75 cent. relié, et*
3 fr. 75 cent. broché pour les Départemens.

A PARIS,

DE L'IMPRIMERIE DE LA COMPAGNIE DES NOTAIRES.

M. DCCC. VIII.

négligé pour se procurer les renseignemens les plus exacts, les plus complets,
et l'on a tâché de les présenter dans l'ordre le plus naturel et le plus facile pour
les recherches.

Paris, chef-lieu du département de la
Seine, étant en même temps la capitale
de l'Empire, le Lecteur trouvera dans
l'Annuaire de 1808 tous les renseignemens
qu'il peut desirer sous ce double rapport,
et l'on espère que cet Ouvrage ne sera
pas accueilli moins favorablement cette
année que les précédentes.

COPIE DE LA LETTRE

Adressée par M. le Conseiller d'Etat, Préfet du Département de la Seine, à l'Auteur de l'Annuaire du Département.

Paris, le 10 fructidor an 12.

LE CONSEILLER D'ÉTAT, Préfet du Département de la Seine, et l'un des Commandans de la Légion d'honneur,

A M. ALLARD, *Inspecteur des Contributions du Département.*

J'AI lu avec un très-grand intérêt, Monsieur, votre projet d'un Annuaire du Département de la Seine, *et je vois avec plaisir qu'un fonctionnaire, dont j'ai eu l'occasion d'apprécier d'ailleurs les talens, soit disposé à se charger d'un travail dont je desirois depuis longtemps l'exécution.*

Je vous autorise à prendre dans mes bureaux tous les renseignemens nécessaires.

J'ai l'honneur de vous saluer,

FROCHOT.

CALENDRIER.

Le mot *Calendrier* est dérivé de *Calendes*, nom que l'on donnoit chez les Romains à la *Néoménie*, jour de la nouvelle lune, qui étoit le premier jour de chaque mois.

Chaque mois étoit divisé en *Calendes*, *Nones*, *Ides*.

Les *Calendes* étoient le 1.er jour du mois.

Les *Nones* étoient le 5 du mois en janvier, février, avril, juin, août, septembre, novembre, décembre; et le 7 en mars, mai, juillet, octobre.

Les *Ides* étoient le 9.e jour après les nones.

Calendrier de Romulus. Romulus fixa l'année à dix mois, en commençant par Mars. L'année avoit 304 jours.

Calendrier de Numa Pompilius. Numa ajouta deux mois, Janvier et Février, ce qui faisoit l'année de 355 jours. Au bout de deux ans, il y avoit de plus un mois de 22 jours, et deux ans après, un mois de 23 jours, et ainsi de deux ans en deux ans.

Calendrier de Jules César. Jules César fit l'année de 365 jours 6 heures, et, pour remédier aux erreurs précédentes, la première année de sa réforme fut de quinze mois, ou 445 jours.

Calendrier Grégorien. Grégoire XIII, Pape, réforma le Calendrier Julien, ou de Jules César; et commença en 1582. Cette année fut raccourcie de dix jours : à commencer à minuit du 4 Octobre, on compta le 15 au lieu du 5. Il régla que, dorénavant, chaque quatrième année auroit un jour de plus, et se nommeroit *bissextile*, ayant 366 jours, et que chaque quatre-centième année seroit bissextile.

Calendrier Républicain, ou *des Équinoxes*. Pendant treize ans environ, c'est-à-dire, depuis le 22 septembre 1792 jusqu'au 1.er janvier 1806, on s'est servi en France d'un calendrier nommé d'abord *Républicain*, puis, *Calendrier Équinoxial*, et ensuite *Calendrier Français*. L'année commençoit à minuit avec le jour où tombe l'équinoxe vrai d'automne pour l'Observatoire de Paris ; ce qui a lieu entre le 20 et le 25 septembre. L'année étoit divisée en douze mois égaux de 30 jours chacun ; après ces douze mois suivoient 5 jours appellés complémentaires. La période de quatre ans fut appelée *Franciade*, et la quatrième année de la franciade, *Sextile*. L'année sextile avoit 6 jours complémentaires au-lieu de 5.

Les noms des nouveaux mois furent :

Pour l'automne. *Vendémiaire, Brumaire, Frimaire.*
Pour l'hiver : *Nivose, Pluviose, Ventose.*
Pour le printemps : *Germinal, Floréal, Prairial.*
Pour l'été : *Messidor, Thermidor, Fructidor.*

Les cinq ou six jours complémentaires avoient été d'abord nommés *Sans-Culotides*, et le dernier jour de l'année sextile, *Jour de la Révolution.*

Chaque mois étoit divisé en trois parties égales de dix jours chacune et nommées *Décades*. Les noms des dix jours de chaque décade étoient : *primidi, duodi, tridi, quartidi, quintidi, sextidi, septidi, octidi, nonidi, décadi.*

Le Sénatus-Consulte du 22 fructidor an 13, (9 septembre 1805) a rétabli l'usage du calendrier grégorien dans tout l'Empire français, à compter du 1.er janvier 1806.

Nous allons indiquer ici à quelle date du calendrier grégorien auroit correspondu en 1808 le 1.er de chaque mois suivant le style équinoxial.

10 nivose an 16 correspondant au 1.er janvier 1808.

1.er pluviose	22 janvier.
1.er ventose.	21 février.
1.er germinal	22 mars.
1.er floréal.	21 avril.
1.er prairial.	21 mai.
1.er messidor. . . .	20 juin.
1.er thermidor. . . .	20 juillet.
1.er fructidor	19 août.
1.er complémentaire. .	18 septembre.
1.er vendémiaire an 17.	23 septembre.
1.er brumaire	23 octobre.
1.er frimaire	22 novembre.
1.er nivose.	22 décembre.
10 nivose	31 décembre.

Tous les mois du Calendrier supprimé étant de 30 jours, il sera facile, au moyen des indications ci-dessus, de trouver la correspondance pour tous les jours de l'année.

Année Grégorienne. L'année Grégorienne est de douze mois qui ont, les uns 30, les autres 31 jours; le seul mois de février est de 28 jours dans les années ordinaires et de 29 jours dans les années bissextiles.

Les douze mois de l'année grégorienne sont : *Janvier,*

qui a 31 jours; *février*, 28 dans l'année ordinaire, 29 dans l'année bissextile; *mars*, 31; *avril*, 30; *mai*, 31; *juin*, 30; *juillet*, 31; *août*, 31; *septembre*, 30; *octobre*, 31; *novembre*, 30; *décembre*, 31.

Lever et coucher du Soleil. Ils sont calculés pour Paris, eu égard à la réfraction de 33 minutes à l'horison; cette réfraction fait paroître le soleil plutôt le matin et retarde son coucher de quelques minutes.

Le lever et le coucher du soleil sont les mêmes dans tous les pays qui ont la même latitude que Paris, par exemple, en allant de Brest à Strasbourg; mais quand on s'éloigne vers le nord ou vers le midi, la différence devient sensible. Le soleil qui, au solstice d'été, se couche à Paris à 8 h. 3 min., se couche à Perpignan à 7 h. 38 min.; tandis qu'à Dunkerque il ne se couche qu'à 8 h. 14 min. : ce n'est que vers les équinoxes que l'heure est la même partout.

LONGUEUR des jours et des nuits au premier jour de chaque mois.

Mois.	Jours.		Nuits.		Mois.	Jours.		Nuits.	
	H.	M.	H.	M.		H.	M.	H.	M.
Janvier.	8	16	15	44	Juillet.	16	02	7	58
Février.	9	20	14	40	Août.	15	06	8	54
Mars.	10	56	13	04	Septemb.	13	26	10	34
Avril.	12	52	11	08	Octobre.	11	40	12	20
Mai.	14	30	9	30	Novemb.	9	52	14	08
Juin.	15	48	8	12	Décemb.	8	30	15	30

TEMPS MOYEN qu'une Horloge doit marquer quand il est midi au soleil.

Zéro dans la colonne des heures, signifie *midi*.

Jours.	Janvier.		Avril.		Juillet.		Octobre.	
	H.	M.	H.	M.	H.	M.	H.	M.
1	0	4	0	4	0	3	11	50
5	0	6	0	3	0	4	11	49
10	0	8	0	1	0	5	11	47
15	0	10	0	0	0	5	11	46
20	0	11	11	59	0	6	11	45
25	0	13	11	58	0	6	11	44

Jours.	Février.		Mai.		Août.		Novemb.	
	H.	M.	H.	M.	H.	M.	H.	M.
1	0	14	11	57	0	6	11	44
5	0	14	11	56	0	6	11	44
10	0	15	11	56	0	5	11	44
15	0	15	11	56	0	4	11	45
20	0	14	11	56	0	3	11	46
25	0	13	11	56	0	2	11	47

Jours.	Mars.		Juin.		Septemb.		Décemb.	
	H.	M.	H.	M.	H.	M.	H.	M.
1	0	13	11	57	0	0	11	49
5	0	12	11	58	11	59	11	51
10	0	11	11	59	11	57	11	53
15	0	9	0	0	11	55	11	55
20	0	8	0	1	11	54	11	58
25	0	6	0	2	11	52	0	0

Signes du Zodiaque. Le zodiaque est l'un des grands cercles inventés pour expliquer les divers mouvemens des astres. On le divise en 360 degrés et en 12 constellations, ou amas de plusieurs étoiles, que l'on appelle *signes*, ou *maisons du soleil.* Chaque signe comprend 30 degrés, et leur ordre est d'occident en orient, selon le cours annuel du soleil.

Le Bélier. ♈ . . . . o degrés.
Le Taureau. ♉ 3o
Les Gémeaux. ♊ 6o
L'Ecrevisse. ♋ 9o
Le Lion. ♌ 120
La Vierge. ♍ 15o
La Balance. ♎ , ... 18o
Le Scorpion. ♏ 210
Le Sagittaire. ♐ 24o
Le Capricorne. ♑ 27o
Le Verseau. ♒ 3oo
Les Poissons. ♓ 33o

Age et phases de la Lune. En indiquant le jour de la lune qui répond au quantième de l'année civile, on a compté 1 pour le jour où la nouvelle lune vraie arrive, si c'est avant midi ; mais quand elle arrive après midi, c'est le lendemain qui est désigné pour le premier jour de la lune. Les phases de la lune sont marquées en temps civil, au méridien de Paris.

Éclipses de l'an 1808.

Le 10 mai, éclipse de *lune* invisible à Paris.
Le 24 mai, éclipse de *soleil* invisible à Paris.
Le 17 octobre, éclipse de *soleil* invisible à Paris.
Le 3 novembre, éclipse de *lune* dont le commence-

ment sera visible à Paris. Commencement à 6 h. 44 min. du matin ; coucher de la lune à 7 h. 5 min. ; immersion à 7 h. 52 min. ; conjonction à 8 h. 37 min. ; milieu à 8 h. 39 min. ; première sortie à 9 h. 26 min. ; fin à 10 h. 34 min.; grandeur, 18 doigts dans la partie boréale de l'ombre.

Le 18 novembre, éclipse de *soleil* invisible à Paris.

Équinoxes et solstices. On appelle *Équinoxe* le temps de l'année auquel le soleil, passant par l'équateur, fait les nuits et les jours égaux. Il y a dans l'année deux Equinoxes, l'un au commencement du printemps, lorsque le soleil entre dans le signe du Bélier, et l'autre au commencement de l'automne, lorsqu'il entre au signe de la Balance.

On appelle *Solstice*, le temps auquel le soleil est dans son plus grand éloignement de l'équateur. Il y a deux Solstices, le *Solstice d'hiver* et le *Solstice d'été*. On a le Solstice d'hiver lorsque le soleil entre dans le signe du Capricorne, ce qui est le commencement de l'hiver ; et l'on se trouve alors au jour le plus court de l'année. On a le Solstice d'été lorsque le soleil entre dans le signe de l'Ecrevisse, ce qui est le commencement de l'été, et nous avons alors le jour le plus long de l'année.

Equinoxes et Solstices de l'an 1808.

Equinoxe du printemps, le 20 mars à 6 h. 34 min. du soir.

Equinoxe d'automne, le 23 septembre, à 6 h. 10 min. du matin.

Solstice d'été, le 23 juillet, à 2 h. 20 min. du mat.

Solstice d'hiver, le 21 décembre à 11 h. du soir.

Jours Caniculaires. Les jours caniculaires, que l'on nomme autrement *la Canicule*, comprennent le temps dans lequel on suppose que domine la constellation du grand chien, à laquelle on attribue les grandes chaleurs, parce qu'elle se lève et se couche avec le soleil, depuis le 24 juillet jusqu'au 26 août.

Comput ecclésiastique pour l'an 1808.

Lettre Dominicale. C B	Cycle solaire. . .	25
Nombre d'or. . . . 4	Indiction romaine. .	11
Epacte. III		

Quatre-Temps de l'année 1808.

Les 9, 11 et 12 mars.	Les 21, 23 et 24 sept.
Les 8, 10 et 11 juin.	Les 14, 16 et 17 déc.

Fêtes mobiles.

Septuagésime, 14 février.	Pentecôte, 5 juin.
Les Cendres, 2 mars.	Fête-Dieu, 19 juin.
Pâques, 17 avril.	Avent, 27 novembre.
Ascension, 26 mai.	

Il y aura 5 dimanches entre l'Epiphanie et la Septuagésime, et 24 dimanches entre la Pentecôte et l'Avent.

Fêtes conservées. Les jours de fêtes qui, d'après les dispositions de l'indult du 9 avril 1802, dont la publication a été autorisée par arrêté du 29 germinal an 10, doivent être célébrées en France, outre les dimanches, sont : la Naissance de N. S. J. C.; l'Assomption de la Sainte Vierge; l'Ascension; la fête de tous les Saints.

Fêtes remises au dimanche le plus proche du jour

où elles tombent, suivant le calendrier. L'Épiphanie ;
la Fête-Dieu ; la fête de St.-Pierre et St.-Paul; la fête
des SS. Patrons de chaque diocèse et de chaque paroisse.

Suivant un décret impérial du 19 février 1806, la
fête de *St.-Napoléon*, et celle du rétablissement de
la religion catholique en France, doivent être célébrées dans toute l'étendue de l'Empire, le 15 août de
chaque année, jour de l'Assomption et époque de la
conclusion du Concordat.

Suivant le même décret, la fête de l'anniversaire du
couronnement de S. M. l'EMPEREUR et ROI, et celle
de la bataille d'Austerlitz, doivent être célébrées le
1.er dimanche du mois de décembre, dans toute l'étendue de l'Empire.

Les autres fêtes et leurs vigiles ne sont plus d'obli-
gation.

Dédicace. La Dédicace de tous les temples érigés
sur le territoire de l'Empire français, doit être célé-
brée dans toutes les églises de France, le dimanche
qui suit immédiatement l'octave de la Toussaint, conformément à l'indult ci-devant cité.

ÉPOQUES pour l'an 1808.

On compte depuis

La création du monde.	5,811 ans.
Le déluge.	4,155
Moyse.	3,298
La prise de Troye.	2,991
La fondation de Rome.	2,561
Les Juifs rétablis par Cyrus.	2,343
Carthage vaincue.	2,009

La naissance de J. C.	1,807 ans.
Clovis, Roi.	1,326
L'empire de Charlemagne.	1,007
Hugues Capet élu Roi.	820
Le sacre de Henri IV.	219
Le sacre de Louis XVI.	33
L'ouverture des Etats-Généraux.	19
La mort de Louis XVI.	15
L'établissement du Directoire.	12
— du Consulat.	8
— de l'Empire français.	4

Sol. au vers. ♒, le 21 à 3 h. 37 min. du matin.

JOURS DU MOIS ET DE LA SEMAINE.	SOLEIL.		LUNE.	
	lev. H. M.	cou. H. M.	phases.	âge.
1 vendr. *Circoncision.*	7 53	4 7		4
2 sam. s. Basile.	7 52	4 8		5
3 *Dim.* *Ste. Géneviève.*	7 52	4 8		6
4 lundi s. Rigobert.	7 51	4 8		7
5 mardi s. Siméon st.	7 51	4 9	P. Q. le	8
6 mercr. ÉPIPHANIE.	7 50	4 10	5 à 9 h.	9
7 jeudi Noces.	7 49	4 11	5 m. du	10
8 vendr. s. Lucien.	7 49	4 11	soir.	11
9 sam. s. Pierre , évêq.	7 48	4 12		12
10 1. *dim.* s. Guillaume.	7 47	4 13		13
11 lundi s. Théodose.	7 46	4 14		14
12 mardi s. Ferjus.	7 45	4 15		15
13 mercr. s. Hilaire.	7 44	4 16	P. L. le	16
14 jeudi s. Félix.	7 43	4 17	le 13 à	17
15 vendr. s. Maur.	7 42	4 18	3 h. 40	18
16 sam. s. Furcy.	7 41	4 19	m. du	19
17 2. *dim.* s. Antoine.	7 40	4 20	soir.	20
18 lundi ch. de s. Pierre.	7 39	4 21		21
19 mardi s. Sulpice.	7 38	4 22		22
20 mercr. s. Sébastien.	7 37	4 23	D. Q.	23
21 jeudi ste. Agnès.	7 36	4 24	le 20 à	24
22 vendr. s. Vincent.	7 34	4 26	11. h.	25
23 sam. s. Ildéphonse.	7 32	4 28	16 min.	26
24 3. *dim.* s. Savinien.	7 33	4 29	matin.	27
25 lundi Conv. s. Paul.	7 30	4 30		28
26 mardi ste. Paule.	7 29	4 32		29
27 mercr. s. Julien.	7 28	4 33	N. L.	30
28 jeudi s. Charlemagne.	7 26	4 34	le 27 à	1
29 vendr. s. François de S	7 25	4 36	4 h. 18	2
30 sam. ste. Bathilde.	7 23	4 37	min. du	3
31 4. *dim.* s. Pierre de Nol.	7 22	4 39	soir.	4

Les jours croiss. de 32 m. le mat., et de 32 m. le soir.

Soleil aux Poissons)(le 19 à 6 h. 18 min. du soir.

JOURS DU MOIS ET DE LA SEMAINE.		SOLEIL.		LUNE.	
		lev. H. M.	cou. H. M.	phases.	âge.
1	lundi s. Ignace.	7 20	4 40		5
2	mardi PURIFICATION.	7 19	4 42		6
3	mercr. s. Blaise.	7 17	4 43		7
4	jeudi s. Gilbert.	7 16	4 45	P. Q.	8
5	vendr. stç. Agathe.	7 14	4 46	le 4 à	9
6	samedi s. Vaast.	7 13	4 48	6 h. 40	10
7	5. dim. s. Romuald.	7 11	4 50	mi. du	11
8	lundi s. Jean de M.	7 9	4 51	soir.	12
9	mardi ste. Appolline.	7 8	4 53		13
10	mercr. s. Scholastique.	7 6	4 54		14
11	jeudi. s. Séverin.	7 5	4 56		15
12	vendr. ste. Eulalie.	7 3	4 58	P L.	16
13	sam. s. Grégoire.	7 1	4 59	le 12 à	17
14	dim. SEPTUAGÉSIME.	7 0	5 1	4 h. 2	18
15	lundi s. Faustin.	6 58	5 3	mi. du	19
16	mardi ste. Julienne.	6 56	5 4	matin.	20
17	mercr. ste. Théodule.	6 55	5 6		21
18	jeudi s. Siméon.	6 53	5 8	D. Q.	22
19	vend. s. Boniface.	6 51	5 9	le 18 à	23
20	sam. s. Eucher.	6 49	5 11	7 h. 56	24
21	dim. SEXAGÉSIME.	6 48	5 13	mi. du	25
22	lundi ste. Isabelle.	6 46	5 15	soir.	26
23	mardi s. Mérault.	6 44	5 17		27
24	mercr. Quatre-Temps.	6 42	5 18		28
25	jeudi s. Mathias.	6 41	5 20	N. L.	29
26	vendr. s. Nestor.	6 39	5 22	le 26 à	1
27	sam. s. Julien.	6 37	5 24	8 h. 52	2
28	dim. QUINQUAGÉSIM.	6 35	5 25	mi. du	3
29	lundi s. Romain.	6 34	5 27	matin.	4

Les jours croiss. de 51 min. le mat. et 51 m. le soir.

Soleil au Bélier ♈, le 20, à 6 h. 34 min. du soir.

JOURS DU MOIS		SOLEIL.		LUNE.	
ET		lev.	cou.	phases.	age.
DE LA SEMAINE.		H. M.	H. M.		
1	mardi *mardi Gras.*	6 32	5 29		5
2	mercr. *Cendres.*	6 30	5 31		6
3	jeudi ste. Cunégonde.	6 28	5 33		7
4	vendr. s. Casimir.	6 27	5 34		8
5	samedi s. Adrien.	6 25	5 36	P. Q.	9
6	1. D. QUADRAGÉSIME.	6 23	5 38	le 5 à 2	10
7	lundi s. Thomas d'A.	6 21	5 40	h. 4 m.	11
8	mardi s. Jean de D.	6 19	5 41	soir.	12
9	mercr. *Quatre-Temps.*	6 17	5 43		13
10	jeudi s. Blanchard.	6 16	5 45		14
11	vendr. ste. Euloge.	6 14	5 47		15
12	sam. s. Grégoire.	6 12	5 49	P. L.	16
13	2. D. REMINISCERE.	6 10	5 51	le 12 à	17
14	lundi s. Lubin.	6 8	5 52	2 h. 30	18
15	mardi s. Zacharie.	6 7	5 54	mi. du	19
16	mercr. s. Abraham.	6 5	5 56	soir.	20
17	jeudi ste Gertrude.	6 3	5 58		21
18	vendr. s. Alexandre.	6 1	5 59		22
19	sam. *s. Joseph.*	5 59	6 1	D. Q.	23
20	3. D. OCULI.	5 58	6 3	le 19 à	24
21	lundi s. Benoît.	5 56	6 5	6 h. 2	25
22	mardi s. Paul.	5 54	6 7	mi. du	26
23	mercr. s. Victorien.	5 52	6 8	matin.	27
24	jeudi ste. Cath. de S.	5 51	6 10		28
25	vendr. ANNONCIATION.	5 49	6 12		29
26	sam. s. Eutique.	5 47	6 14		30
27	4. D. LÆTARE.	5 45	6 16	N. L.	1
28	lundi ste. Dorothée.	5 43	6 18	le 27 à	2
29	mardi s. Cyrille.	5 42	6 19	2 h. 20	3
30	mercr. s. Ricul.	5 40	6 21	mi. du	4
31	jeudi ste. Balbine.	5 38	6 23	matin.	5

Les jours croiss. de 54 m. le mat. et 54 m. le s.   2

Soleil au Taur. ♉ , le 20 avril, à 7 h. 9 m. du matin.

JOURS DU MOIS ET DE LA SEMAINE.		SOLEIL.		LUNE.	
		lev. H. M.	cou. H. M.	Phases.	Âge.
1	vendr.	s. Hugues.	5 36	6 25		6
2	sam.	s. Nizier.	5 34	6 26		7
3	*Dim.*	LA PASSION.	5 33	6 28		8
4	lundi	s. Ambroise.	5 31	6 30	P. Q.	9
5	mardi	s. Vincent F.	5 29	6 32	le 4 à	10
6	mercr.	s. Prudence.	5 27	6 34	5 h. 37	11
7	jeudi	s. Clotaire.	5 26	6 35	mi. du	12
8	vendr.	s. Edese.	5 24	6 37	matin.	13
9	sam.	s. Mauger.	5 22	6 39		14
10	*dim.*	RAMEAUX.	5 20	6 41	P. L.	15
11	lundi	ste. Godeberte.	5 18	6 42	le 10 à	16
12	mardi	s. Jules.	5 17	6 44	11h. 35.	17
13	mercr.	s. Marcelin.	5 15	6 46	mi. du	18
14	jeudi	s. Tiburce.	5 13	6 48	soir.	19
15	vendr.	*Vendredi saint.*	5 11	6 49		20
16	sam.	s. Paterne.	5 10	6 51		21
17	*dim.*	PAQUES.	5 8	6 53		22
18	lundi	s. Parfait.	5 6	6 54	D. Q.	23
19	mardi	s. Léon.	5 5	6 56	le 17 à	24
20	mercr.	s. Théotime.	5 3	6 58	5 h. 45	25
21	jeudi	s. Anselme.	5 1	7 0	mi. du	26
22	vendr.	ste. Opportune.	5 0	7 1	soir.	27
23	sam.	s. Georges.	4 58	7 3		28
24	1.*dim.*	QUASIMODO.	4 56	7 5		29
25	lundi	s. Marc , *abst.*	4 55	7 6		30
26	mardi	s. Clet.	4 53	7 8	N. L.	1
27	mercr.	s. Anastase.	4 51	7 9	le 25 à	2
28	jeudi	s. Vital.	4 50	7 11	7 h. 37	3
29	vendr.	s. Robert.	4 48	7 13	min.du	4
30	samedi	s. Eutrope.	4 47	7 14	soir.	5

Les jours crois. de 50 min. le mat. et 50 min. le soir.

Soleil aux Gém. ♊, le 21, à 7 h. 37 min. du matin.

JOURS DU MOIS ET DE LA SEMAINE.		SOLEIL.		LUNE.	
		lev. H. M.	cou. R. M.	phases.	âge.
1	2. *dim.* s. Jacq s. Phil.	4 45	7 16		6
2	lundi s. Anastase.	4 43	7 18		7
3	mardi inv. ste. Croix.	4 42	7 19	P. Q	8
4	mercr. ste. Monique.	4 40	7 21	le 3 à 4	9
5	jeudi Conv. de s. Aug.	4 39	7 22	heu. 5:	10
6	vendr. s. Jean, p. Lat.	4 37	7 24	mi. du	11
7	samedi s. Stanislas.	4 36	7 25	matin.	12
8	3. *dim.* App. s. Michel.	4 34	7 27		13
9	lundi Tr. s. Nicolas.	4 33	7 28		14
10	mardi s. Cordien.	4 31	7 30	P. L.	15
11	mercr. s. Mamert.	4 30	7 31	le 10 à	16
12	jeudi s. Pancrace.	4 29	7 32	7 h. 48	17
13	vendr. s. Servais.	4 27	7 34	mi. du	18
14	samedi s. Boniface.	4 26	7 35	matin.	19
15	4. *dim.* s. Isidore.	4 24	7 36		20
16	lundi s. Honoré.	4 23	7 38		21
17	mardi s. Aquilin.	4 22	7 39		22
18	mercr. s. Venance.	4 20	7 40	D. Q.	23
19	jeudi s. Yves.	4 19	7 41	le 17 à	24
20	vendr. s. Bernardin.	4 18	7 43	7 h. 11	25
21	samedi s. Sospice.	4 17	7 44	mi. du	26
22	5. *dim.* ste. Julie.	4 16	7 45	matin.	27
23	lundi ROGATIONS.	4 15	7 46		28
24	mardi s. Donatien.	4 14	7 47		29
25	mercr. *Quatre-Temps.*	4 13	7 48	N. L.	1
26	jeudi ASCENSION.	4 11	7 49	le 25 à	2
27	vendr. s. Hildevert.	4 10	7 50	11 h. 28	3
28	samedi s. Germain.	4 9	7 51	mi. du	4
29	6. *dim.* Oct. *Ascens.*	4 8	7 52	matin.	5
30	lundi s. Félix.	4 8	7 53		6
31	mardi ste. Pétronille.	4 7	7 54		7

Les jours crois. de 38 min. le matin et 38 min. le soir.

Soleil au signe de l'Ecrev. ♋, le 21 à 9 h. 3 m. du soir.

JOURS DU MOIS		SOLEIL.		LUNE.	
E ⁻		lev.	cou.		année.
DE LA SEMAINE.		H. M.	H. M.	phases.	
1	mercr. s. Pamphile	4 6	7 55		8
2	jeudi s. Pothin.	4 5	7 56	P. Q.	9
3	vendr. ste. Clotilde.	4 4	7 56	le 2 à	10
4	samedi *Vigile jeûne.*	4 4	7 57	32 mi.	11
5	*dim.* PENTECOTE.	4 3	7 58	matin.	12
6	lundi s. Claude, évêq.	4 2	7 58		13
7	mardi s. Lié.	4 1	7 59		14
8	mercr. *Quatre-Temps.*	4 1	8 0	P. L.	15
9	jeudi s. Vincent.	4 0	8 0	le 8 à 3	16
10	vendr. s. Landri.	4 0	8 1	heu. 43	17
11	samedi s. Barnabé.	3 59	8 1	mi. du	18
12	1. *dim.* TRINITÉ.	3 59	8 2	soir.	19
13	lundi s. Ant. de Pad.	3 58	8 2		20
14	mardi s. Bazile.	3 58	8 2		21
15	mercr. s. Modeste.	3 58	8 3	D. Q.	22
16	jeudi FÊTE-DIEU.	3 57	8 3	le 15 à	23
17	vendr. s. Avit.	3 57	8 3	10 h.17	24
18	samedi ste. Marine.	3 57	8 3	mi. du	25
19	2. *dim.* s. Gerv. s. Prot.	3 57	8 3	soir.	26
20	lundi s. Silvère.	3 57	8 3		27
21	mardi s. Leufroy.	3 57	8 3		28
22	mercr. s. Paulin.	3 57	8 3		29
23	jeudi *Oct. Fête-Dieu.*	3 57	8 3	N. L.	30
24	vendr. N. de s. J. Bap.	3 57	8 3	le 24 à	1
25	samedi s. Prosper.	3 57	8 3	1 h. 5	2
26	3. *dim.* s. Sauge.	3 57	8 3	min. du	3
27	lundi s. Crescent.	3 57	8 3	matin.	4
28	mardi s. Irénée.	3 58	8 2		5
29	mercr. s. Pier. s. Paul.	3 58	8 2		6
30	jeudi Com. de s. Paul.	3 58	8 2		7

Les jours cr. du 1 au 21 de 9 m. le mat. et 9 le soir; ils décrois.
de 2 min. du 21 au 30.

Soleil au Lion ♌ le 23 , à 2 h. 20 m. du matin.

JOURS DU MOIS ET DE LA SEMAINE.		SOLEIL.		LUNE.	
		lev. H. M.	cou. H. M.	phases.	âge
1	vend. s. Thiéry.	3 59	8 1	P. Q.	8
2	samedi *Visit. N. D.*	3 59	8 1	le 1 à 5	9
3	*4. dim.* s. Bertrand.	3 59	8 0	heu. 54	10
4	lundi ste. Berthe.	4 0	8 0	mi. du	11
5	mardi ste Zoé.	4 0	8 0	matin.	12
6	mercr. s. Goard.	4 1	7 59		13
7	jeudi s. Aubierge.	4 2	7 58		14
8	vendr. s. Procope.	4 2	7 57	P. L.	15
9	samedi s. Ephrem.	4 3	7 56	le 8 à 12	16
10	*5. dim.* ste. Félicité.	4 4	7 55	mi. du	17
11	lundi Tr. des. Benoît.	4 5	7 54	matin.	18
12	mardi s. Jason.	4 5	7 53		19
13	mercr. s. Eugène.	4 6	7 52		20
14	jeudi s. Bonaventure.	4 7	7 51		21
15	vendr. s. Henri.	4 8	7 50	D. Q.	22
16	samedi s. Eustate.	4 9	7 49	le 15 à	23
17	*6. dim.* s. Alexis.	4 10	7 48	3 h. 2	24
18	lundi s. Arnould.	4 11	7 47	min. du	25
19	mardi s. Vincent de P.	4 12	7 46	soir.	26
20	mercr. ste. Marguerite.	4 13	7 45		27
21	jeudi s. Victor.	4 14	7 44		28
22	vendr. ste Madeleine.	4 15	7 43		29
23	samedi sc. Appollinair.	4 16	7 42	N. L	1
24	*7 dim.* *Jours canicul.*	4 18	7 40	le 23 à	2
25	lundi s. Jacques le M.	4 19	7 39	27 mi.	3
26	mardi Tr. s. Marcel.	4 20	7 38	soir.	4
27	mercr. s. Pantaléon.	4 21	7 37		5
28	jeudi ste. Anne.	4 23	7 36	P. Q.	6
29	vendr. s. Loup.	4 23	7 35	le 30 à	7
30	samedi s. Abdon.	4 25	7 34	10 h. 30	8
31	*8. dim.* s. Germ. l'Aux.	4 27	7 33	m. mat.	9

Les jours décroissent de 28 m. le mat. et de 28 le soir.

Soleil à la Vierge ♍, le 24 à 4 h. 27 m. du soir.

JOURS DU MOIS ET DE LA SEMAINE		SOLEIL.		LUNE.	
		lev. A. M.	cou. H. M.	phases.	âge.
1	lundi s. Pierre ès-li.	4 28	7 31		10
2	mardi s. Etienne, p.	4 29	7 30		11
3	mercr. ste. Lydie.	4 31	7 28		12
4	jeudi s. Dominique.	4 32	7 27		13
5	vendr. s. Yon.	4 34	7 25		14
6	samedi Trans. de N. S.	4 35	7 24	P. L.	15
7	9 *dim.* ste Victrice.	4 37	7 23	le 6 à	16
8	lundi s. Sévère.	4 38	7 21	10 h. 14	17
9	mardi s. Amour.	4 40	7 19	min. du	18
10	mercr. s. Laurent.	4 41	7 18	matin.	19
11	jeudi ste. Suzanne.	4 43	7 17		20
12	vendr. ste Claire.	4 44	7 15		21
13	samedi s. Hyppolite.	4 46	7 13	D. Q.	22
14	10 *dim.* *Vig. jeûne.*	4 47	7 12	le 14 à	23
15	lundi ASSOMPT.	4 49	7 10	8 h. 50	24
16	mardi s. Roch.	4 50	7 9	min. du	25
17	mercr. s. Carloman.	4 52	7 7	matin.	26
18	jeudi ste Hélène.	4 54	7 5		27
19	vendr. s. Jules.	4 55	7 4		28
20	samedi s. Bernard.	4 57	7 2	N. L.	29
21	11 *dim.* s. Privat.	4 59	7 0	le 21 à	30
22	lundi s. Antonin.	5 0	6 59	10 heu.	1
23	mardi s. Sidoine.	5 2	6 57	19 min.	2
24	mercr. s. Barthélemy.	5 4	6 55	soir.	3
25	jeudi s. Louis.	5 5	6 54		4
26	vendr. *fin des j. canic.*	5 7	6 52		5
27	samedi s. Césaire.	5 9	6 50	P. Q	6
28	12 *dim.* s. Augustin.	5 11	6 49	le 28 à	7
29	lundi s. Médéric.	5 12	6 47	3 h. 49	8
30	mardi s. Fiacre.	5 14	6 45	mi. du	9
31	mercr. s. Ovide.	5 16	6 43	soir.	10

Les jours décrois. de 48 m. le matin et 48 m. le soir.

Soleil à la Balance ♎, le 23, à 6 h. 10 min. du matin.

JOURS DU MOIS	SOLEIL.		LUNE.	
ET	lev.	cou.	phases.	age.
DE LA SEMAINE.	H. M.	H. M		
1 jeudi s. Leu, s. Gilles.	5 17	6 42		11
2 vendr. s. Lazare.	5 19	6 40		12
3 samedi s. Grég. le gr.	5 21	6 38		13
4 13 *dim.* ste. Rosalie.	5 23	6 36	P. L.	14
5 lundi s. Victorin.	5 24	6 35	le 4 à 10	15
6 mardi s. Eleuthère.	5 26	6 33	h.5om.	16
7 mercr. s. Cloud.	5 28	6 31	du soir	17
8 jeudi Nativ. de N. D.	5 30	6 29		18
9 vendr. s. Omer.	5 31	6 28		19
10 samedi ste. Pulcherie.	5 33	6 26		20
11 14 *dim.* s. Patient.	5 35	6 24		21
12 lundi s. Raphael.	5 37	6 22		22
13 mardi s. Amé.	5 38	6 21	D. Q.	23
14 mercr. Exal. ste Croix.	5 40	6 19	le 13 à	24
15 jeudi s. Nicomède.	5 42	6 17	2 h 39	25
16 vendr. s. Corneille.	5 44	6 15	min du	26
17 samedi s. Lambert.	5 46	6 14	matin.	27
18 15 *dim.* s. Jean Chrysos.	5 47	6 12		28
19 lundi s. Janvier.	5 49	6 10		29
20 mardi s. Eustache.	5 51	6 8	N. L.	1
21 mercr. *Quatre Temps.*	5 53	6 6	le 20 à	2
22 jeudi s. Maurice.	5 54	6 5	7 h. 37	3
23 vendr. ste. Thècle.	5 56	6 3	mi. du	4
24 samedi s. Andoche	5 58	6 0	matin.	5
25 16 *dim.* s. Firmin.	6 0	5 59		6
26 lundi ste. Justine.	6 2	5 57	P. Q.	7
27 mardi s. Côm. s. Dam.	6 3	5 56	le 26 à	8
28 mercr. s. Winceslas.	6 5	5 54	11 h. 6	9
29 jeudi s. Michel.	6 7	5 52	min.du	10
30 vendr. s. Jérôme.	6 9	5 50	matin.	11

Les jours décroiss. de 51 m. le mat. et 51 m. le soir.

Soleil au Scorpion ♏, le 23, à 2 h 15 m. du soir.

JOURS DU MOIS ET DE LA SEMAINE.	SOLEIL.		LUNE.	
	lev. H. M.	cou. H. M.	phases.	âge.
1 samedi s. Remi.	6 11	5 48		12
2 16 D. ss. Anges gard.	6 13	6 46		13
3 lundi s. Léger.	6 15	5 45		14
4 mardi s. François.	6 16	5 43	P. L.	15
5 mercr. s. Constant.	6 18	5 41	le 4 à 2	16
6 jeudi s. Bruno.	6 20	5 39	he. 28	17
7 vendr. s. Serge.	6 22	5 37	min. du	18
8 samedi ste. Pélagie.	6 23	5 36	soir.	19
9 18 D. s. DENIS.	6 25	5 34		20
10 lundi s. Paulin.	6 27	5 32		21
11 mardi s. Gomer.	6 29	5 30		22
12 mercr. s. Wilfrid.	6 31	5 28	D. Q.	23
13 jeudi s. Reimbaut.	6 32	5 26	le 12 à	24
14 vendr. s. Caliste.	6 34	5 25	7 h. 13	25
15 samedi ste. Thérèse.	6 36	5 23	min. du	26
16 19 D. s. Gal.	6 38	5 21	soir.	27
17 lundi s. Cerbonnet.	6 39	5 20		28
18 mardi s. Luc, évang.	6 41	5 18		29
19 mercr. s. Pierre d'Alic.	6 43	5 16	N. L.	30
20 jeudi s. Caprais.	6 45	5 15	le 19 à	1
21 vendr. ste. Ursule.	6 46	5 13	5 h. 4	2
22 samedi s. Mellon.	6 48	5 11	min. du	3
23 20 D. s. Romain.	6 50	5 9	soir.	4
24 lundi s. Magloire.	6 51	5 8		5
25 mardi s. Crépin, s. C.	6 53	5 6		6
26 mercr. s. Rustique.	6 55	5 4	P. Q.	7
27 jeudi s. Frumence.	6 56	5 3	le 26 à	8
28 vend. s. Sim. s. Jude.	6 58	5 1	9 h. 20	9
29 samedi s. Farron.	7 0	4 59	min. du	10
30 21 D. s. Lucain.	7 1	4 58	matin.	11
31 lundi. *Vigile jeûne.*	7 3	5 56		12

Les jours décrois. de 52 m. le matin et 52 m. le soir.

Soleil au Sagittaire ♐ le 22, à 10 h. 34 min. du mat.

JOURS DU MOIS ET DE LA SEMAINE.	SOLEIL. lev. H. M	SOLEIL. cou. H. M	LUNE. phases.	âge.
1 mardi TOUSSAINT.	7 5	4 54		13
2 mercr. *Trépassés.*	7 6	4 53		14
3 jeudi s. Marcel.	7 8	4 51	P. L.	15
4 vendr. s. Charles.	7 10	4 50	le 3 à 8	16
5 samedi s. Zacharie.	7 11	4 48	heu. 37	17
6 22 *D.* s. Léonard.	7 13	4 46	min du	18
7 lundi s. Florent.	7 14	4 45	matin.	19
8 mardi s. Godefroi.	7 16	4 43		20
9 mercr. s. Mathurin.	7 17	4 42		21
10 jeudi s. Just.	7 19	4 40		22
11 vendr. s. Martin.	7 20	4 39	D. Q.	23
12 samedi s. René.	7 22	4 37	le 11 à	24
13 23 *D.* s. Brice.	7 23	4 36	9 h. 53	25
14 lundi s. Sérapion.	7 25	4 35	min.du	26
15 mardi s. Malo.	7 26	4 33	matin.	27
16 mercr. s. Edme.	7 28	4 32		28
17 jeudi s. Agnan.	7 29	4 30		29
18 vendr. ste. Odes.	7 30	4 29	N. L.	1
19 samedi ste. Elisabeth.	7 32	4 28	le 18 à	2
20 24 *D.* s. Edmond.	7 33	4 26	3 h. 5	3
21 lundi Présent. N. D.	7 34	4 25	min.du	4
22 mardi ste. Cécile.	7 35	4 24	matin.	5
23 mercr. s. Clément.	7 37	4 22		6
24 jeudi s. Severin, sol.	7 38	4 21	P. L.	7
25 vendr. ste. Catherine.	7 39	4 20	le 24 à	8
26 samedi ste. Génev. ard.	7 40	4 19	11h. 24	9
27 1 *dim.* *Avent.*	7 41	4 18	min.du	10
28 lundi s. Quiet.	7 42	4 17	soir.	11
29 mardi s. Saturnin.	7 43	4 16		12
30 mercr. s. André.	7 44	4 16		13

Les jours décroissent de 39 m. le mat. et 39 m. le soir.

Soleil au Capricorne. ♑, le 21, à 11 h. du soir.

JOURS DU MOIS		SOLEIL.		LUNE.	
ET		lev.	cou.		âge.
DE LA SEMAINE.		H. M.	H. M.	phases.	
1	jeudi s. Eloi.	7 45	4 15		14
2	vendr. s. François Xa.	7 46	4 15		15
3	samedi s. Eloque.	7 47	4 13	P. L.	16
4	2 dim. ste. Barbe.	7 48	4 12	le 3 à 3	17
5	lundi s. Sabas.	7 48	4 11	heu. 46	18
6	mardi s. Nicolas.	7 49	4 11	min.du	19
7	mercr. ste. Fare.	7 50	4 10	matin.	20
8	jeudi CONCEPT. N.D.	7 50	4 9		21
9	vendr. s. Julien.	7 51	4 9		22
10	samedi ste. Julie.	7 52	4 8	D. Q.	23
11	3 dim. s. Daniel.	7 52	4 8	le 10 à	24
12	lundi s. Valeri.	7 53	4 7	10 h.39	25
13	mardi ste. Luce.	7 53	4 7	min.du	26
14	mercr. Quatre-Temps.	7 54	4 6	soir.	27
15	jeudi s. Mesmin.	7 54	4 6		28
16	vendr. ste Adélaïde.	7 54	4 6		29
17	samedi s. Lazare.	7 54	4 5	N. L.	30
18	4 dim. s. Zozime.	7 55	4 5	le 17 à	1
19	lundi ste. Pauline.	7 55	4 5	1 h. 46	2
20	mardi s. Philogone.	7 55	4 5	min.du	3
21	mercr. s. Thomas.	7 55	4 5	soir.	4
22	jeudi s. Honorat.	7 55	4 5		5
23	vendr. ste. Victoire.	7 55	4 5		6
24	samedi Vigile jeûne.	7 55	4 5	P. Q.	7
25	dim. N O E L.	7 54	4 5	le 24 à	8
26	lundi s. Etienne.	7 54	4 6	4 h. 54	9
27	mardi s. Jean, évang.	7 54	4 6	min.du	10
28	mercr. ss. Innocens.	7 54	4 6	soir.	11
29	jeudi s. Trophime.	7 53	4 7		12
30	vendr. s. Sabin.	7 53	4 7		13
31	samedi s. Silvestre, p.	7 53	4 7		14

Du 1 au 21 les jours décroissent de 10 min. le matin et 10 min.
le soir ; du 21 au 31 ils croissent de 5 minutes.

ANNUAIRE

DU

DÉPARTEMENT DE LA SEINE.

IDÉE GÉNÉRALE DU DÉPARTEMENT.

Situation, limites et circonscription du territoire.

LE département de la Seine, nommé d'abord *département de Paris*, prend son nom du fleuve qui l'arrose.

Il a été formé d'une partie de la province dite de *l'Ile de France*, et se compose de la ville de Paris et de soixante dix-huit communes.

Paris, chef-lieu du département et capitale de l'Empire français, est situé au 48.ᵉ deg. 50 min. 15 sec. de latitude du nord, et à o degré, o minutes, o secondes de longitude ; ce qui correspond à 20 degrés environ de longitude du méridien de l'Ile de Fer.

Le département, pris dans sa plus grande étendue, du sud au nord, à partir de l'extrémité méridionale du territoire d'Orly, et remontant vers le nord jusqu'à la hauteur de l'extrémité septentrionale du territoire de Pierrefite, est compris entre le 48.ᵉ degré 42 minutes, et le 48.ᵉ degré 56 minutes 43 secondes de latitude boréale; ce qui donne une étendue de o degré 14 minutes 43 secondes, ou de 27 kilomètres 286 mètres, correspondant à 7 lieues de 2000 toises chaque.

Dans sa plus grande longueur de l'est à l'ouest, à partir de l'extrémité occidentale du territoire de Champigny et suivant horisontalement vers l'ouest jusqu'à l'alignement de l'extrémité occidentale du territoire de Nanterre, il est compris entre le o degré 13 minutes de longitude orientale, et o degré 11 minutes de longitude occidentale du méridien de l'Observatoire; ce qui donne une longitude totale de 24 minutes ou de 26 kilomètres 697 mètres, près de 7 lieues de 2000 toises chaque.

La figure du département de la Seine présente un cercle irrégulier dont Paris est le centre. Ce département est généralement circonscrit par celui de Seine-et-Oise. A l'est, il touche presque au département de Seine-et-Marne; le territoire de Champigny, département de la Seine, n'est séparé du territoire de la commune de Combault, département de Seine-et-Marne, que par la partie la plus étroite du parc de Lalande qui dépend de la commune de Villiers-sur-Marne, département de Seine-et-Oise.

Cette observation, faite sur les lieux, est d'autant plus importante, que lorsqu'on examine les différentes cartes du département de la Seine, même celles qui, jusqu'à présent, passent pour les plus exactes, il semble que les limites de ce département soient séparées de celles du département de Seine-et-Marne par une distance de plusieurs kilomètres, et même de près d'un myriamètre, tandis qu'elles ne le sont effectivement que de 3 à 4 hectomètres.

Superficie. Le département de la Seine se compose de trois arrondissemens, celui de Paris au centre, celui de St.-Denis au nord, celui de Sceaux au midi, et la superficie de ces trois arrondissemens est d'environ 46,181 hectares ou arpens métriques ; savoir :

St.-Denis . . . . . . 19,728 h. ⎫
Sceaux 23,014   ⎬ 46,181 h.
Paris. . . . . 3,439 ⎭

Ces 46,181 hectares peuvent se distinguer ainsi qu'il suit, savoir :

Superficie des maisons, bâtimens, cours, jardins et parcs.

Arrondissement de St.-Denis. 2,062 h. ⎫
Arrondissement de Sceaux.   2,997   ⎬ 5,059 h.

Terres labourables.

Arrondissement de St.-Denis. 11,898 h. ⎫
Arrondissement de Sceaux.   13,221   ⎬ 25,119 h.

Prés.

Arrondissement de St.-Denis.   830 h. ⎫
Arrondissement de Sceaux.   1,017   ⎬ 1,847 h.

Vignes.

Arrondissement de St.-Denis. 2,825 h. ⎫
Arrondissement de Sceaux.   2,848   ⎬ 5,673 h.

Bois.

Arrondissement de St.-Denis.   941 h. ⎫
Arrondissement de Sceaux.   1,818   ⎬ 2,799 h.

Chemins, rues et rivières.

Arrondissement de St.-Denis. 1,172 h. ⎫
Arrondissement de Sceaux.   1,073   ⎬ 2,245 h.

Superficie totale des deux arrondissemens ruraux. . . . . 42,742 h.

3

Ci. . . . . 42,742 h.

Arrondissement de Paris.

Boulevarts extérieurs. 72 h.

Rues, quais, rivières, places,
marchés, avenue des Tui-
leries et Cours-la-Reine. 706

Emplacement des maisons,
cours et jardins qui en dépendent, déduction faite de
l'avenue des Tuileries et du
Cours-la-Reine. 2,661

} 3,439 h.

Superficie totale du département. . . . 46,181 h.

Météorologie.

Les Observations météorologiques faites à l'Observatoire impérial par M. Bouvard, astronome, membre
de l'Institut, etc., depuis le 1.er octobre 1806 jusqu'au 1.er octobre 1807, donnent les résultats ci-après.

OBSERVATIONS sur le Baromètre.

(La hauteur du baromètre est donnée en pouces,
lignes et centièmes de lignes).

MOIS.	ÉLÉVATION DU MERCURE.								
	Plus gr.			Moindre.			Moyenne.		
1806.	p.	l.	c.	p.	l.	c.	p.	l.	c.
Octobre.	28.	5,	31	27.	3,	27	27.	10,	29
Novemb.	28.	5,	96	27.	1,	80	27.	9,	88
Décemb.	28.	6,	25	27.	0,	25	27.	9,	25
Janv. 1807	28.	7,	58	26.	11,	27	27.	9,	37
Février.	28.	4,	80	27.	1,	80	27.	9,	30
Mars.	28.	5,	01	27.	4,	56	27.	10,	78
Avril.	28.	3,	87	27.	3,	75	27.	9,	81
Mai.	28.	3,	84	27.	3,	45	27.	9,	64
Juin.	28.	4,	50	27.	9,	53	28.	1,	02
Juillet.	28.	3,	40	27.	8,	00	27.	11,	70
Août.	28.	3,	60	27.	8,	65	28.	0,	12
Septemb.	28.	3,	80	27.	6,	50	27.	11,	50

La plus grande élévation du mercure a eu lieu en
janvier 1807; elle a été de 28 pouces 7 lig. 58 cent.

La moindre a eu lieu dans le même mois et a été de
26 pouces 11 lig. 27 cent.

Année antérieure. Plus grande, 28 pouces 7 lignes
80 cent.; moindre, 26 pouces 9 lig. 60 cent.

OBSERVATIONS sur le *Thermomètre de Réaumur.*

(Le signe + signifie *plus*, et indique les degrés de chaleur au-dessus de o. Le signe — signifie *moins*, et indique les degrés de congélation. Les chiffres après les degrés expriment des milliémes)

MOIS.	DEGRÉS DE CHALEUR.		
	Plus gr.	Moindre.	Moyenne.
	degrés.	degrés.	degrés.
Octob. 180	+ 16, 5	— 1, 3	+ 7, 6
Novembre	+ 13, 6	— 1, 2	+ 6, 2
Décembre	+ 12, 5	+ 2, 2	+ 5, 1
Janv. 1807	+ 7, 9	— 2, 6	+ 2, 6
Février.	+ 11, 4	— 1, 0	+ 5, 2
Mars.	+ 11, 8	— 4, 4	+ 3, 7
Avril.	+ 20, 7	— 2, 8	+ 9, 0
Mai.	+ 22, 4	+ 4, 8	+ 13, 6
Juin.	+ 23, 6	+ 5, 8	+ 14, 7
Juillet.	+ 27, 3	+ 9, 5	+ 14, 7
Août.	+ 26, 8	+ 10, 1	+ 18, 5
Septembre.	+ 20, 3	+ 2, 8	+ 11, 5

Pendant les douze mois, le plus grand degré de chaleur a été de 27 d. 3, en juillet; et le plus grand degré de congélation de 4 d. 4 en mars.

Année antérieure. Plus grande chaleur, 26 d. 9 en juillet; congélation, 10 d. o en décembre 1805.

Thermomètre des Caves.

Décembre 1806, + 9 deg. 640 ;
Août 1807, + 9 deg. 644.

Ce thermomètre est celui de Réaumur, comme le précédent.

EAU DE PLUIE tombée depuis le 1.er octobre 1806 jusqu'au 1.er octobre 1807.

MOIS.	QUANTITÉ.		
	Pouces.	Lig.	Cent.
Octobre 1806,	1	2	06
Novembre.	1	6	40
Décembre.	1	3	40
Janvier 1807.	1	2	60
Février.	1	7	20
Mars.	0	4	20
Avril.	1	0	0
Mai.	2	7	30
Juin.	0	8	10
Juillet.	0	4	90
Août.	2	1	50
Septembre.	1	11	70
TOTAL.	15 p.	11 lig.	36 c.

Année antérieure. 20 p. 11 lig. 55 cent., les 10 jours de plus compris.

Les mois de mai et d'août avoient aussi été du

nombre de ceux pendant lesquels il étoit tombé le plus d'eau de pluie.

VARIATIONS de l'atmosphère.

MOIS.	Beaux.	Couverts.	de Pluie.	de Vent.	de Gelée.	de Tonnère.	de Brouillard	de Neige.
	DISTINCTION							
	ET NOMBRE DES JOURS							
Octobre 1806.	28	3	5	31	1	3	22	5
Novembre.	24	6	14	30	2	0	13	5
Décembre.	18	13	13	31	0	1	3	5
Janvier 1807.	14	17	12	28	13	0	15	5
Février.	15	13	12	28	2	0	6	0
Mars.	20	11	5	31	13	0	13	0
Avril.	21	9	9	30	10	0	8	0
Mai.	14	17	12	30	0	4	5	2
Juin.	26	4	5	30	0	4	1	5
Juillet.	26	4	4	31	0	4	0	4
Août.	28	3	14	31	0	9	2	4
Septembre.	12	18	15	30	0	1	10	0
	246	118	120	361	41	26	98	15
Année antérieure,	200	140	136	366	38	15	81	14

les 10 jours de plus compris.

VENTS dominans.

Distinction du nombre de fois que les huit Vents principaux ont soufflé depuis le 1.er octobre 1806 jusqu'au 1.er octobre 1807.

MOIS.	Nord.	N.-E.	Est.	S.-E.	Sud.	S.-O.	Ouest.	N.-O.
Octobre 1806.	3	4	9	3	11	6	5	2
Novembre.	0	2	2	2	6	10	8	2
Décembre.	1	0	1	0	17	20	7	3
Janvier 1807.	9	5	0	2	2	5	6	4
Février.	2	1	0	2	6	3	8	6
Mars.	12	10	0	0	1	0	2	4
Avril.	8	2	3	1	3	4	3	3
Mai.	2	3	5	3	10	8	1	1
Juin.	6	3	2	5	4	4	4	7
Juillet.	6	7	3	2	5	8	7	5
Août.	4	2	2	2	14	13	2	2
Septembre.	7	4	1	0	6	7	11	5
	60	43	28	22	85	88	64	44

Année antérieure, 66 48 28 39 79 74 91 54
les 10 jours de plus compris.

Rivières et Eaux.

Le département est arrosé par un fleuve et trois principales rivières, savoir :

La *Seine*, qui reçoit toutes les rivières qui coulent dans le département ;

La *Marne*, qui y reçoit le ruisseau de Champigny et la rivière de *Morbra* ;

La *Bièvre* ou rivière des *Gobelins*, qui y reçoit les eaux de quelques petites sources ;

Le *Rouillon* qui, avant de se jeter dans la Seine, grossit des eaux du *ru de Monfort*, de celles de la *Vieille-Mer* et de la petite rivière du *Crou*.

La Seine.

Ce fleuve, l'un des principaux·de la France, prend sa source dans la forêt de Chanceau, à deux lieues du bourg de St.-Seine et à six de Dijon, département de la Côte-d'Or. Après avoir parcouru environ 400 kilomètres ou 100 lieues de 2000 toises, la Seine entre dans le département au sud sud-est, au-dessous de Villeneuve St.-Georges, département de Seine-et-Oise ; et après avoir baigné les bords du territoire des communes de Choisy, de Vitri et de Maisons-Alfort, en descendant vers le nord, elle va se joindre à la Marne, au-dessous de Charenton, et continue son cours jusqu'à Paris, en laissant à droite le territoire de Bercy et la Grand-Pinte, et à gauche celui de la commune d'Yvry. Après s'être divisée, dans la même direction, pour former l'Isle Louvier, l'Isle St.-Louis et l'Isle du Palais en la Cité, elle se réunit au Pont-Neuf, et sort de Paris vers le nord-ouest, en face de

l'Ecole-Militaire; puis, elle redescend vers le sud-
ouest, laissant-à droite Passy et Auteuil, arrondissement de St.-Denis, et à gauche Vaugirard et Issy, arrondissement de Sceaux. Elle forme ensuite un circuit
pour retourner vers le nord-nord-est, arrondissement
de St.-Denis, ayant à sa droite Boulogne et le bois de
Boulogne qu'elle environne en grande partie, Neuilly,
Clichy, St.-Ouen, St.-Denis; et à sa gauche, Surennes, Putaux, Courbevoye, Anières et l'Isle St.-
Denis. Elle forme encore un nouveau circuit en passant devant Epinai dont elle baigne le bord du territoire à sa droite; à la pointe de l'Isle St.-Denis elle
commence à séparer le département de la Seine du
département de Seine-et-Oise; et, laissant à sa gauche
les communes de Gennevilliers, Colombes et Nanterre, en redescendant vers le sud-ouest, elle quitte
le département de la Seine au-dessous de Nanterre,
après avoir parcouru dans ce département une longueur de 50 kilomètres environ sur une largeur
moyenne de 70 mètres. Les rivières qu'elle reçoit sont
la *Marne*, la *Bièvre*, le *Rouillon*.

Vîtesse de la Seine. Sa vîtesse entre le Pont-Neuf
et celui des Tuileries est de 54 centimètres ou 20
pouces par seconde, et de 78 centimètres ou 29 pouces
entre Surennes et Neuilly.

Hautes et basses eaux de la Seine. La hauteur de
la Seine est mesurée à l'échelle qui est sur la culée
du pont de la Tournelle, du côté de l'orient. Cette
hauteur est comptée des plus basses eaux de 1719.

Les nombres de l'échelle du pont des Tuileries
marquent 84 centimètres (environ 2 pieds et demi).

de plus ; parce qu'ils partent du fond de la rivière à
l'endroit où il y a le moins d'eau, vis-à-vis d'Auteuil. Quand la rivière est à 1 mètre 21 centimètres,
(3 pieds 8 pouces) elle est dans son état moyen, ou
dans son état le plus naturel.

En 1658, l'eau est montée à 8 mètres 23 centimètres (25 pieds).

Le 23 octobre 1731, la Seine a été de 15 centimètres (6 pouces) plus basse qu'en 1719.

Dans l'hiver de 1740 à 1741, elle s'est élevée à 25
pieds 8 pouces (8 mètres 34 centimètres), à l'échelle
du Pont-royal.

La hauteur moyenne, entre les années 1777 et
1794, est de 3 mètres 24 centimètres (4 pieds).

Le 2 février 1799, la rivière est montée à 6 mètres
97 centimètres au-dessus des basses eaux de 1719 (21
pieds et demi).

Les 17, 18 et 19 août 1800, la rivière a été d'environ 7 pouces plus basse qu'en ladite année 1719.

En l'an 13—1805, les plus hautes eaux ont été ob-
servées les 3 et 4 mars ; elles se sont élevées à 3 mètres
90 centimètres (12 pieds) ; et l'on a remarqué les plus
basses, les 1.er et 6 octobre 1804, et les 23 et 25 juillet 1805.

Le résultat de la hauteur moyenne en l'an 13, a
été d'un mètre 365 millimètres (4 pieds 2 pouces et
demi).

Longueur et largeur de la Seine dans Paris. La
longueur du cours de la Seine, à partir de la barrière
de la Rapée jusqu'à celle de la Cunette est d'environ
7 kilomètres 956 mètres, équivalant à un peu plus de
deux lieues ordinaires de 2000 toises.

Cette longueur totale peut être distinguée ainsi qu'il suit, savoir :   mètres.   toises.

	mètres.	toises.
De la barrière de la Rapée , rive droite, à la barrière de la Garre , rive gauche.	214	110
De la barrière de la Garre au jardin des Plantes	760	390
Du jardin des Plantes au pont de la Tournelle.	1,023	525
Du pont de la Tournelle au pont Notre-Dame.	877	450
Du pont Notre-Dame au pont au Change.	146	75
Du pont au Change au pont Neuf. .	374	192
Du pont Neuf au pont des Arts. . .	312	160
Du pont des Arts au pont des Tuileriès.	585	300
Du pont des Tuileries à celui de Louis XVI. . :	857	440
De ce dernier à la barrière des Bons-Hommes.	2,534	1,300
De cette barrière à celle de la Cunette.	273	140
Totaux.	7,955	4,082

La différence d'un mètre avec ce qui a été annoncé ci-dessus vient de l'omission des fractions.

La largeur de la Seine depuis son entrée dans Paris jusqu'à sa sortie, peut être distinguée comme il suit :

Au jardin des Plantes.	166 mèt. ou	85 t.
Au pont de la Tournelle.	97	50
Au pont Marie.	82	42
Au pont Notre-Dame.	97	50

	mèt.	t?
Au pont St.-Michel.	49	25
Au pont au Change.	97	50
Au pont Neuf.	263	135
Au pont des Arts.	140	72
Au pont des Tuileries.	84	43
Au pont de Louis xvi	146	75
A la barrière des Bons-Hommes.	136	70

La Marne.

Cette rivière prend sa source dans des montagnes au-dessus de Langres ; elle passe à Chaumont en Bassigny, Joinville, Vitry, où elle porte bateau, et delà à Châlons, Épernay, Château-Thierry, Meaux, Lagny, Gournay, Noisy-le-Grand. Après avoir parcouru environ 350 kilomètres, ou 90 lieues ordinaires, elle entre à l'est dans le département de la Seine au-dessous de Noisy-le-Grand, et par le territoire de Brie-sur-Marne, arrondissement de Sceaux ; delà elle passe à Nogent, va baigner les bords du parc de Vincennes, le territoire de la Branche du pont et celui de St.-Maur. En entrant sur le territoire de Champigny, elle reçoit le ruisseau de Champigny, passe ensuite entre le département de la Seine à droite et celui de Seine-et-Oise à gauche, et rentrant totalement dans le département de la Seine, elle longe les marais de Bonneuil et reçoit à gauche, et avant de passer à Créteil, la petite rivière de *Morbra* (1). La *Marne*, après avoir fait un double circuit de l'est à l'ouest, depuis Brie jusqu'à Créteil, continue son cours vers

---

(1) La rivière de Morbra prend sa source au-dessus de Roissy, passe à Pontault, Laqueue, Ormesson, où elle entre dans

le nord, où, se rapprochant de St. Maur et du parc de
Vincennes, et delà se dirigeant vers l'ouest en lon-
geant le parc, Charenton-St.-Maurice et Charenton-
le-Pont à droite, et à gauche Château-Gaillard, Cha-
rentonneau et Alfort, elle se jette dans la Seine à
Conflans au-dessous des carrières de Charenton, après
avoir parcouru une longueur de 20 kilomètres environ,
ou un peu plus de 5 lieues, depuis son entrée dans
le département jusqu'au confluent.

La Bièvre, ou *rivière des Gobelins.*

Cette petite rivière, fameuse par la célèbre manufacture qui lui a donné son nom, prend sa source auprès de Buc, département de Seine-et-Oise, au sud-
ouest de Paris; delà dirigeant son cours vers le sud-
est, elle passe à Jouy, puis à Bièvre, dont elle prend
le nom; elle descend vers l'est et entre dans le département au sud de Paris par le territoire d'Antony,
arrondissement de Sceaux, laissant à sa droite le territoire de Fresnes; prenant la direction de son cours
vers le nord, elle passe entre l'Hay ou Lay à droite,
et le Bourg-Égalité à gauche; delà elle traverse Arcueil et le Grand-Gentilly, puis elle entre dans Paris
au sud, au-dessous du Petit-Gentilly, passe aux Gobelins dont elle prend le nom à quelques distances
plus haut; et va se jeter dans la Seine au-dessus du
Jardin des Plantes, après avoir parcouru, depuis
sa source jusqu'à son entrée dans le département, une

---

le parc qu'elle traverse de l'E. à l'O.; elle y forme plusieurs
belles cascades naturelles; de là, elle va à Grandval, commune
de Sucy, et entre dans le département de la Seine, un peu au-
dessus du village de Bonneuil.

longueur de 12 à 13 kilomètres, ou 3 lieues et demie ordinaires environ ; et depuis son entrée dans le département jusqu'à son confluent avec la Seine, de 10 à 11 kilomètres ou 2 lieues et demie ; au total, depuis sa source jusqu'à son confluent, 23 kilomètres ou environ 6 lieues.

Le Rouillon.

Il se jette dans la Seine à peu de distance des casernes de St. Denis, après s'être grossi : 1°. du ru de *Montfort* qui prend sa source auprès de Baubigny, et va se jeter dans les fossés de St. Denis ; 2°. du *Crou* ou de la *Croudt*, qui prend sa source dans le département de Seine-et-Oise, entre dans le département de la Seine au-dessus de Dugny, et se jette dans les mêmes fossés ; 3°. de la *Vieille-Mer*, qui prend sa source au-dessous de Dugny, et qui, après avoir reçu les eaux des différens rus ou ruisseaux qui coulent dans les fossés de St. Denis, se réunit au Rouillon.

CANAL DE L'OURCQ.

Les eaux fournies par les sources de Belleville et du pré St. Gervais, par l'acqueduc d'Arcueil et par les différentes machines hydrauliques construites sur la Seine, ne suffisant plus depuis longtemps aux besoins de Paris, on a pensé à y suppléer en amenant sur l'une des éminences qui entourent cette capitale, une ou plusieurs des petites rivières qui coulent dans ses environs, pour en distribuer les eaux dans ses différens quartiers, avec l'abondance que réclament l'étendue de sa population, et les projets dont on s'est occupé pour l'embellir ou en rendre le séjour plus salubre.

M. Deparcieux, membre de l'Académie des sciences, fut frappé de cette idée il y a environ quarante ans, et la fit valoir dans différens écrits qui excitèrent l'intérêt du public et attirèrent l'attention du Gouvernement. MM. Perronet et Chezy, ingénieurs des ponts-et-chaussées, furent chargés en 1769 de la rédaction du projet proposé par M. Deparcieux, d'amener les eaux de l'Yvette (1) à Paris.

Toutes les opérations relatives à ce projet furent terminées en 1775 ; mais quelques circonstances en ayant empêché l'exécution, MM. Perrier obtinrent en 1777 un privilége pour l'établissement des *pompes à feu* qui devoient élever, de différens points de la Seine, environ 26,000 kilolitres (96,930 muids) d'eau en vingt-quatre heures ; quantité qui, ajoutée à celle de 3,414 kilolitres (12,728 muids) fournie par les pompes de la Samaritaine, du pont Notre-Dame, des acqueducs d'Arcueil et de Belleville, et des puisoirs établis sur les quais, étoit présumée suffire à la consommation journalière des habitans de la capitale.

Cependant les pompes à feu n'ayant pas rempli complettement l'objet de leur construction, on est revenu, depuis quelques années, au projet de dériver des départemens voisins, les eaux d'une ou plusieurs rivières, pour les amener dans des réservoirs placés convenablement à leur distribution dans Paris.

---

(1) Petite rivière qui prend sa source au village d'Yvette, passe à Chevreuse, traverse la route d'Orléans à Lonjumeau, et se jette dans la rivière d'Orge, près de Savigny.

Sur la proposition du Gouvernement, du 17 mai 1802, le Corps-législatif rendit, le 19 du même mois, une loi portant qu'il seroit ouvert un canal de dérivation de la rivière d'Ourcq ; qu'elle seroit amenée à Paris dans un bassin près de la Villette ; qu'il seroit en outre ouvert un canal de navigation qui partiroit de la Seine au-dessous du bastion de l'Arsenal, se rendroit dans le bassin de partage de la Villette, et continueroit par St.-Denis, la vallée de Montmorenci, et aboutiroit à la rivière d'Oise près Pontoise.

Les eaux reçues dans le bassin de la Villette doivent être employées : 1.° à entretenir un canal de navigation descendant de ce bassin dans la Seine, au-dessous de l'Arsenal ; 2.° à alimenter dans l'intérieur de Paris de nouvelles fontaines et un certain nombre de réservoirs destinés au nétoiement des rues, et à fournir de nouveaux moyens d'embellir cette capitale et d'en rendre le séjour plus salubre.

S. M. l'Empereur et Roi voulant étendre autant que possible les avantages que la commune de Paris doit retirer de l'exécution du canal de l'Ourcq, a ordonné qu'il seroit rendu navigable depuis la première prise d'eau à Mareuil jusqu'à son arrivée dans le bassin de la Villette, et qu'il seroit ouvert une communication entre la partie supérieure du canal de l'Ourcq et la rivière d'Aisne, près de Soissons, afin que ce canal offrît un débouché plus direct à celui de St.-Quentin et à ceux de la Belgique, pour l'exportation des denrées destinées à l'approvisionnement de Paris.

La longueur totale du canal de l'Ourcq, depuis la prise d'eau à Mareuil jusqu'à l'extrémité du bassin de la Villette, en y comprenant la longueur de ce bassin, qui doit former un rectangle de 720 mètres de longueur sur 60 de large, doit être de 93,922 mètres (24 lieues).

On se bornera à rapporter ici le détail du tracé de ce canal, depuis son entrée dans le département de la Seine. — En entrant dans la forêt de Bondy, la direction du canal inclinée vers la route d'Allemagne sous un angle de 150 degrés, se prolonge par un seul alignement de 3,500 mètres jusqu'à la sortie de la forêt de Bondy. — Il se retourne ensuite sous un angle de 145 degrés, pour se prolonger à travers la plaine de Bondy, le parc du ci-devant château de ce village; les territoires de Noisy, Baubigny et Pantin, à peu-près parallèlement à la route d'Allemagne, sur une longueur de 3,500 mètres. — Arrivé à la hauteur de Pantin, le canal, pour éviter de traverser plusieurs habitations, se détourne vers la plaine, sous un angle de 150 degrés environ. — Il traverse, en se dirigeant sur la route de la Villette, le chemin dit *des Petits ponts,* conduisant à Aulnay et à Bois-le-Vicomte; il passe derrière la maison du Rouvray, qu'il enferme entre les côtés d'un angle de 135 degrés, raccordés par une courbe. — Enfin, il se dirige, par un dernier alignement, sur le milieu de la rotonde construite pour servir de barrière à la nouvelle enceinte de Paris, entre les routes de Flandres et d'Allemagne. — Cet alignement perpendiculaire à la façade de la rotonde, sera terminé par un bassin rectangulaire de 720 mètres de longueur sur 60 mètres de large, destiné à remiser les bateaux qui feront la navigation du canal de l'Ourcq, et à servir de port pour le faubourg de la Villette.

Ce bassin formera le premier réservoir d'où les eaux seront dérivées pour être distribuées dans Paris, soit par le canal de navigation qui descendra dans les fossés de l'Arsenal , et dont il est parlé ci-après , soit par les tuyaux de conduite qui alimenteront de nouvelles fontaines ou des châteaux d'eau particuliers.

La longueur du canal depuis la sortie de la forêt de Bondy jusques et y compris le bassin de la Villette, est de 8,870 mètres ou 4,550 toises , savoir :

	mètres.	toises.
La partie à la suite de la forêt de Bondy, jusqu'à la gare de Bondy.	1,550	795
Gare de Bondy.	150	77
Partie à la suite jusqu'à la gare de Baubigny.	1,500	769
Gare de Baubigny.	400	205
Depuis la gare jusqu'au bassin de la Villette.	4,550	2,335
Le bassin de la Villette. . . .	720	369
Total	8,870.	4,550

Les rivières et ruisseaux destinés à alimenter le canal de l'Ourcq, sont : 1°. la rivière d'Ourcq prise à Mareuil ; 2°. la Grinette ou ruisseau de Collinance , et la Gergogne ou ruisseau de May affluens de l'Ourcq; 3°. la Térouenne et la Beuvrone affluens de la Marne ; 4°. le produit des diverses sources qui seront mises à jour dans les tranchées du vallon de l'Arneuse , des bois de S. Denis et de la forêt de Bondy.

La quantité d'eau qui alimentera le canal de dérivation de l'Ourcq, dans la saison de l'année la moins favorable , sera de 204,826 kilolitres (763,591 muids) par vingt-quatre heures, ou 10,742 pouces de fonte-

nier. Son volume moyen est évalué à 13;500 pouces ,
ce qui équivaut à 260,820 kilolitres (972,337 muids)
par jour.

Du bassin de la Villette les eaux du canal de l'Ourcq
doivent être amenées dans un grand bassin circulaire
qui formera le milieu de la place , également circulaire, qui doit être établie sur le terrein de la Bastille, Ce bassin doit être orné à son pourtour d'une
double rangée d'arbres.

Suivant le même plan , l'entrée de la rue du faubourg St. Antoine doit être reportée de l'est au sud-
ouest de sa position actuelle , afin de rectifier le contour qu'elle forme à son ouverture , et de la faire ar-
river symétriquement sur la place , en face de la rue
St. Antoine , avec laquelle elle ne doit plus former
qu'une seule rue.

Le canal destiné à la réception des eaux de l'Ourcq ,
doit être établi dans les fossés de l'Arsenal , de manière à communiquer du côté du sud avec la Seine , et
du côté du nord avec le bassin circulaire. Deux ran-
gées d'arbres doivent orner chacune des rives du canal.
Par ces dispositions, la grande place circulaire doit
devenir le point de réunion des boulevards intérieurs
de Paris , celui du canal et des deux allées qui en
borderont les rives, ainsi que de plusieurs rues com-
binées de manière à former sur cette place des fa-
çades circulaires et symétriques de même grandeur.

Les fonds nécessaires pour l'exécution du canal de
l'Ourcq sont prélevés sur les produits de l'octroi de
la ville de Paris, et le Préfet du département de la
Seine est chargé de l'administration générale de tous
les travaux.

Minéralogie.

Le département de la Seine, malgré son peu d'étendue, présente une assez grande variété de substances minérales. Voici d'après M. Gillet-Laumond, membre du conseil des mines, les lieux où elles se trouvent et leur gisement.

SUBSTANCES MINÉRALES COMBUSTIBLES.

Annonce de houille. A Nanterre, Courbevoie, Montmartre, Belleville, Arcueil, Gentilly, la Glacière, la Butte-aux-Cailles, et toute la banlieue de Paris. — Substance noire, alternant avec des sables, des argiles, des couches calcaires, etc.

Tourbe. Près de St. Denis, de Dugny, etc. A Paris, dans les anciens fossés de l'Abbaye St. Germain. Le long des ruisseaux du Croudt, du Rouillon, etc.

Terres pyriteuses. Terres mêlées de fer sulfuré. Autour de Nanterre, sur les bords de la rivière des Gobelins, dans les glacières de Vaugirard, etc.; presque partout autour de Paris. — En couches minces, dans les plaines basses du bassin de la Seine, ordinairement à une médiocre profondeur.

Bois fossiles. Au Port-à-l'Anglais, à Choisy près la forêt de Senart; dans les fouilles du pont de Neuilly, de celui de la Concorde; dans le puits de l'École Militaire, etc. — A peu de profondeur dans le lit des rivières ou dans leurs berges, avec les tiges, les branches et les racines; le plus souvent dans des couches argileuses, une partie convertie en une espèce de tourbe compacte, qui brûle mal, répand une mauvaise odeur et laisse beaucoup de résidu.

Soufre. Au bas de la chaussée de l'étang de Montmorency, et dans un ruisseau venant de Villetaneuse près St. Denis. Accidentellement dans les démolitions, et particulièrement près de l'ancienne porte

St. Antoine. — En pellicules sur la surface des eaux, ou déposé sur des corps qui y sont plongés; en poussière jaune et quelquefois en petits cristaux citrins octaèdres, au voisinage des égoûts, des voieries, et des fosses d'aisances.

SUBSTANCES MÉTALLIQUES.

Pyrites. Fer sulfuré. Près le Petit-Gentilly, à Vaugirard, dans tous les environs de Paris. — Principalement dans les glaisières, quelquefois dans les craies ou accompaguant les bois fossiles.

Fer hépatique. Fer oxidé brun. Butte de Montmartre, etc. — En couches peu épaisses sur le sommet de la butte, au-dessus de la terre végétale.

Fer limoneux. Fer rubigineux. Butte de la tour de Croï, parc de Meudon, hors le département; mais sur la lisière. — Se trouve avec abondance souvent en masse sphéroïdales géodiques.

Manganèse et Fer oxidé. Butte de Montmartre, bois de Boulogne, dans les carrières de pierre à bâtir près l'Observatoire. — En dendrites noires superficielles très-élégantes, sur des marnes blanches et dures; en dendrites noires, profondes, très-agréables, dans des couches minces de pierre de chaux carbonatée compacte.

SUBSTANCES PIERREUSES ET TERREUSES.

Pierres calcaires propres à bâtir. Chaux carbonatée grossière. Tout autour de Paris; quelquefois exploitées à ciel ouvert, aux environs du pont de St. Maur et de celui de Neuilly; par puits et galeries dans les plaines basses d'Ivry, d'Arcueil, de Bagneux, de Vaugirard, etc. — Partout disposées en bancs à peu-près horisontaux, toujours placées au-dessous des couches de pierres meulières et de pierres à plâtre.

Chaux carbonatée cristallisée inverse. Carrières de Champigny, à Passy, au pont de Neuilly. — *Métastatique,* Carrières de Villejuif. — Dans des fentes, dans des couches marneuses, ou dans des espèces de géodes.

Chaux carbonatée concrétionée. Stratiforme. A Montmartre, à Belleville. *Incrustante.* Dans les eaux d'Issy et d'Arcueil.—En stallactiques jaunes mamelonées, disposées en couches ondées et quelquefois variées de brun ; en dépôts revêtissant tous les corps que l'on y plonge, et les conduits qui les charient.

Chaux carbonatée compacte. Dans les carrières de Champigny, sur le bord de la Marne, à Passy, sur le bord de la Seine, au-dessous de St. Ouen ; dans les carrières près l'Observatoire. — En masses isolées formant une espèce de brèche, mêlée de chaux carbonatée crayeuse et de parties quartzeuses; en bancs réguliers quelquefois inclinés.

Chaux carbonatée crayeuse. Paroissant au jour sur la rive gauche de la Seine près la verrerie de Sèvres, et existante à une grande profondeur autour du Mont-Valérien. — Disposée en bancs très-considérables qui paroissent s'étendre dessous ceux de pierres à bâtir, et dont on ne connoît pas l'épaisseur.

Chaux carbonatée cotoneuse. Spongieuse. Carrières sur le bord de la route de St. Germain, au-dessus de Nanterre, à Champigny, et dans toutes les carrières de chaux carbonatée. — Vient effleurir dans les cavités ou à la surface des pierres, mais rarement avec autant d'abondance que près de Nanterre.

Pierre calcaire propre à faire de la chaux. Champigny, le seul lieu où l'on en prépare dans le département. — Espèce de brèche composée de chaux carbonatée compacte, mêlée de crayeuse déposée en amas irréguliers.

Pierre à plâtre. Chaux sulfatée calcarifère. Châtillon, le Mont-Valérien, Montmartre, Belleville, Mesnil-le-Montant, etc. — En bancs à peu-près horisontaux, alternant avec des couches marneuses, et

toujours placée au-dessus des pierres coquillières propres à bâtir. Ces anciens dépôts occupent un espace
considérable du bassin de la Marne et de celui de la
Seine, s'étendant du couchant au levant, depuis Soissons sur Aisne, et Château-Thierry sur Marne, jusqu'à Meulan sur Seine.

Chaux sulfatée cristallisée. Passy, Montmartre,
Butte-de-Chaumont, Mesnil-le-Montant, ravin près
de Sévres, etc. — Ne contenant jamais de coquilles,
point de poissons; mais des ossemens reconnus pour
avoir appartenu à six espèces de quadrupèdes mammifères, absolument inconnus aujourd'hui, ce qui assigne à ces dépôts une haute antiquité.

Pseudomorphoses à l'état quartzeux et calcaire:
Passy, St. Ouen, fossés près de la Briche. — Répan-
dus par lits assez suivis dans des couches marneuses;
les gros cristaux jaunâtres en couches régulières,
nommés grignards, se trouvent ordinairement à la
partie inférieure des bancs. — On trouve les plus
beaux cristaux entre Issy et Vaugirard; dans des terres marneuses; dans des marnes, des argiles, où ils
se trouvent isolés.

Magnésie sulfatée pulvérulente. Butte de Montmartre, côté exposé au midi. — En efflorescence sur les
masses gypseuses abritées.

Strontiane sulfatée. Montmartre, Clignancourt.
— En couches ondées et en boules géodiques applaties,
dans des bancs de marne.

Argiles. Les bleues, souvent mêlées de veines rouges,
à Vanvres, Clamart, Gentilly, la Glacière, Vaugirard, etc. Les vertes à Villejuif, le Mont-Valérien,
la butte Montmartre, Mesnil-Montant. Les marbrées
à Montmartre, etc. — Les bleues généralement dans
les plaines basses; les vertes sur les hauteurs. — Au-
dessous de la première masse de pierre à plâtre.

Argile jaune sablonneuse. Picpus, Monceau: la

meilleure se trouve près de Villejuif. Par couches.

Marne. Montmartre, Mont-Valérien, Châtillon, Vincennes, etc. — En couches ordinairement au-dessus ou entre les bancs de pierre à plâtre.

Quartz, Quartz cristallisé. Prismé. Se trouve au-dessus du pont de Neuilly, surtout à gauche de la route. Sans *prisme*, dans les fentes, dans des géodes. — Dans une couche marneuse, entre des bancs de pierre calcaire.

Pierre meulière. Quartz agathe molaire. Champigny, Bonneuil, Meudon, Clamart, etc. — Vers la partie supérieure des côteaux qui bornent le bassin de la Seine. — Dans des couches argileuses; le plus souvent au-dessus des bancs de sable.

Quartz agathe pyromaque. Meudon, Sévres. — En masses isolées, cornues, arrondies, dans les bancs de craies, quelquefois disposées parallèlement avec assez de régularité.

Quartz agathe stalactite mamelonée et onyx. Mont-Valérien, Champigny, etc. — En masses peu suivies au Mont-Valérien; à Champigny en stalactites et en dépôts peu étendus sur des fragmens de chaux carbonatée compacte et crayeuse.

Quartz agathe cacholong. Champigny. — En masses peu suivies dont quelquefois une portion fait effervescence avec les acides.

Quartz résinite commun. Menil-Montant, Argenteuil, Châtillon. — A Ménil-Montant, dans une argile feuilletée très-siliceuse; le polyerchieffer de *Vener*, à Chatillon, dans la chaux sulfatée.

Quartz nectique. Saint-Ouen. — Dans une des couches marneuses.

Bois agathifié. Quartz xyloïde. Carrières de Montmartre, Fontenai-aux-Roses, Sablonnières de

Vincennes , etc. — Dans toutes sortes de terrain , où il a été souvent transporté.

Pseudomorphoses quartzeuses. Passy, Saint-Ouen , Issy , Villedavray, les Sablonières de Vaugirard , etc. — En place , dans des marnes , des argiles ; de transport , dans les Sablonnières.

Quartz roulé , se divise en gravier et en sable.

Quartz gravier. Lit de la rivière de Seine , plaines de Vincennes, de Vaugirard , de Grenelle. — Par dépôts dans les plaines voisines du lit de la rivière.

Sable, sablon. Quartz mobile. Dans les fouilles , au bas du Mont-Valérien , à Montmartre , tout autour de Paris. — En bancs considérables , ordinairement dans des lieux assez élevés, quelquefois dans les plaines.

Sable des fondeurs. Fontenai-aux-Roses , près le chemin d'Orléans. — En bancs ayant une certaine consistance.

NATURE DES EAUX.

Les eaux du département de la Seine sont , en général , très-bonnes. Cependant quelques-unes tiennent en dissolution des substances minérales, suivant la nature des bancs qu'elles ont traversées.

Eaux médicinales. Passy ; au bas de la chaussée de l'étang de Montmorency; ruisseau au-dessous de Villetaneuse. — Celles de Passy jaillissent au-dessous d'un côteau formé de bancs calcaires et marneux ; celles de Montmorency et de Villetaneuse, dans des lieux bas et marécageux.

Agriculture.

Des 46,181 hectares dont se compose la totalité du département , la ville de Paris seule , en occupe la 13.ᵉ partie. — Les chemins, rues et rivières des deux autres arrondissemens, environ la 20.e partie. — Les maisons, bâtimens, cours, jardins et parcs des mêmes arrrondissemens, environ la 9.e partie. Ainsi il ne reste guère à l'industrie agricole que les quatre cinquièmes de la superficie du territoire du département.

Les arrondissemens de Saint-Denis et de Sceaux se touchent à l'est et à l'ouest, et ne sont séparés qu'à la partie centrale du département occupée par la ville capitale. Mais, l'un s'étend sur toute la partie septentrionale et l'autre sur toute la partie méridionale du département, et cette différence de position, jointe à celle de l'élévation et de la nature du sol, donne lieu à des genres de culture qui varient beaucoup d'un arrondissement à l'autre. D'ailleurs, on remarque en général dans chacun de ces arrondissemens à-peu-près le même esprit d'industrie agricole, la même attention à tirer du terrain un parti avantageux, en y cultivant les arbres, arbustes, fruits, légumes, et toutes les plantes dont la proximité de la capitale assure un bénéfice beaucoup plus considérable que la culture ordinaire des grains, des prairies artificielles, etc.

L'arrondissement de Saint-Denis est moins étendu que celui de Sceaux ; il n'a que 36 communes, et l'arrondissement de Sceaux en compte 42. Ce dernier a 3,200 hectares de plus que celui de Saint-Denis. En général l'arrondissement de Sceaux paroît être dans une position plus favorable que celui de Saint-Denis, et ordinairement ce dernier souffre beaucoup plus de l'intempérie des saisons.

Les cultures particulières les plus remarquables sont celles des pépinières à Vitry ; des pêchers à Montreuil ; des Rosiers à Fontenay-aux-Roses ; des groseillers, framboisiers, fraisiers, des plantes légumineuses et potagères, de quelques plantes botaniques, de la coriandre, de la guimauve, de la violette, dans plusieurs communes des deux arrondissemens.

École d'économie rurale vétérinaire d'Alfort.

Le département de la Seine a l'avantage de posséder l'établissement le plus précieux pour le perfectionnement de tout ce qui intéresse l'agriculture, c'est l'*École d'économie rurale Vétérinaire* d'Alfort, créée sous le règne de Louis XV, en 1765. Son établissement et ses premiers succès sont dûs à la protection particulière de M. Bertin alors ministre des finances.

Une loi du 9 Germinal an 3, (29 mars 1795) ordonna à chaque administration de district d'envoyer trois élèves à l'école, prescrivit un nouveau mode d'enseignement, le divisa entre six professeurs, et le réglement quelle annonçoit fut arrêté en l'an 5 par le Ministre de l'intérieur.

En l'an 9, (1801) l'étude des haras fit suite au cours d'Hygiène générale; l'éducation des bêtes à laine, des bêtes à cornes, du cochon, du chien, du chat, du lapin, des volailles, des abeilles et des vers à soie, devint l'objet d'un cours particulier. On mit l'école en possession d'un troupeau de bêtes à laine, d'Espagne, et de bêtes indigènes. Ce troupeau confié aux soins de M. Godine jeune, est composé de différentes races; le but de sa formation est de prouver la possibilité de l'amélioration par les croisemens, et de faire connoître celles des races françaises qui s'améliorent le plus avantageusement.

Cabinet d'anatomie et de pathologie. Ce cabinet,

qui est ouvert tous les jours au public, doit une partie de ses accroissemens aux soins de M. Chabert, directeur actuel de l'école ; il est regardé comme le plus considérable de tous ceux que l'Europe possède en ce genre. Il contient environ trois cents articles très-précieux dont on trouve la description dans une notice descriptive de MM. Langlois et Lévesque.

Bibliothèque. La précieuse bibliothèque de l'école vétérinaire fut formée en 1798, sous le ministère de M. François (de Neufchâteau), par les soins de M. Huzard, membre de l'Institut. Cette bibliothèque est actuellement composée d'environ 5,000 volumes, tous relatifs à l'agriculture, la botanique, l'art vétérinaire, et elle devient toujours plus nombreuse, le Gouvernement consacrant chaque année à son augmentation une partie des revenus qui proviennent des produits du troupeau d'expériences de l'établissement. Cette bibliothèque est, comme le cabinet d'anatomie, ouverte tous les jours au public.

État de l'agriculture aux environs de l'école. La mauvaise habitude de laisser les terres en jachères n'existe pas généralement dans la plaine d'Alfort. Depuis plusieurs années M. Yvard les supprime dans les terres qu'il fait valoir. On cultive dans cette plaine les plantes potagères. Depuis quelque temps, on y cultive aussi le topinambourg pour la nourriture des bêtes à laine.

Chevaux. Les cultivateurs de cette plaine ne font point d'élèves de ces animaux, ils les achètent encore jeunes, et les revendent aux voituriers de Paris, lorsqu'ils sont usés et conséquemment incapables de servir à l'agriculture.

Mulets et Anes. Ces animaux sont fort rares ; les ânes seuls sont employés aux environs pour la culture de la vigne. En général, ils sont d'une race très-abâtardie.

Bêtes à cornes. Les animaux de cette espèce que l'on trouve dans la plaine de Maisons-Alfort, sont originaires de la Flandre et de la Normandie. Ils sont achetés par les cultivateurs dans le plein rapport, seulement pour en avoir le plus de lait possible, et pour en retirer un engrais qui, par ses qualités, convient parfaitement au terrain. Malgré ces avantages, un grand nombre de cultivateurs n'en ont pas, y trouvant trop peu de profit. Ceux qui entretiennent un troupeau de vaches ont ordinairement un taureau. Quelques cultivateurs font des élèves, mais c'est le plus petit nombre ; ils aiment mieux engraisser leurs veaux, qu'ils vendent fort cher aux bouchers.

Il existe à l'école vétérinaire, et chez quelques cultivateurs, une race précieuse de vaches sans cornes, et si, comme l'expérience semble le démontrer, il en naît plus de bonnes vaches à lait que de mauvaises, elle doit être préférée par tous les cultivateurs qui entendent leurs intérêts. Elle présente encore l'avantage de pouvoir être élevée avec d'autres animaux, sans courir les risques de les blesser et de ravager les haies ou les jeunes plants qui servent à entourer leurs pâtures. Les animaux de cette race sont parfaitement bien faits, et toutes leurs formes indiquent la force et la vigueur.

En général, les bêtes à cornes sont mal logées, les étables sont basses, petites ; l'air y circule à peine ; on en bouche les ouvertures afin d'augmenter le lait ; très-souvent elles n'ont pas de litière, elles sont sales,

et ne sortent que dans le temps du parcours; aussi sont-
elles foibles, et cet état est aggravé par la longueur
de leurs pieds. Leur nourriture est peu succulente,
la paille en fait la principale partie; dans la saison
des herbes, on leur donne celles qu'on va couper
aux champs; aussi souffrent-elles plus dans la gesta-
tion et dans le part que les vaches des pays dont elles
sont originaires. Communément elles sont affectées
de maladies chroniques de la poitrine, de la pom-
melière sur-tout : alors les nourrisseurs les vendent
en cet état aux bouchers. Cependant quelques cultivateurs possèdent des vaches qui se portent bien, étant
bien nourries et logées dans des étables bien aérées.

Bêtes à laine. Les bêtes à laine de races communes
nourries dans la plaine d'Alfort sont tirées des départemens d'Eure et Loire, du Loiret, de Loir et
Cher, de Seine et Marne, etc. On les achète dans les
foires ou marchés; les cultivateurs qui les destinent à
l'engrais pour la boucherie, ou qui les gardent pour
l'amendement des terres, les revendent quelque temps
après et en achètent d'autres.

Il existe à l'école d'Alfort un troupeau d'expériences
formé de bêtes espagnoles et de bêtes communes, tirées
des différentes contrées de la France. Ce troupeau
montre la certitude de l'amélioration des races à laine
grossière, au moyen de l'espagnole; cette amélioration
se fait par le croisement : toutes les brebis sont saillies
par des béliers purs des plus beaux; les agneaux premiers métis ont dans leur laine un dégré de finesse
bien supérieur à celle de leur mère; les mâles métis
sont châtrés; les femelles, lorsqu'elles sont en âge
servent à la reproduction; les agneaux qui en naissent

sont appelés deuxièmes métis. La laine en est encore plus fine que celle des premiers métis. Cette marche est suivie ainsi jusqu'aux quatrièmes métis, dont la laine est en tout semblable à celle des pères ; mais en général, on a toujours soin de ne faire saillir les femelles que par des béliers purs, ou non métis, autrement il y auroit dégénération. La laine fournie par ces animaux est divisée en celle des bêtes pures, des communes, des premiers, deuxièmes, troisièmes, et quatrièmes métis. Celle des agneaux, quel que soit son degré d'amélioration, ne forme qu'un lot ou division, appelé *agnelin*. Les prix pour les pures sont d'environ 2 fr. 50 cent. ; pour les métis, de 1 fr. 50 cent. ; pour les communes, de 1 fr. 30 c. ; pour l'agnelin, de 1 fr.

Une toison commune pèse deux kilogrammes (quatre livres), et se vend 4 fr. ; une toison de troisième et quatrième métis, pèse quatre kilogrammes (huit livres), et se vend 18 fr. Il y a des béliers, dont la toison pèse environ huit kilogrammes, (15 à 16 livres.)

Les béliers se vendent de 350 à 400 fr. ; les moutons premiers métis, de 15 à 18 fr. ; les deuxièmes de 18 à 24 fr. ; les troisièmes et quatrièmes de 25 à 35 fr. Les brebis pures de 250 à 300 fr. ; les communes et les métisses suivent à peu près la même variation que les moutons métis. Les animaux sont vendus à l'époque de la tonte, vers le mois de juillet ; la vente est publique et à l'enchère.

Le troupeau parque sur les terres d'un cultivateur des environs, qui, en retour des avantages que cela lui procure, fournit la paille pour la nourriture et la litière ; on achète le foin, ou la luzerne, le son, le regain, l'avoine, etc. Le berger est payé 1000 fr.

Ce troupeau rapporte annuellement , par la vente des laines et des bêtes réformées, 8 à 9,000 fr. ; les dépenses de nourriture , de traitement du berger , et d'entretien des bergeries, vont à 3,000 fr. environ ; ce qui donne un bénéfice d'environ 5,000 fr. Comment les cultivateurs qui n'auroient pas à faire autant de déboursés , ne sentent-ils pas leurs intérêts ! Un bélier suffit à cinquante brebis ; son prix paroît considérable , cependant il s'élève à bien peu de chose par chaque tête de production qu'il améliore.

Plusieurs expériences de vaccine inoculée aux bêtes à laine , ont été suivies de contre-épreuves, et donnent l'espérance de préserver les moutons du claveau par la vaccination.

Cochons. Il existe dans cette espèce deux races : l'une est naturelle au pays, l'autre y a été transportée ; elle est appelée d'après le pays d'où elle vient , race de Java. Cette race présente pour avantages : d'être beaucoup plutôt apte à la génération, de s'engraisser plus vîte et de coûter moins pour la nourriture. Elle est entretenue dans toute sa pureté par M. Chaumontel. Elle a été répandue dans différens endroits de la France , par les soins de M. Chabert.

Chiens. Deux races se font remarquer ; celle de Brie , ou chiens de bergers, et le chien de basse cour.

Volailles. Elles sont en grand nombre ; le cultivateur en tire un grand produit : il vend les œufs ou à Paris, ou à des marchands qui courent les fermes. Les poulets, les cannetons, lui rapportent , par le même moyen , un bénéfice assez important. Les pigeons commencent à se multiplier ; ils donnent des pigeonneaux , et leur fiente est un excellent engrais pour les terres froides et pour vivifier les fromens qui souffrent des inondations et de l'humidité. — M. Chabert a répandu dans les environs d'Alfort les meilleures races de poules, sur-tout celles de Crève-cœur, département du Calvados. Quelques ménages voisins de la Seine ou de la Marne, élèvent des canards barboteurs et de Barbarie.

Abeilles. M. Chabert en a à peu près une vingtaine de ruches, et plusieurs cultivateurs des environs en élèvent aussi. Au lieu de tuer les abeilles par la fumée de soufre, ce qui s'appelle *tailler à mort*, on a reconnu l'avantage de tailler les gâteaux de côté dans les ruches en cloches, qui sont les plus communes; d'autres taillent les gâteaux par le haut dans leurs ruches à chapiteau postiche, que l'on remplace par un chapiteau vide (1).

Pépinière du Luxembourg.

Cette pépinière remplace la belle pépinière que les Chartreux entretenoient, et dont la réputation étoit connue dans toute la France et dans les pays étrangers. Cet établissement appartient au Gouvernement; on y cultive les arbres fruitiers de toutes espèces, tels que cerisiers, pruniers, abricotiers, pêchers, amandiers, poiriers, pommiers, néfliers, et une collection assez considérable de fruits à boisson en poiriers et pommiers, cultivés dans les départemens du Finistère, de la Seine-inférieure et autres.

Cette pépinière contient une collection de toutes les espèces de vignes connues dans les divers départe-

(1) V. à la Table l'article École vétérinaire, pour les noms les personnes composant l'administration de cet établissement.

mens. On y formera aussi une école d'arbres fruitiers pour l'instruction des curieux et des amateurs ; les arbres de cette école , seront placés à demeure et disposés de la même manière qu'au muséum d'histoire naturelle.

On y vend des arbres aux particuliers aux prix approximatifs du commerce , et on en délivre à titre gratuit , aux établissemens publics d'après l'autorisation du Ministre de l'intérieur.

Population.

Suivant l'état compris au tableau de répartition de la contribution personnelle de l'an 5 , la population du département de la Seine étoit de 738,522 habitans.

Suivant un état arrêté par l'administration centrale en l'an 7 , cette population étoit alors de 736,317 habitans.

Suivant un autre arrêté par la même administration, le 28 pluviose an 8 , la population , à cette époque, s'élévoit à 760,321 habitans.

Enfin , suivant le dernier recensement général , la population totale du département de la Seine , se trouve être de 631,531 habitans , dont le détail suit ;

Classes.	Paris.	Sceaux.	St.-Denis.	Total
Mariés ou veufs.	128,653	12,204	9,124	149,98
Mariées ou veuves.	149,017	10,111	10,186	169,31
Garçons.	119,934	9,531	8,864	138,32
Filles de tout âge.	135,851	10,434	10,884	157,16
Aux armées.	14,301	1,481	956	16,73
Totaux.	547,756	43,761	40,014	631,53

On voit par ce tableau, que le nombre des hommes mariés ou veufs est plus foible à Paris d'un septième et demi environ que celui des femmes mariées ou veuves, et que le nombre des garçons de tout âge, joint à celui des jeunes gens appelés aux armées est encore inférieur de 1616 au nombre des filles de tout âge. — Dans l'arrondissement de Sceaux, le nombre des hommes mariés ou veufs surpasse d'un sixième environ le nombre des femmes mariées ou veuves, et le nombre des garçons de tout âge, joint à celui des jeunes gens appelés aux armées, surpasse d'un vingtième environ celui des filles de tout âge de cet arrondissement. — Dans l'arrondissement de Saint-Denis, le nombre des hommes mariés ou veufs est inférieur d'un dixième environ à celui des femmes mariées ou veuves, et le nombre des garçons de tout âge, joint à celui des jeunes gens appelés aux armées, est également inférieur d'un dixième à celui des filles de tout âge du même arrondissement. — La population des deux arrondissemens réunis ne représente guère que le huitième de la population totale du département.

Il peut être agréable au lecteur de trouver ici la division de la population de la ville de Paris, distinguée ainsi qu'il suit; savoir : 1°. la *Cité*, qui comprend les divisions de la Cité et du Pont-Neuf; 2.° l'*Isle-Saint-Louis*, formant la division de la Fraternité; 3.° la partie de la ville de Paris qui se trouve sur la *rive droite de la Seine*, et qui comprend trente-quatre divisions; 4°. la partie de la ville de Paris qui se trouve sur la *rive gauche*, et qui comprend onze divisions.

Classes.	Cité.	Isle s. Louis.	Rive droite.	Rive gauche.	Total.
Hommes.	3,696	1,081	87,684	36,192	128,653
Femmes.	4,639	1,329	99,862	43,187	149,017
Garçons.	3,132	894	78,282	37,726	119,934
Filles.	3,872	1,291	83,308	47,380	135,851
Armées.	262	108	8,418	6,513	14,305
Totaux.	15,601	4,703	356,554	170,898	547,756

Ainsi, la population de l'Isle-Saint-Louis est à peu-
près les trois dixièmes de celle de la Cité ; — celle de
la rive droite de la Seine est à peu-près le double
de celle de la rive gauche ; — celle de la Cité est la
trente-cinquième partie de celle de Paris ; — celle de
l'Isle-Saint-Louis est la cent-seizième partie de celle
de Paris ; — celle de la rive droite équivaut presque aux deux tiers de celle de Paris ; — celle de la rive
gauche s'élève à peu-près à un tiers de celle de Paris.

Les précédens Annuaires ont donné le mouvement
de la Population pendant les années 12 et 13. La
reprise du Calendrier grégorien nécessite de distinguer
ici ce mouvement en deux époques : celle des 100 jours
écoulés du 1.er vendémiaire an 14 au 1.er janvier 1806,
et celle de l'année entière 1806.

Mouvement de la Population en Vendémiaire, Brumaire et Frimaire an 14.

NAISSANCES.

Le nombre total des Naissances dans le département
a été de 6144, savoir :

	De mariage.	Hors mariage.	Total.
A domicile.	4,102	1,264	5,366
Aux hospices.	133	645	778
Total.	4,235	1,909	6,144

Sur ces 6,144 naissances, il y en a 3,071 du sexe masculin. — 1291 enfans ont été déposés à l'hospice de la Maternité, dont 672 du sexe masculin.

Sur les 1909 enfans naturels, il en a été reconnu 522, dont 249 du sexe masculin.

Résumé des Naissances par arrondissemens.

Arrondissemens.	De mariage.	Hors mariage.	Total.
Ville de Paris.	3,517	1,861	5,378
St.-Denis.	377	33	410
Sceaux.	341	15	356
TOTAL.	4,235	1,909	6,144

MARIAGES, DIVORCES ET ADOPTIONS.

Le nombre total des individus qui se sont mariés a été de 2,348, ce qui a fait 1,174 mariages, savoir :

	Paris.	S. Denis.	Sceaux.	Total.
Garçons et Filles.	663	70	91	824
Garçons et Veuves.	106	3	4	113
Veufs et Filles...	146	8	6	160
Veufs et Veuves. .	60	12	5	77
TOTAL.	975	93	106	1,174

53 reconnoissances d'enfans ont eu lieu par les actes de mariage, savoir : 51 à Paris, et 2 dans l'arrondissement de St.-Denis.

Le nombre des divorces a été de 21, dont 20 à Paris, et un dans l'arrondissement de Sceaux.

Il n'y a eu dans tout le département qu'une seule adoption, qui a eu lieu dans l'arrondissement de St.-Denis.

Décès.

Le nombre des décès a été de 6091 , savoir :

	Sexe masculin.	Sexe féminin.	Total.
A domicile.	1,820	1,983	3,803
Hospices civils.	989	990	1,979
Hôpitaux militaires . .	203	2	205
Dans les prisons. . . .	40	26	66
Dépôt de la Morgue. .	31	7	38
Total.	3,083	3,008	6,091

Sur ces 6,091 décès, 5,297 ont eu lieu à Paris, 356 dans l'arrondissement de St.-Denis, et 438 dans celui de Sceaux.

MOUVEMENT de la Population pendant l'année 1806.

NAISSANCES.

Le nombre total des Naissances dans le département a été de 21,360 , savoir :

	De mariage.	Hors mariage.	Total.
A domicile. . . .	14,356	4,331	18,687
Aux Hospices. . .	421	2,252	2,673
Total.	14,777	6,583	21,360

Sur ces 21,360 naissances, il y en a 10,877 du sexe masculin. — 4,238 enfans ont été déposés à l'hospice de la Maternité, dont 2,129 du sexe masculin.

Sur les 6,583 enfans naturels, il en a été reconnu 1850, dont 966 du sexe masculin.

RÉSUMÉ des Naissances par arrondissemens.

	De mariage.	Hors mariage.	Total.
Paris.	12,286	6,382	18,668
St.-Denis.	1,296	121	1,417
Sceaux.	1,195	80	1,275
Totál.	14,777	6,583	21,360

MARIAGES, DIVORCES ET ADOPTIONS.

Le nombre total des individus qui se sont mariés a été de 8,852, ce qui a fait 4,426 mariages, savoir :

	Paris.	St.-Denis.	Sceaux.	Total.
Garçons et Filles.	2,679	263	274	3,216
Garçons et Veuves.	309	23	8	340
Veufs et Filles. . .	509	49	6	564
Veufs et Veuves. .	263	31	12	306
Total.	3,760	366	300	4,426

263 reconnoissances d'enfans ont eu lieu par les actes de mariage, savoir : 258 à Paris, et 5 dans l'arroudissement de St.-Denis.

Le nombre des divorces a été de 52, dont 51 à Paris, et 1 dans l'arrondissement de St.-Denis.

Il n'y a eu dans le département qu'une seule adoption qui a eu lieu dans la ville de Paris.

DÉCÈS.

Le nombre des décès a été de 23,096, savoir :

	Sexe masculin.	Sexe féminin.	Total.
A domicile.	6,996	7,449	14,445
Hospices civils.	3,541	3,276	6,817
Hôpitaux militaires, . .	1,204	8	1,212
Prisons.	211	121	332
Dépôt à la Morgue. . .	236	54	290
Total.	12,188	10,908	23,096

Sur ces 23,096 décès, 19,752 ont eu lieu à Paris, 1745 dans l'arrondissement de St.-Denis, et 1599 dans celui de Sceaux.

RÉSUMÉ des Décès de 1806 par Mois.

Janvier.	1800	Juillet	1356
Février.	1979	Août.	1483
Mars.	1892	Septembre. . .	1650
Avril.	1770	Octobre	1609
Mai.	1776	Novembre. . .	1469
Juin	1546	Décembre. . .	1422

COMPARAISON du mouvement de la Population des années 12, 13, et 1806.

	An 12.	An 13.	1806.
Naissances . . . :	20,402	22,877	21,360
Décès.	24,902	21,775	23,096
Mariages.	4,277	4,626	4,426
Divorces	320	47	52
Reconnoissances d'enfans.	225	276	263
Adoptions	6	0	1

Contributions directes (*).

Le contingent du département dans les contributions directes, y compris les centimes additionnels, a été pendant l'an 1807 de 23,139,759 fr. 40 c., savoir :

Contribution foncière.	13,311,891 fr.	62 c.
— des Portes et Fenêtres . .	1,438,342	85
— Personnelle et mobiliaire.	5,124,449	46
— des Patentes	3,265,075	47
Total. .	23,139,759 fr.	40 c.

(*) Pour satisfaire à la demande de beaucoup de contribuables.

Contribution Foncière.

Le nombre des Propriétaires du département est de 54,869, savoir :

Ville de Paris, ... 25,888
Arrondissement de St.-Denis. 14,464
Arrondissement de Sceaux. 14,517

Le revenu net imposable est de 42,899,719 fr. 36 c., savoir :

Ville de Paris. . . . . 37,985,564 fr. 28 c.
Arrondissement de St.-Denis. . 2,442,806   46
Arrondissement de Sceaux. . . . 2,471,348   62

La contribution foncière s'est élevée en 1807 à 13,311,891 fr. 62 cent., savoir :

En principal. 9,535,000
En 39 c. 55/100 additionnels par chaque fr. de principal, ainsi qu'il suit :

10 c. frais de guerre. . . .	953,500	⎫
2 c. non valeurs.	190,700	⎪
3 c. 31/40 dépenses fixes. .	359,946	⎬ 2,774,684
12 c. 9/40 dépenses variab. .	1,165,653	⎪
1 c. 1/10 frais de Culte. .	164,884	⎭

Total. 12,309,684

de Paris et des départemens, il sera publié incessamment un ouvrage en même format que celui-ci, ayant pour titre : GUIDE DES CONTRIBUABLES : il contiendra tous les renseignemens desirables sur toutes les natures de contributions, et les moyens pour le contribuable de s'assurer de la justice de la contribution qui lui est demandée. Les règles de la perception et les moyens d'en éviter les frais y seront clairement exposés, ainsi que toutes les circonstances dans lesquelles on est fondé à réclamer. Il indiquera même la manière dont les réclamations doivent être disposées pour faciliter à l'autorité les moyens d'une exacte vérification, et au réclamant l'obtention d'une prompte justice.

D'autre part.   12,309,784

1 c. canal de Picardie. . .	95,350	
5 c. dépenses communales.	476,750	
charges locales. . . .	4,567	1,002,206
1 c. réimpositions.	134,063	
Taxations des Percept.	291,496	

Total général. . .   13,311,891

La répartition entre les 3 arrondissemens du département a eu lieu ainsi qu'il suit :

Paris . . . .   11,885,913 fr. 42 c.
St. - Denis.   706,886   20
Sceaux.   719,092   »

Contribution des Portes et Fenêtres.

Cette Contribution s'est élevée à la somme de 1,438,342 fr. 85 cent., savoir :

Principal. . . . .   1,279,900 fr.
10 centimes additionnels par franc.   127,990
Taxations des Percepteurs.   30,452

La répartition entre les arrondissemens a eu lieu ainsi qu'il suit :

Ville de Paris. . . . .   1,331,959 fr. 85 c.
Arrondissement de St.-Denis.   55,292   40
Arrondissement de Sceaux. . .   51,090   60

Contribution Personnelle et Mobilière.

Cette contribution s'est élevée à la somme de 5,124,449 fr. 46 cent., savoir :

En principal. . . . . 4,258,106 fr. 7 c.
Eu 39 c. 55/100 additionnels par fr.   866,343   39

La répartition a eu lieu entre les arrondissemens ainsi qu'il suit :

Ville de Paris (*). . . . . 4,869,766 fr. 83 c.
Arrondissement de St.-Denis. .   139,821   60
Arrondissement de Sceaux. . .   114,861   03

Contribution des Patentes.

Le nombre des Patentés a été de 37,863, dont 33,450 pour Paris, 2,381 pour St.-Denis, et 2,037 pour Sceaux.

Le total de cette contribution a été de 3,265,075 fr. 47 cent., savoir :

Droit fixe. . . . . 1,630,247 f. 60 c.
Droit proportionn. ou 10.ᵉ du loyer. 1,479,346   11
5 cent. par fr., fonds de non valeurs.   155,481   76

La répartition entre les arrondissemens a eu lieu ainsi qu'il suit :

Ville de Paris. . . . . : . . 3,170,999 f. » c.
Arrondissement de St.-Denis. . . .   50,453   4
Arrondissement de Sceaux.   43,623   43

CONTRIBUTIONS de 1808.

Les Contributions Foncière, des Portes et Fenêtres, Personnelle et Mobilière, et des Patentes, sont perçues en principal sur le même pied qu'en 1807. — Les centimes additionnels sont également perçus sur le même pied. — La répartition entre les arrondissemens reste la même.

(*) Cette somme de 4,869,766 fr. se perçoit à Paris ainsi qu'il suit : 953,572 fr. au moyen des rôles, et 3,916,194 fr. au moyen d'une addition aux droits d'octroi.

Les 10 centimes imposés en sus du principal de la contribution foncière, pour frais de guerre, sont supprimés pour 1808.

Il est imposé en 1808, pour les dépenses fixes du département, 8 cent. 87/100 ; et pour les dépenses variables, administratives et judiciaires, 13 cent. 13/100.

Conscription militaire.

Le tableau de répartition des Conscrits, annexé à la loi du 27 nivose an 13 (17 janvier 1804), porte la population générale du département de la Seine à 629,763 individus. Les différens contingens fournis depuis l'an 9 jusqu'à l'an 1808 inclusivement s'élèvent à 11,106 individus, suivant les détails ci-après :

Années.	*Armée active.*	*Réserve.*	*Total.*
9	750	750	1,500
10	750	750	1,500
11	450	450	900
12	450	450	900
13	481	481	962
14	547	547	1,094
1806	897	540	1,437
1807	1,049	350	1,399
1808	1,061	353	1,414
Total...	6,425	4,671	11,106

Sciences et Beaux-Arts.

Sous le rapport des sciences et des beaux arts, le département de la Seine peut être considéré comme le berceau ou la patrie adoptive des hommes qui, sous l'ancienne monarchie, et depuis la naissance de l'Empire, ont illustré la France dans toutes les classes et dans toutes les professions.

En pénétrant dans son chef-lieu, on rencontre, à chaque pas, des monumens, des établissemens, des chefs-d'œuvre qui annoncent que la capitale de l'Empire est aussi celle du monde savant. C'est dans cette ville qu'il faut venir pour trouver la réunion et le dépôt de tout ce que l'univers offre de plus beau et de plus rare dans tous les genres d'ouvrages et de grandes conceptions humaines. Nous croyons donc faire plaisir au lecteur en plaçant ici l'état suivant.

ÉTAT des hommes nés dans le département de la Seine, et principalement à Paris, qui se sont fait un nom par leur génie ou par leurs talens, etc., avec indication de l'année de leur naissance, et l'état ou profession où ils se sont distingués.

Alembert (Le Rond d') 1717, *mathématicien, littérateur*, mort à Paris le 9 octobre 1783.
Aquin (d'), 1694, *organiste.*
Arnaud d'Andilly, fils d'Antoine, 1588, *traducteur.*
Arnaud (le grand), 1612, *théologien.*
Arnaud (Antoine), *avocat*, mort en 1619.
Audran (Karle), 1594, *graveur.*
Audran (Claude), 1597, *graveur.*
Autreau, 1656, *poète et peintre*, mort en 1745.

Bachaumont , 1674 , *poète.*
Bignon , 1590 , *magistrat.*
Bossu (le) , 1631 , *littérateur.*
Bouhours (le Père) , 1628 , *littérateur.*

Cassini , 1672 , *astronome.*
Catinat , 1637 , *général.*
Caylus (le Comte de) , 1692 , *littérateur.*
Chapelain , 1595 , *poète.*
Charron , 1541 , *savant.*
Choisi , 1644 , *littérateur.*
Clairaut , 1713 , *mathématicien.*
Colbert (Ch. Joac.) , 1667 , *évêque de Montpellier.*
Collé , 1709 , *auteur dramatique et chansonnier.*
Colletet , 1598 , *poète.*
Condamine (de la) , 1701 , *poète tragique.*
Condé (le grand) , 1621 , *capitaine.*
Cossé (de Brissac) , 506 , *maréchal de France.*
Cottin (l'Abbé) , *prédicateur.*
Coulanges (de) , 1631 , *poète.*
Crébillon fils , 1707 , *romancier.*

Dassomi , 1604 , *poète.*
Daubignac (l'abbé) , *poète.*
Desbarreaux , 1602 , *poète.*
Deshoulières , 1634 , *poète.*
Deshoulières (m^{lle.}) , *poète.*
Desmarets , 1595 , *poète.*
Doublet , 1603 ; *avocat.*
Ducerceau , 1670 , *poète.*
Duché , 1668 , *poète.*
Dufresnoy , 1611 , *poète.*
Dufresny , 1648 , *auteur dramatique.*
Duryer , 1605 , *poète.*

Eugènes (le Prince) , 1563 , *capitaine.*

Fayau , 1702 , *auteur dramatique.*
Fieubet (de) , 1627 , *poète.*

Fleury, 1640, *historien.*
Forbin (cardin. de), 1630, *ambassadeur:*
Forbin (cheval. de), 1656, *chef-d'escadre.*
Fouquet 1615, *magistrat.*
Furetière, 1620, *littérateur.*

Genest, 1635, *grammairien.*
Gomez, (madame de), 1684, *romancière.*
Gondi (cardinal de), 1613, *archevéque de Paris.*
Guise le Balafré (de), 1550, *général.*

Harlay (Achilles de), 1536, *magistrat.*
Harlay (François de), 1625, *archevéque de Paris.*
Helvétius, 1715, *historien.*
Henault (le président), 1684, *historien.*
Hennuyer, *évéque de Limoux.*
Hesnault, *poète.*
Hugues-Capet, 940, *roi de France.*

Jean d'Orléans, 1413, dit le *restaurateur de la patrie.*
Jodelle, 1532, *poète dramatique.*
Joly de Fleury, 1675, *procureur-général.*
Jouvency (le père), 1543, *historien.*

Lachaussée (de), 1691, *poète dramatique.*
Lafont, 1606, *poète.*
Lafosse (de), 1653, *poète dramatique.*
Lamoignon (G. de), 1617, *premier président.*
Lamoignon (Fr. de), 1644, *président à mortier.*
Lamothe, 1588, *littérateur.*
Lamotte (Houdard de), 1672, *poète, littérateur.*
Larue (le père), 1643, *poète, littérateur.*
Lasuze (comtesse de), *poète.*
Le Grand, 1672, *auteur dramatique.*
Linières, 1628, *poète.*
Louis (Saint), 1215, *roi de France.*
Louvencourt (Mlle.), 1680, *poète.*
Lussan (Mlle. de), *romancière.*
Luxembourg (de), 1628, *général.*

Maillebois (de), 1682, *maréchal de France.*
Mallebranche, 1638, *métaphysicien.*
Mangenot (l'abbé), 1694, *poète.*
Marillac (de), 1566, *maréchal de France.*
Marivaux, 1588, *auteur dramatique.*
Marot, père, 1463, *poète.*
Mesme (de), *négociateur.*
Molé, 1584, *garde des sceaux.*
Molière, 1620, *poète dramatique.*
Moncrif, 1687, *poète lyrique.*
Monfleury, 1640, *auteur dramatique.*
Mongault (l'abbé de), 1674, *traducteur.*
Montalambert 1483, *lieutenant général.*
Montausier, 1610, *gouverneur du Dauphiné.*
Montgomery, 1531, *guerrier.*
Montluc, 1500, *maréchal de France.*
Montmorency (A. de), 1493, *connétable.*
Montmorenci (H. I), 1534, *connétable.*
Montmorenci (H. II), 1593, *amiral, maréchal de France.*
Montreuil (de), 1621, *poète.*

Noailles (de), 1651, *archevêque de Paris.*

Olier, 1608, *curé de S. Sulpice.*
Olivier, 1490, *chancelier de France.*

Pasquier, 1528, *poète historien.*
Patru, 1604, *avocat.*
Pavillon, 1632, *poète.*
Pelletier, 1650, *contrôleur-général des finances.*
Perefixe..... *historien.*
Perrault, 1633, *littérateur.*
Philippe-Auguste, 1165, *Roi de France.*
Philippe d'Orléans, 1674, *régent.*
Poisson, ... *auteur dramatique.*
Pont-de-Vesle, 1697, *auteur dramatique.*
Prat (cardinal du), 1463, *chancelier de France.*

Quesnel (le Père), 1634, *théologien.*

Quinault , 1635 , *poète lyrique.*
Quinqueran de Beaujour , 1526 , *évêque de Senez.*
Quinqueran (P. A. de) , 1631 , *chevalier de Malte.*
Racine fils , 1692 , *poète.*
Rancé (l'abbé de) , 1626 , *littérateur.*
Regnard , 1647 , *poète comique.*
Regnier-Desmarais, 1632 , *poète, littérateur.*
Rémond de Saint-Mard , 1682 , *littérateur.*
Renaudot (Eusèbe), 1646 , *savant.*
Retz (le cardinal de) , 1613 , *historien.*
Richelieu (card. de) , 1585 , *ministre d'Etat.*
Rochechouart (de), 1526, *grand capitaine.*
Rochefoucault (La) , 1612 , *littérateur.*
Rollin , 1661 , *historien , littérateur.*
Rousseau (J. B.) , 1699 , *poète lyrique.*
Roy , 1683 , *poète lyrique.*
Sablière (la) , 1615 , *poète.*
Sacy (de) , 1654 , *traducteur.*
Saint-Pavin , 1592 , *poète.*
Sanlecque (le père) , 1650 , *poète latin et français.*
Santeuil , 1628 , *poète latin.*
Scarron , 1610, *poète burlesque.*
Schomberg (Ch. de) , 1600 , *vice-roi de Catal.*
Schomberg (H. de) , 1583, *vainqueur à l'île de Rhé.*
Seguier , 1588 , *chancelier garde-des-sceaux.*
Senault, 1601 , *prédicateur.*
Sévigné (mad. de) , 1626 , *littérateur.*
Talon , 1595 , *avocat-général.*
Tallart (le duc de) , 1552 , *maréchal de France.*
Tavannes (de) , 1509 , *amiral , maréchal de France.*
Tavernier , 1605 , *fameux voyageur.*
Tellier (Michel le) , 1603 , *chancelier.*
Tellier (le père) 1641 , *ministre d'état.*
Tencin (mad. de).
Thou (de), 1553 , *historien.*
Thou (Christop. de), 1508, *magistrat.*
Thou (J. A. de) , 1553 , *négociateur.*

Z

Thou (Fr. Aug. de), 1607, *garde de la bibliothèque du roi.*

Tillet (du), 1500, *évêque de Meaux.*

Tournon (card. de), 1490, *archevêque de Lyon.*

Tremoille (de la), 1460, *général.*

Valette (card. de la), 1529, *lieutenant-général.*

Valois (de), 1603 , *historien.*

Vauban 1633, (de), *ingénieur.*

Villars (duc de) , 1652, *maréchal de France.*

Villers de-l'Isle-Ad., 1464, *grand maître de Malte.*

Villon , 1430 , *poète.*

Visé, 1640 , *littérateur.*

Voisenon (l'abbé de) , 1708 , *poète.*

Voltaire, 1694, *poète, littérateur, historien, philosophe.*

Yves (le Père) , 1593 , *théologien.*

Commerce.

Cet annuaire devoit contenir un article de renseignemens curieux et nouveaux sur le commerce du département de la Seine. Quelques-uns des matériaux qui devoient servir à former cet article étant encore incomplets, nous avons cru devoir le renvoyer à l'Annuaire de 1809, et nous borner à donner ici la nomenclature suivante, que beaucoup de lecteurs ne trouveront pas sans intérêt.

Tableau des différens États, Commerces ou Professions exercés dans la Ville de Paris, et indication du nombre des individus qui exercent chacun desdits états, commerces ou professions.

Accoucheurs , V. Officiers de Santé. — Acides, Eaux minér. (mds. d') 18. — Agents d'aff. et Receveurs de rentes, 176. — Agents de change , 80. — Allu-

mettes-amadou (fab. et mds. d').4.—Amidoniers, 35.—
Amidonier à façon, 1. — Animaux (médecin d'), 1.
— Apothicaires et Pharmaciens, 140. — Apprêteurs
de bas, 5. — Apprêteurs de draps et étoffes, 13. —
Apprêteurs de gaze, 4. — Architectes et Entrepreneurs de bâtimens, 253. — Ardoises, briques et tuiles
(mds. d'), 7. — Argenteurs, V. Doreurs. — Armu-
riers et Arquebusiers, 29. — Armur. et Arquebus. à
façon, 11. — Arpenteurs, Toiseurs, Vérificateurs et
Appareil. de bâtim., 88. — Artificiers et Entrepr.
d'illuminations, 9. — Aubergistes, 72.

Badigeonneurs, 6. — Baigneurs, 13. — Balais
(fabr. et mds. de), 5. — Balanciers, 25. — Bandagistes, 7. — Bandagistes à façon, 4.—Banquiers, 104.
— Baromètres (fabr. et mds. de), 5. — Bas, (mds.
de), 249. — Bas (fabr. jusqu'à 5 métiers), 26.
— Bas (fabr. à 1 seul métier), 138. — Bateaux de
lessive, 16. — Bateaux (déchireurs de), 15. —
Batteurs et Tireurs d'or, 61. — Beurre, œufs et from.
(mds. de), 57. — Bierre, cidre et eau-de-vie (débitans de), 444. — Bijoutiers et Joailliers, 353. —
— Bijoutiers et Joailliers à façon, 294. — Bijoutiers
en cuivre, 5. — Billardiers et Paumiers, 83. —
Bimbeloticrs, 137. — Blanc de Céruse (fabr. et
mds. de), 1. — Blanchisseries, 3. — Bleu (fabr. et
mds. de), 9 — Boîtes de montres (fabr. et mds. avec
poinçon), 7. — Boîtes de montres (fabr. et mds. sans
poinçon, 15. — Bois en chantier (mds. de), 144.
— Bois en détail (mds. de), 3. — Bois des Indes,
en gros (mds. de), 2. — Bois des Indes en détail
(md. de), 5.—Bois de charonnage (mds. de), 7. —
Bois carré (mds. de), 43. — Boisselliers, 46. —
Boisselleries (Revendeurs de), 4. — Bombeurs de
verre, V. Vitriers. — Bottiers (Mds.), 29. — Bottiers à façon, 79. — Bouchers, 590. — Bouchonniers
(Mds.) 14. — Bouchonniers (Revendeurs), 4. —
Boulangers, 714. — Bouquinistes, 144. — Bourreliers,

35. — Bourreliers à façon , 27. — Boursiers , mds. de parasols et souflets, 53.—Boucliers, 3.—Bourasseurs, 2. — Bouteilles (mds. de), 12. — Boutonniers (fabr, et mds.), 59. — Boutonniers à façon , 40. — Boyaudiers , et fabr. de cordes à boyaux, 2. — Brasseurs , 53. — Bretelles (fab. et mds. de), 16. — Brioleurs, mds. de gâteaux , 9 — Brocanteurs, revendeurs , 1119. — Brocheurs , V. relieurs.'— Brodeurs , 166. — Bronzes (fab. et mds. de), 14. — Brossiers , 36. — Brossiers à façon, 22.—Briques (mds. de), V. Ardoises.—Brunisseurs sur métaux, Voir Polisseurs.

Cabaretiers, 630. — Cabinets littéraires, 5. — Cages et souricières (md. de), 1. — Calendreurs, 7. — Cannes et fouets (mds. de), 26. — Cannes et fouets (revend. de), 42. — Carossiers, (V. Selliers-Carr.).— Carreleurs, 15. — Carriers, 8. — Cartes géographiq. (mds de) , 5. — Cartiers (mds.), 10. — Cartiers à façon , 4. — Cartonniers (mds.), 17. —Cartonniers à façon, 36.—Casquettes (fabr. et md. de), 1.—Ceinturonniers, 22. — Chaînes et clefs de montre (fabr. et mds. de), 4. — Chanvre (mds. de), 1. — Chandeliers, 112. — Chandeliers-Revendeurs, 2. —Changeurs de monnoies, 29. — Chapeaux de paille. (fabr. et mds de), 18. — Chapeaux (apprêteurs de), 3. — Chapelliers, 237. — Chapelliers à façon ,104. — Charbon de terre en bateaux (mds. de), 16. — Charbon en détail (mds de), 86. — Charcutiers, 268. — Charcutiers-Revendeurs, 34. — Charons , 153. — Charons à façon, 72.—Charpentiers, 105.—Charpentiers à façon, 15. — Chaudronniers, 233. — Chaussons de lisière (fab. et mds. de), 16. — Chaux (mds. de), V. Plâtres. — Chevaux (mds. de) , 45. — Chevaux (courtiers et maquignons de), 18.—Chev. à l'attache (teneurs de), 8. — Chevaux (loueurs de), V. Voitur. — Chiffonniers (mds.) 64. — Chirurgiens, V. offic. de santé. —Chocolat (fabr. et mds de), 17. — Chocolatiers à façon , 6. —Cidre en gros (mds. de) 15. Cidre (débitans de) V.

Bierre. — Cimentiers, 3. — Cire et Pains à cacheter
(fabr. et mds. de), 4. — Ciriers (mds.), 4. — Cirier à
façon, 1.—Ciseleurs, 161.—Clincailliers en gros, 4.—
Clincailliers en détail, 216. — Clincailliers-Reven-
deurs, 3.—Cloutiers, 58.—Coiffeurs, V. Perruquiers-
Coiffeurs. — Coffretiers-Malletiers, 28. — Colle (fab.
et mds. de), 12. — Colleurs de papier, 12. — Colporteurs avec balle, 376. — Colporteurs avec bêtes de
somme, 3. —Comestibles (mds de), 18. — Commis-
saires-priseurs, 61. — Commissionnaires et Courtiers
eu marchandises, 103. — Commissionnaires de maisons
de prêt, 23.—Confiseurs et fabriquans de pastilles, 49.
— Cordes d'instrumens (fabr. et mds de), 5. — Cordes et Cordages (fabr. et mds. de), 23. — Cordiers, 36.
—Cordonniers (mds.), 244 — Cordonniers à façon,
1199.— Corroyeurs, 93. — Corroyeurs à façon, 37.—
Corsets et Cravattes élastiques (fabr. et md. de), 1.—
Costumiers, 4. — Cotterets et Fagots (mds. de), 6. —
Coton en gros (mds. de), 2.— Coton en détail (mds.
de), 14. — Coton cerdé (mds. de), 32. — Couleurs
(fabr. et mds. de), 46.—Couleurs Revendeurs (mds. de)
2. —Courtiers de commerce, 27. — Courtiers de marchandises, V. Commissionnaires.—Coutelliers (mds.).
55. — Coutelliers à façon, 48. — Couturières, 342. —
Couvertures (fabr. et mds. de) 29. —Couvertures (fab.
à un seul métier), 5. — Couvreurs (maîtres), 83. —
Couvreurs sans ouvriers, 12. — Crayons (fabr. et mds.
de), 4. — Crèmiers, V. Nourrisseurs. — Crépins, V.
Passetalonniers. — Crin (mds de), 3. — Crinières
(fabr. et mds. de) 3. —Cristaux (mds. de), V. Verres.
— Cuirs et Peaux (mds. de), 45. — Cuirs et Peaux
(revend. de), 9. —Cuirs à rasoirs (fab. et md. de), 1.
— Culottiers-Gantiers (mds.), 49. — Culottiers-
Gantiers à façon, 20. — Curiosités, histoire naturelle
(mds. de), 29. —Curiosités, histoire naturelle (revendeur de),1.— Cuiseurs, V. Fourniers. — Cravates élastiques (fabr. et mds. de), V. Corsets.

Décorateurs, 10. —Dégraisseurs, 47.—Dégustateurs sur les ports, 67. — Dentelles (mds. de), V. Gazes. — Dentistes, 32. — Distillateurs, 29. — Distillateurs-Revendeurs, 2 —Doreurs, Argenteurs, Plaqueurs, 280. — Dorures et argentures (mds. de), 20. — Drapiers en gros, 4. — Drapiers en détail, 145. — Droguiste en gros , 1. — Droguistes en détail, 24.

Eau-de-vie en gros, V. Vin. — Eau-de-vie (débitans d'), V. Bierre. — Eaux minérales, V. Acides. — Ebénistes (mds.) , 157. — Ebénistes à façon, 278. — Emailleurs, 62. — Encre (fab. et mds. d') 4. — Encre d'impression, V. Noir. — Entrepreneurs de bâtimens, V. Architectes.— Eperonniers, 10. — Eperonniers à façon , 5. — Epiciers en gros , 52. — Epiciers en détail, 1165. —Epiciers-Regrattiers, 253. — Epingliers, mds. d'aiguilles, 48.—Estampes, gravures, images et tableaux (mds. d') 70. — Estampes (revendeurs d') 5. — Essayeurs d'or et d'argent, 6. —Eventaillistes, 53. — Eventaillistes à façon , 122.

Facteurs à la Halle au bled , 20. —Facteurs à la Halle aux cuirs, 7. — Facteur à la Halle aux draps , 1. — Facteurs à la Halle au poisson, 13. — Facteurs à la Vallée , 6. —Facteurs d'instrumens de musique, V. Luthiers. — Farines. (mds. de), V. Grains. — Fayenciers en gros , 2. —Fayenciers en détail, 167. —Fayenciers revendeurs, 11.— Fer, acier et métaux. (mds. de) 47.—Férailleurs, 351.—Ferblantiers, lampistes, 110.— Ferblantiers à façon , 62. — Fileurs d'or , 2. — Filatures de coton, 19 —Fils, coton et soie en bottes. (mds. de), 5.— Filets. (mds. de) 1.—Flaconniers 6.— Fleurs et plumes artificielles (mds. de,) 48. — Fleuristes et plumassiers à façon, 65. — Fonderies (entrepreneurs de), 3. — Fondeurs et brûleurs d'or, 6. — Fondeurs et acheveurs, 161.— Fondeurs en caractères, 14. — Fondeurs de suif, 6. — Fontainiers, 22. — Forains avec voitures, 493. — Forges (maitres de), 4. — Fourages (mds. de), 13. — Fourbisseurs, 50. — Foureurs, pelletiers. (mds.) 36. — Foureurs, pelletiers à façon, 9. — Fournier, cuiseur, 1. — Fournisseurs, 22. — Frangiers, 31. — Frangiers à façon, 26. — Fripiers. (mds.), 175. — Fripiers-revendeurs, 95. — Fromages en gros. (mds. de) 2. — Fruitiers orangers, 1593. — Fumistes, V. Poêliers.

Gaîniers, 51. — Galochiers, V. Passetalonniers. — Galonniers, 9. — Galonniers à façon, 2. — Gargottiers 584. — Garnisseurs et canneleurs, 11. — Gâteaux (mds. de), V. Brioleurs. — Gauffriers, 4. — Gazes, linons, dentelles. (mds. de), 62. — Gazes, fabr. à cinq métiers, 2. — Gazes, fabr. à un métier, 25. — Gilets tricotés (fabr. et md. de) 1. — Glaces et miroirs (fab. de), 6 — Glace, eau congelée (mds. de), 2. — Grainiers, 368. — Grains et farines (mds. de) 26. — Gravatier, V. Voiturier. — Graveurs sur métaux et verres, 125. — Gravures (mds. de), V. Estampes. — Guillocheurs, 8.

Herboristes, 72. — Hongroyeur, 1. — Horlogeries en gros. (mds. d') 2. — Horlogers, 202. — Horlogers à façon, 302. — Horlogers en bois, 6. — Huiles en gros. (mds d') 5. — Huiliers (mds. et fabr.), 18. — Huile, (revendeurs d') 1. — Huissiers, 283.

Images (mds. d'), V. Estampes. — Imprimeurs en lettres, 133. — Imprimeurs d'adresses et avis, 35. — Imprimeurs en taille douce, 55. — Imprimeurs sur toiles, 23. — Instrumens de physique et de mathématiques. (fabr.) 9. — Instrumens de physique et de mathématiques (fabr. à façon d') 9. — Issues de bestiaux, (mds. d'), 20. — Inhumations. (entrepr. d'). 1.

Jaugeurs et Peseurs, 8. — Joailliers, V. Bijoutiers.

Lacets (fabr. et mds. de), 3. — Laine et lainage en gros (mds. de), 1. — Laine et lainage en détail (mds. de) 24. — Layetiers, 75. — Layetiers à façon, 13. — Lamiers, 2. — Lamineurs, V. Plombiers. — Lampistes,

— Noir et encre d'impression. (mds. de) , 8. — Nourrisseurs et Crêmiers, 404. — Nouveautés (mds. de), 19.

Opticiens, V. Lunettiers. — Officiers de santé, Chirurgiens, Accoucheurs, 291. — Oiseleurs , 9. — Orfèvres, 254. — Orfèv. à façon, 77. — Outils (fab. d'), 2.

Paillassons, V. Nattiers. — Pailles teintes (mds. de), 4. — Paillettes (mds. de) , 10. — Pains à cacheter, V. cire. — Pains d'épices (fabr. et mds. de) , 19. — Pantoufles (mds. de) , 2. — Papier en gros (md. de) , 1. — Papetiers (mds.), 186. — Papetiers , revendeurs , 9. — Papier peint (fabr. et mds.), 108. — Papier peint (fab. à façon de) 20. — Parasols (mds. de), V. boursiers. — Parcheminiers , 9. — Parfumeurs (mds.), 172. — Parfumeurs, revendeurs, 22. — Passementiers, 89. — Passetaloniers, galochiers (mds. de crépins), 38. — Pâtes, V. vermicèle. — Pâtissiers, 223. — Paumiers, V. billardiers. — Paveurs (maîtres.), 53. — Paveurs sans ouvriers, 7. — Peaux, V. cuirs. — Peignes (fabr. avec ouvriers) , 5. — Peignes, fabr. sans ouvriers, 18. — Peintres en bâtimens et meubles, 264. — Peintres en équipages, 51. — Peintres en porcelaine , 4. — Pelletiers (mds.), V. foureurs. — Perles (mds. de) , 3. — Perles (souffleurs de) , 14. — Perruquiers, 1055. — Perruquiers-coiffeurs, mds. de cheveux , 48. — Péseurs, V. jaugeurs. — Pharmaciens, V. apothicaire. — Planches (mds. de) , 88. — Planches à bouteilles (revendeurs de) , 2. — Planeurs, 5. — Plâtre et chaux (mds. de), 24. — Plâtriers chaufourniers, 38. — Plaqueurs, V. doreurs. — Plombiers et lamineurs , 57. — Plombiers et lamineurs à façon, 6. — Plumes (mds. de), V. papetiers. — Plumes (revendeur de) , 1. — Plumes artificielles, V. fleurs. — Poéliers et fumistes , 79. — Poéliers et fumistes à façon , 13. — Poils de lapin (mds. en gros de) , 1. — Poils de lapin (mds. en détail), 4. — Poils (coupeurs de), 11. — Poisson en bateau (mds. de), 1. — Poisson frais et salé (mds. de), 139. — Polisseurs et brunisseurs sur métaux, 67. — Pompiers, 5. — Porcelaine (mds. de), 40. — Porcelaine (revendeurs de), 2. — Portefeuilles (fabr. et mds. de), 20. — Porteurs d'eau avec voitures, 54. — Potiers d'étaim, 42. — Potiers de terre, 224. — Poudre et plomb (mds. de), 4.

Raquettes, V. volands). — Receveurs de rentes, V. agens d'affaires. — Régleurs de papier, 10. — Relieurs et brocheurs, 114. — Ressorts (fabr. de), 9. — Restaurateurs, V. traiteurs. — Revendeurs, V. brocanteurs. — Rôtisseurs, 26. — Rouge (fabr. et mds. de), 16. — Roulage (commissionn. de), 47. — Rubans (md. en gros), 1. — Rubaniers (mds.), 27. — Rubans (fabr. à 5 métiers) 1. — Rubaniers à 1 seul métier, 52.

Sabots (mds. de), 55. — Sacs de toile (mds. de), 5. — Salines en gros (md. de), 3. — Savon en gros (mds. de), 1. — Savon en détail (md. de), 1. — Scieurs à la presse), 3. — Scieurs de long, 12. — Sculpteurs en bois, 11. — Sculpteurs-marbriers, 101. — Sculpt. en plâtre, modeleurs, 18. — Sel en gros (mds. de), 7. — Sel (débit. de), 10. — Selliers (mtres), 150. — Selliers à façon, 34. — Selliers-carossiers, 33. — Serruriers en bâtimens, 434. — Serruriers à façon, 337. — Serruriers en équipages, 3. — Soie (mds. de), 72. — Soufflets (mds. de), V. boursiers. — Souliers (revend. de), 14. — Souricières, V. cages. — Spectacles et amusemens publics, 8.

Tabac en gros (mds. de), 7. — Tabac (fabr. de), 12. — Tabac (débit. de), 715. — Tableaux (mds. de), V. estamp. — Tableaux (restaur. de), 7. — Tabletiers, 97. — Tabletiers à façon, 141. — Taffetas gommé (mds. de), 7. — Taillandiers, 27. — Taillandiers à façon, 16. — Tailleurs (mds.), 61. — Tailleurs à façon, 1431. — Tailleurs de pierres, 7. — Tan, tourbe, mottes à brûler (mds. de), 4. — Tanneurs en gros), 1. — Tanneurs (mds.), 20. — Tanneur à façon, 1. — Tapis (fabr. de), 2. — Tapissiers (mds.), 199 — Tapiss. à façon, 46. — Tireurs d'or, V. batteurs. — Toi-

GOUVERNEMENT,

PLACE DE PARIS,

ET PREMIÈRE DIVISION MILITAIRE.

———

La première division militaire comprend les départemens de la Seine, de Seine et Oise, de l'Aisne, de Seine et Marne, de l'Oise, du Loiret et d'Eure et Loire. Paris est le chef-lieu de cette première division (*).

GOUVERNEUR DE PARIS.

S. Ex. M. le Général de Division J U N O T, (G. D. ✳) Colonel général des Hussards, premier Aide-de-Camp de S. M. l'Empereur et Roi.

Aides-de-camp, Messieurs :

Grandseigne ✳ , *Adjud.-Comm.* Hersan ✳ , *Chef de Bat.* Thomassin ✳ , La Grave ✳ , *Capitaines.*

Place de Paris.

M. le Général de Division Hullin, (G. O. ✳); commandant d'armes de Paris, et provisoirement des troupes réparties dans la première division militaire.

———

(*) Les bureaux de l'Etat-Major de la première Division sont établis rue Neuve des Capucines ; ceux de l'Etat-Major de la Place de Paris sont situés quai Voltaire.

Aides-de-camp, Messieurs :

Buchet ✳, *Chef de Bat.* Le Gentil , *Capit.*

État-Major. MESSIEURS ,

L'Adjudant - Commandant DOUCET (O. ✳), *Chef de l'Etat-Major-Général et de la place de Paris.*

Le Général de Brigade Darmaguac (C. ✳) , *Commandant les trois corps de la garde de Paris.*

Carbonnier et Lolor-Dubacry , *Capitaines.*

Le Colonel Lamoger (O. ✳) , *Direct. d'Artillerie.*

Evain , *Sous Directeur d'Artillerie.*

Le Colonel Dabadie (O. ✳), *Directeur du Génie.*

Révérony ✳ , *Sous-Directeur du Génie.*

Debon ✳ et Durand ✳ , *Officiers supérieurs.*

Adjoints à l'Etat-Major-Général, MM. Desgouttes et Delon , *Capitaines.*

Adjudants de la Place , MM. Laborde , *Chef de Bataillon.* Viart, Coteau, Cordiez, Carron, Villers , Graillard , *Capitaines.* Sanson , *Lieutenant.*

Secrétaires , MM. Cordelle et Pavin.

Bureau de la police militaire. MM. Laborde , *Chef.* Billy , *Commis principal.*

Adjudans de Place près les 12 arrondissemens de Paris.

PREMIER ARRONDISSEMENT. MM. Goillot, Séguin ; le Brigant, *Capitaines.* Joly, Paratte , ... *Lieutenans.*

2ᵉ. *arrondissement.* MM. Bénard, Béguinot, Bétis , Duret , *Capit.* Lejeune , Bernard , Lehecq , *Lieut.*

3ᵉ. *arrondissement.* MM. Bayard, Vanloo, Chevallot, *Capit.* Quinson , Lacan , Vasseur , *Lieut.*

4ᵉ. *arrondissement.* MM. Bougeard-l'Etang, Avril,

Collinet, *Capit.* Lefort, Moreau, Lami - La Goardette, *Lieut.*

5.e *arrondissement.* MM. Hubert, Livin, Poujet jeune, *Cap.* Bernard jeune, Tonnoille, Georges, *Lieut.*

6e. *arrondissement.* MM. Devaux, Terrier, Vallot, *Capit.* Beguin, Brière, Villedieu, *Lieut.*

7e. *arrondissement.* MM. Tonnelot, Crosnier, Dumesnil, *Capit.* Gally, Mathié, Chemin, *Lieut.*

8e. *arrondissement.* MM. Lesage, Pouget aîné, Larouvière, *Capit.* Roch, Violant, Maingot, *Lieut.*

9e. *arrondissement.* MM. Constans, Duplessis, Giraud, *Capit.* Sizaire, Rajaut, Lepage, *Lieut.*

10e. *arrondissement.* MM. Irminger, Delestrée, Bisseau, *Capit.* Fersuch, Duvillars, Giget, *Lieut.*

11e. *arrondissement.* MM. Durand, Gasnier, Gas-Manson, *Capit.* Aubert, Knab, *Lieut.*

12e. *arrondissement.* MM. Baillet, Dumez, *Capit.* Mantion, Martin, Manthonnet, *Lieut.*

MM. Dantreville ✠ et Poisson, *Officiers de Santé attachés à l'Etat-Major-Général.*

Dhaugeranville ✠, *Inspecteur aux revues.*
Grobert ✠, *Sous-Inspecteur aux revues.*
Sartelon ✠, *Commissaire ordonnateur.*

Fradiel, Lepelletier, Gaultier, *Commissaires ordinaires des Guerres.*

Place de Vincennes. M. Harel, *Chef de Bataillon, Command. d'armes.*

Bureau de l'état-major de la première division militaire, rue des Capucines. MM. Plantier, Georges, Corbel, Damécourt, *Secrétaires.*

PRÉFECTURE DU DÉPARTEMENT.

La Préfecture du département de la Seine est établie à l'hôtel-de-ville de Paris.

Le Conseil de préfecture, le Conseil-général du département faisant aussi fonctions de Conseil municipal de la ville de Paris, le Conseil d'administration des hospices, la Chambre de commerce de Paris, le Jury d'instruction publique, les Assemblées électorales, le Conseil des travaux publics, la Société Impériale d'agriculture du département de la Seine, tiennent aussi leurs séances à l'hôtel-de-ville.

PRÉFET.

M. LE CONSEILLER D'ÉTAT FROCHOT, (C. ✳).

Le Préfet du département est chargé seul de l'administration; en cas d'absence il se fait représenter, à son choix, par le Secrétaire-général, ou par un membre du Conseil de préfecture. Il pourvoit au remplacement provisoire des Sous-préfets, en cas d'absence ou de maladie. Il nomme et peut suspendre de leurs fonctions, les maires et adjoints des communes dont la population est au-dessous de cinq mille ames. Il nomme et peut suspendre de leurs fonctions les membres des Conseils municipaux des communes, dont la population est au-dessous de cinq mille habitans. Il convoque extraordinairement les Conseils municipaux, lorsqu'il y a lieu.

(ʼ) M. le Conseiller d'État Préfet, reçoit, les jeudis à huit heures du soir, les Fonctionnaires publics du département.

SECRÉTAIRE-GÉNÉRAL.

M. F. Hély-d'Oissel, Auditeur au Conseil d'Etat, rue des Fossés-St.-Germain-l'Auxerrois.

Le Secrétaire-général de la Préfecture a la garde de tous les papiers de l'Administration. Il signe seul, en sa qualité d'Archiviste-général, les extraits des registres et expéditions des pièces déposées aux archives de la Préfecture. Il préside le bureau de statistique. Il remplace le Préfet toutes les fois qu'il y est autorisé par lui. Dans les cérémonies publiques, il accompagne le Préfet et marche à sa droite (1).

Conseil et Officiers de la Préfecture, MM.

Chignard , *homme de Loi*, *Conseil particulier pour affaires contentieuses*, rue du Mail, n.º 12.

Marchoux , *Notaire*, rue Vivienne, nº. 6.

Noel , *Notaire*, rue St.-Honoré, nº. 26.

Lepeigneux , *Huissier*, rue St.-Th.-du-Louvre.

Bourdois , *Médecin*, rue St.-Honoré.

Laveaux , *interprète Juré pour la traduction des pièces écrites en langue étrangère.*

Ballard , *Imprimeur*, rue J. J. Rousseau.

Bureaux de la Préfecture.

SECRÉTARIAT-GÉNÉRAL.

1.er *Bureau*. *Ordre général. Enregistrement, transcription, classement et dépôt des pièces, budjets, fêtes publiques, mobilier de la ville, archives, etc.*

---

(1) Le Secrétaire-général reçoit le public tous les vendredis, de deux à trois heures; et, tous les autres jours, aux mêmes heures, les personnes auxquelles il a donné rendez-vous.

(2) Les Bureaux de la Préfecture sont ouverts au public tous

M. Bouhin, *Chef*, rue du Martrois, n°. 12.

M. Verneur, *Chef-adjoint*, quai Pelletier, n°. 28.

MM. Lebruin, rue Montmartre, n°. 6 ; Decombe, rue Ste.-Croix-de-la-Bretonnerie, *sous-Chefs*.

Gardes des Archives, MM.

Propiac, à *l'Hôtel-de-Ville*, pour les actes des anciennes administrations et de la Préfecture.

Marquis, à *l'Hôtel-de-Ville*, pour les actes de l'état civil, antérieurs à la formation des douze municipalités.

Bénoist, *au Palais de Justice*, pour les actes de l'état civil postérieurs à la formation des douze municipalités.

Dupré, à *l'Hôtel-de-Ville*, pour les archives domaniales. (V. ci-après 4e. bureau de la 4e. division.)

Roy, *place de l'Hôtel-de-Ville*, à la commission des contributions, pour les anciennes matrices de rôles des contributions directes depuis 1786.

Conseil des travaux publics.

Ce conseil, établi par arrêté du préfet du 30 fructidor an XII, est chargé d'arrêter les bases des prix à établir pour chaque nature d'ouvrage ; d'examiner les projets, plans et devis de tous les travaux à la charge du département et de la ville qui lui sont communiqués à cet effet par le secrétariat, et de donner son avis tant sur les moyens d'exécution, que sur la dépense portée aux devis.

Ce Conseil est composé de cinq membres nommés par le Préfet, savoir : l'ingénieur en chef du département; l'architecte inspecteur général, et un secrétaire ayant voix consultative, lesquels sont inamovibles, et de deux autres membres, renouvelés tous les six mois et choisis parmi les ingénieurs et architectes attachés à la Préfecture.

les jours, excepté les dimanches et fêtes, depuis trois heures jusqu'à quatre.

Membres du Conseil, MM.

Molinos, *architecte, inspecteur général des travaux publics de la ville de Paris.*

Becquey de Beaupré, *ingénieur en chef des ponts et chaussées du département.*

Beaumont, *architecte des Lycées et du Palais de justice.*

Viel, *architecte des prisons.*

Broguiard, *architecte des Églises.*

Couvreux, *secrétaire perpétuel.*

2ᶜ. *Bureau. Comptablilité.* M. Alexandre, *chef,* rue Neuve-Ste-Geneviève, nᵒ. 28.

3ᶜ. *Bureau. Statistique.* Ce bureau est formé du Secrétaire général de la Préfecture, des quatre Chefs de division, et d'un Rédacteur pris parmi les Chefs de bureau. *Rédacteur*, M. Laveaux.

I.ʳᵉ DIVISION. Administration générale.

M. Villemsens, *chef*, rue Popincourt, nᵒ. 27.
Cette division comprend six bureaux.

1ᵉʳ. *Bureau. État civil et politique, Cultes.* MM. Rgley, *chef*, rue Meslée, nᵒ. 9. Gambier, *sous-chef*, rue des Fossés-St.-Germ.-des-Prés, nᵒ. 18.

2ᶜ. *Bureau. Régime départemental et municipal.* MM. Bourcey, *chef*, rue Ste.-Croix de la Bretonnerie, nᵒ. 44. Lucas, *sous-chef*, quai Pelletier, nᵒ. 8.

3ᶜ. *Bureau. Institutions militaires.* MM. Laveaux, *chef*, rue des Tournelles, n. 50. Blandin, *chef*, rue S. Jacques, nᵒ. 300, *pour la partie concernant la garde municipale.* Lapierre, *sous-chef.*

Direction administrative de l'Instruction publique, des Hospices, Secours publics et Prisons.

M. Desfaucherets, *directeur et inspecteur-général du service économ. des prisons*, r. S.-Honoré, nᵒ. 348.

4e. Bureau. *Instruction publique.* MM. Ruphy , *chef*, rue du Jour. Blanc , *sous-chef.*

5e. Bureau. *Secours et Hospices.* M. Duplay , *chef* , rue de l'Union , faub. St.-Honoré , n°. 8.

6e. Bureau. *Prisons.* M. Faucon, *chef* , rue aux Fers.

II.e DIVISION. *Travaux publics.*

M. Pierre, *chef*, rue Cassette , n°. 20.

Cette division comprend trois bureaux.

1er. Bureau. *Architecture.* MM. Fromentin, *chef*, rue S.-Nicolas , faub. St.-Antoine , n°. 20. Compan , *sous-chef*, rue Bertin-Poiré , n°. 5.

2e. Bureau. *Ponts et Chaussées.* MM. Navarre, *chef*, rue Tiron, n°. 7. Jouan, *sous-chef*, rue S. Dominique , n°. 20.

Bureau général de vérification et de réglement, MM.

Touzet, à Mousseaux , près la barrière; Lalande , rue Mandar , n°. 8; et Perrin , rue du Hurepoix , n°. 11 , *commissaires-vérificateurs.*

Bureau spécial du CANAL DE L'OURCQ. M. Chabeuf , *chef*, quai Pelletier , n°. 28.

III.e DIVISION. *Contributions directes et indirectes.*

M. Lechat , *chef*, rue St.-Honoré , n°. 390.

Cette division comprend quatre bureaux.

1.er Bureau. *Répartement.* MM. Margottet, *Chef*, rue Ste. Croix de la Bretonnerie, n.° 22. Paillard-Villeneuve, *Chef-adjoint*, rue Neuve-des-Petits-Champs, vis-à-vis celle de Chabanois.

2.e Bureau. *Recouvrement et Arriéré.* MM. Chabeuf , *Directeur* , quai Pelletier, n° 28. Miel, *Chef*, rue de la Monnoie, n.° 10. Margottet, *sous-Chef*, rue des Forges.

3.e *BUREAU. Contentieux.* MM. Brou, *Chef*, **rue** St.-Denis n.º 12. Levillain, *sous-Chef.*

† 4.e *BUREAU. Contributions indirectes.* M. Martin, *chef*, rue St.-Antoine, n.º 2.

IVe DIVISION. *Domaine national.*

M. Lagrange, *Chef*, quai de l'Egalité, n.º 18. M. Guérout, *Chef-réviseur*, r. de la Verrerie, n.º 36.

1.er *BUREAU. Immobilier.* MM. Mayr, *Chef*, rue de Vaugirard, au couvent des Carmes. Deperthès, Dumez et Lechat, *sous-Chefs.*

2.e *BUREAU. Mobilier.* MM. Devaupré, *Chef*, rue des Nonaindières, nº. 1. Laurenceau, Lenfant et Monet, *sous-Chefs.*

Commissaire-général aux succesions. M. Chiguard, *Avoué*, rue du Mail. n.º 12.

Commissaires aux Scellés et Inventaires. MM. Leroux, rue des Gravilliers, n.º 15, et Moinac, rue St.-Dominique, près celle des SS.-Pères.

Commissaires-priseurs-vendeurs attachés à la Préfecture et à la Régie des Domaines. MM. Dussard, rue du Mont-Blanc, n.º 35. Pigoreau, rue des Fossés-St.-Germain-des-Prés. Vincent-St.-Hilaire, rue St.-Denis. Vincent, rue Pavée-St.-Sauveur, n.º 16. —

M. Brard, *Expert-vérificateur des écritures*, enclos du Temple.

Travaux d'Architecture.

1.º *Grande Voirie.*

Architectes surveillans des bâtimens des particuliers en construction dans la ville de Paris. MM. Norry, à la Sorbonne; Heurtier, quai d'Anjou, Isle St.-Louis, nº. 3; Gallimard, rue du Faubourg - St. - Denis, n.º 107.

Commissaires-voyers MM. Callet, r. de la Pépinière, n.º 48 ; Garrez, rue des Aveugles, n.º 2 ; Coulon, rue de la Harpe; Bourdon, rue Neuve des Mathurins, n.º 8.

Inspecteurs particuliers. MM. Docque, rue du Faubourg-St.-Denis, n.º 73 ; Marchand, rue Cassini, n.º 2; Mesnon, rue du Faubourg-St.-Honoré, n.º 64; Vey, rue. . . . .

2.º *Direction des Travaux du Département et de la Ville.*

1.ere SECTION. L'Hôtel-de-ville, les bâtimens des Mairies, les halles et marchés, et bureaux d'inspection des ports, les barrières et murs d'enceinte, les voieries de dépôt, les travaux des fêtes publiques. — MM. Molinos, *Architecte-inspecteur-général*, rue St.-Florentin; Couvreux, *Inspecteur-contrôleur*, rue du Martrois, n.16; Pagot et Pompon, *Inspecteurs ordinaires.*

2.e SECTION. L'Archevêché, l'Eglise métropolitaine, les Temples catholiques et protestans, les cimetières. — MM. Brogniard, *Architecte-inspecteur en Chef*; Hyppolite Godde, *Inspecteur ordinaire*, rue du Sépulchre.

3.e SECTION. Les Lycées, casernes et corps-de-garde. MM. Beaumond, *Architecte-inspect. en Chef*, Palais du Tribunat ; Couad, *Inspecteur ordinaire.*

3.º *Travaux dans les communes rurales.*

MM. Becquey de Beaupré, *Ingénieur en Chef*, rue St.-Guillaume-St.Germain, n.º 3; Gillet, rue Ste.-Croix, Chaussée-d'Antin; Ducret, rue. . . . Duchanois, rue. . . . *Ingénieurs ordinaires.*

4.º *Égouts.*

MM. Girard, *Ing.-directeur du canal de l'Ourcq*,

Directeur. Bruneseau , *Inspecteur particulier* , en-clos des Bernardins.

5.º *et* 6.º *Travaux hydrauliques et Pompes à feu.*
Voyez Ponts et Chaussées.|

7.º *Carrières hors et sous Paris.*

M. . . . . , *Inspecteur général.*

MM. Lebossu , rue de Turenne , et Cally , place de l'Estrapade , *inspecteurs particuliers.* Husset , *Ingénieur* pour la levée des plans , rue Nazareth des Capucins. Delepine , *sous - Ingénieur* , même de-meure.

8.º *Tribunaux , Prisons et Maisons de répression.*

MM. Giraud, rue des Marais du Temple , n.º 17; Beaumont, au Palais Royal ; Viel, rue St.-Jacques, n.º 288; Besche , à St.-Denis, *architectes.*

9.º *Hospices.*

MM. Clavareau, rue des Grands - Augustins , et Viel , rue St.-Jacques , n.º 228 , *Architectes.*

Ponts et Chaussées.

1.º *Routes et Ponts.*

MM. Becquey de Beaupré, *Ingénieur en Chef,* rue St.-Guillaume , n.º 3. MM. Gillet , rue Ste.-Croix, Chaussée d'Antin. Ducret. Duchanoy. Lepère. Ge-rard, *Ingénieurs ordinaires.*

2.º *Pont d'Jéna.*

M. Lamandé fils, *ingénieur en chef,* rue du Bacq.

3.º *Pavé de Paris.*

MM. Freminville, *ingénieur en chef*, rue du Bacq,
.º 112. Barbot, *Ingénieur ordinaire*, rue de l'Université.

4.º *Boulevarts intérieurs et extérieurs.*

MM. Fréminville, *Ingénieur en chef.* De Villiers,
ngénieur ordinaire.

5.º *Canal de l'Ourcq et Eaux de Paris.*

MM. Girard, *Ingénieur Directeur*, rue du Fau-
t. - Martin. Regnault-la-Vigne, *Chef du bureau
de l'ingénieur-Directeur.* Bralle, *Ingénieur en Chef,
pour l'intérieur*, à Paris. Hautpoix, *Ingénieur ordinaire* chargé de la direction des Pompes à feu. . . . .
. ., *Ingénieur en Chef pour l'extérieur.* Dutemps,
Paris; Léveillé, à Meaux; Lehot, à Pantin; *Ingénieurs ordinaires.*

CONSEIL DE PRÉFECTURE.

Le Conseil de Préfecture du département est composé de cinq membres, Il prononce sur les demandes
des particuliers, tendant à obtenir la décharge ou la
réduction de leurs cottes de contributions directes;
sur les difficultés entre les entrepreneurs des travaux
publics et l'administration, concernant le sens ou
l'exécution des clauses de leurs marchés; sur les réclamations des particuliers qui se plaignent des torts
et dommages provenant du fait personnel des entrepreneurs et non du fait de l'administration; sur les
demandes et contestations concernant les indemnités

dûes aux particuliers, à raison des terrains pris ou fouillés pour la confection des chemins, canaux, et autres ouvrages publics; sur les difficultés en matière de grande voirie; sur les demandes présentées par les communautés des villes, bourgs ou villages, pour être autorisés à plaider; sur le contentieux des domaines nationaux; sur les demandes en main-levée d'oppositions formées pour la conservation des droits des pauvres et des hospices, lorsque ces mains-levées ne sont point ordonnées par des tribunaux; sur les contestations relatives au partage des biens communaux.

Le Conseil de Préfecture, présidé par le Préfet du département, connoît, dans les séances qui ont lieu les lundis, mercredis et samedis, à l'Hôtel-de-Ville, des affaires contentieuses administratives qui sont dans les attributions du Préfet du département.

Membres du Conseil de Préfecture.

M. Champion, rue du Mail, n.° 1.

M. Fain, quai de la Mégisserie, n.° 82.

M. Joubert, rue de Miroménil, faub. St.-Honoré.

M. Lemarchand, rue du faub. St.-Honoré, n.° 19.

M. Perdry, rue du Bouloy, n.° 4.

CONSEIL-GÉNÉRAL DU DÉPARTEMENT.

Le Conseil-général du département de la Seine est composé de vingt-quatre membres. Il s'assemble chaque année à l'époque déterminée par le Gouvernement; la durée de sa session ne peut passer quinze jours. Il nomme un de ses membres pour président, un autre pour secrétaire. Il fait la répartition des contributions foncière, personnelle et mobiliaire entre les arrondissemens communaux du Département.

Il statue sur les demandes en réduction faites par les Conseils d'arrondissement des villes, bourgs et villages. Il détermine, dans les limites fixées par la loi, le nombre des centimes additionnels dont l'imposition doit être demandée pour les dépenses du Département. Il entend le compte annuel que les Préfets du Département et de Police rendent de l'emploi des centimes additionnels destinés à ces dépenses. Il exprime son opinion sur l'état et les besoins du Département, et il l'adresse au Ministre de l'intérieur.

Le Conseil-général du Département se renouvelle par tiers tous les cinq ans.

Membres du Conseil-général du Département.

M. BELLART, rue du Grand-Chantier.
M. BOSCHERON, rue des Deux-Ecus.
M. DALIGRE, rue d'Anjou St.-Honoré.
M. DAVILLIER, boulevard Montmartre.
M. DELAITRE (*Raymond*), rue Porte-Foin.
M. DEMAUTORT, rue Vivienne.
M. DEVAISNES.
M. DUTRAMBLAY, rue de Choiseuil.
M. GAUTHIER, rue du Doyenné.
M. GELLOT, rue de la place Vendôme.
M. GODEFROY, à Villejuif.
M. HARCOURT, rue St.-Dominique.
M. LEFEBVRE, rue de Grammont.
M. MALLET, rue du Mont-Blanc.
M. MONTAMANT, rue de Ménars.
M. PÉRIGNON, rue de Choiseuil.
M. PERRIER, rue de Belle-Chasse.
M. PETIT, rue Baillet.

M. Quatremère de Quincy, à Passy.

M. Rougemont, rue Caumartin, n°. 29.

M. Rouillé de l'Etang, place de la Concorde.

M. Trudon des Ormes, à Antony.

. . . .

. . . .

Ce Conseil fait aussi les fonctions de Conseil-municipal de la ville de Paris.

SOUS-PRÉFECTURES
et Conseils d'Arrondissemens.

Le département de la Seine est divisé en trois arrondissemens communaux, savoir :

L'arrondissement de St.-Denis, composé des cantons de justices de paix de Nanterre, Neuilly, Pantin et St.-Denis, comprenant 36 communes.

L'arrondissement de Sceaux, composé des cantons de Justices de paix de Charenton, Sceaux, Vincennes, Villejuif, comprenant 42 communes.

L'arrondissement de Paris.

Il y a pour chaque arrondissement, excepté celui de Paris, un Sous - Préfet et un Conseil d'arrondissement de douze membres.

Les Sous-Préfets remplissent, sous la surveillance du Préfet, les fonctions administratives.

Ils nomment les répartiteurs. Ils arrêtent définitivement les comptes des recettes et dépenses municipales rendus par les maires. Ils sont spécialement chargés de l'organisation des écoles primaires.

Les conseils d'arrondissement s'assemblent tous les ans à l'époque déterminée par le Gouvernement, et nomment un membre pour président , et un autre pour secrétaire.

Chaque conseil exprime son opinion sur l'état et les besoins de l'arrondissement ; il donne son avis motivé sur les demandes en décharge formées par les communes ; il reçoit du Sous-Préfet le compte de l'emploi des centimes additionnels destinés aux dépenses de l'arrondissement. Ce travail terminé , il s'ajourne à cinq jours après la session du conseil-général du département , pour faire la répartition des contributions directes entre les communes.

ARRONDISSEMENT DE SAINT-DENIS.

M. Dubos , *Sous-Préfet.*

M. Savouré , *Secrétaire.* (1)

Membres du Conseil d'Arrondissement , MM.

Benoît , propriétaire , à St.-Denis.

Cretté , propriétaire , à St.-Denis.

Saint-Génix, memb. de la Société d'agric., à Pantin.

Francottay , propriétaire , à Aubervilliers.

Gouret , juge de paix , à Nanterre.

Legendre Dosembray, propriétaire, à Gennevilliers.

Tripier , propriétaire , à Charonne.

ARRONDISSEMENT DE SCEAUX.

M. Houdeyer , *Sous-Préfet.*

(1) Les bureaux de la Sous-préfecture de St.-Denis sont ouverts tous les jours au public , excepté les dimanches et fêtes, depuis 9 heures du matin jusqu'à 4 heures du soir.

M. Séjean , *Secrétaire* (1).

Membres du Conseil d'Arrondissement, MM.

Defresne , propriétaire, à Vitry.

Desauges , propriétaire , à Châtillon.

Dubreuil , à Mont-Rouge.

Girardot , propriétaire , à Villemomble.

Godefroy , marchand plâtrier ; à Villejuif.

Laveaux , chef de bur. à la Préfect. , à Charenton.

Lecoupt , marchand de bois , à Charenton-le-Pont.

Muiron , propriétaire , à Sceaux.

MUNICIPALITÉS.

La ville de Paris est divisée en douze arrondissemens municipaux, dans chacun desquels un maire et deux adjoints sont chargés de la partie administrative et des fonctions relatives à l'état civil. — La police y est exercée directement par le Préfet de police , qui a sous ses ordres 48 commissaires répartis dans les douze municipalités. — Une commission composée de cinq membres y remplit les fonctions attribuées aux répartiteurs des communes.

Dans chacune des autres communes des deux arrondissemens ruraux , il y a un maire et deux adjoints. Ils remplissent toutes les fonctions administratives relativement à la police et à l'état civil. La réparti-

(1) Les bureaux de la sous-préfecture de Sceaux sont ouverts les mêmes jours et aux mêmes heures qu'à St.-Denis.

tion des contributions entre les contribuables est faite par le maire et l'adjoint, et cinq autres commissaires répartiteurs nommés tous les ans par le Sous-Préfet.

Ville de Paris.

PREMIER ARRONDISSEMENT, rue d'Aguesseau.

Composé des divisions des Tuileries, des Champs-Elysées, de la place Vendôme et du Roule.

M. LE CORDIER, Maire, rue St.-Honoré.

M. *Rose*, Adjoint, rue Neuve-du-Luxembourg.

M. . . . . Adjoint, rue

MM. Baudement, *Secrétaire*, à la Mairie. Vidoine, *Chef du bureau de l'état civil*, rue du Doyenné.

Les séances de la Mairie se tiennent tous les jours depuis 11 heures jusqu'à 2.

2.ᶜ *ARRONDISSEMENT, rue d'Antin.*

Composé des divisions le Pelletier, du Mont Blanc, de la Butte-des-Moulins et du faubourg Montmartre.

M. BRIÈRE DE MONDETOUR, ✳ *Maire.*

M. *Boileau*, rue de Richelieu.

M. *Picard*, Adjoint, rue Thérèse.

MM. Moriceau, *Secrétaire*, à la Mairie; Duclos, *Chef du bureau de l'état civil.*

Le Maire ou un adjoint donne audience tous les jours depuis 11 heures du matin jusqu'à 3; les séances municipales ont lieu les lundi, mercredi et vendredi de chaque semaine de 2 à 4 heures.

3.ᶜ *ARRONDISSEMENT, place des Victoires.*

Composé des divisions du Contrat-Social, de Brutus, du Mail et Poissonnière.

M. Rousseau, ✠ Maire, rue des Jeûneurs.

M. *Veron*, Adjoint, rue Neuve St.-Eustache, n°. 39.

M. *Cretté*, Adjoint, rue Pelletier, no. 7.

MM. Chartier, *Secrétaire*, à la Mairie ; Renaudin, *Chef du bureau de l'état civil*, rue Feydeau.

Les séances de la Mairie se tiennent tous les jours, depuis 11 heures du matin, jusqu'à 3. Les bureaux sont ouverts depuis 9 heures du matin jusqu'à 4 heures.

4.e *ARRONDISSEMENT*, *place du Chev. du Guet.*

Composé des divisions des Gardes Françaises, des Marchés, du Muséum et de la Halle-aux-Bleds.

M. Doulcet d'Egligny, ✠ *Maire*, r. S.-Croix de la B.

M. *Lelong*, Adjoint, rue du Roule, n°. 12.

M. *Brochant*, rue des Fossés S.-Germain-l'Auxer.

MM. Cellier, *Secrétaire*, à la Mairie ; Angot, *Chef du bureau de l'état civil*, rue St.-Denis, n°. 17.

Les séances de la Mairie se tiennent tous les jours depuis midi jusqu'à trois heures. Les bureaux de l'état civil sont ouverts tous les jours à 9 heures du matin jusqu'à 3 de relevée, pour les mariages, et depuis 5 heures du soir jusqu'à 7, pour les naissances et décès.

5.e *ARRONDISSEMENT*, *rue de Bondy.*

Composé des divisions de Bonne-Nouvelle, Bon-Conseil, faub. du Nord et de Bondy.

M. Moreau, ✠ *Maire*, rue St.-Antoine, n°. 177.

M. *Mauvage*, Adjoint, faub. St.-Denis, n°. 14.

M. *Olry-Hayem-Worms*, Adjoint, rue de Bondy.

MM. Ricou, *Secrétaire*, rue de Bondy, n°. 26 ;

Richer, *Chef du bureau de l'état civil*, rue de Bondy.

Les séances de la Mairie se tiennent, tous les jours, de midi à 3 heures.

6.ᵉ ARRONDISSEMENT, *Abbaye St.-Martin.*

Composé des divisions des Lombards, des Gravilliers, du Temple et des Amis de la Patrie.

M. BRICOGNE, ✵ *Maire*, rue S.-Denis, n°. 132.

M. *Goulet*, Adjoint, rue Quincampoix, n°. 11.

M. *Souhart*, Adjoint, rue des Gravilliers, n°. 10.

MM. Gallet, *Secrétaire*, rue Aumaire, n°. 53 ; Monvoisin, *Chef du bureau de l'état civil*, rue Meslée, n°. 12.

Le Maire donne audience tous les jours, depuis 11 heures du matin jusqu'à 2.

7.ᵉ ARRONDISSEMENT, *rue Ste. Avoye.*

Composé des divisions de la réunion, de l'Homme-Armé, des Droits-de-l'Homme et des Arcis.

M. PIAULT, *Maire*, rue

M. *Guyot*, Adjoint, rue du Mouton, n°. 5.

M. *Hémar-de-Sevran*, Adjoint, rue de Paradis.

MM. Lambin, *Secrétaire*, rue des Billettes, n°. 7; Gouniou, *Chef du bureau de l'état civil*, rue des Blanc-Manteaux, n°. 13.

Les séances de la Mairie se tiennent les mardi, jeudi et samedi, depuis 11 heures jusqu'à 3.

8.ᵉ ARRONDISSEMENT, *place des Vosges.*

Composé des divisions des Quinze-Vingts, de l'Indivisibilité, de Popincourt et de Montreuil.

M. Bénard, ✠ *Maire*, rue de Montreuil, n°. 47.

M. *Villemsens*, Adjoint, rue du Chemin-Vert.

M. *Péan de Saint-Gilles*, Adjoint, place des Vosges.

MM. Pillas, *Secrétaire*, rue du Pont-aux-Choux ; Michelon, *Chef du bureau de l'état civil*, place des Vosges, n°. 14.

9.ᶜ *ARRONDISSEMENT*, *rue de Jouy.*

Composé des divisions de la Fraternité, de la Fidélité, de l'arsenal et de la Cité.

M. Rouen, ✠ *Maire*, rue Neuve des Petits-Champs.

M. *Molinier Montplanqua*, Adj, r. de la Vannerie.

M. *Denise*, Adjoint, rue St.-Antoine, n°. 76.

MM. Fredin, *Secrétaire*, rue Ste.-Avoye, n°. 96. Bellicard, *Adjoint au secrét.*, rue Neuve St.-Paul, n°. 2. Lorthior, *Chef du bureau de l'état civil*, parvis Notre-Dame, n°. 22.

Les séances de la Mairie se tiennent tous les jours à midi.

10.ᶜ *ARRONDISSEMENT*, *rue de Verneuil.*

Composé des divisions de la Fontaine-de-Grenelle, de l'Unité, de l'Ouest et des Invalides.

M. Duquesnoy, ✠ *Maire*, r. Neuve-S.-Augustin.

M. *Desmaisons*, Adjoint, rue

M. *Buffaut*, Adjoint, rue

MM. Fontanier, *Secrétaire*, à la Mairie ; Perron, *Chef du bureau de l'état civil*, rue de ▉le.

Les bureaux sont ouverts, tous les jours, depuis 11 heures du matin, jusqu'à 3 de relevée. Ceux de l'état civil sont ouverts à 9 heures du matin.

11.° *ARRONDISSEMENT, rue du Vieux-Colombier.*

Composé des divisions des Thermes , du Luxembourg, du théâtre Français et du Pont-Neuf.

M. Camet la Bonnardière, ❈ *Maire*, r.P.-Sarrazin.
M. *Lemoine*, Adjoint , quai des Orfèvres , n°. 40.
M. *Roëttiers Montaleau*, Adjoint , rue des Noyers.
MM. Gastebois , *Secrétaire* , à la Mairie ; Menand, *Chef du bureau de l'état civ'¹*, rue de la Harpe, n°. 81.

Les séances de la Mairie se tiennent tous les jours , depuis 10 heures du matin jusqu'à 3 heures du soir. Les bureaux sont ouverts tous les jours à 9 heures du matin.

12.ᵉ *ARRONDISSEMENT, faubourg St.-Jacques.*

Composé des divisions du Panthéon , du jardin des Plantes , du Finistère et de l'Observatoire.

M. Collette, ❈ *Maire* , r. S.-Jacques , n°. 234.
M. *Saleron*, Adjoint, rue de l'Oursine , n°. 9.
M. *Poulin* , Adjoint , rue de la Vieille-Estrapade.
MM. De Neuforge, *Secrét.*, r. du Plâtre-S.-Jacq.
Desbans , *Chef du bureau de l'état civil* , quai de la Tournelle , n°. 35.

Les séances de la Mairie se tiennent tous les jours, depuis 11 heures du matin , jusqu'à 2 heures après midi.

Commission des Contributions (1).

Cette commission, composée de cinq membres, est chargée de déterminer sur les matrices de rôles, et, d'après les renseignemens fournis par les contrôleurs, la taxe de chaque contribuable. Elle délivre les patentes. Elle donne son avis sur les réclamations tendantes à dégrévement.

Commissaires-répartiteurs :

M. Bros,   M. Lescuyer.
M. Devaudichon.   M. Viger de Jolival.
M. Guinot.

Secrétariat. M. Simonnot, *Secrétaire.*

Bureaux. M. Darras, *Chef.*

Les bureaux de la Commission des contributions sont établis place de l'Hôtel-de-Ville. Ces bureaux sont ouverts tous les jours, depuis neuf heures du matin, jusqu'à quatre heures du soir, excepté les dimanches et fêtes.

(1) Les réclamations sur la Contribution foncière et sur celle des portes et fenêtres, sont reçues à la mairie de la situation des propriétés imposées : celles sur la contribution personnelle et somptuaire, ainsi que celles sur les patentes, sont reçues à la mairie du domicile du réclamant. Les mémoires sont envoyés par le Maire à la Préfecture, qui renvoie à la Mairie les bulletins à remettre aux contribuables.

Arrondissement de St.-Denis.

Communes.	Maires , MM.	Adjoints , MM.
Anières.	Ravigneau.	Deloron.
Aubervilliers.	Demars.	Mézière.
Auteuil.	Benoît.	Reculé.
Bagnolet.	Baudon.	Maurice.
Baubigny.	Mongrolle.	Dutour.
Belleville.	Maurice.	Julien.
Bondy.	Roussel.	Gatine.
Boulogne.	Pance.	Chapelain.
Charonne.	Savier.	Paguières.
Clichy.	Paillée.	Le Breton.
Colombes.	Carondelet.	Garreaux.
Courbevoye.	Lefrique.	Gallez.
Drancy.	Behague.	Delusseux.
Dugny.	Bertucat.	Penon.
Epinay.	Gillet.	Mullot.
Gennevilliers.	Haligon.	Manet.
Lachapelle.	Boucty.	Ruelle.
Lacourneuve.	Leboue.	Levasseur.
La Villette.	Lezier.	Bévière.
Le Bourget.	Rousselet.	Seigneuret.
L'Ile-St.-Denis.	Labbaye.	Guesnin.
Montmartre.	Gandin.	Picard.
Nanterre.	Gillet.	Garreau.
Neuilly.	Boulard.	Collière
Noisy.	Cottereau.	Marchand.
Pantin.	Roullier.	Bonhomme.
Passy.	Dussault.	Amavet.
Pierrefite.	Defaucompret.	Léon.
Pré-St.-Gervais.	Cottin.	Fromin.
Putaux.	Saulnier.	Jean.
Romainville.	Lecoulteux.	Valant.
St.-Denis.	Dezobry fils.	Besche et Gessard.
St.-Ouen.	Poirier.	Trezel.
Stains.	Garde.	Bonnemain.

Communes.	Maires , MM.	Adjoints , MM.
Surennes.	Bidard.	Lemoine.
Villetaneuse.	Couty.	Deulin.

Arrondissement de Sceaux.

Communes.	Maires , MM.	Adjoints. MM.
Antony.	Gislain.	Bazin.
Arcueil.	Dieu.	Sabottier.
Bagneux.	Vollée.	Bazin.
Bercy.	Duflocq.	Gillet.
Bonneuil.	Coindre.	Cenest.
Brie-sur-Marne.	Bonval.	Mentienne.
Champigny.	Desternes.	Grandjean.
Charenton-le-P.	Cahouet.	Lecoupt.
Charenton S. M.	Buran.	Finot.
Châtenay.	Mouette.	Troufilot.
Châtillon.	Plucher.	Maufra.
Chevilly.	Moincrie.	Andry.
Choisy.	Duchef la Ville.	Frasier.
Clamart.	Corby. (S. P.)	Corby. (L. P.)
Creteil.	Jeandier.	Mouret.
Fontenai aux R.	Debeine.	Dalaunay.
Fon.tenai s. B.	Mouscadet.	Lapy.
Fresnes.	Gassot.	Chaillou.
Gentilly.	Recoder.	Jullienne.
Issy.	Bargue.	Allard.
Ivry.	Luisette.	Honfroy.
Labranche du P.	Pinson.	Contour.
Lay.	Boudet.	Frotié.
Le Bourg-Egalité.	Lavisé.	Auboin.
Le Plessis.	Cagnet.	Plet.
Maisons.	Roger.	Fertelle.
Montreuil.	Viel de Lunas.	Meriel et V.
Mont-Rouge.	Dubreuil.	Blain.
Nogent sur M.	Parvy.	Vitry.
Orly.	Roux.	Monzard.
Rosny.	De Nant.-la-Norv.	Marin.

Communes.	Maires, MM.	Adjoints, MM.
Rungis.	Frotiée.	Nolo.
St.-Mandé.	Montzaigle.	Tarault.
St.Maur.	Bellin.	Lacroix.
Sceaux.	Desgranges.	Bouvet.
Thiais.	Piot.	Pierre.
Vanvres.	Duval.	Pottin.
Vaugirard.	Dunepart.	Fondary.
Villejuif.	Barre.	Chevalier.
Villemomble.	Girardot.	Fenot.
Vincennes.	Jancts.	Lemaître.
Vitry.	Bouquet.	Jouette.

PRÉFECTURE DE POLICE.

Conformément aux dispositions de la loi du 28 pluviose an VIII, le Préfet de police est chargé de tout ce qui concerne la police. Il est en outre chargé du 3.e arrondissement de la police générale de l'empire, conformément au décret impérial du 21 messidor an XII.

Le Préfet de police a entrée au conseil-général du département, pour y présenter ses états et comptes de dépenses. Il est membre né du conseil-général d'administration des hospices, et du conseil d'administration du Mont-de-Piété. Il préside le tirage de la loterie impériale.

Le Préfet de police a sous ses ordres : les commissaires de police ; les officiers de paix ; le commissaire de police de la Bourse ; le commissaire chargé de la petite voirie ; les commissaires et inspecteurs des halles et marchés ; les inspecteurs des ports. Il a à sa disposition, pour l'exercice de la police, la garde munici-

10

pale et la gendarmerie. Il peut requérir la force armée en activité.

Le Préfet de police exerce son autorité dans toute l'étendue du département de la Seine, et dans les communes de St. Cloud, Meudon et Sèvres, du département de Seine et Oise.

Il connoît de toutes les affaires de simple police entre les ouvriers et apprentifs, les manufacturiers, fabricans et artisans. Il prononce sans appel les peines applicables aux divers cas, selon le Code de police municipale.

Le Préfet de police prend d'urgence, dans les arrondissemens de navigation du bassin de la Seine, les mesures nécessaires pour assurer l'approvisionnement, en combustibles, de la ville de Paris.

PRÉFET DE POLICE.

M. LE CONSEILLER D'ÉTAT DUBOIS. (C. ✠), à l'hôtel de la Préfecture (*).

SECRÉTAIRE GÉNÉRAL.

M. PIIS ✠, rue....

Le secrétaire général de la Préfecture accompagne le Préfet dans les cérémonies publiques, dans ses proclamations, à ses audiences et au tirage de la loterie.

En conséquence d'un arrêté du Préfet de police, il lui est remis journellement une feuille de correspondance, au moyen de laquelle il suit les affaires près les chefs de division, et veille à ce qu'elles soient promptement terminées.

(*) M. le Conseiller d'État Préfet tient ses audiences tous les lundis, depuis midi jusqu'à deux heures, à l'hôtel de la Préfecture.

Bureaux de la Préfecture.

SECRÉTARIAT GÉNÉRAL.

M. BAUVE, *secrétaire en chef.*

Le secrétaire en chef seconde le secrétaire général; il travaille avec les chefs de division et de bureau, et suit auprès d'eux tous les détails de l'administration. Il est, en outre, chargé de la révision de tous les travaux relatifs aux parties administratives, économiques et matérielles.

1er. BUREAU. Ce bureau est immédiatement dirigé par le secrétaire en chef. Ses attributions sont l'ouverture, enregistrement et renvoi des dépêches dans les divisions; le contre-seing et le départ de la correspondance; l'expédition des affaires mixtes et de celles qui n'ont point de département fixe.

2e. BUREAU. M. Juhel, *chef.* Comptabilité, examen des comptes de toutes les caisses dépendantes de la Préfecture.

3e. BUREAU. M. Le Maître, *archiviste.* Classement, dépôt des lois et réglemens, des pièces relatives aux affaires terminées; conservation et remise des pièces à conviction et des effets saisis ou trouvés.

Police du Personnel.

M. VEYRAT, *inspecteur - général de la police du troisième arrondissement de la police générale de l'Empire.*

M. Germain, *chef.* La surveillance générale. Ce bureau est en permanence jour et nuit.

1.re DIVISION. M. Bertrand, *chef.*

1er. BUREAU. Ce bureau est en permanence jour et

nuit. Il est dirigé immédiatement par le chef de division. Ses attributions sont les affaires secrètes, les mandats d'amener, les affaires urgentes.

2e. BUREAU. M. Léger, *chef.* Délivrance des passeports, *visa* des passe-ports, permissions de résider et séjourner à Paris.

3e. BUREAU. M. Boucheseiche, *chef.* Les théâtres, bals, concerts, feux d'artifice; les fêtes publiques; l'exposition publique d'objets de curiosité; les sociétés et réunions; les maisons de jeux; l'imprimerie; la librairie.

II.e DIVISION. M. Henry, *chef.*

1er. BUREAU. Ce bureau est dirigé immédiatement par le chef de division. Ses attributions sont les vols et assassinats; les fausses monnoies; la surveillance de la garantie des matières d'or et d'argent, les hôtels garnis, les brocanteurs.

2e. BUREAU. MM. Limodin et Bertaux, *commissaires interrogateurs.* Les interrogatoires et le renvoi des prévenus devant les substituts du procureur-général impérial, l'envoi des enrôlés aux dépôts coloniaux.

3e. BUREAU. M. Parisot, *chef.* La police des prisons, maisons d'arrêt, de justice, de force, de correction, de détention et de répression.

Partie administrative, économique et matérielle.

III.e DIVISION. M. Chicou, *chef.*

1er. BUREAU. M. Farmont, *chef.* MM. Bralle, *ingénieur hydraulique*; Parton, *inspecteur-général de l'illumination et du nettoiement*; Caylus, *inspecteur-général des bureaux de placement des ouvriers.*

Le service de l'illumination, le balayage, le nettoiement; la salubrité, l'exécution de la loi du 22 germinal an XI, relative aux manufactures, arts et métiers, et à la police des ouvriers.

2e. BUREAU. M. Dumas, *chef.* MM. Magin l'aîné, *commissaire-général de l'approvisionnement*; Magin jeune, *inspecteur-général de la navigation et des ports*; Margana, *commissaire des halles et marchés*; Caylus, *adjoint et inspecteur-général des bureaux de placement*; Pitra, *contrôleur-général du recensement et du mesurage des bois et charbons*; Cheville, *contrôleur de la halle aux grains et farines*; Recodère, *inspecteur de la Bièvre*, à Gentilly; Descoings, *commissaire de la Bourse*. Les halles et marchés, ports et places de vente; les magasins de fourages; les mercuriales; les établissemens de boulangeries et de boucherie; la bourse, les agens de change et courtiers de commerce; les poids et mesures; les secours aux noyés, la morgue, les ouvriers des halles et des ports. Les mesures nécessaires pour assurer l'approvisionnement, en combustibles, de la ville de Paris.

BUREAU des bâtimens et de la petite Voirie.

M. Happe, *architecte, commissaire de la petite Voirie.* M. Lavalade, *chef.* Les ouvertures de boutiques, les constructions en saillies sur la voie publique; les échopes fixes; les dépôts de matériaux; les bâtimens menaçant ruine.

CAISSE. M. Armand, *caissier.*

La recette et l'emploi, sur les ordonnances du Préfet, des fonds de toute nature, affectés, soit aux dépenses secrètes , soit au service ordinaire de l'administration.

CONSEIL ET OFFICIERS DE LA PRÉFECTURE.

M. Jullienne, *avocat, conseil de la Préfect.* cl. N. D.

M. Gibé , *notaire*, rue Vivienne ; n°: 46.

M. Thierriet, *avoué*, rue St.-André-des-Arcs.

M. Commandeur, *commiss.-priseur*, rue Christine.

M. Lottin , *imprimeur*, cour du Palais, n°. 18.

CONSEIL DE PRÉFECTURE.

Ce conseil est le même que celui de préfecture du département. Il se réunit le vendredi de chaque semaine à l'hôtel de la Préfecture de police.

Ce conseil connoît de toutes les affaires contentieuses administratives qui font partie des attributions du Préfet de Police. Le secrétaire-général de la Préfecture de police y remplit les fonctions déterminées par l'arrêté du 6 messidor an x.

Membres du Conseil de Préfecture de Police.

M. CHAMPION , rue du Mail , n°. 1.

M. FAIN , quai de la Mégisserie , n°. 82.

M. JOUBERT, rue de Miroménil , faub. St.-Honoré.

M. LEMARCHAND, rue du faub. , St-Honoré, n°. 19.

M. PERDRY , rue du Bouloy , n°. 4.

SOUS PRÉFECTURES ET MUNICIPALITÉS.

Les sous - préfets des arrondissemens ruraux et les maires des communes qui en font partie, rendent

compte au Préfet de police de tout ce qui peut inté-
resser la sûreté et la tranquillité publiques. Ils exécutent les ordres qu'il leur adresse directement.

SOUS-PRÉFETS. *v.* page 99.

MAIRES.v. page 107 et suivantes.

Le ressort de la Préfecture de police s'étend sur
les communes de Meudon, Sèvres et Saint-Cloud,
qui font partie du département de Seine et Oise. Les
maires de ces communes correspondent directement
avec le Préfet de police, pour toutes les affaires relatives à la tranquillité publique.

Maires.	Adjoints.	Communes.
Dandry	Demarnes.	. à Meudon.
Serigny.	Catrice.	. . à Sèvres.
Barret.	Leroux.	. . à St.-Cloud.

COMMISSAIRES DE POLICE, A PARIS.

Divisions.	Messieurs.

1er. arrondissement.

Roule.	*Regnault*, rue du faub. du Roule.
Champs - Elysées.	*Delafontaine*, r. du faub. Roule.
Place Vendôme.	*Alletz*, rue Thiroux.
Tuileries. . . .	*Chazot*, rue de Malte.

2e. arrondissement.

Butte des Moulins.	*Comminges*, rue Villedot.
Faub. Montmartre.	*Sandras*, rue Rochechouart.
Mont-Blanc. . .	*Beffara*, rue St. Lazare.
Lepelletier. . . .	*Meunier*, rue de Grétry.

3e. arrondissement.

Poissonnière. . .	*Bauve jeune*, faub. Saint-Denis.

Divisions.	*Messieurs.*
Mail.	*Noel*, rue des Vieux-Augustins.
Contrat-Social. .	*Coutans*, rue Montmartre.
Brutus.	*Leroux*, marché Montmartre.

4e. *arrondissement.*

Gardes-Françaises.	*Conté*, rue du Chantre.
Muséum. . . .	*Couvreur*, rue St.-Germ.-l'Aux.
Halle aux Bleds. .	*Sautray*, rue Croix des Pet.-Ch.
Marchés. . . .	*Masson*, à la Halle-aux-Draps.

5e. *arrondissement.*

Bondy.	*Vaugeois*, rue de Lancry.
Faub. du Nord. .	*Oger*, rue Saint-Laurent.
Bonne-Nouvelle.	*Jacquemin*, rue Saint-Claude.
Bon-Conseil. . .	*Qüin*, rue Thévenot.

6e. *arrondissement.*

Amis de la Patrie.	*Lemonier*, rue Sainte-Appoline.
Gravilliers. . .	*Droulot*, rue des Fontaines.
Temple. . . .	*Dusser*, rue des Filles du Calv.
Lombards. . .	*Gandillaud*, rue Quincampoix.

7e. *arrondissement.*

Réunion. . . .	*Almain*, r. du Cim.-S.-Nicolas.
Homme-Armé. .	*Pons*, rue Ste.-Croix-la-Bret.
Droits-de-l'Homme.	*Chappuis*, rue des Juifs.
Arcis	*Fremy*, rue de la Tixeranderie.

8e. *arrondissement.*

Indivisibilité . .	*Lafontaine*, r. Neuve-St.-Franç.
Quinze-Vingts .	*Boucheron*, rue de Charenton.
Montreuil . . .	*Laurens*, rue du faub. S.-Antoine.
Popincourt. . .	*Bagnard*, rue S. Sébastien.

Divisions.   Messieurs

9ᵉ. arrondissement.

Fidélité. . . . *Taine*, rue des Barres.
Fraternité . . . *Bréon*, quai de l'Egalité.
Arsenal. . . . *Arnoult*, , rue S. Paul.
Cité. . . . . *Violette*, Cloître Notre-Dame.

10ᵉ. arrondissement.

Unité . . . . *Pessonneau*, rue des Marais.
Ouest . . . . *Genest*, rue de Sèvres.
Font.-de-Grenelle. *Sobry*, rue du Bacq.
Invalides . . . *Martinet*, r. de la Bouch. des Inv.

11ᵉ. arrondissement.

Théâtre-Français. *Renouf*, rue des Poitevins.
Luxembourg . . *Daubanel*, rue des Canettes.
Thermes . . . *Larcher*, rue St.-Jacques.
Pont-Neuf. . . *Clément*, rue S. Louis.

12ᵉ. arrondissement.

Jardin des Plantes. *Naudon*, rue des Fossés-S.-Bern.
Panthéon . . . *Brouet*, rue de Bièvre.
Observatoire . . *Legoy*, rue du faub. S.-Jacques.
Finistère . . . *Brion*, Marché aux Chevaux.

OFFICIERS DE PAIX, MM.

Veyrat, Inspecteur-général du 3ᵉ. arrondissement de la police de l'Empire, quai de la Mégisserie, n°. 68.
Destavigny, rue Gallande, n°. 53.
Groloth, rue. . . .
Foudras, rue. . . .
Michaud, rue Gallande, n°. 46.
Leclerc, cloître Notre-Dame, n°. 9.
Villemenet, rue. . . .
Mercier, quai de la Ferraille, n°. 36.

Bazin, rue St. Christophe, n°. 8.
Noel, rue du Martrois, n°. 16.
Chabanety, rue de la Harpe, n°. 56.
Labusière, rue du Bacq, n.°45.
Thibout, rue St-Antoine, n°. 79.
Yvrier, vieille rue du Temple, n°. 23.
Renard, rue Bertin-Poirée, n°. 11.
Quentin, rue des Mauvaises-Paroles, n°. 9.
Lafitte, rue St.-Dominique, n°. 4.
Delaporte, rue. . . .
Boachan, rue de la Poterie, n°. 1.
Coulombeau, rue du Four-St.-Germain, n°. 41.
Poisson, rue des Vieux-Augustins. n°. 10.
Bossenet, rue des Marais, n°. 16.
Caillole, rue de Touraine, faub. St.-Germain, n° 11.
Veyrat jeune, quai de la Mégisserie, n°. 68.

Conseil de salubrité. Messieurs,

Thouret, Directeur de l'École de médecine.
Deyeux, Parmentier, Huzard, memb de l'Institut.
Cadet Gassicourt, chimiste.
Leroux (J. J.), Professeur de clinique interne.
Dupuytren, chef des travaux anatomiques de l'École
de médecine.

Officiers de santé. Messieurs,

Soupé, à l'entrée de place de Thionville.
Colon, rue des Fossés-Mont. passage du Vigan.
Teytaud, rue J.-J. Rousseau.

Poids et mesures.

Le bureau pour la vérification des poids et mesures
établi près la Préfecture de police, est rue St.-Louis.
M. de St.-Germain, *vérificateur en chef.*

Prisons du Département.

Les prisons consistent en dépôts, maisons d'arrêt, de justice, de correction, de détention, de réclusion et de répression.

Maison d'Arrêt des hommes, dite la *Grande Force.*

Cette maison est destinée à retenir les hommes prévenus de toute espèce de délits, jusqu'au moment où ils sont mis en accusation. Elle est divisée en quatre départemens, dans lesquels sont classés les prisonniers, suivant la nature des délits dont ils sont prévenus. Un de ces départemens est uniquement réservé pour les enfans.

Maison d'Arrêt des femmes, dite les *Madelonnettes.*

Cette maison est destinée à retenir les femmes prévenues de délits, jusqu'au moment où elles sont mises en accusation. Elle contient aussi dans un local particulier où on les fait travailler, les femmes condamnées correctionnellement. Les ouvrages sont la couture, la broderie et la filature. Dans une autre partie, également séparée, sont gardées les jeunes personnes appartenant à des familles indigentes et arrêtées par forme de correction paternelle, d'après la loi du 3 germinal an XI. Elle contient, en outre, les femmes détenues pour dettes, en exécution de jugemens rendus par le tribunal de Commerce.

Maison de Justice, dite la *Conciergerie.*

Cette maison est destinée à retenir, jusqu'à leur

jugement, les individus des deux sexes accusés de toute espèce de délits, et traduits devant la cour de Justice criminelle et spéciale.

Maison de correction des hommes, dite *Sainte-Pélagie.*

Cette maison contient les hommes condamnés par voie de police correctionnelle. Il leur est procuré du travail. Elle contient, dans une partie isolée, les hommes détenus pour dettes, en exécution de jugemens du Tribunal de Commerce. Les jeunes garçons appartenans à des familles indigentes y sont aussi retenus dans un local particulier, par forme de correction paternelle, et d'après la loi du 3 germinal an xi.

Il y a aussi un dépôt particulier, où sont retenus provisoirement les individus envoyés par le magistrat de sûreté.

Maison de détention des hommes, ou *Bicêtre.*

Cette maison est destinée à retenir les individus condamnés à la détention. Les condamnés aux fers y sont aussi déposés jusqu'au départ des chaînes. Les condamnés à mort y sont placés jusqu'à l'exécution de leur jugement. Les condamnés à la gêne y sont également retenus dans un local particulier. Il y a dans cette maison, des menuisiers, ébénistes, cordonniers, tailleurs, giberniers, tourneurs. On y polit des glaces et des boutons, et l'on y fait des ouvrages en pailles.

Maison de réclusion des femmes, ou *St.-Lazare.*

Cette maison est consacrée à la réclusion des femmes condamnées à cette peine par la Cour criminelle et spéciale. Elles y sont occupées à la couture, à la broderie et à la filature. Les femmes condamnées à la gêne y sont également retenues dans des locaux particuliers. Les condamnées à mort y sont déposées jusqu'à l'exécution de leur jugement.

Maison de la Petite-Force.

Cette maison est destinée à retenir les femmes prostituées, arrêtées par ordre de M. le Préfet. Elles y sont traitées et guéries des différentes maladies auxquelles cette espèce de femmes est en proie. Celles qui sont en santé, sont occupées à la filature et à la couture.

Maison de répression de la, mendicité et du vagabondage, à St.-Denis.

Cette maison, partagée en deux divisions, contient séparément les individus des deux sexes, mendians, vagabonds, sans asile ni ressources, arrêtés par ordre de M. le Préfet de police. Les hommes y sont occupés à polir des glaces, et les femmes, à la filature et à la couture. Les enfans y sont tenus séparément, et occupés à filer et à tresser.

Prison à St.-Cloud.

Cette prison est destinée à déposer, jusqu'à leur envoi à la Préfecture, les individus arrêtés pour toute espèce de délits commis dans la commune.

Prison du Bourg-la-Reine.

Elle est destinée à déposer les délinquans de la commune, et tous les prisonniers civils ou militaires conduits par la gendarmerie à une destination quelconque.

11

Prison de St.-Denis.

Cette prison a la même destination que celle ci-dessus.

Corps des Pompiers.

État-Major, Messieurs,

LEDOUX, Commandant en chef, au chef-lieu, rue St.-Louis, près le Palais.

Morisset, Commandant en second.

Six, premier Ingénieur, rue d'Anjou.

Audibert, second Ingénieur.

Villeneuve, Quartier-Maître-Trésorier, au chef-lieu.

Sengensse, Chirurgien-major, rue Chabanais, n.° 6.

Capitaines, MM.

Duperche, la première compagnie, au Chef-lieu.

Debruge, la seconde compagnie, rue des Prêcheurs.

Vaniez, la troisième compagnie, au Chef-lieu.

Lieutenans, MM.

Guérin, première compagnie, rue de Charonne.

Doutreleau, seconde compagnie, au chef-lieu.

Foulloy, troisième compagnie, au chef-lieu.

Le chef-lieu, rue St.-Louis, servant actuellement de réserve, est composé de plusieurs pompiers et élèves, d'un Sergent, du Chef des ouvriers-garde-magasin, de trois Caporaux et d'un Tambour pour les ordonnances.

Il y a, pour le service journalier, 350 Pompiers, divisés en trois compagnies, qui font le service de trois jours l'un, à trois pompiers de garde dans chaque corps de garde tous les jours, et environ 100 élèves surnuméraires.

Indépendamment du service intérieur de la ville, le corps des Pompiers fournit douze hommes à St.-Cloud.

Il y a 39 Corps-de-garde dans Paris.

Le 1.er au chef-lieu, rue St.-Louis. — Le 2 e, rue Coq héron. — Le 3 e, Abbaye St.-Martin. — Le 4.e, rue du faubourg St.-Lazare. — Le 5 e, place de la Bastille. — Le 6 e, rue des Blancs-Manteaux. — Le 7.e, rue St.-Bernard. — Le 8.e, rue St.-Barthélemy. — Le 9.e, rue St.-Victor. — Le 10.e, rue Mouffetard, près la rue de l'Arbalêtre. — Le 11.e, place de l'Estrapade. — Le 12.e, au commun du Sénat. — Le 13.e, rue de Séves, vis-à-vis les Petites-Maisons. —Le 14.e, rue de l'Université, Bureau de la Guerre. — Le 15.e, rue de Marigny, faubourg du Roule.— Le 16.e, cour du Palais Royal. — Le 17.e, attenant le ministère des finances. — Le 18.e, rue du Faubourg-Montmartre. — Le 19.e, arcade Colbert.— Le 20.e, enclos du Temple. — Le 21.e, au ministère de l'intérieur. — Le 22.e, Halle aux draps. — Le 23.e, rue et Isle-St.-Louis. — Le 24.e, rue des Noyers. — Le 25 e, Hôtel des Monnoies. — Le 26.e, grande cour du Louvre. — Le 27.e, à l'Hôtel-de-Ville. — Le 28.e, à Chaillot. — Le 29.e, au Gros-Caillou. — Le 30.e, Palais des Tuilleries. — Le 31.e, chez le Ministre de la marine. — Le 32.e, au Palais du Corps législatif. — Le 33e., chez le Ministre de la justice. — Le 34.e, à la Trésorerie impériale. — Le 35.e, chez le Ministre des relations extérieures. — Le 36.e, rue Charonne, au Magasin de l'équipement des troupes. —

Le 37.e, faubourg du Temple, ancienne Cazerne. — Le 38.e, à l'École-Militaire. — Le 39.e, à l'Hôtel impérial des Invalides.

Dépôts d'eau pour l'incendie.

Le 1.er, au chef-lieu, rue St.-Louis. — Le 2.e, à St.-Martin; trois gros tonneaux. — Le 3.e, rue du Faubourg-St.-Lazare; deux gros tonneaux. — Le 4.e, rue St.-Bernard, faubourg St.-Antoine; trois gros tonneaux. — Le 5e., rue St.-Barthelemy; deux gros tonneaux. — Le 6 e, rue St.-Victor; trois gros tonneaux. — Le 7.e, faubourg du Finistère; un gros tonneau. — Le 8.e, rue de Marigny; deux gros tonneaux. — Le 9.e, Chaussée-d'Antin; deux gros tonneaux, à la Cazerne. — Le 10.e, place de l'Estrapade; deux gros tonneaux. — Le 11.e, au Petit-Luxembourg; deux gros tonneaux et pompes. — Le 12.e, rue St.-Romain, faubourg St.-Germain; deux gros tonneaux et pompes. — Le 13.e, place du Carouzel. — Le 14.e, rue Neuve-des-Capucines, à l'Etat-Major; une pompe, un tonneau. — Rue Poissonnière, une pompe. — Rue St.-Thomas-du-Louvre; un petit tonneau et une pompe. — Passage du Caire; une pompe et un petit tonneau. — Rue des Capucines; une pompe.

INSTRUCTION PUBLIQUE (*).

Quatre inspecteurs généraux des études nommés par l'Empereur, visitent, au moins une fois l'année les lycées, en arrêtent définitivement la comptabilité,

---

(*) Pour l'indication des écoles spéciales établies dans le département de la Seine, voir à la table.

examinent toutes les parties de l'enseignement et de l'administration, et en rendent compte au conseiller-d'état, directeur-général de l'instruction publique.

Inspecteurs - généraux des Études.

M. Lefèvre-Gineau, au collége de France.
M. Despaux, rue de la Harpe.
M. Noel, rue Jacob.
M. Vissar, rue de Lille.

LYCÉES DU DÉPARTEMENT.

Les lycées sont au nombre de quatre. Le lycée *Impérial*, ci-devant Prytanée, rue St.-Jacques. — Le lycée *Napoléon*, dans les bâtimens de Ste.-Geneviève. — Le lycée *Bonaparte*, aux Capucins de la Chaussée-d'Antin. — Le lycée *Charlemagne*, aux Grands-Jésuites, rue St.-Antoine.

Bureau d'administration des Lycées. MM.

Frochot, Préfet de la Seine, président.
Séguier, premier président de la cour d'Appel.
Mourre, proc.-génér. imp., près la cour d'Appel.
Gérard, proc.-gén. imp., p. la cour de Just. crim.
Duquesnoy, maire du 10e. arrondissement.
Brière-de-Mondetour, maire du 2e arrondissement.
Bénard, maire du 8e. arrondissement.
Anson, administrateur des postes.
Boulard, membre du Corps législatif.
Hourier-Héloy, administrateur de l'enregistrement.
Laudigeois, notaire.
Nicod, ordonnateur général des hospices.

Messieurs,

Champagne, proviseur du lycée impérial.
Dewailly, proviseur du lycée Napoléon.
Binet, proviseur du lycée Bonaparte.
Gueroult, proviseur du lycée Charlemagne.
      Secrétaire du bureau. M. Ruphy.

Lycée Impérial.

Conseil d'Administration. MM.

Champagne, ✿ proviseur.
Le Prévost (d'Iray), censeur des études.
Le Sieur, procureur-gérant.

Professeurs, Messieurs,

Duport, mathématiques transcendantes.
Dubourguet, mathématiques, 1re. et 2e. classes.
Landry, mathématiques, 3e. et 4e. classes.
Laran, mathématiques, 5e. et 6e. classes.
Guillard, mathématiques, classe élémentaire.
Luce de Lancival, réthorique latine.
Castel, réthorique française.
Dubos, langues anciennes, 1ere. classe.
Mollereau, langues anciennes, 2e. classe.
Goffaux, langues anciennes, 3e. classe.
Adám, langues anciennes, 4e. classe.
Roussel, langues anciennes, 5e. classe.
Couenne, classe élémentaire de latin et de français.
Pichon, classe élémentaire de grammaire française.

Maîtres de langues, d'écriture et d'agrément, MM.
Simon, langue allemande. — *Fierville*, langue
anglaise. — *Lefèvre* et un adjoint, écriture. — *Bouil-*

lon, *Bouquet*, *Alexandre*, *Esbrar*, dessin. —*Dousset*, maître de danse.

Sous-Directeurs. MM. Moulin , Godard et Couenne.

Maîtres d'Etudes. MM. Thouvenel , Delavaux , Couche, Petit, Bourdon, Faulcon, Mouzard, Rabillon , Bredif, ... Lesguillers, Ibelein, Delacroix , Grellot.

Il y a environ quatre cent cinquante pensionnaires au lycée Impérial.

Lycée Napoléon.

Conseil d'administration. MM. ,

Dewailly , proviseur.

Dumas , censeur des études.

Clérisseau , procureur-gérant.

Professeurs, Messieurs ,

Labbey , mathématiques transcendantes.

Chauveau , mathématiques, 1re. et 2e. classes.

Dinet, mathématiques , 3e. et 4e classes.

Pommiès, mathématiques , 5e. et 6e. classes.

Bouillon-Lagrange , physique et chymie.

Mahérault , langues anciennes , réthorique.

Delaplace , langues anciennes , réthorique.

Millon , langues anciennes , 2e classe.

Pottier, langues anciennes , 3e. classe.

Guéroult jeune , lang. anciennes , 4e. classe.

Létendart, langues anciennes , 5e. classe.

Debrée , langues anciennes , 6e. classe.

Le lycée Napoléon est constitué en pensionnat depuis le mois d'avril 1806. Il y a environ 300 pensionnaires.

Lycée Bonaparte.

Conseil d'administration. MM.·

Binet , proviseur.

De Guerle , prof. , fais. fonct. de cens. des études.

Lakanal , procureur-gérant.

Professeurs. Messieurs ,

Lacroix , mathématiques transcendantes.

Izarn , physique.

Poinsot , physique.

Barruel , mathématiques , 1re. et 2e. classes.

Peyrard , mathématiques, 3e. et 4e. classes.

Dergny , mathématiques , 5e. et 6e. classes.

Dumouchel , réthorique latine.

Deguerle , réthorique française.

Desfontaines , 2e. classe.

Guillon , 3e classe.

Laya , 4e. classe.

Hamoche , 5e. classe.

Bintot , 6e. classe. (*)

Lycée Charlemagne.

Conseil d'Administration , MM.

Guéroult , proviseur.

Targe , censeur des études.

Demarcilly , procureur-gérant.

Professeurs , Messieurs ,

Francœur , mathématiques transcendantes.

(*) Les Lycées Bonaparte et Charlemagne ne reçoivent que des externes, et conséquemment, il n'y a ni maîtres d'études , ni maîtres d'agrément.

Messieurs ,

Bourdon, mathématiques , 1re. et 2e. classes.

Guyon , mathématiques , 3e. et 4e. classes.

Susanne , mathématiques , 5e. et 6e. classes.

Libbes , physique.

Charbonnet, réthorique.

De Saint-Ange , réthorique.

Truffer , 2e. classe.

Domergue , 3e. classe.

Andrieux , 4e. classe.

Duhamel , 5e. classe.

Lecler , 6e. classe.

Écoles secondaires.

Ville de Paris , Messieurs ,

Barbette , rue des Francs-Bourgeois.

Bardin , rue des Amandiers-Popincourt.

Bouchette , rue de Rochechouart.

Bullet , rue de Clichy.

Chantereau-Cressac , rue des Boulets.

Chardin , rue des Amandiers-Popincourt.

Cimetière , rue de Reuilly.

Coisnon , rue de la Montagne Ste.-Geneviève.

Coulon , rue Charlot.

Coutier, rue de Picpus.

Dabot , place de l'Estrapade.

Delacour , faubourg du Temple.

Dubois , rue de Ménil-Montant.

Dubois et *Loiseau* , rue Bigault.

Fleuriselles , rue de Picpus.

Guinchard , rue des Tournelles.

Messieurs ,

Henry , rue des Batailles , à Chaillot.

Hix , rue Matignon.

Jauffret , rue du faubourg St.-Jacques.

Lanneau , rue de Reims.

Lechevallier , rue Culture-Ste. Catherine.

Lecrosnier , rue de l'Union , faubourg du Roule.

Lefèvre , rue d'Enfer , près le Luxembourg.

Lefortier , rue Geoffroy-l'Asnier.

Lemoine , rue Neuve-de-Berry.

Lepître , rue St.-Louis au Marais, hôtel Joyeuse.

Leroux , rue de Montreuil.

Leterrier , rue de Picpus.

Lizarde , rue Copeau.

Lottin , rue de Picpus.

Macdermott , rue des Postes , n°. 31.

Moreau , faubourg St.-Honoré.

Muraine , faubourg Saint-Jacques.

Pillas , rue Saint-Dominique.

Ruinet , rue de la Harpe.

Savouré , rue de la Clef.

Troncin , rue du faubourg Saint-Martin.

Verkaven , rue Notre-Dame-des-Champs.

Weinand , rue du Champ du Repos.

Arrondissement de Saint-Denis. Messieurs ,

Jollibois , à Belleville.   *Sensier* , à Passy.

Arrondissement de Sceaux. Messieurs ,

Auboin , au Bourg-la-Reine.   *Légal* , à Bagneux.

Humbert , à Vincennes.   *Pierre* , à Thiais.

Écoles primaires.

Dans chacune des douze municipalités de la ville de Paris, il y a une école primaire de garçons et une école primaire de filles.

Arrondissem.	Messieurs.	Mesdames.
1er. . . .	Binet. . . .	Bezançon.
2e. . . .	Beaurain. . .	Grivet.
3e. . . .	Pommiés . .	Bouquet.
4e. . . .	Zolver . . .	Gefroy.
5e. . . .	Flamand. . .	Colleville.
6e. . . .	Dechaux. . .	Casin.
7e. . . .	Béliard . . .	Serbource.
8e. . . .	Fleuret . . .	Bertin.
9e. . . .	Averin . . .	Souffletea u.
10e. . . .	Hornet . . .	Rogé.
11e. . . .	Rousseau . .	Offarel.
12e. . . .	Lamarre . .	Guiroux.

Bureau officiel des Répétiteurs.

Ce bureau, institué par le Conseiller-d'Etat Préfet du département de la Seine, correspond avec les chefs d'écoles secondaires, pensionnats, écoles primaires, et leur fournit les professeurs, répétiteurs et maîtres dont ils peuvent avoir besoin.

M. Martin, *Chef du bureau*, rue St.-André des Arcs.

HOSPICES CIVILS ET SECOURS PUBLICS.

Les Hôpitaux où l'on reçoit les indigens malades, sont : *l'Hôtel-Dieu*, Parvis Notre-Dame ; *St.-Louis*, rue des Récolets ; *les Vénériens*, rue du Faubourg-

St.-Jacques ; *la Charité*, rue des SS.-Pères; *St.-Antoine*, à l'ancienne Abbaye de ce nom ; *Necker*, rue de Sèvres, près le boulevard ; *Cochin*, rue du Faubourg-St.-Jacques ; *Beaujon*, rue du Faubourg-du-Roule ; *les Enfans malades*, rue de Sèvres, à l'Enfant-Jésus ; *la Maison de Santé*, rue du Faubourg-St.-Martin ; *la Maternité*, rue de la Bourbe.

Les Hospices où l'on reçoit les indigens valides, sont : *la Salpétrière*, près le Jardin des Plantes ; *Bicêtre*, à Gentilly ; *les Incurables (hommes)*, faubourg St.-Martin ; *les Incurables (femmes)*, rue de Sèvres; *les Menages*, rue de Sèvres; *la Maison de Retraite*, à Mont-Rouge ; *les Orphelins*, rue St.-Victor ; *les Orphelines*, rue du Faubourg-St.-Antoine.

Un Conseil général d'administration dirige tous ces établissemens ainsi que les secours à domicile et le Bureau des nourrices.

Membres du Conseil-général, (*) MM.

FROCHOT, Conseiller d'Etat Préfet, Président.
Dubois, Conseiller d'Etat, Préfet de police.
Bigot Préameneu, Conseiller d'Etat.
Camet de la Bonardière, Maire du 11.e arrondissem.
D'Aguesseau, Sénateur.
Le Cardinal de Belloy, Archevêque de Paris.
Delessert, régent de la banque de France.
Mourgue, ancien Ministre.
Parmentier, membre de l'Institut.
Pastoret, membre de l'Institut.
Richard-Daubigny, ancien Administrat. des postes.

(*) Le Conseil général tient ses séances tous les mercredis, à l'hôtel de Ville.

Messieurs,

Séguier, premier Président de la Cour d'appel.

Thouret, Directeur de l'École de médecine.

La surveillance des différentes parties de l'Administration est répartie entre les membres du Conseil-général, ainsi qu'il suit : M. *Bigot-Préameneu*, le contentieux — M. *Camet-la-Bonardière*, Beaujon, Cochin, la Maison de Santé, les Maisons locatives, la Filature. — M. *Delessert*, la comptabilité générale, l'Hôpital des vénériens, et celui de Necker. — M. *D'Aguesseau*, la Maison de retraite de Mont-Rouge et les Secours à domicile. — M. *de Belloy*, les Secours à domicile. — M. *Duquesnoy*, les Orphelins, la Maternité, le Bureau de la location des nourrices, les Secours à domicile. — M. *Séguier*, les Orphelins, l'Hôpital St.-Antoine, le Secrétariat, les Archives, le Contentieux du domaine, et l'examen de tous actes y relatifs. — M. *Mourgue*, les Maisons appartenantes aux Hospices, les Incurables (hommes), l'Hôpital St.-Louis. — M. *Parmentier*, la Boulangerie, la Pharmacie centrale, la Charité, l'Hospice des ménages. — M. *Pastoret*, les Secours à domicile, l'Hôpital des Enfans, et les Incurables (femmes). — M. *Richard-d'Aubigny*, les Biens ruraux, la Salpétrière et Bicêtre. — M. *Thouret*, les Secours à domicile, l'Hôtel-Dieu, la Vaccine et la Clinique.

Commission administrative et Agence des Secours à domicile. (*) MM.

Alhoy, rue de Crébillon, n.° 3, près l'Odéon.

(*) La Commission et les Bureaux sont établis, maison de l'Administration des Hospices, parvis Notre-Dame.

Messieurs,

Coulomb, rue Villedot.

Desportes, r. Basse-du-Rempart, Chaussée-d'Antin.

Duchanoy, rue Neuve-St.-Marc, n.º 14.

Fesquet, rue de la Loi, au coin de celle St.-Augustin.

Lemaignan, rue Neuve-des-Petits-Champs, n.º 31.

Demontholon, rue de Paradis, n.º 2.

Nicod, rue de l'Eperon, n.º 8, Ordonnateur général.

Les fonctions exécutives sont exercées tant par les membres de cette Commission que par ceux des Hospices, et réparties en cinq divisions principales ainsi qu'il suit :

1.ere *DIVISION*. M. Desportes. — 1.ere *Section*, M. Lefévre, *Chef*. La Salpétrière, Bicêtre, les Incurables (hommes et femmes), les Ménages, Mont-Rouge, les Orphelins, les Orphelines. — 2.e *Section*, M. Sevelinger, *Chef*. Le placement des enfans à la ville ou à la campagne,

11e. *DIVISION*. M. Lemagnan. — 1.ere *Section*, M. Ballet, *Chef*. Les Hôpitaux des Vénériens, de St.-Louis, de Necker, des Enfans malades, de l'Hospice de Charenton. — M. Alhoy. — 2.e *Section*. M. Vasselle, *Chef*, Les Hôpitaux de l'Hôtel-Dieu, de la Charité, de Beaujon, de la Maternité et les Cliniques. — M. Duchanoy. — 3.e *Section*. M. Royer, *Chef*. Les Hôpitaux de St.-Antoine, Cochin, la Maison de Santé et la Vaccine, la Pharmacie centrale, la Boulangerie générale, le Bureau central d'admission, le Service général de santé, les Cliniques et l'Imprimerie.

111.e *DIVISION*. M. Fesquet. — M. Thomas, *Chef*. Le Domaine des Hospices et Secours à domicile.

*Tutelle des Mineurs orphelins et Enfans aban-
donnés admis dans les Hospices créée en vertu
de la Loi du 15 pluviose an 13.*

M. Fesquet, *Tuteur.*

*Membres de la Commission administrative formant
le Conseil de tutelle.*

MM. Alhoy, Desportes, Duchanoy, Lemaignan.
Chef de bureau, M. Desmagny.

IV.e *DIVISION*. MM. Coulomb, 1.re, et Demontholon, 2.e *Section.* — M. Godefroy, *Chef.* —
1.re *Section.* Les Secours à domicile à distribuer dans
les 1.er, 2e., 3.e, 4.e, 9.e et 10.e arrondissemens de
Paris. — 2.e *Section.* Les Secours à domicile à distribuer dans les 5.e, 6.e, 7.e, 8.e, 11.e et 12.e arrondissemens de Paris.

V.e *DIVISION*. M. Nicod, *Ordonnateur-général.*
— M. Peligot, *Chef.* comptabilité générale de
l'Administration.

Secrétariat-général de l'Administration.

M. Maison, *Secrétaire-général*, rue St.-Christophe.
M. Morice, *Commis en chef.*
Contrôle. M. Lavit, *Contrôleur*, rue
Caisse. M. Guérin, *Receveur*, rue Cloche-Perche.

Le nombre de lits dans les Hôpitaux est de 6,000.
Dans les Hospices de 9,270.

On traite journellement, dans ces maisons, 12 à
15,000 indigens valides ou malades.

Revenus. Les Hospices civils de Paris possèdent
731 maisons et 70 fermes ou biens ruraux qui, avec

les autres recettes et la somme que chaque année le
Conseil-général de la Commune leur assigne sur l'octroi, sont évalués à 6,185,000 francs.

Dépense. La dépense pour la nourriture, l'entretien, et les médicamens des indigens reçus et trai-
tés dans les Hôpitaux et Hospices, les réparations à
faire aux bâtimens, les salaires des Employés et Officiers de santé, tant de l'Administration générale que
de ceux de chaque maison, peuvent être évaluées
à . . . . .5,625,000.

La dépense pour l'entretien, réparation,
contributions et administration des biens est
évaluée à environ. . . . . 560,000.

Total général de la dépense. . . . 6,185,000.

Laquelle somme répartie entre 15,000 indigens,
produit, pour l'année, 5,475,000 journées ; chaque
journée revient à 1 fr. 10 cent. ; et en effet, depuis
plusieurs années ce prix n'a varié que de quelques
centimes.

Enfans abandonnés.

Population. On reçoit annuellement à la Maternité
5000 enfans qui sont de suite envoyés à la campagne.

Revenus. Les revenus des enfans abandonnés, y
compris les secours accordés par le gouvernement, se
sont élevés en l'an 13, à . . . . 673,500 fr.

Dépense. Les dépenses des enfans abandonnés s'é-
lèvent annuellement à environ. . . . . . . 790,000 fr.

Les 116,500 fr. de dépense qui excèdent le montant
des recettes, sont acquittés par la caisse des hospices.

Membres du conseil d'admission (1). MM.

Biron, rue de Verneuil, près celle du Bacq.

Chamseru, rue Favart, n°. 19.

Parfait, rue de la Victoire.

Prat, rue St.-Marc, n°. 14.

Masson, secrétaire, rue Copeau, n°. 1.

Hôtel-Dieu.

Il y a dans cet hospice onze salles d'hommes et douze de femmes, contenant 2200 lits. Tous les malades y couchent seuls (2).

Il y a vingt-sept religieuses en activité.

M. Pitre, *agent de surveillance.* M. Billard, *économe.*

M. Lepreux, *médecin en chef.*

---

(1) Le bureau du conseil d'admission est ouvert tous les jours, cloître Notre-Dame, depuis 9 heures du matin jusqu'à 4 heures du soir.

(2) A l'Hôtel-Dieu, à la Charité, à St.-Antoine, aux hôpitaux Necker, Beaujon, Cochin, à la maison de Santé et aux Enfans malades, on reçoit tout malade qui n'est pas attaqué d'une maladie dont le traitement est particulier à l'hôpital. St.-Louis et à l'hôpital des Vénériens; mais il y a cette différence entre la maison de Santé et les hôpitaux, que, dans ceux-ci on est reçu gratuitement, au lieu que, dans la maison de Santé il faut payer une somme pour la dépense de chaque journée. Il y a cette différence aussi, entre l'hôtel-Dieu et les hôpitaux de la Charité, St.-Antoine, Necker, Beaujon et Cochin, que, dans ces maisons, le nombre des lits est fixé de manière qu'on n'y est admis qu'autant qu'il se trouve un lit vacant, au lieu qu'on ne refuse à l'hôtel-Dieu aucun malade; s'il s'y présente quelqu'un au-delà du nombre des lits, on le reçoit, et on a recours à tous les moyens possibles pour donner asyle à tous les malades qui se présentent.

M. Pelletan, *chirurgien en chef.*

Médecins ordinaires, MM.

Bosquillon.	Asselin.	Récamier.
Montaigu.	Borie.	Husson.
Bourdier.	Defrasne.	Geoffroy.
Mallet.	Petit.	Lerminier.

Chirurgiens, MM. Giraux, Naudin, Dupuytren.

Pharmacien en chef, M. Lautour.

Chapelains, MM. Martin, Foulhouze, Chabot, Godefroy.

Hôpital St.-Louis.

L'hôpital St.-Louis est réservé aux maladies chroniques, telles que la galle, la teigne, les dartres, le scorbut, les cancers, les ulcères invétérés, les écrouelles. Cet hôpital, fondé par Henri IV, en 1608, a toujours été remarqué comme un des établissemens les plus complets en ce genre et les mieux ordonnés.

On y a institué un traitement externe pour les personnes qui ne sont pas reçues dans l'intérieur de la maison. On leur donne des avis, des remèdes, du linge, et tout ce qui leur est nécessaire pour se traiter chez eux.

Cet hôpital est fixé à 700 lits, et 100 lits de réserve.

Les surveillantes sont d'anciennes religieuses de l'Hôtel-Dieu, dont la maison de St.-Louis étoit autrefois une annexe et une dépendance.

MM. Bailly, *agent de surveillance.* — Levéville, *économe, garde-magasin.* — Delaporte, *médecin.* — Alibert, *médecin en second.* — Rufin, *chirurgien en chef.* — Richerand, *chirurgien en second.* —Gallès, *pharmacien en chef.* — Messager, *chapelain.*

Hôpital des Vénériens.

L'hôpital des Vénériens est fixé à 5oo lits et 5o de réserve. On y a aussi établi un traitement externe auquel tous les malades du dehors sont admis; on leur donne conseils, direction et médicamens.

MM. Boïeldieu, *agent de surveillance.* —Pelletier, *économe, garde-magazin.* —Bertin, *médecin.* — Cullerier, *chirurgien en chef.* —Leblanc, *chirurgien des nourrices.* — Gilbert, *chirurgien-aide-major.* —Allut, *pharmacien en chef.*

La Charité.

Le nombre des lits établis dans cet hôpital est de 23o, répartis dans six infirmeries. Cent vingt-six sont attribués au département de la médecine, savoir : cent pour les hommes, vingt-six pour des femmes dans la salle de la Clynique. Cent quatre lits sont affectés au département de la chirurgie. Les malades y sont à l'aise, chacun dans un lit de trois pieds de large. L'exclusion que l'on a prononcée de l'hospice, des enfans au-dessous de 15 ans, laissant quelques lits disponibles, on a formé au département de la chirurgie, une salle de vingt-quatre lits pour des convalescens (1).

(1) La Charité et l'hôtel-Dieu sont les deux hôpitaux où se pratiquent plus habituellement qu'ailleurs les grandes opérations chirurgicales. Il se fait aussi à ces deux hospices, par le chirurgien en chef, un cours d'anatomie et d'opérations. C'est

MM. Turquie , *agent de surveillance.* — Rozet de la Saussaye , *économe.* — Corvizard et Dumangin , *médecins.* — Deschamps , *chirurgien en chef.* — Boyer , *chirurgien ordinaire.* — Boudet , *pharmacien.* — Perrin , *chapelain.*

Hôpital St.-Antoine.

Le nombre des lits dans cet hôpital est de 230.

MM. Carrier , *agent de surveillance.* — Genois , *économe.* — Leclerc , *médecin.* — Thillaye , *chirurgien en chef.* — Morisset , *pharmacien.* — Dubois , *chapelain.*

Hôpital Necker.

Le nombre des lits dans cet hôpital est de cent-trente.

Mesdames Clavelot , *agent de surveillance.* — Bocy-Lestrade, *surveillante.* — MM. Mongenot, *médecin.* — Maret , *chirurgien en chef.* — Davignon , *chapelain.*

Hôpital Cochin.

Le nombre des lits est réglé à quatre-vingt-dix , et dix de réserve.

Madame Galland , *agent de surveillance.*

à l'hôpital de la Charité qu'est établie la CLINIQUE INTERNE ou École pratique de Médecine. La marche de la maladie , sa cure, son terme , par la guérison ou la mort , sont suivis journellement au lit des malades par les élèves , en présence du médecin. En cas de mort , les faits allégués sont vérifiés par l'ouverture du cadavre : ce qui donne lieu à des discussions et à des conférences très-instructives.

MM. Cordebar, *économe, garde-magazin.* — Bertin, *médecin.* — Caron, *chirurgien.* — Legendre, *pharmacien.* — Dumont, *chapelain.*

Hôpital Beaujon.

Le nombre des lits y est fixé à cent-vingt; quarante-cinq y sont assignés à des hommes malades alités; six à des convalescens; pareil nombre à des femmes malades et à des convalescentes; douze à des hommes blessés; six à des femmes blessées.

Madame Chamoin, *agent de surveillance.*

MM. Blairon, *économe, garde-magazin.* — Dupont, *médecin.* — Lacaze, *chirurgien.* — Roux, *chirurgien adjoint.* — Duval, *pharmacien.* — Baron, *chapelain.*

Hospice des Enfans malades.

Cet hôpital est destiné aux enfans des deux sexes, âgés de plus de deux ans et de moins de quinze, attaqués de maladies aiguës. Le succès de la mesure prise pour le traitement des enfans attaqués de ces maladies, a déterminé depuis à l'étendre aux enfans attaqués de maladies chroniques. Le nombre des lits est de quatre cents.

MM. Remy, *agent de surveillance.* — Baron, *économe, garde magazin.* — Mongenot, *médecin.* — Jadelot, *médecin.* — Petibeau, *chirurgien.* — Prat, *pharmacien en chef.* — Davignon, *chapelain.*

Maison de Santé.

La maison de Santé a été ouverte en mai 1802.

Il y a trois prix différens pour les malades admis dans cette maison ; savoir : 3 fr. pour les cabinets particuliers ; 2 fr. pour les lits au rez-de-chaussée et du 1er étage ; 1 fr. 50 cent. pour les autres. Quelle que soit la différence de prix, le traitement et les soins sont les mêmes ; mais au moyen de cette différence, on assortit mieux les individus dans la classe qui paroît leur convenir. On consigne, en entrant, quinze journées d'avance. Si le malade guérit avant les quinze jours, on lui restitue l'excédent de la consignation sur la durée du séjour. Le nombre des lits est de 100.

MM. Wilhelm, *agent de surveillance*. — Delaroche, *médecin*. — Dubois, *chirurgien*. — Bidot, *pharmacien*.

Hospice de la Maternité.

L'établissement de la Maternité est composé de deux maisons, l'une, rue de la Bourbe, reçoit toute femme qui se présente pour accoucher, étant dans le huitième mois de sa grossesse, ou dans un péril imminent d'accoucher ; l'autre, rue d'Enfer, reçoit tout enfant au-dessous de l'âge de deux ans, qui est, soit exposé, soit abandonné par ses parens. Ces deux maisons contiennent 500 lits et 500 berceaux.

Les femmes sont nourries, servies, mais obligées de se livrer à des travaux compatibles avec leur état, et pour lesquels on les paie, jusqu'au moment où elles accouchent.

Les enfans sont soignés, à leur arrivée, par des berceuses, dans des salles que l'on nomme *la Crèche*.

Ils passent de-là à des nourrices, sous la direction de meneurs qui les paient et les surveillent dans la campagne.

Aux premières douleurs, les femmes enceintes, qui attendent le terme de leur accouchement, passent de la maison de la rue de la Bourbe à celle de la rue d'Enfer. Elles y trouvent tous les secours nécessaires pour leur couche et pour le temps qui la suit.

Dans cette même maison est établi, sous la direction immédiate d'une sage-femme en chef, un collège d'élèves sage-femmes, envoyées de tous les départemens, pour être logées, nourries, recevoir pendant six mois les leçons d'un accoucheur en chef, les leçons de la sage-femme en chef, et s'exercer à la pratique sous les yeux de cette même sage-femme.

Chaque maison a son infirmerie particulière.

Ainsi l'établissement de la Maternité a deux établissemens qui existoient séparés avant la révolution : l'hospice des Enfans-Trouvés et les salles des femmes en couche à l'Hôtel-Dieu. On reçoit annuellement à la Maternité environ 5ooo enfans qui sont de suite envoyés à la campagne.

MM. Hucherard, *agent de surveillance.* — Combaz, *économe, garde-magazin.* — Papin, *chef de la comptabilité.* — Mad. Hubert, *surveillante en chef de la Crèche.* — MM. Chaussier, *médecin.* — Auvity, *chirurgien en chef.* — Baudeloque, *chirurgien-accoucheur.* — Mad. la Chapelle, *sage-femme en chef.* — M. Clausse, *chapelain.*

Hospice de la Salpétrière.

La population de cet établissement, qui peut être regardé comme une ville, a été réduite depuis le mois de mars 1802, à 4,200 individus; savoir : 3,140 valides, 700 folles, et 360 malades. Les enfans ont été envoyés aux Orphelines ; les ménages aux Petites - Maisons. Les indigens ont été classés en 5 grandes divisions et 40 sous-divisions ; une surveillante en chef à la tête de chaque division; une fille de service pour 50 valides; une pour 25 infirmes; une pour 20 folles ; une pour 12 malades sains de raison ; une pour 10 malades folles. Les conditions pour l'admission sont les mêmes que pour Bicêtre.

MM. Laporte-Lalanne, *agent de surveillance.* — Hemey, *économe, garde-magazin.* — Pinel, *médecin.* — Landre-Beauvais, *médecin adjoint.* — Lallement, *chirurgien en chef.* — Murat, *chirurgien.* — . . . . *pharmacien.* — Pellicot - Deseillans, Levasseur, et Nazou, *chapelains.*

Hospice de Bicêtre. (*)

Le nombre des indigens, dans cet hospice, est fixé à 2200. On y a établi des ateliers, et le travail est encouragé de toutes manières. Pour entrer dans cet hospice, il faut avoir 70 ans révolus Le nombre des sorties est limité pour chaque indigent, à trois jours

(*) Bicêtre est en même temps hospice d'insensés, hospice d'indigens, et maison de détention du gouvernement. Chacune de ces trois divisions y est tellement distincte, que l'une d'elles n'a aucune espèce de communication avec l'autre.

par mois; et cette permission même n'est pas accordée
à ceux qui refusent de se livrer au travail.

MM. Letourneau , *agent de surveillance.* — Busnot,
économe , *garde-magasin.* — Lanefranque , *médecin.*
— Dumont , *chirurgien en chef.* — Hébréard , *chirurgien en second.* — Moret, *pharmacien en chef.* —
Brochier et Ozeré , *chapelains.*

Hospice des Incurables (hommes).

Le nombre des lits est fixé à 400. Les conditions
pour l'admission sont les mêmes que pour l'hospice
des Incurables de la rue de Sèvres.

MM. Baudin , *agent de surveillance.* — Lérambert,
économe , *garde-magasin,* — Lesvignes , *médecin.* —
Letellier, *chapelain.*

Hospice des Incurables (femmes).

La maison est affectée aux femmes perclues de leurs
membres, ou attaquées d'autres infirmités incurables
et qui les mettent dans l'impossibilité absolue de se
livrer à aucun genre de travail. Le nombre des lits y
est fixé à 510.

MM. Maillet , *agent de surveillance.* — Dumas ,
chirurgien en chef. — Durand , *chapelain.*

Hospice des Ménages.

Cette maison étoit anciennement connue sous le
nom de *Petites-Maisons.* C'étoit alors un établissement destiné à recevoir 538 pauvres , garçons , filles
ou veufs ; des fous déclarés incurables , et payant
pension , au nombre de 44 ; des personnes attaquées

13.

de maladies vénériennes. On y traitoit aussi la teigne.
Depuis le commencement de l'an 10, l'hospice des
Petites-Maisons est exclusivement destiné pour des
époux en ménage. Le nombre des lits de cet hospice,
soit dans les dortoirs, soit dans les chambres, est fixé
à 550. Cent chambres sont destinées à recevoir autant
d'individus de l'un et de l'autre sexe, veufs, âgés de
60 ans révolus, ayant demeuré en ménage au moins
pendant 20 ans ; la condition de réception est le
payement d'une somme de 1600 francs, indépendamment du petit mobilier nécessaire (1) : chacun a sa
chambre seul. Ainsi cet hospice est composé de deux
sortes de personnes, de maris et de femmes vivant en
ménage, de ceux qui, admis gratuitement, y sont
devenus veufs ou veuves, et de veufs ou veuves reçus
en payant.

MM. Symonot, *agent de surveillance.* — Masson,
économe garde-magasin. — Bourdier, *médecin.* —
Maret, *chirurgien en chef.* — Leclair, *chapelain.*

Maison de retraite à Mont-Rouge.

Cette maison est destinée à recevoir : 1.° les anciens
Employés des Hospices; 2.° les personnes qui, sans
être dans un état d'indigence absolue, n'ont cependant pas les moyens suffisans d'existence. Ces derniers doivent avoir soixante ans révolus, ou être per-
clus de tous les membres, ou dans l'impossibilité de
se livrer à aucun travail. Dans ces deux cas, il faut

_____

(1) Il doit être composé comme il suit : lit formé de couchette,
paillasse, deux matelats, un traversin, deux couvertures, deux
paires de draps, deux chaises, un buffet ou une commode.

avoir vingt ans au moins. La pension est de 200 fr. pour les vieillards, de 250 fr. pour les incurables ; mais on peut opter entre le payement de cette pension et celui d'une somme fixe, qui augmente ou diminue selon l'âge. Le *maximum* de cette somme fixe est de 3,600 fr., et le *minimum* de 700 fr.

Les fous, les imbéciles et les épileptiques ne sont point admis dans cette maison.

Le nombre des lits est fixé à 110.

MM. Frochot, *agent de surveillance.* — Bourdon, *chirurgien.*— Levacher, *aumônier.*

Hospice des Orphelins.

Le nombre des places destinées aux enfans dans cet Hospice est de 1000. Il y existe un bureau particulier uniquement occupé du placement des enfans en apprentissage. Un Employé est chargé de surveiller ces enfans par des visites fréquentes chez les maîtres et les personnes où ils sont placés.

MM. Cossé, *agent de surveillance.* — Girault, *économe*, *garde-magasin.* — Lafond, *médecin.* — Girard, *chapelain.*

Hospice des Orphelines.

La maison des Orphelines a été destinée à recevoir 300 enfans. On n'admet dans cet Hospice que les orphelines de père et de mère. Les enfans y sont instruits dans la lecture, l'écriture, le calcul et les principes de la religion par trois institutrices, et sont sous la garde habituelle de deux Surveillantes.

MM. Perigois, *agent de surveillance.* — Aubert,

économe, *garde-magasin*. — Latour, *chirurgien*. — Servais, *Chapelain*.

Boulangerie générale.

Cet établissement, situé rue de Scipion, est uniquement employé à la fabrication du pain nécessaire aux Hôpitaux et Hospices civils, aux Quinze-Vingts et aux Sourds-Muets. La fabrication, surveillée par un Agent de l'Administration, est confiée à un Manutentionnaire général. Les fours, tels qu'ils existent, peuvent annuellement convertir en pain, 25,000 sacs de 159 kilogrammes environ.

MM. Regnard, *agent de surveillance*. — De St.-Martin, *manutentionnaire-général*.

Pharmacie centrale.

Cet établissement, situé dans le bâtiment que les Enfans abandonnés occupoient autrefois, fait le service pharmaceutique des Hôpitaux et Hospices civils, Comités de bienfaisance, et Maisons de détention du département de la Seine.

MM. Henry, *chef de la pharmacie*. — Guillaume, *garde-magasin*.

Hospices d'insensés.

Il n'y a point encore d'Hospice uniquement destiné au traitement des insensés. Il existe provisoirement à Charenton, 40 lits d'hommes et 20 lits de femmes, pour le traitement des indigens attaqués de folie, qui sont à la charge des Hospices de Paris. Pour tous les insensés transférés dans cette maison, même ceux en vertu des ordres immédiats du Préfet de police, il est alloué au Directeur de l'hospice de Charenton 1 fr. 50 cent. par journée de malade, pour tous les frais, y compris le transport des insensés à Charenton. Les indigens qui, après trois mois de traitement dans cette maison, sont jugés sans espoir · de guérison, sont transférés dans les maisons de Bicêtre et de la Salpétrière. (V. l'art. BICÊTRE).

Vaccine.

Mademoiselle Dubois, *agent de surveillance.*
M. Husson, *Médecin.*

Secours à Domicile.

La distribution des secours à domicile est confiée, sous la direction du Conseil et de l'Agence, aux quarante-huit bureaux de bienfaisance de la ville de Paris; chacun de ces bureaux a sa caisse et son trésorier. — Pour chaque municipalité il y a un comité central de bienfaisance, composé de députés de chacun des quatre bureaux de l'arrondissement municipal.

Les distributions sont fixées de la manière suivante: Trois distributions par mois de 27,000 fr. chacune, à tous les bureaux, pendant les quatre mois d'hiver. — Deux distributions par mois aussi de 27,000 fr. chacune, pendant les huit autres mois de l'année.

Ces sommes réparties, d'après les états de population, entre les quarante-huit bureaux de bienfaisance, sont employées par chacun d'eux : 1.° En secours en nature, comme pain, viande, soupes économiques, médicamens, vêtemens, etc; 2°. en foibles secours en argent, accordés à quelques familles indigentes secourues temporairement.

Le Conseil-général accorde également des fonds aux bureaux de bienfaisance : 1.° Pour distribution de farine aux nourrices ; 2.° distribution de bois pendant l'hiver ; 3.° secours aux vieillards et aveugles. On donne aux octogénaires indigens 6 fr. par mois ; aux vieillards de 75 à 80 ans 3 fr. par mois ; et aux aveugles 3 fr. par mois ; 4.° secours aux mères nourrices malades et indigentes ; 5.° distribution de papier timbré aux indigens, pour se procurer les actes de l'état civil qui leur sont nécessaires ; 6.° dépenses pour les écoles de charité.

L'Agence est chargée de l'entretien de la *Communauté des jeunes ouvrières de St.-Paul*, dirigée par Mademoiselle Lemaire. C'est une école de charité consacrée à l'éducation de quarante-huit jeunes filles orphelines ou indigentes, la plupart filles de défenseurs de la patrie

Enfin, l'Agence des secours à domicile est encore chargée de l'*Etablissement de filature* placée cul-de-sac des Hospitalières, rue St.-Antoine. Environ 2,200 femmes indigentes y vont chercher de la filasse de lin et de chanvre, qu'on leur délivre sous le cautionnement accepté par les bureaux de bienfaisance de leur division. Le prix de la filature leur en est payé suivant la finesse des numéros, depuis 10 cent. jusqu'à 1 fr. la livre.

M. Viot, *Régisseur.* M. Cochois, *Contrôleur.*

État des 48 Bureaux de bienfaisance à Paris.

Divisions.	Lieux des séances.
Tuileries.	. r. St.-Th.-du-Louvre, n.° 34.
Champs-Élysées. .	. à Chaillot, à l'ancien. caserne.

Divisions.	Lieux des séances.
Place Vendôme.	rue Basse-de-la-Madeleine.
Roule.	rue d'Anjou.
Le Pelletier.	rue d'Antin, à la Mairie.
Mont-Blanc.	rue du Faubourg-Montmartre.
Butte-des-Moulins.	rue Neuve-St.-Roch.
Faub.-Montmartre.	rue du Faub., école S.-Jean.
Contrat-Social.	rue Montmartre.
Brutus.	rue Montorgueil, n.° 77.
Mail.	r. Notre-Dame-des-Victoires.
Poissonnière.	rue du Faubourg.-St.-Denis.
Gardes-Françaises.	rue des Poulies.
Marchés.	Halle-aux-Draps.
Muséum.	Place du Chevalier du Guet.
Halles-aux-Blés.	r. Croix-des-petits-Ch., n. 23.
Bonne-Nouvelle.	r. de la Lune, porte S. Denis.
Bon-Conseil.	rue St.-Sauveur.
Faubourg du Nord.	Faubourg St.-Martin.
Bondy.	Faubourg St.-Martin.
Lombards.	rue St.-Denis, près St.-Leu.
Gravilliers.	rue Aumaire, pr. St.-Nicolas.
Temple.	rue d'Angoulême.
Amis de la Patrie.	rue Bourg-l'Abbé.
Réunion.	cloître St.-Merry.
Homme-Armé.	rue du Chaume, à la Merci.
Droits-de-l'Homme.	rue des Droits-de-l'Homme.
Arcis.	rue du Crucifix.
Quinze-Vingts.	rue Lenoir.
Indivisibilité.	place des Vosges, à la Mairie.
Popincourt.	rue St.-Ambroise, n.° 2.
Montreuil.	rue St.-Bernard.
Fraternité.	rue Poultier, Isle-St.-Louis.

Divisions.	Lieux des séances.
Fidélité.	rue Geoffroy-l'Asnier.
Arsenal.	rue St.-Ant., pass. St.-Paul.
Cité.	rue de Perpignan.
Fontaine-de-Grenelle.	rue de Verneuil.
Unité.	rue de Seine.
Ouest	rue du Bacq.
Invalides.	rue St.-Dominique.
Thermes.	rue des Prêtres-St.-Severin.
Luxembourg. . . .	r. Férou, au coin du c.-de-sac.
Théâtre-Français. .	rue des Poitevins.
Pont-Neuf.	cour de la Ste.-Chapelle.
Panthéon. . . .	Place Maubert.
Jardin des Plantes.	rue des Fossés-St.-Victor.
Finistère.	rue des Francs-Bourgeois.
Observatoire. . .	rue du Faub.-St.-Jacques.

Il y a aussi un bureau de bienfaisance pour chaque commune des deux arrondissemens ruraux.

Population. On comptoit en l'an 9, en l'an 10, et en l'an 11, 110,000 indigens secourus à domicile; mais d'après les derniers états dressés au commencement de l'an 13, on n'en comptoit plus que 86,936, savoir :

Hommes mariés.	14,004
Femmes mariées.	5,972
Hommes veufs.	1,476
Femmes veuves.	11,788
Célibataires hommes.	663
Célibataires femmes.	3,059
Enfans chez leurs parens.	42,311
Total.	79,273

D'autre part. 79,273

Sans désignation de sexe. 7,663

Total. 86,936

Revenus. Les revenus des indigens, composés de la location de quelques maisons, de rentes sur l'Etat, du droit sur les spectacles et fêtes publiques, s'élèvent, y compris les secours annuels accordés par le Conseil-général de la commune, à 1,220,000 francs.

Dépenses. Les dépenses, qui consistent en distribution de tous genres aux indigens, établissemens et entretien des écoles de charité, de la filature, des jeunes élèves St.-Paul, s'élèvent également à la somme de 1,220,000 francs.

Bureau des Nourrices.

Les nourrices sont amenées à ce bureau par des voituriers connus sous le nom de *meneurs*, qui sont cautionnés et pourvus d'une commission particulière; elles ne sont admises que sur un certificat du maire de leur commune, attestant leurs mœurs et l'âge de leur lait. Chaque nourrice qui emporte un nourrisson, doit, aussitôt arrivée chez elle, remettre au maire de sa commune le certificat de renvoi qui lui a été délivré avant son départ, et qui contient ses noms et ceux de son nourrisson, les noms et demeure des père et mère, etc.

On tient au bureau des nourrices registre de tous les enfans confiés aux nourrices qui y sont inscrites. Il y a un médecin attaché au bureau, pour examiner les qualités physiques des nourrices, et inspecter l'état des enfans qu'elles rapportent lorsque les pères et mères le demandent. Ce bureau place annuellement 5000 enfans.

MM. Lallemant, *directeur.* — Delaporte, *médecin.*

MONT-DE-PIÉTÉ.

Le Mont-de-Piété de Paris est régi au profit des pauvres : son conseil d'administration est composé du Préfet du département, du Préfet de police, et de quatre membres du conseil-général des hospices de Paris.

Le taux de l'intérêt à exiger des emprunteurs et à accorder aux prêteurs, est fixé par le conseil d'administration.

Conseil d'administration. MM.

FROCHOT, *Préfet, président.*
Dubois, *Préfet de police.*
Pastoret, *profess. de législation, au collége deFrance.*
Thouret, *directeur de l'école de médecine.*
Richard-d'Aubigny, *administrateur des hospices.*
Camet de la Bonardière, *maire du 11.e arrondissem.*
Henry, *secrétaire.*
Henry fils, *secretaire adjoint.*

Direction-Générale. MM.

Beaufils, *directeur.*
Cochin, d'Ysarn de Villefort, Baron, *sous-direct.*
Coupay, *caissier.*
Noel, *contrôleur de la caisse.*
Grimperel, *chef des vérifications et oppositions.*
Thomas, *premier commis de la direction.*

Appréciateurs, MM.

Alexandre père, rue Ste-Avoye, n°. 36.
Alexandre fils, même rue.
Cathoire, rue du Pont-aux-Choux, maison des Lions.
Leroy, cloître Notre-Dame, n°. 4.
Lestrade, rue S. Mérry, au coin de celle du Renard.
Mérault, rue de l'Eperon, n°. 8.
Saugrin, rue de la Tixeranderie, n° 23.
Thiébart, rue des Mauvais-Garçons, n°. 7.
Blondel, rue de Tournon, n°. 2.
Balbastre, rue de Vendôme, au Marais, n°. 8.
Fournier jeune, rue Saint-Denis, n°. 347.
Bohain, rue de Cléry, n°. 23.
Mallet, Boulevart et porte Saint-Martin.
Delacour, rue de Cléry, n°. 5.

Conseil et officiers de l'administration. MM.

Berryer, rue des Moulins, butte Saint-Roch.
Préau, *notaire*, rue de la Monnoie.
Saffroy, *avoué*, rue de la Verrerie.
Viel, *architecte*, rue du faubourg Saint-Jacques.
Dubray, *imprimeur*, rue Ventadour.
Boutroux, *huissier*, quai de la Grève.

Le Mont-de-Piété de Paris est situé rue des Blancs-Manteaux. C'est là que sont établis les bureaux où l'on reçoit les engagemens et dégagemens des emprunteurs. Il y a aussi, rue Vivienne, une division supplémentaire où l'on reçoit spécialement à engagement les tableaux et autres objets d'arts, et tous les meubles précieux, l'argenterie, les diamans et les bijoux.

Les bureaux, tant ceux de la rue des Blancs-Manteaux que ceux de la rue Vivienne, sont ouverts, savoir : pour les *engagemens et les dégagemens*, le matin, depuis 9 heures jusqu'à 2 heures de relevée ; et l'après-midi, mais pour les *engagemens* seulement, depuis 4 heures de relevée, jusqu'à 7 heures du soir.

Commissionnaires du Mont-de-Piété. MM.,

Tesson *, rue de Thionville, n⁰. 63.
Favre *, rue des Bons-Enfans, près celle S.-Honoré.
Peltier *, palais du Tribunat, galerie du café de Foi.
Genant *, (femme Danis), rue de l'Arbre-Sec, n⁰. 21.
Delizy *, rue des Fossés-Mt.-le-Prince, n⁰. 2.
Lefèvre *, rue de la Calandre, n⁰. 55.
Pousset l'aînée *, rue et vis-à-vis le Temple, n⁰. 91.
Beraud, rue Traversière, n⁰. 16.
Durand, rue Neuve des Petits-Champs, n⁰. 63.
Dupont *, rue et porte Saint-Honoré.
Grand-Jean *, passage des Petits-Pères, n⁰. 1.
Ledru *, place Baudoyer, n⁰. 2.
Cauchois *, rue de la Loi, n⁰. 96.
Doubleau *, rue du faub. Saint-Antoine, n⁰. 137.
Decrenisse *, rue Neuve des Petits-Champs, n⁰. 17.
Mathis, passage du Vigan, rue Montmartre, n⁰. 2.
Croisé *, rue Neuve-Égalité, n⁰. 11.
Michel, rue du Four-St.-Honoré, n⁰. 19.
Cherest *, rue des Noyers, n⁰, 5.
Blaume *, rue de Grenelle-St.-Honoré, n⁰. 41.
Laborey *, pass. du Bois-de-Boulogne, porte S.-Denis.
Fraisse, rue de la Ferronnerie, n⁰. 9.
Richelot, rue du Bacq, n⁰. 58.
Bouzier-Cambaudière, rue Croix-des-Petits-Champs.

(1) L'* après le nom, signifie Madame.

CHAMBRE DE COMMERCE DE PARIS.

Cette chambre est composée de quinze membres, et présidée par le Préfet de la Seine. Elle est chargée de présenter ses vues sur les moyens d'accroître la prospérité du commerce ; de faire connoître les causes qui en arrêtent les progrès ; d'indiquer les ressources qu'on peut se procurer ; de surveiller les travaux publics relatifs au commerce, et l'exécution des lois et arrêtés concernant la contrebande.

La chambre se renouvelle par tiers tous les ans. Ses jours d'assemblée ordinaire, sont fixés au vendredi de chaque semaine.

Membres de la Chambre, Messieurs,

Frochot, Conseiller-d'Etat Préfet, *Président.*

Barthélemy, rue du Mont-Blanc, no. 43.

Burin, rue Saint-Marc, no. 10.

Bidermann, rue du faubourg Montmartre, no. 15.

Chevals, rue Saint-Fiacre, no. 5.

Cordier, rue du faubourg Poissonnière, no. 8.

Davilliers, boulevard Montmartre, no, 15.

Destuf, rue du Temple, no. 40.

Dupont de Nemours (vice-président), r. de Provence.

Hottinguer, rue du Sentier, no. 20.

Lafond, quai de la Tournelle, no. 21.

Martin (fils d'André), rue du faub. Poissonnière.

Ternaux, place des Victoires, no. 3.

Thibon, rue de la Réunion.

Thomas, rue Saint-Antoine, n°. 177.

Vital-Roux, rue Helvétius, no. 177. Secrétaire.

14

Secrétariat de la Chambre.

M. *Brunet*, passage Cendrier.

Le secrétariat de la chambre est ouvert tous les jours à la Préfecture de 2 à 4 heures après midi.

SOCIÉTÉ D'AGRICULTURE.

La Société d'Agriculture du département de la Seine s'occupe, sous la surveillance du ministre de l'intérieur, de tout ce qui est relatif au perfectionnement de l'agriculture et à l'amélioration de ses produits ; elle tient ses séances à l'Hôtel-de-Ville, les 1er, et 3e. mercredis de chaque mois.

M. FRANÇOIS (de Neufchâteau), sénateur, président.

M. *Chassiron*, vice président.

M. *Silvestre*, secrétaire.

M. *Olivier*, secrétaire-adjoint.

M. *Huzard*, trésorier.

Membres, MM.

S. M. LE ROI DE NAPLES.

Allaire, administrateur des eaux et forêts.

Ameilhon, de l'Institut, bibliothécaire, à l'arsenal.

Amelin, propriétaire, rue du faub. Saint-Honoré.

Barré Saint-Venant, propriétaire, rue du Doyenné.

Benoist, chef de division, au minist. de l'intérieur.

Bosc, membre de l'Inst., rue des Maçons-Sorbonne.

Bremontier, insp. des pont-et-chauss., rue Cassette.

Cadet-de-Vaux, membre de plusieurs Sociétés.

Cambry, propriétaire, rue Caumartin.

Cels, pépiniériste, à Mont-Rouge.

Challan, membre du Corps législatif.

Messieurs,

Chassiron , membre de la cour des comptes.

Coquebert-Montbret, membre de plusieursSociétés.

Cossigny , membre de plusieurs Sociétés savantes.

Decandolle , membre de plusieurs sociétés savantes.

Delessert , banquier, rue Coq-Héron.

Depère , sénateur.

Descemet , cultivateur-pépiniériste , à Saint-Denis.

Desplas , artiste vétérinaire , rue de Lille.

Dubois , Préfet de police de Paris

Dupont (de Nemours) , membre de l'Institut.

Duquesnoy , maire du 10e. arrondissement.

François (de Neufchâteau) , sénateur.

Frémin , cultivateur , maître de poste , à Bondy.

Frochot , Conseiller-d'Etat , Préfet du départem.

Gillet-Laumont , membre du conseil des mines.

Gondouin , membre de l'Institut , rue de Tournon.

Gossuin , administrateur des eaux et forêts.

Huzard , membre de l'Institut, rue de l'Eperon.

Journu-Aubert , sénateur.

Lasteyrie , membre de plusieurs Sociétés savantes.

Leblond , propriétaire.

Lombard , cultivateur , rue des Grands-Augustins.

Mamon , cultivateur , à la Varenne-St.-Maur.

Meriel , cultivateur , à Montreuil , près Paris.

Molard , administ. du Conserv. des arts et métiers.

Moreau Saint-Méry , conseiller d'état.

Mourgue , administrateur des hospices civils ,

Olivier , membre de l'Institut , place du Panthéon.

Parmentier , membre de l'Institut.

Perthuis , propriétaire , rue Beautreillis.

Regnaud de St-Jean-d'Angely , ministre-d'état.

Messieurs,

Richard d'Aubigny, administrateur des hospices.

Sageret, cultivateur, rue Boucherat.

Saint-Genis, propriétaire, cultivateur à Pantin.

Saint-Martin-Lamotte, sénateur.

Silvestre, membre de l'Institut.

Swediaur, médecin, rue Jacob.

Tessier, membre de l'Institut, rue de l'Oratoire.

Thouin, de l'Institut, au jardin des Plantes.

Vilmorin, pépiniériste, quai de la Mégisserie.

Vitry, membre de plusieurs Sociétés savantes.

Yvart, cultivateur à Maisons, près Charenton.

Membres associés.

Bergon, conseil.-d'état, direct. de l'adm. des forêts.

Chabert, direct. de l'Ecole vétérinaire, à Alfort.

Chaptal, trésorier du Sénat, membre de l'Institut.

Cotte, à Montmorency.

Cournol, jurisconsulte, rue Neuve Saint-Merry.

Desfontaines, de l'Institut, au jardin des Plantes.

Desmarets, membre de l'Institut.

Dubois, directeur des droits réunis, à Moulins.

Echasseriaux, ministre plénipot., à Lucques.

Fourcroy, conseiller d'état, direct. de l'inst. publ.

GarnierDeschênes, passage des Petits-Pères.

Grégoire, sénateur.

Lescalier, conseill.-d'état, Préfet marit., àGênes.

Liancourt (Larochefoucault) à Liancourt.

Mathieu, directeur des droits réunis, à Bordeaux.

Poulain-Grandpré, présid. du trib. civil, à Neufchât.

Réveillère-Lépeaux, à la Rousselière, comm. d'Arden.

Rougier la Bergerie, Préfet de l'Yonne.

Messieurs,

Tenon, membre de l'Institut.

Thouin (Jean) jardinier au jardin des Plantes.

Torchet St.-Victor, bibliothécaire aux Invalides.

Vauquelin, de l'Institut, au jardin des Plantes.

Vitet, médecin, rue Neuve Saint-Roch.

Associés étrangers, MM.

Beckmann, professeur à l'Université de Gottingue.

Calkoen, à Amsterdam.

Correa de Serra, à Lisbonne et à Paris, rue Hyacinthe.

Édelcrantz (le chevalier d'), à Stockolm.

Fabricius, professeur d'économie rurale, à Kiel.

Fabroni, à Florence.

Jefferson, président des Etats-Unis, à Wasington.

Marshall, à Londres.

Nicolas, à Rome.

Rumford (le comte de), à Munich.

Thaer, médecin à Zell, pays d'Hanovre.

Wibourg, profes. de l'Ecole vétérin., à Copenhague.

Young (Arthur), à Londres.

DIRECTION DES CONTRIBUTIONS (1).

Cette direction, placée sous l'autorité immédiate du Ministre des finances, est chargée de la confection des matrices des rôles, de l'expédition des rôles, de la vérification des réclamations des contribuables, et de

(1) Pour les différens renseignemens sur les diverses natures de contributions du département ; voir plus haut, page 64 et suivantes.

l'exécution de toutes les opérations ordonnées pour l'arpentage et l'expertise des communes.

Directeur.

M. LE MARCIS, rue de Gaillon, n.° 12.

Le Directeur correspond directement avec le Ministre des finances, et lui propose tout ce qui peut tendre à l'amélioration du régime des contributions. Indépendamment de la direction des travaux relatifs à la confection des matrices et à l'expédition des rôles, à la vérification des réclamations, et à la surveillance des recouvremens, il est encore chargé de diriger et surveiller les opérations concernant l'arpentage et l'expertise des communes. Il correspond pour tout ce qui y est relatif, tant avec le commissaire impérial nommé par le Gouvernement, qu'avec le Préfet du département, avec les Maires, le Géomètre en chef et les Experts estimateurs. Il a le dépôt des plans et et de toutes les pièces des expertises.

BUREAUX (1).

1.re *Division*. M. Vauthier, *Chef*. Travail concernant les vingt-quatre divisions des six premiers arrondissemens de la ville de Paris.

2.e *Division*. M. Revelière, *Chef*. Travail concernant les vingt-quatre divisions des six derniers arrondissemens de la ville de Paris.

3.e *Division*. M. Lefranc, *Chef*. Travaux relatifs aux arrondissemens ruraux et au cadastre.

(1) Les bureaux de la Direction sont ouverts au public les mardi, jeudi et samedi de chaque semaine, depuis une heure après midi jusqu'à 4 heures du soir.

Inspecteur.

M. *Allard*, rue Culture - Ste. - Catherine, hôtel Carnavalet, n.º 27.

Les fonctions de l'Inspecteur sont de surveiller les préposés aux recettes et les contrôleurs, de faire les contre-vérifications et revisions de réclamations, les vérifications de caisses, et généralement toutes les opérations majeures qui exigent un déplacement, et qui peuvent être ordonnées par le Préfet et prescrites par le Directeur; relativement au cadastre, toutes les tournées que le Directeur juge nécessaires pour lever les difficultés auxquelles les délimitations, l'arpentage et l'expertise peuvent donner lieu.

Contrôleurs à Paris.

Ils sont au nombre de vingt-quatre répartis ainsi qu'il suit pour les quarante-huit divisions.

Divisions.	Messieurs,
Tuileries.	*Cuynet*, pl. des Italiens.
Champs-Elysées.	*Leborgne*, 1.er surnuméraire.
Place - Vendôme.	*Besnard*, r. des Lions-S.-Paul.
Roule.	*Idem.*
Lepelletier.	*Cuynet*, pl. des Italiens.
Faubourg - Montmartre.	*Hoche*, rue de Hanovre.
Butte-des-Moulins.	*Idem.*
Mont - Blanc.	*Charles*, rue Helvétius, n. 57.
Brutus.	*Levillaint*, r. Pavée St.-Sauv.
Mail.	*Barat*, quai des Ormes. n. 60.
Contrat-Social.	*Messieux*, r. des Fr.-Bourg.
Poissonnière.	*Charles*, rue Helvétius, n. 57.
Halle-aux-Bleds.	*Sandrier*, r. du Monc.-S.-G.
Gardes - Françaises.	*Idem.*

Divisions.	Messieurs.
Muséum.	*Voyenne*, rue Cléry, n.º 47.
Marchés.	*Idem.*
Bonne-Nouvelle. .	*Modérat*, rue Mandar, n. 10.
Bondy.	*Idem.*
Bon - Conseil. . .	*Champagne*, r. d'Orl. S.-D.
Faubourg du Nord.	*Idem.*
Gravilliers. . . .	*Filleul*, rue Favart, n.º 8.
Temple.	*Messieux*, r. des Fr.-Bourg.
Lombards. . . .	*Barat*, quai des Ormes, n. 60.
Amis de la Patrie.	*Levillaint*, r. Pavée S.-Saur.
Réunion.	*Lemoine*, r. des Rosiers, n. 34.
Arcis.	*Navet*, Vieille-r.-du-Temple.
Homme-Armé. . .	*Idem.*
Droits-de-l'Homme.	*Lemoine*, r. des Rosiers, n. 34.
Quinze-Vingts. . .	*Munier*, rue Amelot, n.º 30.
Popincourt. . . .	*Idem.*
Indivisibilité. . .	*Feuchères*, r. Jarente, n. 8.
Montreuil. . . .	*Idem.*
Fidélité.	*Despechbach*, r. S.-Honoré.
Arsenal.	*Degré*, r. Basse S.-D., n. 16.
Fraternité. . . .	*Gardin*, r. de la Tabletterie.
Cité.	*Degré*, r. Basse S.-D., n. 16.
Fontaine - de-Crenelle.	*Bouchenel*, r. de Cléry, n. 38.
Ouest.	*Mathis*, Abbaye St.-Germ.
Invalides.	*Idem*, cour Abbatiale.
Unité.	*Gardin*, r. Tabletterie, n. 6.
Théâtre-Français. .	*Despechbach*, r. S.-Honoré.
Thermes.	*Bouchenel*, r. de Cléry, n. 38.
Luxembourg. . .	*Pihet*, r. du Four S.-G., n. 28.
Pont-Neuf. . . .	*Idem.*
Panthéon.	*Lassus*, r. Salle-au-Comte, 7.

Divisions.	Messieurs,
Finistère.	*Lassus,* rue Salle-au-Comte.
Jardin-des-Plantes.	*Bajard*, r. des SS. Pères, n. 57.
Observatoire. . . .	*Idem.*

Les fonctions des Contrôleurs sont : 1.º les récensemens pour la formation des matrices des rôles de toute nature de contributions; 2.º la vérification de toutes les réclamations en matière de contributions; 3.º la surveillance de la perception et des porteurs de contrainte (*).

Contrôleurs des Arrondissemens ruraux.

Il y a un Contrôleur des contributions pour chacun des deux arrondissemens ruraux.

Arrondissement de St.-Denis. M. *Feuchères,* rue Michel-le-Comte, n.º 16.

Arrondissement de Sceaux. M. *Allaire,* rue Faubourg-Montmartre, n.º 67.

Les Contrôleurs des arrondissemens ruraux sont chargés de la refonte et de la confection des matrices de rôles, de la surveillance des recouvremens et des porteurs de contraintes, et de la vérification des réclamations. Relativement à l'arpentage et à l'expertise des communes, ils doivent être présens à la délimitation des territoires; et, autant que leurs autres

---

(1) Les contrôleurs se rassemblent tous les samedis, dans l'un des bureaux de la direction, depuis midi jusqu'à quatre heures du soir, pour entendre les contribuables qui ont des déclarations à faire pour changement de domicile, et des observations à présenter ou des renseignemens à donner sur leurs contributions.

fonctions le leur permettent, à l'arpentage des communes.

Contrôleurs surnuméraires.

Ils sont au nombre de six; ils travaillent immédiatement sous les ordres du Directeur et dans ses bureaux Ils remplacent au besoin les Contrôleurs absens ou malades.

MM. Alex. Leborgne, Maghellen, Letellier, Feuchères, Guillermet, Lacorre.

Arpentage des communes.

M. Bellhomme, *Géomètre en chef du département*, à Montmartre.

Recette générale du Département.

M. DE LA PEYRIÈRE, receveur-général, rue de l'Université, n°. 24 et 26.

Le receveur-général est chargé : 1°. de la recette générale du département; 2°. de la recette particulière de l'arrondissement de Paris : il y a un receveur particulier pour chacun des deux arrondissemens ruraux.

BUREAUX (1).

M. Leveau, directeur de la recette générale, rue de l'Université, n°. 26 (2).

1ere. *Division. Recette générale.* M. Saint-Léger, *chef.*

---

(1) Les bureaux sont ouverts tous les jours, depuis 9 heures du matin jusqu'à trois heures après midi.

(2) M. Leveau est aussi chargé de la liquidation des comptes de feu M. Davalet, décédé receveur-général, et de tout ce qui peut y avoir rapport.

2e. *Division. Recette particulière de l'arrondisse-ment de Paris.* M. Prémonville, *chef.*

Caisse. M. Galland, *caissier.*

Receveurs particuliers des arrondissemens ruraux.

Arrondissement de Saint-Denis. M. Boyé.

Arrondissement de Sceaux. M. de Saint-Paul.

Percepteurs de la ville de Paris.

Il y a à Paris un percepteur pour chacun des douze arrondissemens municipaux. Ces percepteurs sont as-similés aux receveurs particuliers.

Premier arrondissement. M. *Goëtz*, rue S.-Honoré, près celle de l'Echelle, n°. 281. — Tuileries, Champs-Elisées, Place Vendôme, Roule.

Deuxième arrondissement. M. *Ledoux*, rue de Ri-chelieu., près le boulevard, n°. 115. — Lepelletier, Mont-Blanc, Butte-des-Moulins, faubourg Mont-martre.

Troisième arrondissement. M. *Tiron*, rue du Mail. — Brutus, Mail, Contrat-Social, Poissonnière.

Quatrième arrondissement. M. *Blondel*, cloître S.-Germ.-l'Auxerrois, n°. 35.—Halle-aux-Bleds, Gardes-Françaises, Muséum, Marchés.

Cinquième arrondissement. M. *Vander-Linden*, rue des Deux-Portes St.-Sauveur, n°. 30. — Bonne-Nouvelle, Bondy, Bon-Conseil, faub. du Nord.

Sixième arrondissement. M. *Pottier*, r. Charlot, près le boulevard, n°. 47. — Gravilliers, Temple, Lom-bards, Amis de la Patrie.

Septième arrondissement. M, *Soustras* ; rue et passage St.-Antoine, no. 69. — Réunion, Arcis, Homme-Armé, Droits-de-l'Homme.

Huitième arrondissement. M. *Ducret*, r. du Chemin-Vert, au Pont-aux-Choux, no. 31. — Quinze-Vingts, Popincourt, Indivisibilité, Montreuil.

Neuvième arrondissement. M. *Robert* , rue Saint-Antoine, près celle de Jouy, no. 76. — Fidélité, Arsenal, Fraternité, Cité.

Dixième arrondissement. M. *Dutremblay*, r. de Seine, près celle de Bussy, no. 48. — Fontaine de Grenelle, Ouest, Invalides, Unité.

Onzième arrondissement. M. *Chénié*, r. du cherche-Midi, no. 23. — Théâtre-Français, Thermes, Pont-Neuf, Luxembourg.

Douzième arrondissement. M. *Puissan* , quai de la Tournelle, no. 31. — Panthéon, Finistère, Jardin des Plantes, Observatoire.

Les bureaux des percepteurs de la ville de Paris sont ouverts tous les jours, excepté les dimanches et fêtes, depuis neuf heures du matin jusqu'à une heure après midi.

Percepteurs de l'arrondissement de S.-Denis. (1)

Communes.	Messieurs.
Aubervilliers, ...	Francotay.

(1) La commune d'Asnières est réunie pour la perception des contributions à celle de Colombes ; le Bourget à la Courneuve ; le Pré St.-Gervais à Pantin ; l'île St.-Denis à St.-Ouen ; Villetaneuse à Pierrefite. La commune à laquelle on a réuni est toujours le chef-lieu de recette.

Communes.	Messieurs.
Auteuil.	Reville.
Bagnolet.	Delormel.
Baubigny.	Narjot.
Belleville.	Allais.
Bondy.	Cavelier.
Boulogne.	Cohade.
Charonne.	Pilet.
Clichy.	L'Homme.
Colombes.	Desoye.
Courbevoye.	Robin.
Drancy.	Talot.
Dugny.	Balliat.
Epinay.	Scolard.
Gennevilliers.	Declaron.
Lachapelle.	Rudler.
Lacourneuve.	Champrosai.
Lavillette.	Margaux.
Montmartre.	Rudler.
Nanterre.	Aprin.
Neuilly.	Ledoux.
Noisy.	Camus.
Pantin.	Narjot.
Pierre-Fite.	Marc.
Passy.	Bouchard.
Putaux.	Guillaume.
Romainville.	Durand.
St.-Denis.	Tinthoin.
St.-Ouen.	Henry.
Stains.	Balliat.
Surennes.	Boutgault.

15

Percepteurs de l'arrondissement de Sceaux (*).

Communes.	Messieurs,
Antony.	Baudet.
Arcueil.	Racle.
Bagneux.	Bazin.
Bercy.	Dejoly.
Brie-sur-Marne.	Imbert.
Charenton-le-Pont.	Cornillot.
Chatenay.	Leclair, fils.
Chevilly.	Darreau.
Choisy.	Nourry.
Clamart.	Gastel.
Creteil.	Foissy.
Fontenay-aux-Roses.	Michel.
Fontenay-sous-Bois.	Hardyau.
Gentilly.	Lagastine.
Issy.	Guillaumot.
Ivry.	Lafolie.
Maisons.	Bouvier.
Montreuil.	Renault.
Mont-Rouge.	Geoffroy.
Nogent-sur-Marne.	Regnard.
Orly.	Leroux.
Rosny.	Durandin.
St.-Maur.	Devaux.
Sceaux.	Garnon.

(1) Brie sur Marne est réunie pour la perception à Champigny; Bonneuil à Creteil; Fresnes à Antony; la Branche-du-Pont et Charenton St.-Maurice à St.-Maur; Lay à Chevilly; le Bourg-la-Reine à Arcueil; le Plessis à Fontenay-aux-Roses; Rungis à Orly; St.-Mandé à Vincennes; Villemomble à Rosny.

Communes.	Messieurs.
Thiais.	Baudement.
Vanvres.	Coignet.
Vaugirard.	Domergue.
Villejuif.	Dulong.
Vincennes.	Lafolie.
Vitry.	Bocaert.

Receveurs municipaux.

Ville de Paris.

Il y a pour la ville de Paris un Receveur municipal nommé par le Conseil général du département faisant les fonctions de Conseil municipal de Paris. Ce Receveur est chargé de la recette de tous les revenus de la ville de Paris, et du payement des dépenses communales sur les mandats des Préfets du département et de police.

M. VALLET-VILLENEUVE, *Receveur municipal de la ville de Paris*, rue d'Anjou St.-Honoré.

M. *Heudelet*, Chef de la comptabilité.

M. *Geoffroy*, Caissier.

Les jours de payement sont les mardi et vendredi de chaque semaine, les autres jours sont destinés à la recette.

Le bureau est ouvert depuis 9 heures du matin jusqu'à 4 heures après-midi.

Arrondissemens ruraux.

Dans les arrondissemens ruraux, les Percepteurs des contributions directes sont chargés de remplir les fonctions de Receveurs municipaux.

DIRECTION DE L'ENREGISTREMENT
et des Domaines du département (1).

La direction est chargée de l'enregistrement des actes civils et judiciaires.; des recettes des amendes de police municipale ; des droits de greffe des cours de justice et tribunaux ; des fermages des anciens baux judiciaires ; de la réception des déclarations de succession et de la perception des droits y relatifs ; de la conservation des hypothèques ; de l'administration des domaines nationaux *extrà muros* ; de la vente et distribution du papier timbré.

Directeur.

M. Gentil, rue du Bouloi, n°. 23.

Le directeur a sous sa surveillance les inspecteurs, les vérificateurs et les receveurs. Il leur transmet les ordres et instructions de l'administration-générale, et leur donne directement tous ceux qu'exige le bien du service.

Ville de Paris.

Inspecteurs, MM.

Coutailloux, cloître Notre-Dame, n°. 14.
Lefebvre, rue Duphot, n°. 11.
Leblond, rue Chapon, n°. 1.
Labare, rue de Lille, n°. 43.
Boiteux, rue Meslée, n°. 41.
Brunement, rue des Marais, faub. du Temple, n.° 14.
Le Dure, rue Neuve du Luxembourg, n°. 3.

(1) Il y a une direction particulière pour les domaines nationaux de la ville de Paris. Voir ci-après, page 178.

Les inspecteurs sont chargés d'examiner tous les trois mois les enregistremens portés sur les différens registres, de faire rectifier les perceptions vicieuses, d'arrêter les états de produits, de dresser des états de recettes et de dépenses.

Vérificateurs, MM.

Astoud, rue du Sentier, n.º 18.

Daubigny, rue de Seine, n.º 23.

Durup de Baleine, rue de Provence, n.º 12.

Jouenne, rue de Varenne. n.º 10.

Lachenaye, rue St. Pierre-Montmartre, n.º 11.

Latapie, rue de Condé, n.º 12.

Leclerc, rue de Cléry, n.º 30.

Miger, rue Caumartin, n.º. 33.

Pajot, rue d'Angivilliers, n.º 8.

Peron, rue de Sorbonne, n.º 9.

Les fonctions des Vérificateurs sont de vérifier la gestion des Receveurs, les actes des Notaires, Huissiers et Greffiers, et de suppléer au besoin les Inspecteurs et les Receveurs.

Droits d'enregistrement des actes des Notaires et des actes sous signatures privées.

Arrond.   *Receveurs*, MM.

1.er *Maldan*, rue Neuve-du-Luxembourg, n.º 17.

2.e *Ducreux*, rue Neuve-Lepeltier, n.º 11.

Viala, même demeure.

Camuzat, rue Neuve-St.-Roch, n.º 12.

3.e *Blais*, rue de Cléry, n.º 32.

Ripert, passage des Petits-Pères, n.º 8.

Dulion, rue Neuve-St.-Eustache, n.º 25.

Arrond.   *Receveurs*, MM.

4.e *Lezan*, rue des Fos.-St.-Ger.-l'Auxer., n⁰. 18.
     Haton, rue du Bouloi, n.° 4.

5.e *Delaguette*, rue Basse, porte St.-Denis, n.° 16.

6.e *Gauné*, rue St.-Martin, n.° 149.

7.e *Cibot*, rue Geoffroy Langevin, n.° 7.
     Guérin, même demeure.
     Sadée, rue d'Anjou, au marais, n.° 11.

8.e *Letricheux*, à la municipalité, pl. des Vosges.

9.e *Guérin*, rue de Jouy, n.° 9.

10.e *Hennequin*, cour Abbatiale St.-Germain, n.° 6.
     Fourquier, même demeure.

11.e *Jacotot*, rue de l'Observance, n.° 10.
     Maillier, même demeure.

12.e *Dupont*, rue des Carmes, n.° 6.

Enregistrement des procès-verbaux de vente et autres actes administratifs.

M. *Paccalin*, Recev., r. de l'Orme-St.-Gerv., n.° 8.

Enregistrement des exploits et actes des Tribunaux de Paix et des effets de commerce.

Arrond.   *Receveurs*, MM.

1.er *Lecomte*, rue Neuve-Lepelletier, n.° 11.

2.e *Laindet*, rue Neuve-St.-Roch, n.° 34.

3.e *Bécuve*, rue J.-J. Rousseau, n.° 15.

4.e *Pasqueau*, quai de la Mégisserie, n.° 74.

5.e *Debrienne*, rue Bon Conseil, n.° 12.

6.e *Huttemin*, rue St.-Martin, n.° 147.

7.e *Finiels*, cloître St.-Merry, n.° 4.

8.e *Letricheux*, pl. des Vosges, à la municipalité.

9.e *Regnault*, quai de la Rép., Isle-St.-Louis.

10.e *Caron*, cour Abbat. St.-Ger.-des-Prés, n.° 6.

Messieurs,

11.e *Pillon*, rue du Vieux-Colombier, n.º 29.

12.e *Dastier*, rue des Carmes, n.º 6.

Receveurs de l'enregistrement des actes judiciaires, droits de greffe et amendes, près les Cours de justice et Tribunaux. Messieurs,

Gelin, près la Cour de cassation, au Palais.

Darnault, près la Cour d'appel, au Palais.

Arnault, pr. la Cour cr. et le Trib. corr., au Palais.

Bataillard, près le Tribunal de 1.re instance, au Palais.

Boizard, idem.

Bazennerie, près le tribunal de comm. rue St.-Méry.

Beaucourt, pour les droits de greffe, cloître S.-Méry.

Finiels, amendes de la police munic., cloît. S.Méry.

Anciens baux judiciaires et saisies réelles.

M. *Darnault*, receveur près la cour d'appel.

Receveurs des déclarations et droits de succes=sions. MM,

Falque, chargé du 1er. et du 2e. arrondissement. — *Caillot*, du 3e. et du 4e. — *Baudot*, du 5e et du 6e. — *Sombreuil*, du 7e et du 8e. — *Morel*, du 9e. et du 10e. — *Trouvé*, du 11e et du 12e.

Le bureau des déclarations des droits de successions est situé rue du Bouloy, n. 23.

Conservation des Hypothèques.

M. *Fidières*, *conservateur*, r. Michel-le-Comte, n. 32.

Le conservateur des hypothèques délivre à tous ceux qui le réquièrent, copie des actes transcrits sur ses registres, et des inscriptions subsistantes, ou un certificat qu'il n'en existe aucune.

Arrondissemens ruraux. MM.

Debreuil, inspecteur, barrière du Roule, n. 230.

Yvert, receveur, à Saint-Denis.

Guilbert Pixérecourt, receveur, à Belleville.

Debreuil, receveur, à Neuilly.

Finot, receveur, à Nanterre.

Tupigny, conservateur des hypothèq., à St.-Denis.

Defrance, receveur, à Sceaux.

Consolin, receveur à Vincennes.

Hareng de Presle, receveur, à Choisy-sur-Seine.

Defrance, conservateur des hypothèques, à Sceaux.

TIMBRE.

M. *Ledure*, inspecteur, rue Neuve du Luxembourg.

Receveurs du timbre extraordinaire. MM,

André, pour le timbre extraordinaire de dimension.

Lambert, pour le timb. extr. des effets de commerce.

Gallet, pour le timbre extr. des journaux et affiches.

Le bureau est situé rue Neuve et Maison des Capucines.

Distribution du papier-timbré.

Il y a quarante bureaux pour la distribution du papier-timbré ordinaire. Ils sont tenus par *Mesdames*,

Boisville, rue Neuve-des-Petits-Champs, n.º 55.

Calvinhac, rue du Roule, n.º 13.

Carra, rue Duphot, n.º 6.

Corbin, passage des Jacobins, n.º 1.

Corneille, rue Feydeau, n.º 16.

Couperin, rue St.-Denis, n.º 156.

Decle, rue du Bacq, n.º 114.

Delacorne, rue des Fossés-St.-Victor, n.º 32.

Mesdames.

Delisle, rue Montmartre, n.º 76.

Dorlan, rue de l'Arbre-sec, n.º 9.

Dubois, rue du faubourg St.-Denis, n.º 52.

Gagny, rue Montmartre, n.º 154.

Gibon, rue Ste.-Avoye, n.º 63.

Gilbert, rue Cassette, n.º 8.

Godefroi, rue de l'Hirondelle, n.º 18.

Heurtaut, quai de l'Union, n.º 5, Isle-St.-Louis.

Lamaignère, rue St.-Denis, n.º 358.

Lebas, rue du Bacq, n.º 15.

Lacour, rue Montorgueil, n.º 19.

Lemort, quai Pelletier, n.º 10.

Lereau, rue des Fossés-M.-le-Prince, n.º 45.

Levallois, rue de la Vieille-Monnoie, n.º 7.

Macard, rue Mélée, n.º 6.

Macret, rue St.-Martin, n.º 76.

Marcotte-Forceville, rue Pavée-St.-André, n.º 2.

Maurey, rue du Hasard, n.º 8.

Mertens, rue de la Vrillière, n.º 18.

Morambert, rue de la Poterie, n. 10.

Mouricault, rue du Monceau-S.-Gervais, **n. 1.**

Naudet, rue des Gravilliers, n. 46.

Pajot, rue Bonaparte, n. 3.

Roland, r. de Richelieu, cour St.-Guillaume, **n. 16.**

Roucher, rue des Grands-Augustins, n. 20.

Savary, rue de Vannes, n. 1.

Tilloy, rue du Renard, n. 12.

Tricot, rue des Marmouzets, n. 18.

Tricot le jeune, rue de Gaillon, n. 19.

Vaugelade, rue Poissonnière, n. 26.

Vandure, rue Bergère, n. 24.

Madame.

Viennot, rue Saint-Antoine, n. 184.

Garde-magazin du papier timbré.

M. *Trouville*, maison de la direction.

DIRECTION DES DOMAINES NATIONAUX
de la ville de Paris.

Cette direc on est chargée de tout ce qui concerne l'administration des domaines nationaux situés à Paris (1).

Directeur.

M. EPARVIER, rue du faub. Poissonnière, n. 37.

Inspecteurs, MM.

Lézormel, rue du Bacq, n. 91.
Vincent, rue de la Loi, n. 24.
Pierret, rue de Malte, faub. du Temple, n. 14.

Vérificateurs, MM.,

Bignon, vieille rue du Temple, n. 78.
Paris, rue Montmartre, n. 180.
Bachellery, rue Neuve-des-Petits-Champs, n. 89.
Androu, à Choisy sur Seine.
Moncuit, place des Victoires, n. 4.

Receveurs, MM.

Cornebise, rue des Vieux-Augustins, n. 18.
De Bellavoine, rue de la Réunion, n. 10.
Godefroy, rue Jacob, n. 21.
Hu nier, rue du Bat ir, n. 19.

---

(1) Les reaux de la Direction sont ouverts au public le mardi de chaque semaine, depuis 2 heures jusqu'à 4.

Receveur pour la suite des saisies réelles.

M. *Darnault*, rue du Coq-St-Honoré, n. 7.

Conseil et officiers de la Direction, MM.

Trubert, notaire, rue Montmartre, près St.-Joseph.
Lescot, avoué, rue Garancière, n. 21.
Pirault des Chaumes, avoué, rue Ventadour, n. 3.
Sapinaut, huissier, rue Montmartre, n. 76.

Commissaires-priseurs-vendeurs. MM.

Vincent-Saint-Hilaire, rue Saint-Denis, n. 311.
Vincent jeune, rue Helvétius, n. 19.
Dussart, rue du Montblanc, n. 35.
Pigorreau, r. des Fossés-S.Germain-des-Prés, n. 29.

Architectes, MM.

Petit, rue des Juifs, n. 13.
Bourla, rue du Sépulcre, n. 16.
Aubert, rue Traversière-St.-Honoré, n. 41.
Besnard, rue des Bons-enfans, n. 9.

DIRECTION DES DROITS-RÉUNIS
du département de la Seine.

Cette direction est chargée de tout ce qui concerne :
— 1º. Les droits sur les tabacs étrangers et indigènes, en feuilles ou fabriqués. — 2º. Les droits
sur les vins, cidres, poirés et la bière, à la barrique
et en détail. — 3º. Les droits sur les distilleries. —
4º. Les droits sur les voitures publiques et sur le
transport des marchandises. — 5º. Les droits sur les
cartes à la fabrication. — 6º. Le droit de garantie

sur les matières d'or et d'argent. — 7°. Le droit de navigation ; — 8°. et les dix pour cent du produit de l'octroi dans le département.

Directeur.

M. Legrand , hôtel de la Direction , rue Basse-d'Orléans, porte St.-Denis , n. 18.

Le directeur est nommé par l'Empereur. Il a sous ses ordres les inspecteurs, les contrôleurs, les commis à cheval, les commis sédentaires et les préposés aux déclarations et aux recettes. Il fait la recette générale de tous les produits du département. Il décerne des contraintes et fait toutes poursuites nécessaires contre les préposés en débet. Il instruit et défend sur les instances portées devant les tribunaux. Les transactions sur procès sont définitives avec son approbation, lorsque les condamnations ne s'élèvent pas à plus de cinq cents francs. Il reçoit directement le droit sur le produit de l'octroi , celui de navigation et des bacs et bateaux de Paris.

Inspecteurs , MM.

Monlord , rue de Richelieu.
Verdier , rue d'Angoulême , n. 6, boul. du Temple.
Bergerot , rue des Enfans-Rouges , n. 10.
Gallier-Saint-Sauveur , rue Montmartre.

Les inspecteurs sont nommés par le ministre des finances, et sont sous les ordres du directeur : ils veillent sur les divers préposés ; ils vérifient et arrêtent les registres des préposés aux déclarations et aux recettes.

Ville de Paris.

Contrôleurs pour la suite des exercices , MM.

Besse-du-Mas.   Gory.
Cambre du Buhal.   Pressigny.
Enfroy.   Baudin.
Pasques.   Chevassu.

Receveurs particuliers , MM.

Leclercq , pour le tabac.
Villemont , pour les voitures publiques.
Hollier , pour les cartes. Les bureaux de ces trois receveurs sont établis à l'hôtel de la direction.

M. *Lolivret ,* receveur pour le droit de garantie sur les matières d'or et d'argent. Le bureau de recette est à la Monnoie.

M. *Thutoire ,* pour les bières et distilleries. Ce bureau est à l'administration de l'octroi , rue des Petits-Augustins.

Préposés aux déclarations , MM.

Wacerbach, pour le tabac.
Lefebvre , pour les voitures publiques et les cartes. Ces deux bureaux de déclarations correspondent à ceux de recette , et sont établis à la direction , rue Basse-d'Orléans.

Contrôleurs et entrepôt des tabacs étrangers en feuilles.

Ce bureau est placé dans le local de l'entrepôt, rue du faubourg Montmartre. Il est ouvert tous les jours pour la réception et la reconnoissance des tabacs. M. Boissié , contrôleur.

M. Mérin, contrôleur principal pour les arrondissemens de Sceaux et St.-Denis.

16

M. Belzevoie , receveur principal pour les mêmes arrondissemens et les barrières de Paris ; leurs bureaux sont à la direction.

Le contrôleur principal est chargé de la vérification des registres de perception de toute nature et de la régularisation de la comptabilité, tant du receveur principal que des receveurs particuliers.

Arrondissement de Sceaux.

Receveurs particuliers. MM. *Paris* , à Sceaux. *Deverlu* , à Choisy. *Petit* , à Bercy. *Parvy* , à Nogent sur Marne. *Texier* , à Vaugirard.

Receveurs de l'octroi de navigation. MM. *Carniers* , à Choisy. *Pételard* , à Alfort.

Arrondissement de St.-Denis.

Receveurs particuliers , MM. *Salambini* , à Saint-Denis. *Barbier* , à Neuilly. *Saillot* , à Lachapelle. *Deschamps* , à Belleville. *Revelle* , à Passy.

Receveurs de l'octroi de navigation. MM. *Colas* , à Sèvres. *Barbier* , à Neuilly.

DIRECTION GÉNÉRALE DES POSTES.

La direction générale des Postes comprend l'administration des postes aux lettres , et celle des postes aux chevaux.

Directeur général.

M. Lavalette (C. ✹), Conseiller-d'Etat, hôtel des Postes , rue J.-J. Rousseau.

Administrateurs-généraux, MM. (1).

Anson, **rue** de la Ville-l'Évêque.
Forié, rue Pigal.
Auguié, rue Saint-Lazare.
Sieyes, rue Sainte-Croix.
Villeneufve, rue des Jeûneurs.

Poste aux Lettres.

M. *Legrand*, secrét.-gén., rue du P.-Lion S. Sauv.
M. *Bénezet*, inspecteur général.

Bureaux de l'Administration générale.

Caisse générale. M. Joinville, *caissier général.*

Correspondance générale. M. Piron, chef pour les départemens du midi. M. Guérin, chef pour les départemens du nord.

Division du départ et tarif. M. Dancourt, premier chef de division ; M. Dagand père, deuxième chef.

Division de l'arrivée. M. Ytasse, chef.

Envoi de département à département. M. Money, caissier.

Grand bureau de distribution. M. Godart, chef de distribution.

Bureau des affranchissemens. M. Léonard, chef.

Bureau des chargemens. M. Dagand fils, chef.

Bureau des abonnemens ou *affranchissemens* des journaux. M. Trubert, chef.

---

(1) Il y a toujours à l'hôtel des Postes, rue J. J. Rousseau, un administrateur, pour recevoir les réclamations et y faire droit.

Bureau des envois à découvert. M. Frappier, *caissier*, M. Hilaire, *contrôleur.*

Bureau des rebuts. M. Vomorillon, chef de la division.

Service général du Département.

M. *Coustillier*, chef de la division de Paris. M.*Courcelles*, sous-chef. Ce bureau est ouvert tous les jours de l'année depuis 6 heures du matin, jusqu'à 9 heures du soir sans interruption.

Service particulier de Paris et de la Banlieue.

Outre le bureau central à l'administration, il y a pour le service de Paris : huit grands bureaux de distribution ; 209 boîtes, dont 200 dans la ville, et 9 principales dans la banlieue (1) ; et le nombre des facteurs nécessaires pour le service.

Les bureaux de distribution dans Paris sont désignés par les huit premières lettres de l'alphabet, et placés au centre des quartiers de la ville dont ils font le service(2).

Bureau A, rue des Déchargeurs. Ce bureau est chargé du service des quartiers Montmartre, des Halles, de la nouvelle Halle, du Palais Royal, rue Saint-Denis, Palais de Justice et de la Cité. Il y a 37 boîtes dans l'arrondissement. M. *Guérin*, chef de distribution.

Bureau B, rue des Ballets Saint-Antoine. Les quartiers de la Grève, des rues de la Verrerie, Saint-

___

(1) La banlieue de Paris se compose des bourgs et villages environnant la capitale dans un rayon fixé par divers réglemens ; 25 d'entre eux, indépendamment de Malnoue, qui est de Seine et Marne, font partie du département de Seine-et-Oise.

(2) Outre le service de la ville, ces bureaux sont chargés de distribuer les lettres et paquets adressés aux habitans des communes de la banlieue qui font partie de leur arrondissement.

Antoine, Saint-Paul, de l'Arsenal, et d'une partie du Marais. Il y a 30 boîtes dans l'arrondissement. M. *Dugua*, chef de distribution.

Bureau C, *rue du Grand-Chantier*. Les quartiers Saint-Martin, du Temple, et de l'autre partie du Marais. Il y a 26 boîtes dans l'arrondissement. M *Langlade*, chef de distribution.

Bureau D, *au coin de la rue Beauregard* Les quartiers de la rue Villeneuve, de Bonne-Nouvelle, du Petit-Carreau, du faubourg Montmartre, et de la Nouvelle-France. Il y a 21 boîtes dans l'arrondissement. M. *Graecb*, chef de distribution.

Bureau E, *rue Saint-Honoré, près la place Vendôme*. Les quartiers Saint-Honoré, du Mont-Blanc, du Roule, des Tuileries, de Richelieu, et des Petits-Champs. Il y a 29 boîtes dans l'arrondissement. M. *Lacour*, chef de distribution.

Bureau F, *rue de Verneuil*. La majeure partie du service des quartiers du faubourg Saint-Germain, du côté des barrières. Il y a 22 boîtes dans l'arrondissement. M. *Roux*, chef de distribution.

Bureau G, *rue de Condé*. Les quartiers Saint-André-des-Arcs, du Luxembourg, Saint-Michel, et une partie du faubourg Saint-Germain. Il y a 19 boîtes dans l'arrondissement. M. *Lepreux*, chef de distribution.

Bureau H, *rue Contrescarpe-Saint-Marcel*. Ce bureau est chargé du service des quartiers Saint-Jacques, Saint-Marcel, Saint-Victor, Sainte-Geneviève et de la place Maubert. Il y a 23 boîtes dans l'arrondissement. M. *Gagnée*, chef de distribution.

Poste aux Chevaux.

Inspecteurs principaux.

MM. BOUDIN, BOULENGER, d'AVRANGE.

Les inspecteurs principaux forment , avec le conseiller d'État directeur-général des postes, le conseil d'administration des postes et relais : c'est à ce conseil que toutes les réclamations doivent être adressées.

Le conseil tient ses séances rue Coq-Héron , maison des Postes.

M. *Darnay* , secrétaire général.

Inspecteurs particuliers , MM. ,

Gamain ,	Vaisse ,
Delacour ,	Allard de Courcelles.
Plet Beaupré ,	Jacquesson.

Relais , MM.

Lanchère, ancienne abbaye Saint-Germain , à Paris. *Cretté* , à Saint-Denis. *Musnier*, au Bourget. *Frémin* , à Bondy. *Cauville*, au pont de Charenton. *Dardelais*, fils , à Villejuif. *Petit* , à Nanterre. N. . . . à Berny.

LOTERIE IMPÉRIALE.

La loterie impériale est composée de 90 nombres : les chances sont partagées en deux classes, chances simples et chances déterminées. L'extrait simple est payé 15 fois la mise ; l'ambe simple 270 fois ; le terne 5,500 fois ; le quaterne 75,000 fois; l'extrait déterminé 70 fois ; l'ambe déterminé 5,100 fois.

Les tirages sur la roue de Paris se font publiquement les 5 , 15 et 25 de chaque mois, à neuf heures du matin , du 5 avril au 25 septembre, et à huit du 5 octobre au 25 mars, hôtel de la Loterie, en présence de M. le Conseiller d'état préfet de police, et de MM. les administrateurs.

Les recèveurs sont autorisés à recevoir des mises pour les tirages qui se font à Bruxelles les 7, 17 et 27; à Lyon, les 9, 19 et 29; à Strasbourg, les 1, 11 et 21; et à Bordeaux, les 2, 12 et 22 de chaque mois.

Administrateurs, MM. Thabaud, Sauvage, Desmazis.

Secrétariat. MM. *Desnoyelles,* secrétaire-général; *Finot,* secrétaire-adjoint.

Caisse générale. MM. *Legris,* caissier général; *Fricot* fils; sous-caissier; *Mercier,* contrôleur..

Correspondance générale. MM. *Amelot,* chef de division; Tellier, chef; Champagneux, sous-chef. Vivet, chef de magazin; Chellé, sous-chef.

Vérification des mises, castelets et billets faits MM *Thévenet,* chef de division; Delamotte, Moreau, Froche, Ruelle, Henry et le Riche, chefs.

Comptabilité générale. MM. *Bouyn,* chef de division; Valentin, chef, première section; Corbille, chef, deuxième section; l'Heureux, chef, troisième section. Verrier et Galisset, chefs de la comptabilité courante des receveurs des départemens; Auzat, sous-chef des dépenses administratives.

Vérification des lots. MM. *Diancourt,* chef de division; Bechant, Delacoux et Gallier, chefs de sections.

Archives. MM. *Arthuys,* chef de division; Bardin et Albert, chefs de bureau.

Contentieux. MM. *Piqué,* chef de division; Legendre, agent du contentieux; Grillier, chef du bureau des renseignemens. Delahaye et Courtin, jurisconsultes; Noël, notaire.

Inspecteurs de Paris et des arrondissemens ruraux. MM. *Lesur,* rue. . . . . *Letourneur,* rue. . . . · *Thirion,* rue Saint-Appoline, n. 35. *Guerey,* rue Rivoli. *Gasse,* rue Vantadour, n. 11.

Contrôleur , M. Boucheporne.

Receveurs de Paris et des arrondissemens ruraux.

Bur.   MM. (*)

1 *Jeantel* , * place du Carrousel , n. 24.
2 *Pluyette* , * rue de Thionville , n. 53.
3 *Charton* , * rue de la Feuillade , n. 3.
4 *Parseval* , * rue Vivienne , n. 13.
5 *Pillot* , rue neuve des Petits-Champs , n. 55.
6 *Gobin* , * rue des Fossés St.-Germain.
7 *Despilly* , rue aux Ours , n. 44.
8 *Pajot* , * rue Coquillère , n. 38.
9 *Persin* , * place de la Colonnade du Louvre, n. 12.
10 *Pajou* , * rue Thionville , n. 3.
11 *Nonot* , * rue de Bourgogne , n. 11.
12 *Villeflosse*, rue de la Barillerie , n. 27.
13 *Desmonts* , rue de la Ferronnerie , n. 12.
14 *Tiron* , * rue St.-Jacques de la Boucherie , n. 17.
15 *Corneille* , * rue St.-Honoré , n. 332.
16 *Duport* , rue Phelippeaux , n. 27.
17 *Joly* , * , rue de Richelieu , n. 47.
18 *Vial* , passage Feideau , n. 4.
19 *Boucault* , * rue de Grenelle St.-Germain , n. 63.
20 *Bron* , rue S.-Martin , n. 96.
21 *Mouret* , rue et cloître St.-Honoré , n. 188.
22 *Olivier* , rue Neuve-des-Petits-Champs , n. 24.
23 *Le Jolivet* rue de Richelieu , n. 8.
24 *Blancq Hurville* , * au petit Carrousel , n. 2.
25 *Baisnee* , rue Bourbon-Villeneuve , n. 17.
26 *Gion* , rue des Fossés-Montmartre , n. 6.
27 *Briant* , rue de Cléry , n. 18.
28 *Chardouillet*, rue St.-Denis , en face la cour Bat.
29 *Courtois* , rue Montorgüeil , n. 31.
30 *Cochelet* , * palais du Tribunat , n. 157.
31 *Le Clair* , * place Maubert , n. 1.

(1) L'* après le nom signifie Madame.

Bur. MM.

32 *Martin*, rue de Richelieu, n. 87.
33 *Petillot*, rue du Puits, à la Halle, n. 2.
34 *Corbin*, * place des Trois-Maries, p. le P.-Neuf.
35 *Milcent*, rue Montmartre, près celle des Fossés.
36 *Fournier*, quai de la Mégisserie, n. 65.
37 *Lepelletier*, rue des Bons-Enfans, n. 14.
38 *Garnier*, Palais-Royal, passage du café de Foi.
39 *Duperrier*, rue Traînée, près S.-Eustache, n. 17.
40 *Aubreton*, rue de Sèves, au coin de celle du Bacq.
41 *Vermand*, * rue Bourg-l'Abbé, n. 52.
42 *Jobert*, rue du Petit-Carreau, n. 39.
43 *Faupel*, * rue Saint-Martin, n. 49.
44 *Bonjour*, quai des Ormes, n. 26.
45 *Delasseaux*, rue Bourbon-Villeneuve, n. 65.
46 *Pascot*, * rue Helvétius, en face celle de Louvois.
47 *Viger*, * rue Montmartre, n. 62.
48 *Duchêne*, p. St.-Antoine, mais. Beaumarchais.
49 *Féris*, quai Pelletier, n. 6.
50 *Lherminier*, rue neuve des petits-champs.
51 *Jaquinot*, rue de Grenelle St.-Honoré.
52 *Moynet*, rue de la Harpe, n. 22, p. c. Serpente.
53 *Hervet*, rue Bonaparte, près l'Abbaye.
54 *Cueillet*, faub. Poissonnière, n. 16.
55 *Guibert*, rue de l'anc. Comédie-Française, n. 11.
56 *Saussay*, rue de la Verrerie, n. 41.
57 *Felman*, * rue du Temple. n. 101.
58 *Dantar*, rue Montmartre, près le boulev. n. 170.
59 *Paignel*, r. S.-Denis, v.-à-v. celle Troussevache.
60 *Delaistre*, rue Froidmanteau, en face du Louvre.
61 *Couyère*, rue Saint Augustin, n. 28.
62 *Madot*, * rue du Four-St.-Germain, n. 79.
63 *Savignac*, rue de la Harpe, p. celle Pierre-Sarr.
64 *Noublanche-Tiquet*, r du Coq-S.-Honoré, n. 13.
65 *Becquemont*, * rue du Bacq, près celle de Lille.
66 *Bruni*, rue du faubourg Montmartre, n. 15.
67 *Athenas*, rue de la Michaudière, n. 12.

Bur.   MM.

68 *Potrelle*, rue S.-Honoré, près l'Oratoire, n. 153.
69 *Beaurepaire*, * rue du faub. S.-Honoré, n. 92.
70 *Deveze*, * rue Neuve-des-Petits-Champs, n. 67.
71 *Grandophe*, * rue du faubourg St.-Denis, n. 55.
72 *Sadourny*, cloître S.-Germ.-l'Auxerrois, n. 21.
73 *Quibel*, rue Mandar, n. 6.
74 *Lesourd-Beauregard*, * rue du Mail.
75 *Sabran*, rue du Petit-Bourbon.
76 *Heulte*, rue Croix-des-Petits-Champs, n. 43.
77 *Castellan*, quai des Miramiones, n. 31.
78 *Aubert*, rue St.-Honoré, n. 282.
79 *Landon*, * rue Saint-Martin, n. 212
80 *Lecœur*, * rue et porte Saint-Honoré, n. 387.
81 *Renobert-Tisserand*, rue Saint-Honoré, n. 49.
82 *Monard*, rue et près le Petit-St.-Antoine, n. 65.
83 *Dubois*, rue des Frondeurs, n. 6.
84 *Bailli*, * rue Saint-Jacques, n. 38.
85 *Rolland*, rue de l'Université, n. 46.
86 *Acinelli*, rue du Mont-Blanc, n. 15.
87 *Billeheu*, rue St.-Honoré, près le Palais-Royal.
88 *Leguay*, rue de Richelieu, n. 92.
89 *Vassal*, rue Favart, au coin du boulevard, n. 9.
90 *Dupille*, rue Saint-Honoré, n. 343.
91 *Tougard*, rue Jean-Jacques Rousseau, n. 12.
92 *Munch*, rue St.-Honoré, en face celle du Four.
93 *Moëssard*, rue des Deux-Ecus, n. 1
94 *Boyeldieu*, rue St.-Denis, près l'Apport-Paris.
95 *Huet*, * rue des Boucheries St.-Germain, n. 72.
96 *Saint-Hilaire*, * rue de la Vieille-Draperie, n. 25.
97 *Huet*, * quai Malaquais, n. 3.
98 *Fouquier*, * rue et porte-Saint-Martin, n. 311.
99 *Crèvecœur*, * rue du Marché-Palu, n. 26.
100 *François*, * rue de Marivaux, en face les Italiens.
101 *Laligant*, * rue des Francs Bourgeois-S.-Michel.
102 *Beljambe*, cour St.-Martin, n. 17.
103 *Ravet*, * rue de l'Oseille, au Marais, n. 4.

Bur. MM.

104 *Guiller*, * rue S.-Hon., en face celle S.-Nicaise.
105 *Boulanger*, rue S. Merry, n. 25.
106 *Croisé*, * rue Helvétius, près celle Clos-Georgeot.
107 *Bernard*, * pointe Ste Eustache, n. 7.
108 *Payen*, * rue de Bretagne, au Marais, n. 25.
109 *Leloup*, rue St.-Honoré, en face l'Assomption.
110 *Gresset*, place du pont Saint-Michel, n. 49.
111 *Delahaye*, * rue des Arcis, n. 22.
112 *Dewalle*, rue des Saints-Pères, n. 2.
113 *Cleu*, rue du Vieux-Colombier, n. 11.
114 *Doisnel*, * r. S.-Antoine, en face du pass. S.-Paul.
115 *Elie*, place Baudoyer, n. 1.
116 *Ringard*, * rue St.-Martin, près St.-Nicolas.
117 *Colom*, rue du Four-St.-Germain, n. 25.
118 *Renouf*, rue du Petit-Carreau, p. c. S.-Sauveur.
119 *Bruté*, * rue du Temple, près le boulev., n. 100.
120 *Campie*, * boulev. d'Antin, p. les Bains Chinois.
121 *Mathieu*, * rue des Deux-Ponts, île St.-Louis.
122 *Courteillé*, rue St.-Antoine, à côté des Jésuites.
123 *Dupré*, * rue Mouffetard, p. c. Copeau, n. 34.
124 *Godard*, * rue S.-Avoye, n. 62,
125 *Beauvais*, * rue St.-André des-Arcs, n, 66.
126 *Le Tellier*, * rue de Caumartin, près le boulev.
127 *Beaurepaire*, * rue et porte St.-Jacques, n. 17.
128 *Levacher*, rue du Bacq, n. 37.
129 *Rousselle*, rue Pavée-St.-Sauveur, n. 12.
130 *Pinchinat*, * r. S.-Victor, n. 7, p. la p. Maubert.
131 *Gauthey*, rue Basse d'Orléans St.-Denis, n. 26.
132 *Lasellerie*, * rue St-Paul, près celle aux Lions.
134 *Desvaux*, * rue Taranne, en face celle du Sépulc.
134 *Bidault*, rue du faub. S.-Hon., p. c. d'Aguesseau.
135 *Lenfant*, * Vieille rue du Temple, n. 63.
136 *Vernet*, * rue St.-Denis, p. celle Thévenot.
137 *Rousseau-Leroy*, * quai de Gêvres, n. 32.
138 *Blondel*, rue du Théâtre-Français, n. 3.
139 *Ingouf*, * chaussée d'Antin, p. la rue de la Croix.

Bur.   MM.

140 *Chauveau*, * à l'entrée du faub, S.-Martin, n. 56.
141 *Tassin*, * rue du faub. St.-Honoré, n. 23.
142 *Lelong*, r. Montmar., au coin de celle du Jour.
143 *LauriotPrévost*, rue du Mouton, n. 2.
144 *Groizier*, rue St.-Denis, près S.-Leu, n. 184.
145 *Paillard*, faub. Saint Antoine, n. 107.
146 *Alphonse*, * Pont-N., au coin de la place Thionv.
147 *Pégard*, rue Grenier Saint-Lazare, n. 4.
148 *Verac*, * rue Montmartre, v.-à-v. c. St.-Pierre.
149 *Lekeu*, * boulev. St-Martin, près l'ancien Opéra.
150 *Mailliand*, * rue Neuve Saint-Boch, n. 12.
151 . . . . . ,
152 *Pelissier*, * au bourg la Reine.
153 . . . . , à Bercy.
154 *Pougny*, à Vincennes.
155 . . . . , à Vitry-sur-Seine.
156 *Leroux*, à la Villette.
157 *Parison*, à Belleville.
158 *Feval*, à Neuilly.
159 *Domergue*, * à Vaugirard.
160 *Ragot*, au Gros-Caillou.
161 *Beaupré*, * à Passy-les-Eaux.
162 *Douché*, à Charenton-le-Pont.
163 *Savouré*, à St.-Denis.
164 *Pardon*, * à Saint-Cloud.
165 *Collet*, à Sèvres.

OCTROI MUNICIPAL
de *Paris.*

L'Octroi municipal est dirigé par cinq Régisseurs.
Les heures d'audiences pour le public sont tous les
jours de midi à deux heures. Les lettres et mémoires
concernant l'administration doivent être adressées aux

régisseurs en nom collectif, au bureau de la régie, rue des Petits-Augustins.

Régisseurs, Messieurs,

Aigoin, rue Mandar, n. 11.

Aubert, rue de Richelieu, n. 47.

Joubert, rue des Fossés-St.-Germain des Prés.

Legrand, rue Basse-d'Orléans, porte St.-Denis.

Lemarois-Dubosq, rue de l'université, n.5.

Secrétariat. MM. *Demontzaigle*, Secrétaire-général; Comin et Buchez, sous-chefs; Delamarre, commis principal.

Comptabilité. MM. *Nozan*, chef; *Lefevre* et *d'Osmont*, sous-chefs.

Chef du contentieux. M. Lambert.

Receveur particulier des saisies. M. Raoult.

Inspecteurs. MM. Crozat, Dumont, Chabraud, Rebuffet.

Conseil et officiers de la Régie, Messieurs.

Archambault, avocat, rue de Tournon, n. 17.

Julienne, défenseur, cloître Notre-Dame, n. 41.

Duprat, avoué, rue Ste.-Avoye, n. 74.

Chignard, avoué, rue du Mail, n. 12.

Cirodde, avoué, rue Boucher, n. 3.

Thierry, commissaire-vendeur, rue Neuve-Égalité.

Régie des droits de pesage, mesurage et jaugeage dans la ville de Paris.

Le bureau principal est établi quai Malaquais, au coin de la rue des SS. Pères. Il est ouvert au public depuis 8 heures du matin jusqu'à 8 heures du soir.

17.

Des bureaux secondaires sont établis dans les principaux ports de la rive droite et de la rive gauche de la Seine, et dans les halles et marchés. L'ouverture de ces bureaux est réglée suivant celle des ports, halles et marchés où ils sont établis.

Régisseurs. MM. Housset, Panay-Latorette et Pelletier.

Agent communal. M. Landon-Vernon.
Chef de correspondance. M. Frochot.
Receveur principal. M. Martin.
Contrôleur. M. Legentil.
Jaugeur en chef. M. Retout.

Les demandes particulières doivent être adressées au bureau principal, quai Malaquais.

COUR D'APPEL DE PARIS.

CETTE Cour est composée d'un premier président, de deux présidents, et des juges ci-après dénommés. Elle se divise en trois sections : le premier président préside celle des sections à laquelle il s'attache annuellement; il a le droit de présider les autres quand il le juge à propos : les juges sont soumis à un roulement d'après lequel la majorité de chaque section est renouvelée chaque année.

Les appels des tribunaux de première instance et de commerce du département de l'Aube, d'Eure et Loir, de la Marne, de la Seine, de Seine et Marne, de Seine et Oise et de l'Yonne, se portent à cette Cour.

Premier président. M. Antoine - Jean - Mathieu SEGUIER (C ✠), *Maître des requêtes.*

Présidens. MM. Pierre-Jean *Agier.* Jean *Blondel.*

Juges , MM. *Ducis ,* doyen. *Royer. Cholet* ✠. président de la cour de justice criminelle, à Versailles. *Parisot* ✠, président de la cour de justice criminelle, à Troyes. *Hardoin. Hémart* (C ✠), premier président de la cour de justice criminelle du département de la Seine. *Gorneau. Letellier Duhurtrel. Dufour* ✠. *Martineau ,* président de la cour de justice criminelle du département de la Seine. *Follenfant. Desclozeau. Bidault. Brocheton* ✠, président de la cour de justice criminelle, à Chartres. *Bachois. Guyet. Millière. Thomas ,* membre du Corps législatif. *Lepoitevin. Godard. Hénin. Jurien. Gauthier-Biauzat. Montiglio. Carouge. Paradis* ✠ , président de la Cour de justice criminelle, à Auxerre. *Bouchard. Amy. Jolly. Olivier. De Merville. Lebrun.*

Procureur-général impérial , M. MOURRE ✠.

Substituts , MM. *Try , Cahier.*

Greffier , M. *Fondeur.*

Greffiers d'audience , MM. , *Carré , Defresne , Parmentier.*

Commis-Greffier , M. *Susanne ,* place Desaix.

ORDRE *et composition des Sections jusqu'au* 1.er *Septembre 1808.*

PREMIÈRE SECTION.

Président.

M. SEGUIER , premier présid., rue Pavée-S. André.

Juges , Messieurs.

Ducis , rue de Cléry, n. 33.

Gorneau, barrière d'Enfer, n. 86.

Dufour, rue des Quatre-Fils, n. 9.

Jurien, rue de Grenelle Saint-Germain, **n. 91.**

Gauthier Biauzat, rue Mignon, n. 5.

Bouchard, rue Saint-Benoît, n. 18.

Jolly, rue Française, n. 2.

Olivier, rue Haute Feuille. n. 14.

Lebrun, rue Neuve des Capucines, n. 101.

Procureur-Général-Impérial. M. MOURRE, **rue** Royale, au Marais, n. 18.

Greffier en chef. M. *Fondeur*, grande rue Ta-ranne, n. 12.

Greffier d'audience. M. *Carré*, rue Saint-Domini-que-Saint-Germain, n. 36.

Jours d'audience. Lundi et mardi à neuf heures. Vendredi et samedi, à midi.

DEUXIÈME SECTION.

Président.

M. BLONDEL, rue du Grand-Chantier, n. 8.

Juges. Messieurs.

Hardoin, rue Haute-Feuille, n. 1.

Letellier du Hurtrel, rue n.e Saint-François, **n. 12.**

Bachois, rue Saint-Jacques, n. 59.

Millière, rue Christine, n. 2.

Lepoitevin, rue des Fossoyeurs, n. 16.

Godard, Vieille rue du Temple, n. 32.

Carouge, rue Barbette, n. 9.

De Merville, rue de Bracque, n. 5.

Substitut de M. le Procureur-Général. M. *Cahier*, rue de Seine-Saint-Germain, n. 39.

Greffier en chef. M. *Fondeur*, grande rue Taranne,
n. 12.

Greffier d'audience. M. *Parmentier*, rue Saintonge.
n. 38.

Jours d'audience. Lundi et mardi, à midi. Mercredi et jeudi, à neuf heures.

TROISIÈME SECTION.

Président.

M. AGIER, rue de la Harpe, n. 81.

Juges. Messieurs.

Royer, quai de Voltaire, n. 21.
Follenfant, rue de la Tixeranderie, n. 13.
Desclozeau, rue des Saints-Pères, n. 18.
Bidault, rue d'Angoulême, n. 15.
Guyet, rue Tiron, n. 7.
Hénin, rue Pavée Saint-André, n. 16.
Montiglio, rue Baillette, n. 5.
Amy, rue Saint-Dominique-Saint-Germain, n. 19.

Substitut du Procureur-Général. M. TRY, rue de
Tournon, n. 14.

Greffier en chef. M. *Fondeur*, grande rue Taranne, n. 12.

Greffier d'audience. M. *Defresne*, rue du Mont-
Blanc, n. 26.

Jours d'audience. Mercredi et jeudi à midi. Vendredi et samedi à neuf heures.

Secrétaires du Parquet, MM.

Gaux, rue Saint-Antoine, n. 158.
Simon, rue Guénégaud, n. 17.

Huissiers - Audienciers en la Cour d'appel, MM.

Deligneul, rue aux Fers , n. 12.

Le Peigneux, rue St.-Thomas-du-Louvre, n. 12.

Deleurye, rue du Pont-de-Lodi, n. 1.

Lebégue, rue Jean-Jacques Rousseau , n. 20.

Chabouillet, rue des Fossés-Montmartre, n. 21.

Livache, greffier, rue du Four-S.-Honoré , n. 30.

Chaudron, rue de la Harpe, près la cour des Jacobins.

Lemarié, cloître S.-Merry , n. 16.

Tenot, rue Pavée S.-André , n. 15.

Caillaud , place de l'Ecole , n. 3.

Delabarre, rue Saint-Jean-de-Beauvais, n. 6.

Dhadivilliers, rue des Vieux-Augustins, n. 27.

Vuillemot, r. des Fossés-St.-Germ.-des-Prés, n. 18.

Lambelin , rue du Bacq , n. 19.

L'Hermite, rue de la Vieille-Monnoie , n. 17.

Bureau de discipline des huissiers, MM.

Le Peigneux, syndic.

Livache, greffier.

CONCIERGE , *Gagnier* , à la cour d'appel.

Avoués près la Cour. Messieurs,

Ce signe ═ signifie *au lieu de.*

Aubert-du-Bourg, ═ Vignon de Méry, r. des Marais.

Beau , rue des Roziers, au Marais, n. 34.

Bert, ═ Monnaie de Choisy, r. Pavée St.-André, n. 12.

Berthélemy, ═ Mesureur, rue Ste.-Avoie, n. 16.

Bois-de-Loury , ═ Ropiquet, rue St.-André-des-Arcs.

Bompière, ═ Ravisy et Souchay, r. du Temple, n. 16.

Borde-des-Landes, ═ Gillet je , r. de la Tixeranderie.

Boudard , rue de Berry, n. 11, au Marais.

Bouland, ═ Poulletier, rue Neuve St.-Merry, n. 7.

Carron , cour de la Ste.-Chapelle, n. 13.

Champion , = Rossignol, cloître St.-Merry, n. 2.

Chastenet, = son père , rue des Petits-Pères, n. 8.

Chazeray, rue Pavée St.-Sauveur, n. 3.

Cholois, = Desaunois et Basly, r. du Four-St.-H.

Cirodde , = Sallé-de-Marnès, rue Boucher, n. 7.

Collet , l'aîné, = Junquières, rue des Ecouffes, n. 5.

Collet , = De Laplace, rue des Ecouffes, n. 5.

Collin-Varancher, rue de la Tixeranderie, n. 29.

Colmet-de-Santerre, président de la chambre, = Ringard, rue des Roziers, n. 17.

Cretté , = Saullet, rue St.-Antoine, n. 77.

Crussaire, = Marcant, rue de la Verrerie, n. 11.

De Cormeille, rue Michel Lepelletier, n. 23.

Delahaye, rue Beaubourg, n. 52.

Delaunoy, = Jacquemart-de-la-Terrière, rue Ste.-Croix-de-la-Bretonnerie, n. 32.

Deschiens, = Deschiens, cloître Notre-Dame, n. 18.

Dommanget, = Ravault, rue des Ecouffes, n. 5.

Dorgemont, = Fieux, rue Bon-Conseil, n. 25.

Dreux, = Laurent. rue Ste.-Avoie, n. 39.

Dubois-de-Villers, = Larmeroux, rue

Duchesne-Beaumont, = Aubert jeune, rue des Prouvaires, n. 38.

Ducluseau, quai de l'Ecole, n. 8.

Duval, = Morisse, r. St.-Dominique, F. St.-G., n. 14.

Finot, = Grandin et Finot, rue Ste.-Avoie, n. 40.

Fleury, rue des Grands-Augustins, n. 20.

Gomot, = Gomot et Pincemaille, cl. St.-Merry, n. 18

Grasset, = Danjou, rue du Cim.-St.-André, n. 15.

Guillot-Blancheville, = Blanchet, r. des Moulins, n. 26.

Halligon, = Lehalleur, cloître S.-Germ.-l'Aux., n. 37.

Hardy-de-Juine, = son père, rue Poupée, n. 7.

Héloin, r. Helvétius, n. 50.

Heuviard, = Lequeux, le jeune, rue de Paradis., n. 10.

Jaladon, = Chayer, rue Montmartre, n. 78.

Jouveau, rue Christine, n. 3.

Junot, = Vaufrouard, cul-de-sac Pecquay, n. 7.
Lagarde, r. Montmartre, n. 76, près la cour Mandar.
Leblanc, = Audoy, jeune, r. des Marais, S.-G. n. 20.
Le Cacheur, = Lasnier, rue Poupée, n. 14.
Lecomte, rue faubourg Poissonnière, n. 18.
Le Duc, = Gitton Fontenille, rue Poissonnière, **n. 15.**
Lefuel, = Grandjean, rue St.-André. n. 16.
Le Geay, = Louault-Passy, r. des Gr.-Augustins.
Legrand, = Charlet, rue du Bacq, n. 30.
Lescot, fils, = son père, rue Garencière, n. 12.
Louault, = Thomazon, rue des Gr.-Augustins.
Martin-Danzay, = Hordret et Moreau, rue Croix-des-
    Petits-Champs, n. 25.
Meure, = Falaise et Lesénéchal, r. des Fossés St.-
    Germain-des-Prés, n. 29.
Michel, = Fouquet (*Doyen*), rue des SS.-Pères, **n. 3.**
Mollion, = Allard, rue des Marais S.-Germ., n. 13.
Moulin, = Husson, rue Coq-Héron, n. 9.
Noirot, rue des Bons-Enfans, n. 32.
Patenotte, = Bruflé et Pinon, rue Deux-Ecus, n. 15.
Penart, = Bazin, rue des Lavandières St.-Opport.
Pepin-Notonville, = Coueffé-Duboulay, r. du Bouloi.
Perin, rue Montmartre, n. 34.
Picard, = Benier.
Pillault, rue Beaubourg, n. 26.
Pillet, rue du Four-St.-Honoré, n. 9.
Poncet, = Ronez, rue Neuve-Lepelletier, n. 8.
Poujol, rue Montmartre, n. 76, près la Cour Mandar.
Ranté, rue Pavée-S.-André, n. 12.
Robin, rue Bailleul, n. 10.
Rolle-la-Chasse, = Lachaise, r. d'Anjou Thionville.
Rossignol, = Le Nain, rue des Poulies, n. 9.
St.-Amand, = Reynaud, rue. . . . . . .
Solvet, = Bourgeois, jeune, rue Monmartre, n. 15.
Soudez, rue des Prouvaires, n. 31.
Tampon la-Jariette, rue et Pavillon de l'Echiquer.

Membres de la Chambre, Messieurs, Colmet-Santerre, *président* ; Cretté, Beau, Junot, Aubert-Dubourg, Bordes-des-Landes, Deschiens, Delahaye, Dorgemont.

Les séances de la Chambre ont lieu les lundi et jeudi à midi. La distribution des dépens se fait tous les jours de midi à 2 heures.

COUR DE JUSTICE CRIMINELLE.

La Cour de justice criminelle de Paris est composée d'un premier Président, d'un Président, de dix Juges et de quatre suppléans, d'un Procureur général impérial et de trois substituts. Le premier Président et le Président sont choisis par l'EMPEREUR, parmi les membres de la Cour d'appel.

Cette Cour se divise en deux sections.

Ces deux sections fournissent chacune un membre pour composer une section d'appel, qui statue sur tous les jugemens rendus par le tribunal de police correctionnelle.

La Cour criminelle se forme aussi en *Cour de justice criminelle spéciale* dans les cas déterminés par les lois.

Les mardi et samedi de chaque semaine sont essentiellement réservés pour les audiences de la Cour spéciale.

MEMBRES DE LA COUR.

Premier Président.

M. HÉMART (C. ✠), rue S.-Dominique, f. S.-G.

Cour de justice
Président.

M. *Martineau*, boulevart St.-Antoine, n. 16.
Juges, Messieurs.

Desmaisons, rue St Dominique, faub. S.-G. **n. 87.**
Rigault, rue des Fossés M. le Prince, n. 8.
Bourguignon, rue Charlot, n. 14.
Lecourbe, rue St.-Dominique St.-Germain, **n. 11.**
Selves, rue Vieille du Temple, n. 19.
Granger, rue des Grands Degrés, n. 18.
Clavier, rue Coq-Héron, n. 5.
Dameuve, rue des Marais, faub. **St.-Martin, n. 62.**
Petit, rue du Four St.-Germain, n. 50.
Pinot, rue des Petits-Augustins, n. 21.

Suppléans, Messieurs.

Duport, rue du Mont Blanc, n. 10.
Fesquet, rue de Richelieu, n. 87.
Bordas, rue Pavée St.-André-des-Arcs, n. 3.
Vinot, rue des SS.-Pères, n. 10.

Procureur général impérial.

M. Gérard, rue Pavée, au Marais, hôt. **Lamoignon.**

Substituts, Messieurs.

Delafleutrie, place des Victoires, n. 7.
Legris, barrière du Trône, n.os 1 et 11.
Courtin, cloître Notre-Dame, n. 8.

Secrétaires du parquet, MM.

Magnon, *secrétaire en chef*, rue St.-Honoré, n. 75.
Vinot, *sous-chef*, rue des SS.-Pères, n. 10.
Pigache, *rédacteur*, rue Mazarine, n. 58.
Guénon, *expéditionnaire*, rue St.-Nicaise, n. 8.

Greffier en chef.

M. *Fremyn* fils, rue du Battoir St.-André, n. 7.

Greffiers audienciers, Messieurs.

Fremyn, rue du Battoir St.-André, n. 7.
Gaudreau, rue St.-Séverin, n. 20.
Lacropte, rue de Limoges, n. 6.
Baré, Vieille rue du Temple, n. 35.
Bonnemain, rue St.-Martin, n. 75.
Lamy, rue des Grands-Augustins, n. 27.
Thiérin, rue de Courcelle, faub. St.-Honoré, n. 21.
Hédouin, rue de Tournon, n. 15.

Avoués, Messieurs.

Balestie, rue de la Calandre, n. 49.
Berland, rue St.-Jacques, n. 38.
Delorme, rue J.-J. Rousseau.
Duprat, place Baudoyer.
Maugeret, rue Guénégaud, n. 29.
Rousseau, rue Geoffroy-Lasnier, n. 3o.
Roussiale, rue Chanoinesse, cloître Notre-Dame.
Simon, rue du Coq St.-Jean, n. 1.

Avoués de la Cour d'appel, exerçant près la Cour
criminelle, Messieurs,

Besnier. Duch.-Beaumont. Pillette.
Boudard. Lecacheur. Pouzole.
Delahaye. Moulin.

Voir pour les adresses, page 198 et suivantes.

Avoués du Tribunal de première instance, exerçant
également près la Cour criminelle. Messieurs,

Allain. Aviat. Brice d'Uzy.
Angelot. Barrey St.-Marc. Briden.
Arrant. Bergeron d'Ang. Brochot.
Audibert. Brard. Bunel.

Cavagnac.	Grassin.	Naille.
Chaseray.	Gratien.	Normand.
Chevry.	Guill.-Merville.	Pasté.
Choel.	Hésèque.	Petit-Monzeigle.
Choslin.	Hubert.	Pir.-des-Chaumes.
Christlich.	Huguin.	Pommageot.
Cirodde.	Jacquinot.	P.-Champignon.
Coppeaux.	Jaquotot.	Ratel.
Corbin.	Jeannin.	Rougeot.
Coutant.	Jolly.	Saffroy.
Delahaye jeune.	Juge.	Sagnier.
Delamotte.	Laboissière.	Sandrin.
Delaruelle.	Lallemant.	Simon.
Dupuis.	Lavrillat.	Tripier.
Duquenel.	Lebon.	Vallée.
Fillette.	Lefevre.	Vains-Saussaye.
Faureau-Latour.	Lemit.	Valton.
Genreau.	Lepage.	Varin.
Glaizot.	Lorelut.	Vesque.
Gomel.	Miserot.	Voiret.
Grandjean.	Millot.	Marcilly.
Grandpierre.	Mizeron.	

Médecins, Chirurgiens. MM. *Didier,* rue St.-Denis, près celle du Ponceau ; *Soupé,* quai des Orfévres, près le Pont-Neuf ; *Bousquet,* cloître St.-Jacques-la-Boucherie ; *Brunet,* rue Neuve-des-Petits-Champs, n.° 24.

Interprétes des langues étrangères. MM, *Joseph Gilbert ;* rue. . . . . *Jean Pechéebell,* faubourg du Roule, n. 177 ; *Michault-l'Annoy,* rue de la Vieille-Estrapade ; *Bemetzrieder,* cloître Notre-Dame, n. 9.

Experts-écrivains assermentés. Messieurs, *Harger,* rue Ste.-Croix-de-la-Bretonnerie, n. 14 ; *Oudart,* rue Culture Ste.-Catherine, n. 18 ; *Legros,* rue du

Cimetière-St.-Nicolas-des-Champs, n. 18 ; *Buret* , rue de la Jussienne , n. 9 ; *Robeege* , rue St.-Denis, n. 58 ; *Saintomer* , jeune , rue Quincampoix , n. 1.

Huissiers , Messieurs. *Fournier* , rue Bourtibourg , n. 24 ; *Heurtin* , rue de Popincourt , n. 78 ; *Jolly* , quai de la Ferraille , n. 50 ; *Masson* , cour de la Ste.-Chappelle ; *Julien* , rue. . . .

M. Robert , *secrétaire - commis d'ordre* , au Palais de justice.

M. Blanchard , *concierge* , au Palais de justice.

TRIBUNAL DE PREMIERE INSTANCE.

Il est composé de trente-deux juges , dont un président, cinq vice-présidens et vingt-six juges ; de douze suppléans, d'un procureur-impérial, de six substituts, et d'un greffier.

Ce tribunal est divisé en six sections. Les fonctions de directeurs du jury , au nombre de six , sont remplies , chaque semestre , par les juges qui ne font point partie des sections.

Service des sections. La 1.re section connoît de toutes demandes relatives aux avis de parens et amis ; de toutes celles à fin d'interdiction , de réformation d'erreurs dans les actes de l'état civil , et autres de même nature.

Les 2 , 3 et 4.e sections connoissent de toutes les affaires autres que celles spécialement attribuées à la 1.re , à la 5.e et à la 6.e sections.

Les 5.e et 6.e sections jugent de toutes les affaires de police correctionnelle , et en outre les affaires concernant les droits de timbre et autres impôts indirects.

18

Audiences. Chacune des quatre premières sections
donne audience tous les jours, les lundis exceptés.
Celles de la 1.re et de la 2.e sections commencent à
9 heures du matin ; celles de la 3.e et de la 4.e commencent à 11 heures. La première section donne en
outre une audience distincte pour les saisies immo-
bilières et surenchères, à la suite de l'audience ordinaire, tous les jeudis à midi. Les 5.e et 6.e sections
donnent chacune une audience tous les jours, les
lundis exceptés Elle commence à 11 heures du matin.

*Substituts du procureur-général près la Cour de
justice criminelle, exerçant près le Tribunal de première instance.* Il y a, près du tribunal de première
intance, six substituts du procureur-général près la
Cour de justice criminelle. Ils sont chargés, chacun
dans son arrondissement, de la recherche et poursuite
de tous les délits soit correctionnels, soit criminels.

Il y a en outre deux autres substituts chargés, près
les directeurs du jury, de la rédaction des actes d'accusation. Ils envoient, notifient et exécutent les ordonnances rendues en conséquence des actes d'accusation.

Président.

M. Berthereau (Thomas), rue du Petit-Lion-St.-
Sauveur, n. 19.

Vice-présidens, Messieurs,

Sabarot, rue des Francs-Bourgeois-St.-Michel, n. 8.
Landry, rue Christine, n. 7.
Bexon, rue de Braque, n. 4.
Le Beau, rue du Cherche-Midi, n. 19.
D'Herbelot, rue l'Observance, n. 8.

Juges, Messieurs,

Gauthier, rue de Verneuil, n. 58.
Soubdès, rue de la Ville-l'Evêque, n. 9.
Nervo, rue de l'Echiquier, n. 38.
Perrot, rue de Popincourt, n. 42.

Legras, rue de la Cerisaye, n. 3.
Denisart, rue Neuve-des-Bons-Enfans, n. 17.
Chamborre, cloître Notre-Dame, n. 16.
Marmotant, rue Neuve-St.-Etienne, n. 19.
Aucante, rue Montmartre, n. 137.
Baudin, rue de la Verrerie, n. 34.
Isnard, rue Jacob, n. 7.
Vigner, rue Française, n. 11.
Guillon-d'Assas, r. Ste.-Hyacinthe-St.-Michel, n. 8.
Janod, rue Taranne, n. 12.
Saint-Martin, rue de Matignon, n. 1.
Silveste de Chanteloup, r St.-André-des-Arcs, n. 41.
Deberulle, rue de Grenelle-St -Germain, n. 15.
Duval-d'Eprémesnil, rue St.-Dominique, n. 30.
Devauver, rue des SS -Pères, n. 14.
Legrand de St -René, rue Thibautodé, n. 15.
Sanegon, boulevart St.-Martin, n. 9.
Drouet, rue Neuve-St.-Augustin, n. 1.
Grandin, rue de la Jussienne, n. 15.
Dionis du Sejour, rue Hautefeuille, n. 3.
Decazes, rue Grange-Batelière n. 2.
Gilbert de Voisins, rue de la Perle, n. 1.

Suppl ans, Messieurs,

Dubois, rue de Tracy, n. 8.
Crottet, rue du Colombier, n. 20.
Lesparat, rue du Bacq, n. 27.
Forestier, quai Malaquais, n. 15.
Olivier, fils, rue du Battoir, vis-à-vis la rue Mignon.
Ducros de Selves, rue Helvétius, n. 53.
Leloup de Sancy, rue Neuve-St -Eustache, n. 32.
Coubré de Launay, rue de Grammont, n. 11.
Chabaud, rue Pierre Sarrasin, n. 13.
Chardet, rue des Fossoyeurs.
Chopin d'Arnouville, rue . . .

Procureur Impérial.

M. Joubert, rue St.-Honoré, près celle de l'Echelle.

Substituts, Messieurs,

Bélin, spécialement chargé de la police correctionnelle, rue ......

Fréteau, rue de Gaillon, n. 15.

Jaubert, rue de Provence.

Dudon, rue des Saussaies, n. 9.

Bourguignon, rue Charlot, n. 14.

Dupaty, rue de Gaillon, n. 15.

*ORDRE DU SERVICE et du Roulement des mem-
bres du Tribunal, pendant le 1.er semestre* (1).

1.re *SECTION*, MM. Berthereau *président*. Gauthier,
Nervo, St.-Martin, Devauver *juges*.
Jaubert *procureur-impérial*. Fréteau *substitut*.

2.e *SECTION*, MM. Landry, *président*. Soubdès,
Chamborre, Guillon-d'Assas, *juges*.
Jaubert, *procureur-impérial*.

3.e *SECTION*, MM. Bexon, *président*. Legras,
Janod, Silvestre Deberulle, *juges*. Dudon, *substitut*.

4.e *SECTION*, MM. d'Herbelot, *président*. Perrot,
Denisart, Marmottant, Vigner, *juges*.
Dupaty, *substitut*.

5.e *SECTION*, MM. Lebeau, *président*. Aucante,
Baudin, *juges*. Bourguignon, *substitut*.

6.e *SECTION*, MM. Sabarot, *président*. Isnard,
Despremenil, *juges*. Belin, *substitut*.

DIRECTEURS DU JURY, MM. Legrand-St.-René,
Sanegon, Grandin, Dionis-du-Séjour, Decazes,
Gilbert-de-Voisins.

Greffier en chef.

M. *Margueré*, rue St.-André-des-Arcs, n. 35.

Commis Greffiers assermentés aux sections civiles,
Messieurs, *Pinart*, rue du Roi de Sicile, n. 5; *Pan-*

---

(1) Le roulement pour le second sémestre n'est point arrêté.

nelier, cloître St.-Merry; *Peron*, rue des Lavandières Ste-Opportune ; *Gillet*, rue de la Mortellerie n. 105

A la chambre du Conseil. M. *Delaunay*, rue Meslée, n. 24.

Aux Criées et expropriations forcées. M. *Gallé*, l'aîné, rue St. Louis, au Marais, n. 24.

A la police correctionnelle. Messieurs, *Debelle* rue Gît-le-Cœur, n. 4 ; *Gauthier*, rue St.-Antoine, n. 116.

Près les Directeurs du Jury. MM., *Richard*, rue St.-Antoine, n. 35 ; *Letan*, rue Pot-de-Fer-St.-Marcel ; *Surdun*, place Thionville, n. 24 ; *Guyon*, rue du Monton, n. 5; *Richard*, fils, rue St.-Antoine, n. 35; *Nivet*, rue Ste-Croix-de-la-Bretonnerie, n. 38.

A la recette des dépôts. M. *Grandsire*, rue des Francs-Bourgeois-St.-Michel, n. 18.

Secrétaire du parquet pour les affaires civiles. M. *Leroy*, rue du Roi de Sicile n. 5.

Pour les affaires de police correctionnelle. Messieurs, *Fellecoq*, rue St.-Paul, n. 28 ; *Cally*, rue de la Harpe, n. 101.

Huissiers audienciers, Messieurs,

Aubry, quai de l'Horloge du Palais, n. 55.
Boidard, rue St.-Martin, n. 98.
Beaunoyer, rue S. Sébastien, n. 34, Pont-aux-Choux.
Canone, rue de la Tannerie, n. 4.
Catonnet, rue du Marché-Palu, n. 26.
Choquet, rue du Temple, n. 8. *Syndic.*
Choquet, rue de Cléri, n. 31.
Detélain, rue Neuve St.-Merry, n. 24.
Delorme, rue Garencière, n. 14.
Dorbergue, rue de Tournon, n. 19.
Doré, quai St.-Paul, hôtel Terriac.
Dubois, rue de la Cerisaye, n. 17. *Secrétaire.*
Flécheux, grande rue de Passy, n. 28.

Gallé, quai des Ormes, n. 64.
Gromort, rue J.-J. Rousseau, n. 1. *Adjoint.*
Guillaume, jeune, rue St-Denis, cour Batave.
Heurteux, rue de la Barillerie, sous l'arcade, n. 18.
Joffron, rue des Barres, n. 24. *Secrétaire-adjoint.*
Liedot, rue Quincampoix, n. 63.
Masson, rue Poissonnière, n. 35.
Monnier, rue Neuve St.-Roch, ancien presbytère.
Nantet, place du Palais de Justice.
Nicolle, rue du Four-St.-Germain, n. 50.
Petit, rue des Deux-Ecus, n. 7.
Perrier, rue Ste. Croix-de-la-Bretonnerie.
Peron, rue des Ecouffes, n. 21.
Pinart, rue des Ecouffes.
Rémy, rue du Petit Lion-St.-Sauveur, n. 26.
Serise, rue du Monceau-St.-Gervais, n. 11.
Viel, rue des Fossés-Monsieur-le-Prince, n. 2.

Magistrats de sûreté.

Premier Arrondissement. M. *Martin* GIBERGUES, rue Neuve St.-Augustin, n. 3. Divisions des Tuileries, Champs-Elysées, Muséum, Gardes-Françaises, Invalides, Fontaine de Grenelle, Ouest, et cantons de Neuilly et Nanterre.

2.e *Arrondissement.* M. *ROULLOIS*, rue du Four St.-Honoré. Roule, Butte des Moulins, place Vendôme, Lepelletier, Mont-Blanc, Halle-aux-Bleds, Contrat-Social, Mail, Brutus, faubourg Montmartre et faubourg Poisonnière.

3.e *Arrondissement.* M. *GUYOT-S.-HÉLÉNE*, rue des Blancs-Manteaux; Bondy, Temple, Popincourt, Montreuil, Gravilliers, faubourg du Nord, et des cantons de St.-Denis et Pantin.

4.e *Arrondissement.* M. *SERIZIATS*, cour de la Ste.

Chapelle, Bonne-Nouvelle, Amis de la Patrie, Bon-Conseil , Marchés , Lombards , Arcis, Réunion , Homme-Armé, Droits de l'Homme , Fidélité, Indivisibilité et Arsenal.

5.e *Arrondissement.* M. *GAY*, rue St-Cristophe, n. 14. Quinze-Vingts, Fraternité, Cité, Pont-Neuf, Panthéon, Jardin des Plantes, Finistère, et cantons de Charenton et Vincennes.

6.e *Arrondissement.* M. *SAUSSAY*, rue de Vaugirard, n. 34. Unité , Théâtre - Français , Luxembourg , Thermes, Observatoire, et cantons de Sceaux et Villejuif.

Substituts pour la rédaction des actes d'accusation.

M. *Pinot*, rue des Petits-Augustins, n. 21.

M. *Riou*, rue de Vaugirard , n. 55.

Avoués près le Tribunal de première instance.

Ce signe = signifie *au lieu de.*

Allain, = Gaillard-Laférière, rue St-Sauveur, n. 18.
Angelot, rue de l'Arbre sec, n. 48.
Arrault, rue de Grenelle St.-Honoré, n. 47.
Audibert, = Picot, rue Neuve-des-P.-Ch., n. 33.
Aviat, = Gavet, rue du Four St.-Honoré, n. 40.
Bagault = Maillard , rue du Mail, n. 1.
Ballot, rue des Bons-Enfans, n. 32.
Barbier, quai Malaquais, n. 19.
Barcy de St-Marc, rue Bon-Conseil, n. 14.
Bastard, rue des Prouvaires, n. 8.
Baudeloque, rue des Vieux-Augustins, n. 18.
Bazin, = Laroque, rue Vivienne, n. 7.
Beauvallet, rue de la Vrillière, n. 6.
Bergeron-d'Anguy, rue du Grand-Chantier, n. 4.
Bernage, = Fevre, rue du Cimetière St.-André, n. 1.
Bethenon, = Jouin, rue Montmartre, n. 13.

Blanchard, rue d'Amboise, Chaussée-d'Antin, n. 7.
Bligny, rue Bourbon-Villeneuve, n. 41.
Bois-Garnier-Chatonru,=Leseur, r. N.-d.-P.-Ch. n. 39.
Boivin, rue St.-Honoré, n. 291.
Boivin jeune, = Hoemelle, r. Neuve-St.-Aug., n. 24.
Boucault, rue de la Monnoie, n. 11.
Bouilly de Doré, cloître Notre-Dame, n. 16.
Bourdon, rue St.-André-des-Arcs, n. 58.
Bouricart, rue de Choiseul, n. 11.
Bourniset, rue Bétizy, n. 10.
Boussière, rue de la Monnoie, n. 19.
Boutin, r. des Fossés-St.-Germain-l'Auxerrois, n. 18.
Brard, rue des Ménestriers, n. 19.
Brice-d'Uzy, boulevart et bâtiment des Italiens, n. 11.
Briden, cloître St.-Jacques-l'Hôpital, n. 6.
Brochot, rue de la Feuillade, au grand balcon, n. 4.
Brodard, = Lefévre de Rochefort, r. Guénégaud, n. 31.
Brunot, rue Neuve-St.-Eustache, n. 44.
Brunel, rue Christine, n. 9.
Bureau, r. des Fossés-St -Germain-l'Auxerrois, n. 8.
Camuset, rue Pavée St.-André-des-Arcs, n. 5.
Candon de Sarry, rue Ste. Avoye, n. 69.
Caron, = Hocard, rue St.-Martin, n. 91.
Caumartin, rue du Hazard, n. 13.
Cavaignac, rue Neuve-St.-Eustache, n. 7.
Cavenel, portique de la cour de la Ste.-Chapelle.
Cavimer, = Dommanger, Vieille rue Temple, n. 14.
Cazin, = Ferrand, rue St.-Sauveur, n. 16.
Champagnon, rue Verdelet, n. 4.
Chappe, rue de l'Homme-Armé, n. 3.
Charpentier, rue Saint-Merry, n. 25.
Chaslin, rue du Colombier, n. 3.
Chasseray, rue Pavée St.-Sauveur, n. 3.
Chauveau, rue de Cléry, n. 36.
Chéronnet, rue de Grammont, n. 15.
Chevalier, = Grillot, rue St.-Paul, n. 8.
Chevery, rue du Four St.-Honoré, n. 11.

Chignard, rue du Mail, n. 12.
Choel, rue Tireboudin, n. 8.
Choflin, rue du Coq St.-Honoré, n. 7.
Cristlich, rue Vivienne, n. 20.
Cirodde, rue d'Orléans St.-Honoré, n. 19.
Clément, = Guichard, rue St.-André-des-Arcs, n. 59.
Cloiseau, rue du Sentier, n. 3.
Content, rue Neuve St.-Merry, n. 28.
Coppeau, cloître St.-Merry, n. 18.
Corbin, Vieille rue du Temple, n. 75.
Cousin, rue des Grands-Augustins, n. 25.
Crepin, rue Ste.-Croix-de-la-Bretonnerie, n. 24.
Crivaneck, = Pieret, place Vendôme, n. 21.
Dassonvillez, rue des Mauvaises-Paroles, n. 12.
Debruges, = rue St.-Honoré, n. 334.
Dechatonru, = Delaage, rue Montorgueil, n. 11.
Decagny, rue de l'Arbre-Sec, n. 48.
Decormeille, = Levasseur, r. Mich.-le-Pelletier, n. 23.
De Gendron, rue Montmartre, n. 139.
Delahaye, l'aîné, rue Beaubourg, n. 52.
Delahaye, jeune, = Tournal, rue de Richelieu, n. 49.
Delamotte, jeune, rue Bourtibourg, n. 16.
Delamotte-Bevière, rue St.-Merry, n. 12.
De la Ruelle, Michel-le-Pelletier, n. 32.
Delaunay, = Lagarde, r. N.-D-des-Victoires, n. 38.
Delaunoy, = Segoing, rue St.-Etienne-du-Mont, n. 3.
Delhomal, = Morand, rue Neuve-St.-Martin, n. 28.
Demachy, rue Ste.-Avoye, n. 53.
Demilly, rue Bertin-Poirée, n. 5.
Dénise, rue St.-Antoine, n. 76.
Desaulles, rue Hautefeuille. n. 19.
Desbois, = Tardivot, r. de Grenelle-St.-Germ., n. 22.
Deschamps, rue du Colombier, n. 3.
Des Effeuillées, rue Montmartre, n. 30.
Des Etangs, rue de l'Arbre-Sec, n. 48.
Desrez, rue Cloche-Perche, n. 16.
Desprez, rue des Bourdonnois, n. 12.

Despreaux-St.-Sauveur, = Caronzi, rue d'Antin, n. 7.
Desvignes, rue Neuvé-S.-Eustache, n. 13.
Devercy, rue Mazarine, n. 10.
Deverlu, = Desarcis, rue la Harpe, n. 29.
Dourif, rue de Richelieu, n. 107.
Drouet,=Bourgeois, aîné, rue St.-Th.-du-Louv., n. 19.
Ducancel, rue d'Antin, n. 7.
Ducluzeau-Chenevière, rue des Mathurins, n. 16.
Ducrot, rue Neuve-des-Petits-Pères, n. 3.
Duparc, = Chatelain, rue de Bondy, n. 9.
Dupuis, aîné, rue de la Monnoie, n. 5.
Dupuis, jeune, = Renard, r. de la Jussienne, n. 14.
Duquenel, rue Bon-Conseil, n. 17.
Duvant, = Mitouflet, rue de la Vrillière, n. 10.
Duvergier, cul-de-sac du Doyenné, n. 12.
Faureau-de-Latour, rue de la Vrillière, n. 2.
Favier, rue Aumaire, n. 53.
Fleurant, rue St.-Merry, n. 7.
Foignet, Parvis Notre-Dame, n. 20.
Folâtre, rue Boucher, n. 8.
Foullon, rue St.-Antoine, n. 72.
Franc, = Petit de Gatines, rue de la Loi, n. 47.
François, l'aîné, rue Guénégaud, n. 7.
François, jeune,=Barnéon, rue des Prouvaires, n. 18.
Gallion, rue St.-Martin, n. 149.
Gasselin, = Mussart, rue faub. Poissonnière, n. 14.
Gayard, rue et Isle-St.-Louis, n. 8.
Gellé, rue St.-Antoine, n. 58.
Genreau, cloître Notre-Dame, près le pont, n. 4.
Geoffron, aîné, rue Beauregard, n. 45.
Geoffron, jeune, rue Coq-héron, n. 14.
Girauld, = Delamotte, Vieille rue du Temple, n. 5.
Glaizot, rue Gaillon, n. 13.
Glandaz, cul-de-sac Pecquet, n. 6.
Godard, rue Bertin-Poirée, n. 7.
Godot, rue Mâcon, n. 11.
Gomel, rue des Moulins, n. 15.

Goujet-Desfontaines, rue de Richelieu, n. 15.

Gracien, rue Boucher, n. 6.

Grandjean, aîné, rue de Chabannois, n. 4.

Grandjean, jeune, = Richardou. r. St.-Avoye, n. 42.

Grandpierre, rue du Harlay, n. 20.

Gassin, rue Mazarine, n. 41.

Groulard, rue St.-Martin, n. 161.

Guébert, rue des Fossés du Temple, hôtel Persan.

Guerignon, rue Bailleul, n. 10.

Guillonet-Merville, rue Coquillière, n. 42.

Hardy, = Rigaux. passage St.-Roch, n. 41.

Hésèque, rue Christine, n. 3.

Hocquet, rue des Grands-Augustins, n. 26.

Hubert, = Olivier, rue Bailleul, n. 11.

Huguin, rue de Savoie, n. 18.

Jacquinot, rue des Noyers, n 36.

Jaquotot, = Làudour, rue Planche-Mibray, n. 4.

Jeannin, = Leluc, passage des Petits-Pères, n. 7.

Joly, rue Geoffroy-l'Asnier, n. 30

Juge, — Guibillon, rue de la place Vendôme, n. 3.

Laboissière, rue du Four St.-Honoré, n. 9.

Labarte, = Oudin, rue des Bons-Enfans, n. 21.

Labite, = Bazin, rue Montmartre, n. 129.

Lacan, rue Projetée-Choiseul, n. 6.

Lallemand, rue de la Grande-Truanderie, n. 53.

Lambert Ste. Croix, rue des Bons-Enfans, n. 21.

Lautenois, = Desmarais, r. St.-André-des-Arcs, n. 41.

Laumoy-de-la-Creuze, = Chicanneau - Lacroix, rue
   des Deux-Boules, n 2.

Laurent, rue de la Harpe, n. 87.

Laurent-Durozay, = Leduc, rue Montmartre, n. 168.

Lavrilliat, rue du faubourg St -Honoré, n. 12.

Leclercq, rue de Choiseul, n. 9.

Lefebvre, aîné, rue de Grammont, n. 16.

Lefebvre Ste.-Marie, = Desingly, r des Bons-Enf., n. 1.

Lefévre-d'Aumale, = Turin, r. des Lavandières, n. 31.

Legendre, rue de Richelieu, n. 4.

Leloup, rue du Paon, faubourg St.-Germain, n. 8.
Lemit, rue Helvétius, n. 34.
Lemoine, rue de Thionville, n. 20.
Lepage, rue Hautefeuille, n. 5.
Leroux, rue de la Vieille-Monnoie, n. 22.
Lesieur, Vieille rue du Temple, n. 34.
Lesore, ⸗ Delahaye, jeune, boulev. St.-Ant., n. 8.
Lobgeois, ⸗ Petit de Montseigle, cl. St.-Merry, n. 6.
Lonchamp, ⸗ Bruyant, rue Coquillière, n. 37.
Lorélut, ⸗ Rottier, rue Michel-Lepelletier, n. 8.
Lot, rue du Petit-Lion St.-Sauveur, n. 19.
Maigret, ⸗ Marcilly, rue Fossés-Montmartre, n. 12.
Malafait, rue Beaubourg, n. 44.
Malés, rue Favart, n. 12.
Marguéré, rue St.-André-des-Arcs, n. 49.
Marin, rue de la Harpe, n. 29.
Maris, rue de Condé, n. 18.
Martin-Frédéric, rue des Fossés-Montmartre, n. 11.
Martin-St.-Semera, r. St.-André-des-Arcs, n. 65.
Martinon, rue neuve des Petits-Champs, n. 73.
Massé-Decormeille, rue du Sentier, n. 12.
Masson, ⸗ Lebon, r. St.-Louis-du-Palais, n. 18.
Maurey, l'aîné, rue des Moulins, n. 12.
Maurey, jeune, rue du Hazard, n. 6.
Mauny, ⸗ Arnoul, rue Française, n. 4.
Mérigot, ⸗ Grangier, rue de Savoie, n. 9.
Meyssin, rue des Déchargeurs, n. 3.
Millot, rue de la Harpe, n. 44.
Mirofle, rue Neuve-du-Luxembourg, n. 13.
Mizeron, ⸗ Gadissert, Vieille r. du Temple, n. 44.
Morillon, rue de Paradis, au Marais, n. 10.
Naille, rue St.-Nicolas-du-Chardonnet, n. 8.
Noël, aîné, rue Ste.-Avoie, n. 15.
Noël, rue de Grenelle-St.-Honoré, n. 14.
Nonclair, rue des Bons-Enfans, n. 28.
Normand, rue de la Sourdière, n. 27.
Œillet Dauberive, rue des Barres, n. 12.

Paniér, rue Bourbon-Villeneuve, n. 33.
Pantin, place St.-Jean-en-Grève, n. 2.
Paris de la Maury, rue de Condé, n. 14.
Paris, jeune, rue Grenétat, n. 2.
Pasté, rue de Grenelle-St.-Germain, n. 22.
Paty Vallée-Desnoyers; quai Egalité, n. 51.
Perache rue de la Verrerie, n. 36.
Perin-Sérigny, boulevart Montmartre, n. 14.
Petel-Monjour,=Bailleux, rue St.-G.-l'Aux., n. 65.
Pezé, rue de Cléry, n. 5.
Picasse,=Garanger, rue Thévenot, n. 16.
Pillette, = Carmentrand, cl. Notre Dame, n. 18.
Pirault Deschaumes, rue Ventadour, n. 3.
Pommageot, passage des Boucheries, F. St.-G.
Poujol,=Collin, rue Montmartre, n. 76.
Prague, = Desormeaux, rue St.-Sauveur, n. 24.
Prud'homme, rue de Condé, n. 30.
Quenescourt, rue des Poulies, n. 2.
Quillaux,=Pecourt, rue de la Monnaie, n. 11.
Rainville, rue du Fouarre, n. 14.
Ratel, grande rue Taranne, n. 5.
Regley, rue Neuve St.-Eustache, n. 15.
Remy, rue des Prouvaires, n. 31.
Renou, rue St.-Antoine, n. 48.
Richomme, rue de Savoie, n. 3.
Rose, rue Neuve-du-Luxembourg, n. 13.
Rougeot, rue de Louvois, n. 10.
Royer,=Dufour, rue Montmartre, n. 15.
Ruelle, = Phélippon, rue St.-Antoine, n. 77.
Saffroy, = Chapatte, rue de la Verrerie, n. 34.
Sagnier, cul-de-sac Pecquet, n. 9.
Sainte Marthe, rue des Mathurins, n. 15.

Sandrin, rue des Bons-Enfans, n. 23.

Sergent, rue Traînée, n 15.

Simon, rue des Mathurins-St.Jacques, n. 18.

Taillandier, rue du Sépulcre, F. St. Germ., n. 30.

Templier, = Daricourt, rue de la Jussienne, n. 25.

Thierriet, rue St.-André-des-Arcs, n. 61.

Tirlet, rue St.-Eustache, n. 11.

Tripier, l'aîné. rue Helvétius, n. 50.

Turpin, rue Neuve des Petits-Champs, n. 39.

Vains la-Saussay, rue Geoffroy-Lasnier, n. 28.

Valton, rue de Cléry, n. 23.

Varins, quai des Orfévres, n. 26.

Vavasseur-Desperiers, rue Quincampoix, n. 32.

Vesque, rue du Four St.-Honoré, n. 30.

Viault, rue des Blancs-Manteaux, n. 29.

Vignon, rue des Prêtres Saint-Paul, n. 26.

Violette, rue de l'Arbre-Sec, n. 46.

Voisin, = Depréval, rue Montmartre, n. 39.

Vollée, rue Aumaire, n. 25.

Avoués près la Cour de Justice criminelle du département de la Seine, ayant le droit de postuler au Tribunal de Premiere Instance.

Balestié.	Duprat.	Rousseau.
Berland.	Maugeret.	Simon.
Delorme.	Roussialle.	

Pour la demeure de ces derniers, *V*. le Tableau des Avoués près la Cour de justice criminelle, page 203.

CHAMBRE DES AVOUÉS.

La Chambre connoît des plaintes portées contre les avoués, et prononce l'application des peines établies par le réglement. Elle est renouvelée tous les ans par tiers.

Membres de la Chambre, MM.

Jacquinot, *président.*	Lacau.
Chignard, *syndic.*	Vavasseur-Desperiers.
Lot, *trésorier.*	Grandpière.
Ducancel, *rapporteur.*	Bureau.
Mirofle, *secrétaire.*	Baudeloque.
Derez.	Hesèque.
Angelot.	Gallion.
Juge.	

Ancien Membre de la Chambre. M. Oudin, *ancien président*, rue de la Réunion, n. 24.

Notaire de la Compagnie. M. Denis, rue de Grenelle-Saint-Germain.

M. Barbié, *commis en chef*, rue de Thionville, n. 41.

M. Poujet, *commis adjoint*, rue Thévenot, n. 9.

La chambre est en séance le jeudi de chaque semaine, depuis midi jusqu'à quatre heures.

Le Secrétariat est ouvert au Palais de Justice, tous les jours d'audience du tribunal, depuis dix heures jusqu'à trois.

TRIBUNAL DE COMMERCE.

Ce tribunal, établi à Paris, cloître St.-Merry, est composé de cinq juges et de trois suppléans. L'élection en est faite au scrutin individuel, et à la pluralité absolue des suffrages, dans une assemblée de négocians, marchands et autres justiciables de ce tribunal.

Le tribunal de commerce prononce en dernier ressort sur toutes les demandes dont l'objet n'excède pas la valeur de 1,000 francs.

Juges, Messieurs,

VIGNON, président. rue de Grenelle St.-G. n. 20.
Deltuf, rue du Temple, n. 40.
Sallambier, march. de draps, rue St.-Honoré, n. 35.
Brochant, rue du Faubourg Poissonnière, n. 36.
Bertin-de-Vaux, rue Haute-Feuille.

Suppléans, Messieurs,

Guython, l'aîné, rue Michel-le-Pelletier, n. 21.
Chevals, banquier, rue St.-Fiacre, n. 5.
Gouillard, rue des Francs-Bourgeois, au Marais.
René, quai de Béthune.

Thomas, *greffier*, au tribunal.

Commis-greffiers au Plumitif, Messieurs : Levasseur, rue de la Poterie, près la Grève; Lobgeois, rue de la Verrerie; Deviercy, rue St.-Merry; Ruffin, l'aîné, rue St.-Merry; Dubuc, rue de la Verrerie; Thomas, fils, maison du Tribunal.

Huissiers-audienciers, Messieurs : Ruffin, jeune, rue Bourtibourg; Crosnier, rue Charonne; Landais, rue St.-Martin; Claude, rue de la Réunion.

Le tribunal tient ses audiences les mardi, mercredi et vendredi de chaque semaine.

M. Vautier, *concierge*, au Tribunal.

M. Stoupe, *imprimeur*, rue de la Harpe.

Défenseurs près le Tribunal, Messieurs: Gressin, rue Bar-du-Bec; Boulland, rue des Lavandières; Hattin, rue de la Verrerie; Leblond, cloître St.-Merry; Bonnelet, rue St.-Merry; Barel, rue Ste.-

Croix-de-la-Bretonnerie ; Gosse, rue de la Vieille-Monnaie, près celle des Lombards ; Robin, cloître Saint-Merry ; Jacta cloître Saint-Merry ; Bled cloître Saint-Méry, Gorneau, jeune, rue St.-Merry, près la rue Bar-du-Bec ; Gorneau, l'aîné, cloître St.-Merry ; Lefebvre, rue St.-Avoye ; Charpentier, rue de la Verrerie, au coin de celle du Renard ; Menot, rue St.-Denis, vis-à-vis celle Bon-Conseil ; Devicque, cloître St.-Merry ; Tirlet-d'Herbourg, rue St.-Martin, n. 151 ; Ménard, cloître St.-Merry ; Trespaigne, rue St.-Martin.

JUSTICES DE PAIX.

Il y a, pour le département de la Seine, vingt cantons de justices de paix, savoir : quatre pour l'arrondissement de St.-Denis ; quatre pour l'arrondissement de Sceaux ; douze pour l'arrondissement de Paris.

Arrondissement de St.-Denis.

Les chefs-lieux des quatre cantons de justices de paix de cet arrondissement sont, St.-Denis, Nanterre, Neuilly, Pantin.

ST.-DENIS. Le canton de St.-Denis est composé des communes d'Aubervilliers, Dugny, Epinay, la Chapelle, la Cour-Neuve, l'Ile St.-Denis, St.-Ouen, Pierrefitte, Stains et Villetaneuse.

MM. MAILLET, juge de paix, à St.-Denis, rue de la Boulangerie. *Lanneau*, 1.er suppléant. *Fournier*, 2.e suppléant. Jourdan, *greffier*, rue des Ursulines. Château, *huissier*, place d'armes, à St.-Denis.

Les audiences et conciliations ont lieu les lundis et vendredis, à la Maison commune ; les défauts à midi.

NANTERRE. Le canton est composé des communes d'Asnières, Colombes, Courbevoye, Gennevilliers, Nanterre, Suresnes et Puteaux.

MM. Gouret , juge de paix, rue St.-Denis,
à Nanterre. *Manet*, fils, 1.er suppléant. *Nicole*,
dit *Charpentier* , 2.e suppléant. Chevallier, *greffier* ,
à Nanterre. Vanier, *huissier*, à Nanterre.

Les audiences et conciliations ont lieu à Nanterre
tous les mardis , dans l'une des salles de la mairie.
Les défauts à une heure. Il y a des audiences extraordinaires toutes les fois qu'elles sont nécessaires ; le
juge de paix reçoit à son domicile les habitans qui
ont des différends, tous les jours depuis huit heures
du matin jusqu'à deux heures.

NEUILLY. Le canton est composé des communes
d'Auteuil, Boulogne, Clichy, Montmartre, Neuilly
et Passy.

MM. Ranfin, juge de paix, aux Thermes, plaine
des Sablons. *Vautier*, 1.er suppléant. *Benoit*, 2.e
suppléant. Varcy, *greffier* ; Lejeune , *huissier*, à
Boulogne.

Les audiences civiles ont lieu les vendredis, aux
Termes; et les audiences de police , les 15 et 30 de
chaque mois , et le lendemain , quand ces jours
tombent le dimanche. Conciliations les mardis chez
le juge de paix. Défauts à une heure. Les bureaux du
greffier et des huissiers sont aux Termes, en face de
la maison du juge de paix.

PANTIN. Le canton est composé des communes de
Bagnolet , Belleville , Baubigny, Bondy, Charonne,
Drancy , le bourget, Noisy-le Sec , Pantin, le Pré-
St.-Gervais , la Villette et Romainville.

MM. Gantier, juge de paix à Pantin. *Roullier*,
1.er suppléant. *Livoir*, 2.e suppléant. Delarue, *greffier* , à Pantin ; Cottereau, *huissier*, place d'Armes,
à Pantin.

Les audiences civiles et les concilations ont lieu à
Pantin tous les jeudis , chez le juge de paix, à onze
heures précises.

Les audiences de police, les jeudis, mais tous les

quinze jours seulement. Les défauts à une heure. Le bureau du greffier est maison du juge de paix à Pantin.

Arrondissement de Sceaux.

Les chefs-lieux des quatre cantons de cet arrondissement sont : Charenton , Sceaux, Villejuif , Vincennes.

CHARENTON. Le canton est composé des communes de Bercy, Bonneuil, Brie-sur-Marne, Champigny, Charenton-le-Pont, Charenton-St.-Maurice , Creteil, la Branche du Pont-de-St.-Maur, Maisons-Alfort, Nogent-sur-Marne et St.-Maur-les-Fossés.

MM. LE BRETON, juge de paix, à Nogent-sur-Marne. *Le Coupt:* 1.er suppléant. *Junot*, 2.e suppléant. Decalonne, *greffier* , à Nogent-sur-Marne ; Fleurot jeune , *huissier* , à Charenton-le-Pont, n. 21.

Les audiences civiles, de police et bureau de paix ont lieu les 5, 15 et 25 de chaque mois, à Charenton-le-Pont, à dix heures du matin, excepté les dimanches et fêtes ; dans ce cas , l'audience est remise au lendemain. Défauts à midi.

SCEAUX. Le canton est composé des communes d'Antony, Bagneux, le Bourg-la-Reine, Chatenay , Châtillon , Clamart, Fontenay - aux - Roses, Issy , Mont-Rouge , Plessis-Piquet , Sceaux , Vanvres et Vaugirard.

MM. HUART-DU-PARC, juge de paix, à Sceaux. *Mouette*, 1.er suppléant. *Desgranges* , 2.e suppléant; Séjeaü , *greffier* , à Sceaux ; Osselet, *huissier* , à Sceaux.

Les audiences et conciliations ont lieu à Sceaux les samedis à dix heures très-précises du matin, et les conciliations à la suite. Les défauts à midi.

VILLEJUIF. Le canton est composé des communes d'Arcueil , Chevilly , Choisy-sur-Seine , Fresnes ,

Gentilly, Ivry, Lay, Orly, Rungis, Thiais, Ville-juif et Vitry.

MM. Dret, juge de paix, à Villejuif. *Saget*, 1.er suppléant. *Barre*, 2.e suppléant, à Villejuif. He-douin, *greffier*, à Villejuif; Prissette, *huissier*, à Villejuif.

Les audiences et les conciliations ont lieu le mercredi de chaque semaine, à Villejuif, à onze heures du matin. Les défauts à une heure après midi. Pour les cédules, s'adresser directement au juge de paix.

VINCENNES. Le canton est composé des communes de Fontenay-sous-Bois, Montreuil, Rosny, St.-Mandé, Villemomble et Vincennes.

MM. . . . . . juge de paix, à Vincennes. *Haro*, 1.er suppléant *Boudin*, 2.e suppléant. Delapierre, *greffier*, à Vincennes; Sancier, *huissier*, à Vincennes.

Les audiences et les conciliations ont lieu le samedi de chaque semaine, à dix heures du matin, à Vincennes. Les défauts à midi.

Arrondissement de Paris.

La circonscription des douze cantons de justice de paix de la ville de Paris, est la même que celle des arrondissemens municipaux.

1.er *ARRONDISSEMENT* ; *rue de la Concorde,* n. 8.

M. Lamaigniere, juge de paix, rue de la Concorde.

MM. *Cochu*, 1.er suppléant ; *Armey*, 2.e suppl. ; Eve-Vandemont, *greffier*, rue de la Concorde, n. 8 ; Masson, *huissier*, rue Poisonnière, n. 32 ; Paltré, *huissier*, petite rue St.-Louis.

Audience pour le contentieux de la compétence du tribunal, le jeudi de chaque semaine, depuis dix heures jusqu'à une heure. Bureau de paix, les mardi et samedi de chaque semaine, à dix heures du matin. Défauts à une heure.

2.ᵉ *ARRONDISSEMENT*, rue d'Antin.

M. DELORME, juge de paix, rue Feydeau, vis-à-vis le théâtre.

MM. *Corbin*, 1.ᵉʳ suppléant; *Defresne*, 2.ᵉ suppl. Parent, *greffier*, rue de Ménars, n. 12; Millet, *huissier*, place des Italiens, n. 1.

Conciliations les lundis et jeudis à dix heures. Défauts à midi. Audiences les mêmes jours à l'issue des conciliations.

3.ᵉ *ARRONDISSEMENT*, *bâtiment des Petits-Pères*, *près la place des Victoires.*

M. VÉRON, juge de paix, r. Neuve St.-Eustache.

MM. *Dorival*, 1.ᵉʳ suppléant; *Charvin*, 2.ᵉ suppl.; Champagne, *greffier*, rue Montmartre, n. 18; Masson, jeune, *huissier*, rue de l'Échiquier, n. 32; Fleury, *huissier*, rue Tiquetone, n. 17.

Audiences et conciliations sur citations, les mardis et vendredis, à onze heures. Conciliations volontaires tous les jours. Défauts à une heure.

4.ᵉ *ARRONDISSEM.*, *place du Chevalier-du-Guet.*

M. LE SEVRE, juge de paix, rue Bailleul, n. 6.

MM Herbaut, 1.ᵉʳ suppléant; *Goyenval*, 2.ᵉ suppl.; Aumont, *greffier*, rue des Poulies, n 3; Tavernier, *huissier*, rue de la Monnaie, n. 14; Huguenot, *huissier*, rue St.-Honoré, n. 150.

Les audiences et conciliations les mardis et vendredis à midi. Défauts, à une heure.

5.ᵉ *ARRONDISSEMENT*, rue Thévenot, n. 4.

M. LEBLOND, juge de paix, rue Thévenot, n. 4.

MM. *Garnier*, 1.ᵉʳ suppl.; *Guitter-des-Rosiers*, 2.ᵉ suppléant; Cochet, *greffier*, rue du Petit-Carreau, n. 32; Godin, *huissier*, rue Bourbon-Villeneuve.

Bureau de conciliation les mardi et vendredi de chaque semaine, à onze heures; les audiences de compétence, le mercredi de chaque semaine, à onze heures. Défauts à une heure.

6.e *Arrondissem.*, rue S.-Martin, à l'Abbaye.

M. Lamouque, juge de paix, r. St.-Martin, n. 15.

MM. *Dournel*, 1.er suppl.; *Souhart*, 2.e suppl.; Bouchur, *greffier*, rue des Cinq-Diamans, n. 24; Charlot, *huissier*, rue St.-Martin, n. 257.

Les audiences publiques pour les causes de compétence, se tiennent les mardis et vendredis à 11 heures du matin. Les bureaux de conciliation se tiennent en la demeure du juge de paix, aux jours et heures indiqués par les citations. Les jours habituels sont les mercredis et samedis à 11 heures du matin. Défauts à l'audience après le rapport des causes, et au bureau de conciliation à 1 heure. Les citations se font au bureau des huissiers en l'étude de M. Lamouque fils, huissier de première instance, maison du juge de paix.

7.e *Arrondissement*, rue Ste-Avoie, n. 18.

M. Fariau, juge de paix, rue Ste.-Avoye, n. 18.

MM. *Jacquotot*, 1.er suppl.; *Hémar*, 2e. suppl.; Huel, *greffier*, rue des Singes, n. 5; Simonot, *huissier*, rue des Blancs-Manteaux, cul-de-sac-Pecquet; Saulnier, *huissier*, rue de la Tixeranderie, cul-de-sac Saint-Faron, n. 4; Maire, *huissier*, rue Neuve Saint-Merry, n. 23.

On s'adresse au juge de paix pour l'obtention des cédules.

Les audiences, tant pour le bureau de conciliation que pour les affaires de compétence, se tiennent les mardis et vendredis à 11 heures du matin, rue Saint-Avoie, n. 18, maison du marchand de vin, au second. Défauts à une heure précise.

Le bureau est ouvert tous les jours, les dimanches

et fêtes exceptés, depuis huit heures du matin jusqu'à trois heures du soir, et depuis cinq jusqu'à huit.

8.e *ARRONDISSEMENT, rue St.-Bernard*, n. 37.

M. PINATEL, juge de paix, rue S.-Bernard, n. 37.

MM *Perrot*, 1.er suppl.; *Delarsille*, 2.e suppléant; Duhamel, *greffier*, rue St.-Bernard, n. 39; Braulard, *huissier*, place et porte St.-Antoine, n. 5; Bordier, *huissier*, rue St.-Sébastien, n. 52.

Les audiences, tant pour le bureau de conciliation que pour les affaires de compétence, se tiennent les mardis et vendredis à onze heures; défauts à une heure précise. Le bureau est ouvert tous les jours, les dimanches et fêtes exceptés, depuis huit heures du matin jusqu'à quatre chez le juge de paix.

9.e *ARRONDISSEMENT, rue des Barres*, n. 4.

M. WISNICK, juge de paix, rue des Barres, n. 4.

MM. *Franchet*, 1.er suppl.; *Poultier*, 2.e suppléant; Bordier, *greffier*, rue des Barres, n 4; Boutroux, *huissier*, rue de la Mortellerie, n. 87.

Les audiences publiques, le jeudi de chaque semaine, à onze heures du matin. Les bureaux de paix et de conciliation, les mardis et samedis de chaque semaine, à onze heures; défauts à une heure. Aucune cédule n'est notifiée par l'huissier sans qu'elle ait été visée par le juge de paix, qui en prévient préalablement les parties.

10.e *ARRONDISSEMENT, rue de l'Université*, n. 11.

M. GODARD, juge de paix, rue de l'Université, n. 11.

MM. *Charpentier*, 1.er suppléant; *Dupoirier*, 2.e suppléant; Choquet (Alex.), *greffier*, chez le juge de paix; Choquet (L.), *huissier*, rue du Sépulcre, n. 6; Neret, *huissier*, rue de Lille, n. 36.

Défauts, tant de conciliation qu'en audiences, à midi, très-précis. Conciliation, les mardis et vendredis à onze heures très-précises, et les audiences à la suite.

11.ᵉ *ARRONDISSEMENT, rue du Vieux-Colombier.*
M. GUÉRIN, juge de paix, rue Férou, n. 28.

MM. *Behourt*, 1.ᵉʳ suppl.; *Archambault*, 2.ᵉ suppléant; *Thiboust, greffier*, rue de Tournon, n. 22; Tavernier, *huissier*, rue du Four St.-Germain, n. 36.

Audiences, les mardis et vendredis de chaque semaine, à midi précis; les défauts, à une heure; conciliations, après les audiences.

12.ᵉ *ARRONDISSEMENT, rue St.-Jacques.*
M. GOBERT, juge de paix, place de l'Estrapade, n. 4.

MM. *Lemoine*, 1.ᵉʳ suppléant; *Jaquinot*, 2.ᵉ suppléant; De Villers, *greffier*, rue d'Enfer St.-Michel, n. 31; Carrel *huissier*, rue et porte St.-Jacques, n. 161; Turpin, *huissier*

Audiences du tribunal de paix et bureau de conciliation, les mardis et samedis de chaque semaine, hôtel de la mairie, à midi. Audiences particulières et conciliations volontaires tous les jours, excepté les dimanches et fêtes, au domicile du juge de paix, depuis dix heures jusqu'à deux.

Tribunal de police,

Rue Sainte-Avoye.

Les tribunaux de police connoissent de tous les délits de police, et prononcent sur toutes les contraventions dont la peine n'excède pas une amende de la valeur de trois journées de travail, ou trois jours d'emprisonnement. Les fonctions de ces tribunaux sont dans les attributions des juges de paix. Dans les communes rurales du département, les fonctions du ministère public près les juges de paix, faisant fonctions de juges des tribunaux de police, sont remplies par l'un des adjoints du maire de la commune.

A Paris, il y a, rue Ste.-Avoye, un tribunal de simple police, où les douze juges de paix de la ville de Paris siégent successivement pendant trois mois consécutifs; les fonctions du ministère public y sont remplies par trois commissaires de police désignés par le préfet de police. Il y a, pour ce tribunal, un greffier spécial nommé par l'EMPEREUR. Les huissiers des douze justices de paix de la ville de Paris exercent concurremment leur ministère auprès du tribunal de police.

Les audiences s'y tiennent le mercredi de chaque semaine, et extraordinairement le samedi à onze heures du matin.

M. Duchauffour, *greffier*, rue Bourtibourg.

M. Auzole, *commis-greffier*, rue St.-Médéric, pré et vis-à-vis celle du Renard.

* * *

TABLEAU DES AVOCATS,

Jurisconsultes-Défenseurs près les Tribunaux séant à Paris (1).

Messieurs,

Archambault, 1774, rue de tournon, n. 2.

Armey, ,avoc. au cons. rue de la place vendôme, n. 3.

---

(1) Les noms des Jurisconsultes qui étoient inscrits sur l'ancien tableau des Avocats existans en 1789, sont désignés par la date de leur inscription sur le tableau.

Arnould, rue regratière, n. 13.

Arnould ✠, 1781, rue helvétius, n. 63.

Artaud, 1784, rue de lille, n. 17.

Aubertot, 1777, rue jacob, n. 20.

Aved de Loiserolle, rue et île st.-louis.

Avrillon, 1770, rue de cléry, n. 86.

Bachelet, rue st.-Honoré, n. 408.

Badin, avocat au conseil r. n.-des-p.-champs, n. 4.

Bastard, 1778, rue thévenot, n. 16.

Bastien de Beaupré, rue des mathurins st.-jacq., n. 18.

Baude, rue. . . . .

Beaulaton, rue bon-parte, n. 5.

Bavoux, rue de savoye, n. 18.

Bellard, rue du grand-chantier, n. 4.

Benoist, rue de l'observance, n. 8.

Berger, rue des bernardins, n. 9.

Bergeyron-Madier, rue d'amboise, n. 12.

Bernardi, 1772, rue chabannois, n. 6.

Berryer, 1780, rue des moulins, n. 19.

Billecocq, 1785, rue traversière st.-honoré, n. 41.

Bitouzé-Lignières, 1778, r. des marais, f. st.-g., n. 12.

Bizet, 1775, rue du faubourg st.-denis, n. 39.

Blacque, rue guénégaud, n. 9.

Blanc, rue du bacq, n. 91.

Bois, rue ste.-avoye, n. 63.

Bonnet, 1783, rue du sentier, n. 14.

Bordas, rue pavée-st.-andré-des-arcs.

Boucher, rue bourtibourg, n. 16.

Bourdin, rue des vieux-augustins, n. 44.

Bourrée-Corberon, rue barbette, n. 2.

Bousquet, rue j. j. rousseau, n. 15.

Boutard, rue mandar, n. 8.

Boutroue, rue de la poterie, n. 26.

Boyeldieu, rue de bussy, u. 27.

Brodon, 1775, rue st.-andré-des-arcs.

Brosselard, 1783, rue neuve-st.-roch, n. 30.

Brouillet-de-l'Etang, 1756, rue de caumartin, n. 2.

Broyard, rue st.-antoine, vis-à-vis celle de fourcy.

Brulley-de-la-Brunière, r. des francs-bourg., au marais.

Brunetière, aîné, 1775, rue ste.-hyacinthe, n. 20.

Brunetière, rue du théâtre français, n. 24.

Caffart-Villeneuve, 1776, rue beaubourg, n. 48.

Caignard de Mailly, rue de seine, u. 49.

Caillau, 1780, rue des maçons sorbonne, n. 14.

Carbonnier, rue st.-germain-l'auxerrois, u. 66.

Cathala, 1777, rue de la michaudière, n. 8.

Cellier, 1780, rue st.-thomas d'enfer, n. 5.

Chabroud, avoc. au cons. d'ét., r. du paon s.-g., n. 8.

Chanin, 1782, rue bon-conseil, n. 4.

Champion, 1776, rue bourbon-villeneuve, n. 14.

Chappe, aîné, rue bourtibourg, u. 16.

Chardel, place st.-sulpice, n. 6.

Chassanis, rue guénégaud, n. 29.

Chauveau-Delagarde, avoc. au cons. 1783, r. l'univer.

Chevalier, rue st.-jean-de-beauvais, u. 1.

Chevillart, rue notre-dame-des-champs, n. 8.

Choppin, 1780, rue neuve-st.-eustache, n. 9.

Cochu, avocat au cons. d'ét., r. caumartin, n. 21.

Colin, l'aîné, rue coquillière, n. 42.

Colignon, rue de thionville, u. 36.

Cordier, rue quincampoix.

Cordier, rue de la calandre, n. 19.

Coüesnon, rue des ss.-pères.

Cournol, rue neuve-st.-merry, n. 12.

Courtevilcler, r. des marais st.-germain, n. 15.

Couture, rue haute-feuille, n. 22.

Dalléas, 1775, rue perdue, place maubert, n. 3.

Daligny, rue. . . . . =

Dalmassy, rue du mont-blanc.

Dard, rue du doyenné du Louvre, n. 3.

Darigrand, 1775, rue de la Verrerie, n. 52.

Darrieux, boulevart cérutti, n. 20.

Daupeley, vieille rue du temple, n. 6.

Debauve, rue haute-feuille, n. 9.

Decomberousse, rue du bacq, n. 1.

Defontaine, 1782, rue quincampoix, n. 32.

Dehaussy, rue haute-feuille, n. 4.

De Joly, avocat au conseil, rue gaillon, n. 13.

Delacroix-Frainville, 1774, avoc. au cons. r. h-feuille.

De-la-Grange, boulevart italien, n. 47.

Delahaye, 1783, cloître notre-dame, n. 18.

Delamalle, 1774, rue neuve-des-capucines, n. 11.

Delaunay, rue du temple.

Delavigne, 1774, vieille rue du temple, n. 10.

Delecroix, 1784, rue neuve-du-luxembourg, n. 27.

Deliege, rue neuve-des-petits-champs, n. 61.

Deslix, avocat au conseil, rue de tournon, n. 2.

Derché, rue jacob, n. 22.

De Saint-Amand, rue st.-Jacques, n. 29.

De Sales, rue de l'observance, n. 10.

Desèze, 1784, rue des quatre-fils, au marais, n. 20.

Desingly, cul-de-sac du doyenné, n. 1.

Devèze, rue pavée st.-andré, n. 18.

Dinet, 1761, rue ste.-croix-de-la-bretonnerie, n. 26.

Dodin, rue de savoye st.-andré-des-arcs, n. 7.

Doillot, 1781, rue des fossés-M.-le-Prince.

Dommanget, 1783, rue guénégaud, n. 9.

Dorvo, rue de thionville, n. 36.

Douet-Darcq, 1777, cloître notre-dame, n. 12.

Dufour, 1777, rue pavée st.-andré-des-arcs.

Dufour-de-la-Boulaye, 1786, rue st.-benoît, n. 19.

Dufriche-Foulaines, rue des petits-augustins, n. 26.

Dumont, rue de limoges, n. 6, au marais.

Dupin, rue de miromesnil, n. 21.

Dupont, avocat au conseil, rue verdelet, n. 4.

Duport, rue du mont-blanc, n. 10.

Duprat, rue de tournon, n. 5.

Duveyrier ✤, 1779, rue de la pépinière, n. 54.

Dyvrande-d'Herville, r. de l'école de médecine, n. 30.

Estrivier, rue st.-honoré, n. 108.

Eymar-Montmeyan, rue de lille.

Fabry, rue du cimetière st.-andré-des-arcs, n. 18.

Falconnet, rue du foin st.-jacques, n 18.

Ferris, rue de la verrerie.

Fournel, 1771, rue du jardinet, n. 1.

Frassans, rue des bons-enfans, n. 5.

Fressenel, 1787, avocat au conseil, r. ventadour, n. 4.

Gabaille, rue des grands-augustins, n. 26.

Guillard-Laferrière, rue montmartre, n. 15.

Gairal, rue neuve-st-merry, n. 7.

Ganilh, rue du mont-blanc, n. 30.

Gaschon, rue tiquetonne, n. 18.

Gaultier-Biauzat, rue de la convention, n. 10.

Gaultier, 1760, rue de condé.

Gauthier (*Séraphin*), rue de Bussy, n. 16.

Gauthier, rue neuve-st.-merry, n. 7.

Gayot, rue d'Argenteuil, n. 18.

Gerard-Bury, rue Favart, n. 12.

Gicquel, 1777, rue serpente, n. 7.

Giroust, 1765, cloître notre-dame, n. 16.

Gobert, rue et montagne ste.-geneviève, n. 14.

Godefroy , rue ste.-marguerite , faubourg st.-germain.

Gorguereau , 1775 , rue du cherche-midi , n. 14.

Goujon , 1765 , rue taranne.

Grappe , rue cérutti , n. 18.

Gravier , 1779, r. des 7-voyes, n. 18, mont. ste.-genev.

Gueroust , rue st.-germain-l'auxerrois , n. 66.

Guichard , rue de la verrerie , n. 83.

Guyot , rue st.-louis honoré , n. 6.

Guyot-Desherbiers , 1782 , rue des noyers.

Gymard , rue st.-jean-de-beauvais.

Hemery , 1769 , r. du cimet.-st.-andré-des-arcs, n. 20.

Henault-de-Tourneville , 1776 , r. des trois-pavillons.

Henry , 1776 , quai des miramionnes.

Heron , 1774 , rue st.-jacques , près celle des noyers.

Hombron , rue de grenelle st.-honoré , n. 37.

Huart du Parc , avoc. au conseil , r. de l'université.

Hutteau-Dorigny , rue du bacq.

Jahan , 1782 , rue du paon st.-germain.

Janson-de-Sailly , rue helvétius , n. 33.

Jouhanin , rue. . . . .

Jublin , rue traînée st.-eustache , n. 11.

Jullienne , avocat au conseil , cloître **Notre-Dame**.

Lacalprade , cloître Notre-Dame.

Laget-Bardelin , 1755 , rue des Mathurins , n. 10.

Lancel ✠ , rue des Fossés-Montm. , pass. du Vigan.

Larrieu , 1784 , rue Haute-Feuille , n. 14.

Laudour , rue de Tournon , n. 5.

Laurens de Courville , 1776, cloître **Notre-Dame**.

Laurent de la Chalumelle , v. rue du Temple , n. 54.

Lauze de Perret , rue de la Tixeranderie , n. 48.

Lebœuf , rue Saint-Denis , n. 120.

Leblanc , rue Croix-des-Petits-Champs.

Lecocq , rue Neuve du Luxembourg , n. 6.

Lecouturier, 1775, rue Poupée-Hautefeuille , n. 7. J

Legeay , rue des Grands-Augustins.

Legrand , rue Neuve-des-Petits-Champs , n. 26.

Le Graverend , rue Cassette , n. 5.

Legras, avocat au conseil, rue des Foss.-Montmartre.

Leloup de Sancy , rue Neuve Saint-Eustache.

Lepage , 1777, rue Sainte-Croix de la Bretonnerie.

Lépidor , rue Hautefeuille , n. 3.

Le Prêtre de Boideville , 1761 , rue de la Harpe.

Le Roy père , 1754, rue sainte-croix de la bretonnerie.

Le Roy , rue Saint-Jacques.

Lesparat , 1752, rue du Bacq , n. 27.

Letellier , rue des saints-pères , n. 14.

Levasseur , 1769, rue de savoie , n. 3.

Leverdier, 1776, rue du champ-fleury , n. 4.

Liénart , 1787 , rue de la harpe , n. 88.

Loiseau , rue du cimetière saint-andré , n. 10.

Louis , rue de la harpe, n. 81.

Lourmand , 1783 , rue de turenne , n. 26.

Magnin , rue du regard.

Maillhe, avoc. au cons., r. des p.-augustins, n. 15.

Malleville fils , 1777 , rue de seine, faub. s.-germain.

Maréchal , rue des prouvaires , n. 35.

Marguier, rue saint-merry , n. 24.

Marquet , rue de varennes, n. 30.

Mathias fils , cour neuve du palais , n. 21.

Maton de la Varenne , 1787 , rue du foin-s.-Jacques.

Maugis, rue bar-du-becq , n. 8

Mercier , rue du coq st.-honoré , n. 7.

Meunier , 1783, rue du foin , au marais.

Mignien du Planier , 1768 , rue de grammont , n. 13.

Mirbeck, rue st. dominique d'enfer , n. 20.

Mitouflet de Beauvoir, 1780, rue de choiseul , n. 6.

Moilin, rue de provence, n. 12.

Molié, rue. . . . .

Montigny, 1768, rue et place st.-sulpice.

Morand (*Sauveur*), r. basse, porte st.-Denis, **n. 10.**

Morand, à l'école de droit, plac du panthéon.

Moreau, vieille rue du temple, n. 34.

Moynat, 1780. rue mignon, n. 7.

OEillet Saint-Victor, rue boucher.

Ozanne, rue pierre-sarrazin, n. 4.

Pageaut, rue neuve st.-martin, n. 28.

Pagès, 1788, rue de beaune, n. 2.

Pantin, rue des poitevins, n. 10.

Pardon, 1758, rue neuve st.-eustache, n. 11.

Paré, rue du mont-blanc, n. 34.

Parent-Réal, avoc. au conseil, r. de tournon, n. **12.**

Pérignon, rue de choiseuil, n. 1.

Perrin, 1759, rue de tournon, n. 4.

Petit Dauterive aîné, place dauphine, n. 24.

Petit de Gatines, foire st.-germain, n. 130.

Piat Villeneuve, rue taitbout, n. 15.

Picot, rue des prouvaires, n. 3.

Piet, rue st.-honoré, n. 290.

Pigeau, rue st.-jacques.

Pion de la Roche, 1756, rue ste.-hyacinthe.

Pointel, rue de sèves, n. 48.

Poirier, 1775, rue de la harpe, n. 87.

Polle de Cresne, rue des noyers, n. 31.

Pons, rue garancière.

Ponsar, rue et porte st.-jacques, n. 151.

Ponsard, 1783, rue michel le pelletier, n. 14.

Popelin, 1779, rue guénégaud, n. 23.

Porcher, père, 1767, vieille rue du temple, n. **23.**

Porcher, fils, rue simon le franc, n. 19.

Portiez (de l'oise), à l'école de droit.

Pothier, rue de Tournon, n. 16.

Pouchet, rue d'anjou, au marais, n. 21.

Prieur (de la marne), cour des fontaines, n. 3.

Prignot, rue de la loi, n. 29.

Quequet, rue des billettes, n. 17.

Quesnel, rue st.-honoré, n. 315.

Raison, vieille rue de l'estrapade, n. 5.

Raoul, avocat au conseil, rue batave, n. 9.

Regnier, rue. . . . . . .

Renard, rue du four-st.-germain, n. 41.

Rendu, rue st.-honoré, n. 317, vis-à-vis st.-Roch.

Reveillère, rue d'anjou st.-honoré, n. 6.

Robet, 1784, rue de clichy, n. 8.

Robin, rue du sépulcre.

Roi, rue du mont-blanc, n. 66.

Roussel, rue de popincourt.

Roux, avoc. au cons. r. notre-d.-des-victoires, n. 28.

Royou, 1772, rue. . . . . .

Ruelle, cour du palais.

Ruffier, rue de l'échiquier, n. 22.

Salverte, rue de provence, n. 10.

Savin, rue des francs-bourgeois, n. 6.

Savy, 1777, rue du théâtre-français, n. 25.

Soreau, 1774, rue geoffroy-l'asnier, n. 26.

Taillandier, cloître notre-dame, n. 2.

Teste, place thionville.

Testelin, rue béthisy, n. 10.

Thacussion, avoc. au cons., r. hautefeuille, n. 10.

Thevenin, rue traînée, n. 11.

Thilorier, 1777, avoc. au cons. r. des capucines, n. 7.

Tripier, rue des prouvaires, n. 32.

Vautrin, 1777, rue des grands-augustins, n. 25.

Veron, rue neuve st.-eustache, n. 34.

Viaud-Belair, 1784, rue st.-claude.

Villedieu, 1778, rue hautefeuille, n. 3.

Vincendon, 1775, quai bourbon, île st.-louis, **n. 19.**

Vivien Goubert, r. st.-dominique, pr. **celle du bacq.**

Vogt, rue culture st.-gervais, n. 22.

Voguet, 1776, rue ste.-hyacinthe, **n. 22.**

Xavier Audouin, rue pavée st.-andré, n. 18.

NOTAIRES DU DÉPARTEMENT.

Il y a dans le département de la Seine 143 notaires, savoir : 114 à Paris ; 16 dans l'arrondissement de st.-Denis ; et 13 dans l'arrondissement de Sceaux.

Ville de Paris, MM.

(Ce signe = signifie *successeur de*).

1800 *Anjubault*=*Guillaume*, r. faub. montm., **n. 10.**

1794 *Antheaume* = *Maupas*, r. de la verrerie, **n. 55.**

1805 *Bacq* = *Lemaire*, rue st.-victor, n. 13.

1799 *Batardy* = *Maine*, rue du montblanc, **n. 10.**

1804 *Bertrand* = *Silly*, rue coquillière, n. 16.

1807 *Béville* = *Bonnomet*, rue du mont blanc, **n. 26.**

1798 *Bocquet*=*Lambot*, rue du mail, n. 24.

1794 *Boilleau* = *Giard*, rue de richelieu, n. 45.

1794 *Bordin* = *Prédicant*, rue du petit lion st.-sauv.

1781 *Boulard* = *son père*, rue des petits-augustins.

1783 *Boursier*=*Aubert*, r. des fr. bourgeois, **marais.**

1804 *Breton* = *Coupery*, rue tiquetonne, n. 14.

1804 *Buchère* = *Jacquelin*, rue st.-martin, n. 14.

1791 *Cabal*= *Moreau*, rue de gaillon, n. 10.

1794 *Caffart-Durvilliers*=*Chaudot*, r. j. j. rousseau.

1794 *Caigné-Desouches* = *Brechot*, rue de la harpe.

1801 *Camusat* = *Maistre*, rue st.-denis, n. 368.

1798 *Chambette* = *Dulion*, rue christine, n. 1.

1800 *Chapellier* = *Delamotte*, r. de la tixeranderie.

1794 *Chiboust* = *Martin*, rue de seine st.-germain.

1794 *Chodron* = *Girardin*, rue d'aboukir, n. 2.

1789 *Colin* = *Fieffé*, place vendôme, n. 24.

1798 *Cousin* = *Delarue*, rue du four st.-germain.

1794 *Culhiat-Coreil* = *Delacour*, r. fossés montmart.

1804 *Dautrive* = *Badénier*, rue st.-séverin, n. 7.

1807 *Decourchant* = *Cousinard*, r. des déchargeurs.

1800 *Defaucompret* = *Gasche*, rue de seine s.-germ.

1798 *Delacour* = *Lefevre*, r. n. des petits-champs.

1805 *Delacroix* = *Morin*, rue st.-antoine, n. 81.

1794 *Deloche* = *Dufouleur*, rue helvétius, n. 57.

1780 *Denis* = *Bouron*, rue de grenelle st.-germain.

1790 *Doulcet* = *Lego*, rue des fossés montmartre.

1788 *Drugeon* = *Gobert*, r. ste.-marguerite s. germ.

1794 *Dubos* = *Etienne*, rue st.-jacques, n. 55.

1789 *Duchesne* = *Deyeux*, rue st.-antoine, n. 200.

1799 *Dumez* = *Dupont*, rue st.-antoine, n. 31.

1797 *Dunays* = *Castel*, rue st.-honoré, n. 327.

1784 *Edon* = *Pijeau*, rue st.-antoine, n. 110.

1799 *Estier* = *Gittard*, rue des fossés st.-germ. l'aux.

1794 *Faugé* = *Andeile*, rue des quatre fils au marais.

1794 *Fleury* = *Doillot*, rue coquillière, n. 20.

1805 *Flury-Précharles* = *Petit*, rue st.-martin, 122.

1802 *Foucher* = *Brelut de la Grange*, r. poissonn.

1797 *Fourcault de Pavant* = *Mony*, r. st.-martin.

1784 *Fourchy* = *Hamel*, rue du mail, n. 20.

1804 *Fournier* = *Lesourd-Beauregard*, r. jussienne.

1789 *Gibé* = *Maigret*, rue vivienne, n. 29.

1805 *Gillet* = *Mathieu*, rue s. honoré.

1794 *Grelet* = *Girard*, rue st.-martin.

1799 *Guénoux* = *Godefroy*, quai voltaire, n. 25.

1806 *Guillaume* = *son père*, r. des petits champs.

1798 *Herbelin* l'aîné = *Giroust*, rue st.-martin, 285.

1803 *Herbelin* jeune = *Dosne*, parvis notre-dame.

1789 *Hua* = *Boutet*, rue des foss. s.-germ. des prés.

1794 *Huguet* = *Aleaume*, r. cr. des-petits-champs.

1791 *Jallabert* = *Lhomme*, boulevart taitbout.

1804 *Lahure* = *Charpentier*, rue de l'arbre-sec, n. 2.

1794 *Laisné* = *Gaudrai*, rue st.-antoine, n. 207.

1798 *Lalleman* = *Poultier*, rue neuve-st.-eustache.

1803 *Lamare* = ..., rue st.-honoré, n. 418.

1800 *Langlacé* = *Jousset*, rue st.-honoré, n. 281.

1797 *Laudigeois* = *Peron*, rue st.-christophe, n. 10.

1804 *Lebrun* = *'Bro*, rue du petit-bourbon st.-sulp.

1800 *Lecerf* = *Pottier*, rue du roule, n. 83.

1780 *Lecointre* = *Vergne*, rue mêlée, n. 32.

1789 *Lefebvre de St.-Maur* = *Perrier*, pl. dauphine.

1805 *Lefevre* = *Mesnard*, rue du gros chenet, n. 3.

1794 *Legé* l'aîné = *Havard*, rue st.-honoré, n. 108.

1799 *Leger* jeune = *Langlois*, r. de la monnoie, n. 10.

1800 *Legrand* = *Martinon*, rue montmartre, n. 174.

1805 *Lemaître* = *Ménard*, rue st.-honoré, n. 190.

1797 *Lenormant* = *Gondouin*, rue de la perle, n. 9.

1804 *Lepelletier* = *Dehérain*, rue thérèse, n. 2.

1781 *Lherbette* = *Jourdain*, rue st.-merry, n. 25.

1777 *Liénard* = *Delâtre*, quai d'orléans, n. 4.

1802 *Louveau* = *Garnier*, rue st.-martin, n. 119.

1806 *Mailand* = *Clairet*, r. des prouvaires, n. 3.

1805 *Marchoux* = *Demautort*, rue vivienne, n. 6.

1800 *Massé* = *Decaux*, r. n.-des-pet.-champs, n. 95.

1799 *Mignard = Gabiou*, rue de richelieu, n. 20.

1789 *Moine = Mayeux*, r. des fossés-montm., n. 7.

1797 *Montaud = Gibert* jeune, r. de la pl. vendôme.

1799 *Morisseau = Honnet*, r. st.-andré-des-arcs.

1806 *Narjot = Porlier*, rue helvétius, n. 63.

1805 *Noël = Raguideau*, rue st.-honoré, n. 348.

1797 *Oudinot = Videl*, rue de l'université, n. 21.

1788 *Péan de St.-Gilles = Lefevre*, r. de condé.

1790 *Pérignon = Griveau*, r. st.-honoré, n. 339.

1805 *Postelle = Pezet de Corval*, r. n. st.-augustin.

1805 *Potron = Thomé*, rue vivienne, n. 10.

1789 *Préau = Piquais*, rue de la monnoie, n. 19.

1803 *Rendu = Bevière* et *Lalleman* je., r. st.-honoré.

1805 *Roard = Rameau*, place des victoires, n. 10.

1807 *Robert = Jay*, r. n.-des-petits-champs, n. 55.

1791 *Robin = Ducloz-Dufresnoy*, r. des filles st.-th.

1768 *Rouen*, r. n.-des-petits-champs, n. 87; *doyen.*

1806 *Schneider = Magimel*, r. ste.-avoye, n. 35.

1804 *Schnetz = Laroche*, r. des petits-champs, n. 5.

1807 *Séné = Ballet*, carref. de la croix rouge, n. 2.

1807 *Sensier = Gobin*, rue st-denis, n. 247.

1803 *Serize = Boursier* l'aîné, r. de thionville, n. 33.

1801 *Tarbé = Monnot*, r. de l'arbre-sec, n. 33.

1799 *Tardif = Gaillard*, r. de la v.-draperie, n. 23.

1788 *Thion de la Chaume = Belurgey*, r. d'antin. n. 9.

1783 *Tiron = Cartault*, rue st.-denis, n. 311.

1799 *Tissandier = Raffeneau*, r: montmartre, n. 140.

1803 *Trianon = Larcher*, rue des lombards, n. 21.

1799 *Tricard = Quatremère*, rue du boulois, n. 2.

1779 *Trubert = Angot*, rue montmartre, 148.

1772 *Trutat = son père*, quai malaquais, n. 5.

1794 *Turrel = Garcerand*, r. des prouvaires, n. 33.

21

1807 *Vernois* = *Riollet*, r. ste.-croix-de-la-breton.

1798 *Vingtain* = *Minguet*, pl. de l'hôtel de ville.

1794 *Yver* = *Fourcault*, r. ste.-cr.-de-la-bretonner.

Arrondissement de St. Denis, Messieurs,

Guilbert et *Béville* à St.-Denis. *Codieu* à Auber-villers. *Levert* à Belleville. *Pance* à Boulogne. *Brac-quemard* à Colombes. *Le Fricque* à Courbevoye. *Liénart* à La Chapelle. *Houy* à La Villette. *Breton* à Mousseaux-Clichy. *Million* à Nanterre. *Guibert* à Neuilly. *Cottereau* à Noisy-le-Sec. *Bourget* à Passy. *Léon* à Pierrefite. *Fournier* à Suresne.

Arrondissement de Sceaux, Messieurs,

Desgranges à Sceaux. *Martinot* à Arcueil. *Lavisé* au Bourg-la-Reine. *Finot* à Charenton. *Deliège* à Choisy. *Mouscadet* à Fontenay-sous-Bois. *Sinet* à Gentilly. *Baron* à Issy. *Préaux* à Montreuil. *Bunel* à Nogent. *Fourcroy* et *Champfort* à Vincennes. *Nep-veu* à Vitry.

Membres de la chambre, MM.

Liénard, *présid.*	L'Herbette, *trésor.*	Chiboust.
Denis, 1.er *sindic.*	Lefébure-St.-Maur.	Yver.
Boursier, 2.e *sindic.*	Moine.	Langlacé.
Fourchy, 3.e *sindic.*	Préau.	Massé.
Durvillon, *rapport.*	Hua.	Tarbé.
Breton, *secrét.*	Jallabert.	Lahure.

Notaires-honoraires, Messieurs,

Bioche, rue de condé, n. 10.

Le Cousturier, rue poupée, n. 7.

Viennot (de Vincennes), à Vincennes.

Baron, rue des ss.-pères, n. 54.

Lambot, rue du Doyenné, n. 10.

Delâtre de Colliville, rue des fossés-m.-le-prince.

Arnaud, rue ste.-avoie, n. 37.

Rouveau de Belleville, r. michel-le-pelletier, n. 32.

Goullet, rue st.-antoine, n. 61.

Garnier-Deschénes, passage des petits-pères.

Bro, doyen honoraire, rue du petit-bourbon, n. 7.

Guillaume l'aîné, rue de popincourt.

Vergne, rue geoffroy-l'asnier, n. 26.

L'Homme, rue du roule, n. 3.

Guespereau, rue de la harpe, n. 44.

La Roche, rue neuve des petits-champs, n. 19.

Chavet, rue du gros-chenet, n. 3.

Gaillard, rue du théâtre-français, n. 36.

Mony, rue st.-martin, n. 72.

Giard, rue st.-honoré, n. 340.

Demautort, rue st.-marc, n. 23.

Lemire, rue jacob, n. 15.

Petit, r. st.-martin, vis-à-vis la rue aux ours.

Delamotte, rue neuve st.-paul, n. 12.

Garnier, rue pavée, au marais, n. 24.

Ballet, rue d'enfer, n. 11.

Bonnomet, rue du mont-blanc, n. 26.

Coupery, rue helvétius, n. 77.

Silly, rue de la Sourdière, n. 16.

Rameau, rue de cléry, n. 8.

Clairet, cul-de-sac des bourdonnais.

Gobin, rue st.-denis, 247.

Agent de la Compagnie. M. Rabon.

Imprimeurs de la Compagnie. MM. Doublet et Compagnie, rue gît-le-cœur.

Notaires.

TABLEAU des 40 *Notaires certificateurs à Paris, et
distribution des Rentiers viagers en* 40 *séries de
numéros du grand livre, en exécution de l'article
2 du décret impérial du* 21 *août* 1806.

1.re classe, ou rente sur une tête.

Numéros.			Messieurs.
1	à	2,600	*Antheaume.*
2,601	à	5,200	*Dunays.*
5,201	à	7,800	*Boulard.*
7,801	à	10,400	*Colin.*
10,401	à	13,000	*Chapelier.*
13,001	à	15,600	*Chodron.*
15,601	à	18,200	*Chiboust.*
18,201	à	20,800	*Defaucompret.*
20,801	à	23,400	*Dubos.*
23,401	à	26,000	*Doulcet.*
26,001	à	28,600	*Estier.*
28,601	à	31,200	*Fleury.*
31,201	à	33,800	*Foucher.*
33,801	à	36,400	*Gillet.*
36,401	à	39,000	*Grellet.*
39,001	à	41,600	*Guenoux.*
41,601	à	44,200	*Guillaume.*
44,201	à	46,800	*Hua.*
46,801	à	49,400	*Huguet.*
49,401	à	52,000	*Laisné.*
52,001	à	54,600	*Louveau.*
54,601	à	57,200	*Lemaître.*
57,201	à	59,800	*Liénard.*
59,801	à	62,400	*Lepelletier.*
62,401	à	65,000	*Mailand.*
65,001	à	65,820	*Boilleau.*

IIe classe, ou rente sur deux têtes.

Numéros.			Messieurs.
1	à	2,500	*Massé.*
2,501	à	5,000	*Morisseau.*
5,001	à	7,500	*Noël.*
7,501	à	10,000	*Oudinot.*
10,001	à	12,500	*Potron.*
12,501	à	15,000	*Préau.*
15,001	à	17,500	*Robin.*
17,501	à	20,000	*Rouen.*
20,001	à	22,500	*Rendu.*
22,501	à	25,000	*Tarbé.*
25,001	à	27,500	*Tricart.*
27,501	à	30,000	*Trutat.*
30,001	à	31,953	*Trubert.*

IIIe et IVe classes.

A tous numéros.

Rentes sur trois têtes, 3.e classe. N.º 1 à 1,730 $\Big\}$ *Yver.*
— sur quatre têtes, 4.e classe. N.º 1 à 416 $\Big\{$

COMMISSAIRES-PRISEURS-VENDEURS.

Messieurs ,

Alexandre, rue ste.-avoye , n. 36.
Alexandre, fils, rue du grand-chantier, n. 4.
André, rue st. andré-des-arcs, n. 63.
Balbastre, rue de vendôme , au marais , n. 8.
Bénard, rue neuve st.-merry , petit hôtel jabach.
Benou, rue taranne, n. 11.
Bizet, rue de la convention , n. 13.

Blondel, rue de tournon, n. 2.

Bohain, rue des déchargeurs, n. 6.

Bonnefons, rue des jeûneurs, n. 7.

Boucly, rue neuve des petits-champs, n. 61.

Breart, vieille du temple, n. 30.

Butard, rue de caumartin, n. 33.

Catoire, rue st.-pierre, pont au choux, n. 20.

Chariot, rue j.-j. rousseau, hôtel de bullion, n. 3.

Chevalier-Dieu-Donné, vieille rue du temple, n. 20.

Commendeur, père, r. ste.-croix-de-la-breton., n. 22.

Commendeur, fils, r. ste.-croix-de-la-breton., n. 22.

Debonnaire, rue neuve st.-eustache, n. 30.

Delacour, rue de cléry, n. 5.

Delachesnaye, rue de la sourdière, n. 31.

Delamontagne, rue st.-antoine, n. 37.

Demauroy, rue des déchargeurs, n. 6.

Denailly, cloître st.-merry, n. 18.

Deparis, rue helvétius, n. 65.

Dossat, cloître notre-dame, n. 2.

Dufossé, rue de la chaise, n. 8.

Duguet, rue ste.-avoye, n. 32.

Dussart, rue du mont-blanc, n. 35.

Duverger-Devilleneuve, rue st. jacques, **n. 38.**

Erhard, rue de thionville, n. 32.

Félix, rue st.-honoré, n. 154.

Fournel, rue des poitevins, n. 2.

Fournier, aîné, rue st.-merry, n. 25.

Fournier, jeune, rue st.-denis, n. 347.

Fremin, rue montmartre, n. 58.

Genet-de-Neslut, rue de tournon, n. 2.

Geoffroy, rue guénégaud, n. 17.

Girardin, rue pavée st.-andré-des-arcs, n. 14.

Goddé, rue montmartre, n. 30.

Guyot, rue de tournon, n. 15.

Hubault, rue de grenelle st.-honoré, n. 37.

Hudin, rue du four st.-germain, n. 37.

Huet-de-la-Boullay, rue de la jussienne, n. 11.

Jaluzot, rue de cléry, n. 34.

Jérôme, rue des fossés-montmartre, n. 7.

Lechevalier, rue du sentier, n. 18.

Lefevre-Desvallière, place baudoyer, n. 6.

Lenormant, rue de la perle, n. 9.

Leroy, aîné, cloître notre-dame, n. 4.

Leroy, jeune, rue de louvois, n. 21.

Lestrade, rue st.-merry, n. 15.

Lot, rue du petit-carreau, n. 2.

Mallet, boulevart de la porte st-martin, n. 12.

Masson-St.-Maurice, rue montmartre, n. 132.

Masson, rue neuve grange-batelière, n. 8.

Merault, rue de l'éperon, n. 8.

Mesnard, cour de rohan, passage du commerce.

Motier-de-Beaufils, rue bar-du-bec, n. 1.

Moreau, rue du coq st.-honoré, n. 13.

Olivier, rue batave.

Perard, rue guénégaud, n. 18.

Petit-Cuenot, rue de l'arbre-sec, n. 52.

Pigoreau, rue des fossés-st.-germain-des-prés, n. 20.

Poultier, rue des quatre-vents, n. 13.

Poussin, rue de la verrerie, n. 46.

Revenaz, rue charlot, au marais.

Rouget, rue du gros-chenêt, n. 23.

Salbart, rue ste-avoye, n. 15.

Saugrain, rue de la tixeranderie, n. 23.

Serreau, quai d'Alençon, n. 11.

Sibilet, rue des fossés-du-temple, n. 66.
Simmonard, rue des fossés-m.-le-prince.
Thiébart, rue des mauvais garçons-st.-jean, n. 7.
Thierry, rue bourbon-villeneuve, n. 26.
Thuret, rue coquillière, n. 46.
Vallé, rue st.-antoine, n. 71.
Vincent, rue helvétius, n. 19.
Vincent-St.Hilaire, rue st.-denis, n. 311.
Voisin, rue Guénégaud, n. 23.

Membres de la Chambre, Messieurs,

Thuret, *président.* — Huet de la Boullaye, *syndic.* — Sibilet, *rapporteur.* — Butard, *secrétaire.* — Dufossé, *trésorier.* — Fournier jeune. — Masson Saint-Maurice. — Delamontagne.—Thierry. — Debonnaire. — Bizet. — Erhard. — Moitier de Beaufils. — Demauroy. — Denailly.

Membres honoraires, Messieurs,

Hugues, rue pavée st.-sauveur, n. 16.
Bréart, rue et île st.-louis, n. 78.
Domain, rue st.-denis, n. 35.
Serreau, quai d'alençon, n. 9.
Hayot de Longpré, rue de la Perle, n. 1.
Dubus Brisce, rue des blancs-manteaux, n. 15.
Viollet Leduc, à Sens.
Turgau, rue du regard, n. 20.

HUISSIERS DU DÉPARTEMENT.

Messieurs,
Alix, rue d'anjou-thionville. — Auvray, rue du faub. montmartre, n. 33.
Ballot, rue traînée st.-eustache, n. 11. — Barbier

aîné, rue de la poterie, aux halles, n. 27. — Barbier, jeune, rue neuve des Petits-Champs, n. 14. — Bazin, rue des boucheries st.-germain, n. 50. — Bellaguet, cloître st.-méry, n. 2. — Belles, rue mandar. — Benoist aîné, rue de grenelle st.-honoré, n. 18. — Benoist jeune, rue de bussy. — Bereul, rue. . . . . — Berle, rue de la verrerie, n. 36. — Bernard, rue neuve égalité, n. 30. — Berté, rue. . . — Bertrand, rue quincampoix, n. 61. — Bezault, rue du faub. st.-laurent, n. 43. — Binet, rue du petit-carreau, n. 1. — Blin, boulevard cérutty, n. 20. — Blondeau, rue de la féronnerie, n. 35. — Bonvallet, rue de la grande truanderie, n. 42. — Bordier, rue st.-sébastien, n. 52. — Boudin-Debreuil, rue du monceau st.-gervais, n. 13. — Bouillart, rue favart, n. 12. — Bourgeois, rue ste-croix-de-la-bretonnerie, n. 18. — Boutroux, rue de la mortellerie, n. 87. — Boyer, rue st.-martin, n. 120. — Boyvin, rue de grenelle st.-honoré, n. 39. — Braulard, place et porte st.-antoine, n. 5. — Bricet, rue st.-antoine, n. 152. — Brissot, rue st.-martin, n. 15. — Brision aîné, cour de la ste.-chapelle, au palais, n. 7. — Brision jeune, rue de la harpe. — Bridel, rue des fossés st.-germain l'auxerrois, cul-de-sac sourdis, n. 3. — Brunet, rue de grenelle st.-honoré, n. 48. — Brunet, cloître st.-merry, n. 12. — Bureau, rue grenétat, n. 49.

Cabot, quai de la mégisserie, n. 52. — Cagnon, rue des prouvaires, n. 36. — Caillat, rue de la grande truanderie, n. 12. — Capitaine, rue st.-honoré, n. 214. — Carré, rue montmartre, n. 84. — Carrel, rue et porte st. jacques, n. 161. — Charlot, rue st.-martin, n. 257. — Charpentier, rue de varennes, n. 3. — Chateau, à st.-denis. — Chaumont, carrefour de bussy, n. 5. — Chauvet, rue st. jacques, n. 7. — Chennèvierre, rue st.-martin, n. 51. — Cherrier, rue vivienne, n. 9. — Choffart père, rue du faub. st-denis, n. 73. — Choffart fils, rue phelippeaux,

n. 42. — Choquet, rue du sépulcre, n. 6. — Colson, rue de l'arbre-sec, n. 45.—Comartin, rue de la vieille monnaie, n. 22. — Copin, rue st.-denis, n. 174. — Coquelin, rue grange-bâtelière. — Corbin, rue du faubourg st.-honoré, n. 78. — Cornu, rue des fossés m. le prince, n. 13. — Coudray, rue st.-martin, en face du théâtre molière. — Couturier, rue de la jussienne. — Creton jeune, rue montmartre.

Daguier, rue st.-denis, n. 369. — Danne, rue de la michodière, n. 20. — Darras, rue de la poterie st.-jean, n. 22. — Delafolie, rue st.-martin, n. 172. — Delahaye, rue clocheperche, n. 6. — Delaizé, rue. . — Delamain, rue de la poterie st.-jean, n. 9. — Delamarre aîné, rue du paon st andré-des-arcs, n. 4. — Delamarre jeune, rue st.-denis, près la rue thévenot. —Delanoue, rue st.-antoine, n. 83.—Delenoncourt, rue pavée st.-sauveur. — Deleau, rue montorgueil, n. 32. — Deletain, rue st. jacques, n. 12. —Dethorre, cloître st.-jean en grève, n. 2. — Denailly, rue ste.-avoye, n. 25. — Denis, rue traînée, n. 33. — Deplaigne, rue des blancs-manteaux, n. 22. — Desalette, place de l'école.— Devaux aîné, rue des vieilles étuves st.-honoré, n. 1. — Desnos, rue st.-martin, n. 127. — Doré, quai de la grève. — Doucet, rue st.-sauveur, près celle st.-denis, n. 1. — Droin, rue des déchargeurs, n. 8. — Dubois, rue du four st.-germain ; n. 44. — Dumas, rue coquillière.— Dumoutier aîné, rue du petit-carreau, n. 13. — Dumoutier jeune, rue st.-martin, n. 147. — Dupuis, rue neuve st.-paul, n. 29. — Dususiau, rue st.-antoine, n. 107. — Duterne, rue des mauvaises paroles, n. 17. —Duval, à st.-denis.

Encelain, rue bourg-l'abbé.

Fayard, rue taranne st.-germain, n. 14. — Fayel, rue de la mortellerie, n. 87. — Fichon, vieille rue du temple, n. 28. — Fleschelle, rue montorgueil. —

Fleurot père, rue st.-denis, apport paris, n. 15. — Fleurot fils, à charenton. — Fleury jeune, rue tiquetonne, n. 17. — Fortin, rue st.-martin, n. 68. — Fournier, rue de l'échiquier, n. 1.

Gabriel, rue de la croix, n. 11.—Gadeau, rue galande, n. 15. — Garnier, rue de la vieille-monnoie, n. 22. — Garnier, rue de la verrerie. — Gaudet, aîné, rue st.-sauveur, n. 16. — Gaudet, jeune, rue de la réunion, n. 44. — Gauthier, rue de cléry, n. 84. — Gautron, rue des saussayes, n. 18. — Gely, rue des cordeliers, n. 30.—Germain, rue du petit-lion st.-sauveur, n. 19. — Gibory, rue st. martin, n. 64. — Ginisty, rue des marmouzets, en la cité, n. 32. — Girard, place des vosges, n. 28. — Girandier, rue de la verrerie près celle du renard. — Godefroy, rue de cléry, n. 1.—Godin, rue bourbon-villeneuve, n. 65.— Gomin, rue et île st.-louis, n. 44. — Gosset, rue gaillon, n. 19. — Granger, rue st.-marc, n. 20. — Grosier, rue de la tabletterie. — Gudin, rue montmartre, près la rue notre-dame-des-victoires. — Guilbert, rue jean-robert, n. 6. — Guillaume, rue st.-denis, n. 360. — Guillou, rue montmartre, n. 41.

Harissart, quai de Gêvres, n. 21.—Haverlant, quai de la Grève, n. 4.—Hecquart, rue. . . . . Hignard, rue st.-denis, n. 120.—Hordret, rue du chantre, n. 24. — Houbé, rue caumartin, n. 7. —Houchard, rue du harlai, au Palais, n. 13. — Hubout, rue des bourdonnois, n. 13. — Huguenin, rue guérin-boisseau, n. 35. — Huguenot, rue st.-honoré, n. 150. — Hurant, rue st.-germain-l'auxerrois, n. 16. — Hurteau, rue de la mortellerie, n. 73. — Hutinel, rue des bourdonnois, n. 12.

Ibled, rue st.-honoré, près st.-roch.

Joson, cloître st.-merry, n. 14.—Jousselin, rue de la monnoie. — Julien, rue du coq st.-honoré.

Lamouque, rue st.-martin, n. 85.—Langlet, rue

st.-merry. — Larmeroux , rue de bièvre , au coin de
celle st. - victor. — Lascour, rue basse, porte st.-
honoré , n. 84. — Laurent , rue batave, n. 12. —
Leclerc , rue du lycée st.-honoré, n. 2. — Lecoin ,
rue st.-honoré, près celle du roule. — Lefebvre , rue
. . . . — Legrand, rue de la tixeranderie, n. 15.
— Lejeune, à Boulogne lès-Paris. — Lemarchand, rue
des petits-pères. — Lehigue-Dartheme, rue st.-denis,
vis-à-vis la rue des lombards. — Lequeux, rue montmartre , hôtel de Charost, n. 70. — Lerat , rue st -
martin , n. 265. — Leroy, rue de la vieille-bouclerie,
n. 4. — Leseurre, rue du four st.-germain , n. 290. —
Letulle, rue montmartre, n. 80. — Levasseur, rue
st.-martin, n. 16. — Leviault , rue de la calandre ,
n. 49. — Liedet, rue st. - martin , n. 86. — Liedot,
rue quincampoix, passage beaufort. — Limet , rue
des grands-augustins, n. 20. — Lincet, rue j.-j.-rous-
seau , n. 1. — Loiseau, rue de cléry, porte st.-denis.

Magnier , rue st.-martin , au coin de la rue de venise.
— Maguet , rue des mauvais - garçons st.-jean. —
Maire , rue neuve-st.-merry, n. 23. — Malgras, quai
de la tournelle , n. 25. — Margottin, rue de la harpe ,
n. 50. — Martin , aîné, rue montorgueil, n. 5. —
Martin , jeune , rue traînée, n. 15. — Marty, rue st.-
martin , n. 19. — Masson, jeune , rue de l'échiquier ,
n. 32. — Masson, père, rue poissonnière, n. 32. —
Mauclère , rue ste.-croix-de-la-bretonnerie , n. 22. —
Maugenest, rue st.-honoré, près celle de l'arbre-sec.
— Maury, rue st.-martin, n. 231. — Maupin, rue
du faubourg st.-antoine, n. 120. — Mellier, rue montorgueil, n. 17. — Menessier, rue st.-honoré, près
celle du four, n. 97. — Menot, aîné, rue st.-denis,
n 208. — Menot, jeune, rue st.-denis, n. 208. —
Messager, rue st.-martin, n. 147. — Millard, rue
st.-martin, près la fontaine, n. 71. — Millet, aîné,
rue de la monnoie, n. 10. — Millet, jeune , place
des italiens, n. 1. — Mirofle, rue du jour st.-eustache,

n. 17.—Monvoisin , rue du four st.-germain , n. 41.
— Moutardier, rue des bourdonnois, n. 8. — Mutin ,
rue j.-j.-rousseau, n. 7.

Noyel , rue st.-jacques, n. 101.

Ortiguier , quai de la Vallée, n. 55. — Osselet , à
Sceaux.

Paltré , rue st.-louis st.-honoré, n. 6. — Pélican ,
à st.-denis. — Payen , rue aubry-le-boucher. — Pes-
chard, rue de l'arbre-sec , n. 9. — Peudefer , rue de
richelieu, n. 45.—Pigace, rue boucher. — Pigeon, rue
thibautodé , n. 16. — Pinchereau , rue tiquetonne ,
n. 21. — Pinette , place circulaire du palais. —
Pinguet, rue de sartine, n. 5. — Potet , rue des
écrivains , n. 22.—Pottier, rue de bussy , n. 16.—
Poullet, jeune, rue st.-martin, vis-à-vis st.-merry. —
Prat, rue des enfans de chœurs, cloître notre-dame ,
n. 5. — Prevost, aîné, rue des nonaindières, n. 14.
— Prevost, jeune, rue du ponceau st.-Gervais, n. 11.
—Prevost, rue de la Vrillière.

Quiclère, cul-de-sac st.-pierre, en la cité, n. 1. —
Quinard, rue de la vieille-monnoie, n. 12.

Regnier , rue de la planche - mibray, au bureau de
loterie. — Ricard, rue du faubourg montmartre. —
Richard, rue du mail. — Rigonot, rue des grands-
augustins , n. 21. — Rivière, rue des moulins. — Robillard, quai de l'union , île st.-louis, n. 37. — Rolland, rue ste.-avoye, n. 31. — Rondel, rue des cinq-
diamans , n. 10. — Rondot, rue st.-honoré, près celle
tirechappe. — Rousselet, rue neuve st. - eustache ,
n. 25.—Roux, aîné, à Orly, près Choisy - sur-
Seine.—Roux jeune, à Orly, près Choisy.—Ruin ,
rue de l'échelle.

Sainneville , rue des blancs-manteaux. — Saint-
Laurent, rue st.-denis. — Sancier, à Vincennes, rue

22

du levant, n. 7. — Sapinault, rue montmartre, n. 70.
— Saulnier, rue de la tixeranderie, cul-de-sac st.-
Faron. — Sausset, rue simon-le-franc. — Simonnot,
aîné, cul-de-sac pecquet, rue des blancs-manteaux.—
Simonnot, jeune, rue bourbon-ville-neuve, n. 41.—
Sollier, rue du temple, n. 82.

Tavernier, aîné, rue du four st.-germain, n. 35.
— Tavernier, jeune, rue de la monnoie, n. 14. —
Thebault, rue pagevin, n. 7. — Thenault, faubourg
montmartre, près le boulevart. — Thevenin-Duzozay,
place du palais de justice, n. 1. — Thibaut, rue. .
. . . Thille, rue montmartre, près les diligences.
— Tondu, rue du contrat-social, n. 4. — Toutin,
rue montorgueil, n. 17.—Trippier, rue de richelieu,
passage de l'ancien café de foi. — Trouillet, rue st.-
martin, n. 24. — Turpin, rue mouffetard, n. 3.

Vanier, à Nanterre, près Paris. — Vannois, rue
des petits-champs, n. 33, en face de la rue chabannois. — Vardon, rue du ponceau st.-martin, n. 2. —
Vergne, aîné, rue de richelieu, près la rue de ménars. — Vergne, jeune, rue de cléry. — Vian, rue
de la verrerie, n. 50.—Vincent, rue st.-antoine, n. 106.

Wolff, rue st.-andré-des-arcs, n. 58.

Membres de la Chambre de police et de discipline.

MM.

Duterne, *Syndic*, *ancien membre*. Hignard, *secrétaire*. Droin, *caissier*. Quinard, *ancien membre*. Guillaume. Ybled. Danne. Gérard. Brunet aîné.

Elle tient ses séances les mardis et vendredis, à 6
heures du soir, cloître Notre-Dame, n. 6.

Lessuré, Concierge audit bureau.

CLERGÉ DU DÉPARTEMENT.

PARIS est le chef-lieu d'un archevêché qui a pour suffragans les Evêchés d'Amiens, Arras, Cambray, Meaux, Orléans, Soissons, Troyes et Versailles. La circonscription du diocèse de Paris, est la même que celle du département de la Seine.

Archevêque de Paris.

† J. B. DEBELLOY, Cardinal (G. ✤), né à Morangles le 8 octobre 1709, sacré le 10 janvier 1752, nommé archevêque de Paris le 8 avril 1802.

VICAIRES-GÉNÉRAUX. MM. LE JÉAS-CHARPENTIER, Fr.-Antoine. DASTROS, P. Thérèse. JALLABERT, J. Jos. Fr.

CHANOINES. MM. Girard. Synchole d'Espinasse. Roman. Arnavon. Corpet. Lamyre-Mory. Dupont-de-Compiègne. Richard. Raillon. Delaroue, *archi-prêtre, curé de Notre-Dame.* Camiaille. De Coriolis. Rousselet. Tinthoin. Emery.

Secrétaires de l'archevêché. MM. Buée et Achard.

CHANOINES HONORAIRES. MM. Morin-Teintot. Leriche. Cantuel de Blémur. J. Borudier-Delpuits. J. Pard. Barruel. Boislève. Sicard. Camus. Guillon. Loudieu de la Calpradre. Pelicot de Seillans. Gauthier. Lenoir. Lamartinière. Lécuy. Palyart. Gandon. De la Roque. Dubois. Philibert-Bruyard. De Beaufort. De Larivoire-Latourette. De St.-Martin. Haüy. Doué. Labruyère. Gondreville. Le Gris. Rudemarre. D'Aligre. Vrigny. Duval. Fremin, Meslcard. Monteyuard.

Aumônier de M. l'archevêque. M. J. B. Achard.

Fabrique, MM. *Dastros*, président. *Despinasse et Corpet*, chanoines. *De Lamyre-Mory*, secrétaire. *Delaroue.* curé. *Lamartinière, Delacalprade*, chanoines honoraires. *Barbié*, trésorier.

Séminaire de Paris.

M. Emery, *Supérieur-général.* M. Duclaud, *Directeur.*

MM. Montagne, Garnier, Fressinous, Boyer, *Directeurs et Professeurs.*

CURES ET SUCCURSALES.

Il y a, pour le diocèse de Paris, 20 cures, savoir : 12 pour la ville de Paris, et 8 *extrà muros*; 96 succursales, dont 27 à Paris, et 69 pour les communes *extrà muros.*

Ville de Paris.

1.er *ARRONDISSEMENT.* Paroisse de la Madeleine, à l'assomption. M. COSTAZ, curé. M. *Doremus*, vicaire.

Première succursale, les capucins, chaussée d'antin. M. Bonnier, *desservant.* M. *Delestache*, vicaire.

Deuxième succursale, St.-Philippe du roule. M. Fernbach, *desservant.* M. *Thelu*, vicaire.

Troisième succursale, St.-Pierre de Chaillot. M. Bertrand - Longpré, *desservant.* M. *Rachine*, vicaire.

2.e *ARRONDISSEMENT.* Paroisse saint.-Roch.
M. MARDUÈL, curé. M. *Danjou de Boisnantier*, vicaire.

Première succursale, les filles st.-Thomas. M. Gravet, *desservant.* M. *Tardy*, vicaire.

Deuxième succursale, Notre-dame-de-lorette. M. Maretz, *desservant.* M. *Dzentler*, vicaire.

3.e *ARRONDISSEMENT.* Paroisse st.-Eustache. M. Bossu, curé. M. *Champsaure*, vicaire.

Première succursale, les petits-pères. M. Rivière, *desservant.* M. Guigou de la Chaud, vicaire.

Deuxième succursale, S.-Lazare. M. Moyrou, *desservant.* M. *Dellemotte*, vicaire.

4.e *ARRONDISSEMENT.* Paroisse st.-Germain-l'auxerrois. M. JERPHANION, curé. M. *Henquel*, vicaire.

5.e *ARRONDISSEMENT.* Paroisse st.-Laurent. M. FAVRE, curé. M. *Lappareillé*, vicaire.

Succursale, Notre-Dame de Bonne-Nouvelle. M. Cagny, *desservant.* M. Mesléart, vicaire.

6.e *ARRONDISSEMENT.* Paroisse st.-Nicolas deschamps. M. BRUAN, curé. M. *Laschy*, vicaire.

Première succursale, St.-Leu. M. Laurent, *desservant.* M. *Gérard*, vicaire.

Deuxième succursale, Ste.-Elisabeth. M. de Plainpoint, *desservant.* M. *Noyer*, vicaire.

7.e *ARRONDISSEMENT.* Paroisse de st.-Merry. M. FABREGUE, curé. M. . . . . . ., vicaire.

Première succursale, les blancs-manteaux. M. Destaubatz, *desservant.* M. *Chenaux*, vicaire.

Deuxième succursale, St.-François-d'assise. M. Cantuel de Blémur, *desservant.* M. *Mathieu*, vicaire.

Troisième succursale, le St.-sacrement. M. Poitevin, *desservant.* M. *Malbeste*, vicaire.

8.ᶜ *ARRONDISSEMENT.* Paroisse ste.-Marguerite. M. DUBOIS, curé. M. *Frasey*, vicaire.

Première succursale, les quinze-vingts. M. Delaplanche, *desservant.* M. *Schatzel*, vicaire.

Deuxième succursale, St. - Ambroise. M. Frizon, *desservant.* M. . . . . . . , vicaire.

9.ᶜ *ARRONDISSEMENT.* Paroisse Notre - dame. M. DELAROUE, *archiprête*, curé. M. *Leriche*, vicaire.

Première succursale, St.-Louis-en-l'île. M. Coroller, *desservant.* M. *Delarue*, vicaire.

Deuxième succursale, St.-Gervais. M. Chevalier, *desservant.* M. *Huré*, vicaire.

Troisième succursale, S.-Paul et st.-Louis. M. Delaleu, *desservant.* M. *Mansel*, vicaire.

10.ᶜ *ARRONDISSEMENT.* Paroisse de st -Thomas-d'aquin. M. RAMOND-DELALANDE, curé. M. *Borderies*, vicaire.

Première succursale, l'abbaye-aux-bois. M. Delannois. *desservant.* M. *Graëb*, vicaire.

Deuxième succursale, St.-François-Xavier, ou les missions - étrangères. M. Desjardins, *desservant.* M. *Garnier*, vicaire.

Troisième succursale, Ste.-Valère. M. Leclerc du Bradin, *desservant.* M. *Marguerin de Gueudeville*, vicaire.

11.ᶜ *ARRONDISSEMENT.* Paroisse de st.-Sulpice. M. DEPIERRE, curé. M. *Abeil*, vicaire.

Première succursale, Saint.-Germain-des-prés.
M. Levy, *desservant.* M. *Brideau*, vicaire.

Deuxième succursale, St. - Severin. M. Baillet, *desservant.* M. *Bordé*, vicaire.

Troisième succursale, St.-Benoît. M. Desmarets, *desservant.* M. *Perrin*, vicaire.

12.e *ARRONDISSEMENT.* St.-Etienne - du-mon M. DEVOISIN, curé. M. *Bizet*, vicaire.

Première succursale, St.-Nicolas-du-chardonnet. M. Hure, *desservant.* M. *Lemonnier*, vicaire.

Deuxième succursale, St. - Jacques - du - haut-pas. M. Legros, *desservant.* M. *Boscheron*, vicaire.

Troisième succursale, St. - Médard. M. Bertier, *desservant.* M. *Foulon*, vicaire.

Arrondissement de St.-Denis.

CANTON DE ST.-DENIS. M. VERNEUIL, curé de st.-denis.

Desservans des succursales. MM. *Gillet*, à aubervilliers. *Fulchie*, à dugny. *Pourez*, à épivay. *Antoine*, à la chapelle. *Chaalons*, à la courneuve. *Waranflot*, à l'île-st.-denis. *Guénot*, à st.-ouen. *Badin*, à pierrefite. *Louis*, à stains. *Roujou*, à villetaneuse.

CANTON DE NANTERRE. M. LEVEAU, curé de nanterre.

Desservans des succursales. MM. *Douet*, à asnières. *Martinet*, à courbevoye. *Chapillon*, à gennevilliers. *Caussin*, à colombes. *Desnos*, à puteaux. *Huet*, à suresnes.

CANTON DE NEUILLY. M. LAPIPE, curé de neuilly.

Desservans des succursales. MM. *Vaschaldes*, à auteuil. *Legrand*, à boulogne. *Mireur*, à clichy. *Daudy*, à montmartre. *Chauvet*, à passy.

CANTON DE PANTIN. M. DUMOITIER, curé de belleville.

Desservans des succursales. MM. *Leclair*, à bagnolet. *Vieillard*, à baubigny. *Maigret*, à bondy. *Emery*, à charonne. *Bannier-Desseigne*, à drancy. *Bienfait*, au bourget. *Martin*, à noisy-le-sec. *Blanchetête*, à pantin. *Robache*, au pré st.-gervais. *Roussel*, à la villette. *Suireau*, à Romainville.

Arrondissement de Sceaux.

CANTON DE SCEAUX. M. MARTINAU DE PRÉNEUF, curé de Sceaux.

Desservans des succursales, MM. *Sauvage*, à antony. *Filâtre*, à bagneux. . . . . au bourg-la-reine. *Lenoble*, à chatenay. *Devallois*, à châtillon. *Lacrole*, à clamart. *Gommerat*, à fontenay-aux-roses. *Michot*, à issy. *Vallée*, à montrouge. *Dumaine*, au plessis-piquet. *Levallois*, à vanvres. *Dunepart*, à vaugirard.

CANTON DE CHARENTON. M. GRIGNON, curé de charenton-le-pont.

Desservans des succursales, MM. *Demouchy*, à bercy. . . ., à bonneuil. *Ledoux*, à brie-sur-marne. *Ouvrard*, à champigny. *Bizon*, à charenton-st.-maurice. *Jouy*, à creteil. . . ., à la branche du pont. *Lepage*, à maisons-alfort. *Gibert*, à nogent. *Leduc*, à st.-maur.

CANTON DE VILLEJUIF. M. VAILLANT, curé de villejuif.

Desservans des succursales. MM. *Guillaumot*, à arcueil. *Hersecap*, à chevilly. *Baraud*, à choisy. *Le-mesle*, à fresne. *Detruissard*, à gentilly. *Roques*, à yvry. *Loulerguet Navailles*, à lay. *Leclerc*, à orly. *Bayard*, à rungis. *Michaelis*, à thiais. *Pisson*, à vitry.

CANTON DE VINCENNES. M. MUNIER, curé de montreuil.

Desservans des succursales. MM. *Varin*, à fonte-nay-sous-bois. *Berbiguier*, à rosny. *Chadabec*, à saint-mandé. *Cussac*, à villemomble. *Aubery*, à vincennes.

Église de Sainte-Geneviève.

Cette église conserve la destination qui lui avoit été donnée pour la sépulture des grands hommes : leurs corps y sont inhumés.

Le chapitre métropolitain de Notre-Dame, aug-menté de six membres, est chargé de la desservir. La garde en est spécialement confiée à un archiprêtre choisi parmi les chanoines.

M. ROUSSELET, ancien abbé de Ste.-Geneviève et chanoine de Notre-Dame, avec la qualité d'*archi-prêtre*, spécialement chargé de la garde de l'Eglise de Ste.-Geneviève.

M. *Buée*, secrétaire de l'Archevêché.

Église de Saint-Denis.

Cette église est consacrée à la sépulture des em-pereurs. Un chapitre de dix chanoines est chargé de la desservir. Le grand aumônier de l'Empire est le chef de ce chapitre.

Chanoines, Messieurs,

Dumoustier de Mérinville, anc. évêque de Chambéry.
Chabot, ancien évêque de Mende.
Bexon, ancien évêque de Namur.

André, ancien évêque de Quimper.
De Girac, ancien évêque de Rennes.
De Juigné, ancien archevêque de Paris.
Rollet, ancien évêque de Montpellier.
Lubersac, ancien évêque de Chartres.
Ruffo, ancien évêque de St-.Flour.
De Beausset, ancien évêque d'Aletz.

Missions étrangères.

Ces missions sont desservies par trois compagnies de missionnaires, rétablies par le Gouvernement.

1.re *Compagnie*, dite *des Lazaristes*. M. Brunet, *supérieur général*. Cette compagnie envoie des missionnaires dans toutes les échelles du Levant; dans les îles de France et de Bourbon, et à Pékin.

Le chef-lieu de la mission est à Paris.

2.e *Compagnie*, dite *des Missions Etrangères*. M. de Billière, *supérieur général*. Cette compagnie envoie des missionnaires dans les Indes orientales où elle a plusieurs établissemens. Le chef-lieu est à Paris, rue du Bacq.

3.e *Compagnie* dite *du St. - Esprit*. M. Bertoud, *supérieur général*. Cette compagnie envoie des missionnaires à Cayenne, au Sénégal, et elle est destinée à en envoyer dans tout le Nouveau Monde. Le chef-lieu n'est pas encore désigné.

Établissemens Religieux.

Madame Mère de S. M. l'Empereur et Roi, protectrice des Filles de la Charité et des Sœurs hospitalières, dans toute l'étendue de l'Empire.

Filles de la Charité. Leur maison principale est à Paris, rue du Vieux Colombier. Madame *Deschaux*, supérieure générale.

La compagnie compte deux mille sujets, et le nom des maisons qu'elle dessert est d'environ trois cents.

Sœurs de St.-Thomas de Villeneuve. Leur maison principale est à Paris, rue de Sèvres. Madame *Wals de Valois,* supérieure-générale.

L'objet de l'institution est le même que celui des Filles de la Charité. Elles se chargent en outre des maisons de réfuge, ainsi que de la direction des pensionnats pour l'éducation des jeunes personnes.

Sœurs de St.-Michel. Leur maison principale est à Paris, rue st.Jacques. Madame *Duquesne,* supérieure.

Ces dames sont spécialement chargées des filles repenties, soit qu'elles se présentent volontairement, soit que les parens les amènent; elles tiennent aussi des pensionnats et des écoles gratuites.

Sœurs Hospitalières. Le nombre en est considérable. Elles se bornent uniquement aux soins des pauvres malades; elles ne communiquent point entre elles par des rapports de direction et n'ont que des supérieures locales. Madame *Brunet,* supérieure des Sœurs Hospitalières de l'Hôtel-Dieu et de l'Hôpital St.-Louis.

Culte protestant.

Il y a à Paris trois Ministres du culte protestant.

M. *Maron (Paul-Henri),* rue traversière st.-honoré.

M. *Rabaut-Pommier (Jacq.-Ant.),* rue n.e st.-roch.

M. *Mestrezat (Frédéric),* place vendôme, n. 6.

ASSEMBLÉES DE CANTON.

et Colléges Électoraux.

Assemblées cantonales.

Chaque ressort de justice de paix a une assemblée de canton.

Les vingt assemblées cantonales du département de la Seine ont été réunies le 1.er sept. dernier, à l'effet de nommer : 227 membres du collège électoral du département; 11 du collége électoral de l'arrondissement de St.-Denis; 153 du collége électoral, 1.er arrondissement de Paris; 175 du collége électoral du 2.e arrondissement de Paris; 149 du collége du 3.e arrondissement; 192 du collége du 4.e arrondissement; 18 membres du collége électoral de l'arrondissement de Sceaux; et en outre, pour nommer chacune, deux candidats pour les places de juges de paix; quatre candidats pour les places de suppléans de juges de paix.

Les assemblées de canton ont été divisées en sections et présidées ainsi qu'il suit :

Arrondissement de St.-Denis.

Canton de Saint-Denis. M Béville, *président.*

Sections,	Présidens, Messieurs,
S.-Denis, sud,	Beville, président du canton.
S.-Denis, nord,	Maillet, juge de paix.
Aubervilliers,	Gillet, prêtre desservant.
Stains,	Garde, maire.
Pierrefite,	Defaucompret, maire.
La Chapelle,	Antoine, prêtre desservant.
S.-Ouen,	Henry.

Canton de Neuilly, M. De la Bordère, *président.*

Sections,	Présidens, Messieurs,
Neuilly,	Delabordère, président du canton.
Passy,	Dussault, maire.
Auteuil,	Benoît,
Boulogne,	Vauthier, suppl. du juge de paix.
Montmartre,	Gandin, maire.

Canton de Nanterre. M. Manet, *président du canton.*

Sections,	*Présidens,* Messieurs,
Nanterre,	*Gillet,* maire.
Gennevilliers,	*Manet,* président du canton.
Colombe,	*Carondelet,* maire.
Courbevoye,	*Lefrique,* maire.
Suresnes,	*Bidard,* maire.

Canton de Pantin. M. Rouiller, *président.*

Sections,	*Présidens,* Messieurs,
Pantin,	*Rouiller,* président du canton.
La Villette,	*Houy,* notaire.
Belleville,	*Levert,* notaire.
Bagnolet,	*Regnard,* ancien maire.
Romainville,	*Le Coulteux,* maire.
Noisy,	*Cottereau,* notaire.

Arrondissement de Sceaux.

Canton de Charenton-le-Pont. M. Coulmiers, *présid.*

Sections,	*Présidens,* Messieurs,
Charenton-le-pont,	*Coulmiers,* président du canton.
Bercy,	*Dutacq,* maire.
Creteil,	*Coindre,* maire.
St.-Maur,	*Pinson,* maire.
Nogent-sur-Marne,	*Parvy,* maire.
Champigny,	*Eloy,* arpenteur.

Canton de Villejuif. M. Chevalier, *président.*

Sections,	*Présidens,* Messieurs,
Choisy,	*Duchef-Delaville,* maire.
Vitry,	*Bouquet,* maire.

23

Sections,	Présidens, Messieurs,
Arcueil,	*Dieu*, maire.
Gentilly,	*Recodère*, maire.
Villejuif,	*Chevalier*, président du canton.
Ivry,	*Luisette*, maire.
Orly,	*Roux*, maire.

Canton de Sceaux. M. Muiron, *président.*

Sections,	Présidens, Messieurs,
Sceaux,	*Muiron*, président du canton.
Bourg-la-Reine,	*Lavisé*, maire.
Clamart,	*Corby*, adjoint au maire.
Châtillon,	*Pluchet*, maire.
Fontenai-aux-roses,	*Debaine*, maire.
Mont-Rouge,	*Dubreuil*, maire.
Vanvres,	*Duval*, maire.
Issy,	*Baron*, notaire.
Vaugirard,	*Dunepart*, maire.

Canton de Vincennes. M. Durand, *président.*

Sections,	Présidens, Messieurs;
Vincennes,	*Durand*, président du canton.
Fontenai-sous-bois,	*Bontems*, épicier.
Montreuil, nord,	*Préaux*, notaire.
Montreuil, sud,	*Mozard*, père, cultivateur.
Rosny,	*Marin* (Jean-Baptiste).

Arrondissement de Paris.

Premier canton. M. Em. Pastoret, *président.*

Sections,	Présidens, Messieurs,
D'Aguesseau,	*Pastoret*, président du canton.
Carousel,	*Huguet de Montaran*, maire.

Sections, ‘ *Présidens*, Messieurs,

Marceau, *Lecordier*, maire.

Rivoli , *Rose* , adjoint au maire.

Du Rempart , *Desportes*, administrateur des hospices.

Caumartin , *Mourgue* , administrateur des hospices.

Joubert , *Sieyes* , administrateur des postes.

Bienfaisance , *Laroche*, présid. du bureau de bienf.

Pépinière , *Anson* , administrateur-gén. des postes.

Matignon , *Joubert*, conseiller de préfecture.

Mantoue, *Piscatory*, caissier-gén. au trésor public.

Chaillot, *Marchand*, conseiller de préfecture.

Deuxième canton. M. Demautort, *président.*

Sections , *Présidens* , Messieurs ,

St.-Roch , *Demautort*, président du canton.

Richelieu , *La Roche* , notaire honoraire.

Helvétius , *Billecoq* , avocat.

Argenteuil , *Houdeyer* , chef au minist. de la just.

Chabanais , *Thion de la Chaume*, notaire.

Du Trésor , *Robin*, notaire.

Feydeau , *Demontaman* , membre du conseil du dép.

Grange-Batelière , *Delapierre*, administ. des douanes.

De la Victoire , *Jallabert* , notaire.

Bellefond , *Cannet* , admin. de la manuf. des glaces.

Latour-d'Auvergne , *Thibaudière* , agent de change.

Larochefoucault , *Bonnomet* , notaire.

Troisième canton. M. Richard-d'Aubigny, *président.*

Sections , *Présidens* , Messieurs,

Des Victoires, *Rousseau*, maire.

Kléber , *Garat* , directeur de la banque.

De la Jussienne , *Coustillier*, inspecteur des postes.

J.-J. Rousseau , *Chignard* , syndic des avoués.

Sections, *Présidens,* Messieurs,

Des Prouvaires, *De Cailly,* anc. commiss. des guerres.

Mandar, *Davilliers,* négociant.

St.-Joseph, *Richard-d'Aubigny,* prés. du canton.

De Cléry, *Trubert,* notaire.

Petit-Carreau, *Poussielgue,* anc. administrateur.

De l'Echiquier, *Beaurain,* propriétaire.

St.-Lazare, *Véron,* juge de paix.

Martel, *Tiron,* receveur des contributions.

Quatrième canton. M. Brochant, *président.*

Sections, *Présidens,* Messieurs,

Deux-Boules, *Brochant,* adjoint au maire.

Ste.-Opportune, *Reverard,* négociant.

Bourdonnais, *Préau,* notaire.

La Mégisserie, *Tremeau,* négociant.

Mondétour, *Guibout,* négociant.

Ferronnerie, *Sallembier,* négociant.

L'Arbre-Sec, *Estier,* notaire.

Froidmanteau, *Tarbé,* notaire.

Angivilliers, *Lelong,* adjoint au maire.

Deux-Ecus, *Boscheron,* payeur à la trésorerie.

Bouloi, *Huguet,* notaire.

St.-Honoré, *Ballot,* avoué.

Cinquième canton de Paris. M. Berthereau, *présid.*

Sections, *présidens,* Messieurs,

Des marais, *Berthereau,* président du canton.

De lancry, *Delacour,* instituteur.

St.-laurent, *Mouchy aîné,* propriétaire.

Récolets, *Troncin,* instituteur.

Faubourg st.-martin, *Gohin,* négociant.

Sections ,   Présidens , Messieurs,

Porte st.-denis, *Mauvage*, adjoint au maire.

Aboukir, *Garnier*, propriétaire.

Caire, *Chaudron*, notaire.

St.-sauveur, *Le Prieur*, banquier.

Petit lion, *Bordin*, notaire.

Cygne, *Sensier*, notaire.

Porte st.-martin, *Tiron*, notaire.

Sixième canton de Paris. M. Dutramblay, *présid.*

Sections ,   présidens , Messieurs ,

S.-martin, *Dütramblay*, président du canton.

Duvertbois, *Solle*, adjoint au maire.

De nazareth, *Dumanoir.*

Fontaine au roi, *Berard*, avocat.

Boucherat, *Hanocque-Guérin*, ancien administrateur.

Phclippeaux, *Gallet*, chef des bur. de la 6.e mairie.

Jean-robert, *Bruant*, curé de st.-nicolas.

Cinq-diamans, *Brou*, chef de bureau, à la préfecture.

Aubry le-boucher, *Goulet*, adjoint au maire.

Bourg-l'abbé, *Bricogne*, maire du 6.e arrondissement.

Grenetat, *Danloux*, négociant.

Ste.-appoline, *Grelet*, notaire.

Septième canton de Paris. M. Doulcet-d'Egligny, *prés.*

Sections ,   présidens , Messieurs ,

St.-merry, *Doulcet-d'Egligny*, président du canton.

Ménestriers, *Delarue*, propriétaire.

Pastourelle, *Hémar* (Jacques-Félix), propriétaire.

Bourtibourg, *Morillon*, employé.

Ste.-Avoye, *Raynier*, propriétaire.

Ecouffes, *Colmet de Santerre ,* avoué.

Sections,   Présidens, Messieurs,
Gèvres, *Badoulleau*, propriétaire.
Beaubourg, *Guiton* (Barthelemi), négociant.
Tixeranderie, *Chapellier*, notaire.
St.-bon, *Bigot*, commissaire de bienfaisance.
Grand-chantier, *Gouniou*, employé à la 7.e mairie.
Des rosiers, *Viar*, propriétaire.

Huitième canton de Paris. M. Jacobé de Naurois, **pr.**

Sections,   présidens, Messieurs,
Des vosges, *Jacobé de Naurois*, président du canton.
Turenne, *Dupuy*, ancien magistrat.
Thorigny, *Delarsille*, homme de loi.
Des tournelles, *Duhamel*, greffier de paix.
Amelot, *Drouet-Fleurisselle*, instituteur.
Roquette, *Tourasse*, manufacturier.
St.-Bernard, *Pinatel*, juge de paix.
Charonne, *Maignet*, propriétaire.
Basfroid, *Perrot*, suppléant du juge de paix.
Reuilly, *Seignette*, agent de l'hospice des quinze-vingts.
Picpus, *Adenis-Colombeau*, caissier des glaces.
Amandiers, *Perrot*, juge de première instance.

     Neuvième canton. M. Guillaumot, *président.*

Sections,   présidens, Messieurs,
Saint-Gervais, *Guillaumot*, président du canton.
Bretonvilliers, *Musnier Descloseaux*, avocat.
Desaix, *Borel*, commissaire de bienfaisance.
St.-Paul, *Duchesne*, notaire.
Morland, *Liénard*, notaire.
Napoléon, *Molinier-Montplanqua*, adjoint au maire.
Jouy, *Jolly*, commissaire de bienfaisance.

Sections, *Présidens*, Messieurs ;

Calandre , *Amelin Bergeron* , quincaillier.
Long Pont , *Rouen* , maire.
Figuier , *Franchet* , ancien juge de paix.
Notre-Dame , *Herbelin* , notaire.
Nonaindiers, *Denise* , adjoint au maire.

Dixième canton. M. Choiseul-Praslin , président.

Sections , *présidens* , Messieurs.

Bonaparte , *Desmaisons* , propriétaire.
Dubacq , *Piault* , adjoint au maire.
Gros-Caillou , *Arnauld* , membre de l'institut.
St.-Dominique ; *ChoiseuilPraslin* , sénateur.
Babylone , *du Perron* , ancien juge de paix.
Sèvres , *Simonot* , agent de surveillance.
Vieilles Tuilleries , *de Berulle* , juge.
Taranne , *Bossut* , membre de l'institut.
Bussy , *Guinot* , commissaire répartiteur.
Guénégaud , *Amalric* , chef à la légion d'honneur.
Voltaire , *Trutat* , notaire.
L'Université , *Godard* , juge de paix.

Onzième canton. M. Serrurier , *président.*

Sections , *présidens* , Messieurs.

Mont Parnasse , *Serrurier* , maréchal d'empire.
Guisarde , *Roettiers de Montaleau* , propriétaire.
Tournon , *Guérin* , juge de paix.
Corneille , *LeBrun* , notaire.
Sainte-Hyacinthe , *Nau de Champlouis* , anc. magist.
Sorbonne , *Alhoy* , administrateur des hospices.
La Harpe , *Chabaud* , juge.
St.-Séverin , *Nicod* , ordonnateur des hospices.

Sections,   *Présidens*, Messieurs ;

St.-André-des-Arcs, *Silvestre de Chanteloup*, juge.

Haute-Feuille, *Thouret*, direct. de l'éc. de médecine.

Lodi, *Seguier*, président de la cour d'appel.

Palais de justice, *Lemoine* adjoint du maire.

Douzième canton. M. Vignon, *président.*

Sections,   *présidens*, Messieurs.

St.-Jacq. du Haut-Pas, *Vignon*, présid. du canton.

Reims, *Portier de l'Oise*, professeur de droit.

L'Estrapade, *Sicard*, instituteur des sourds-muets,

Cambray, *Bachois*, juge d'appel.

Noyers, *Guyot Desherbiers*, jurisconsulte.

Petit-Pont, *Dubos*, notaire.

Place Maubert, *Olivier*, membre de l'institut.

Bernardins, *Cuvier*, membre de l'institut.

Murier, *Vauquelin*, membre de l'institut.

Buffon, *Jussieu*, membre de l'institut.

Gobelins, *Minier*, juge de cassation.

St.-Marcel, *Lanneau*, direct. du collège de ste.-barbe.

CANDIDATS présentés par les Assemblées cantonales, pour les fonctions de juges de paix.

Arrondissement de St.-Denis.

Canton de St.-Denis. MM. Maillet, juge de paix ; Noël, avoué ; Lanneau ; Lorget ; Roger.

Canton de Nanterre. MM. Gouret, juge de paix ; Baillon, greffier de paix ; Herbin, homme de loi.

Canton de Neuilly. MM. Ranfin, juge de paix ; Bergon, conseiller-d'état ; Vauthier, mercier à Boulogne ; Chapelain, adjoint au maire de Boulogne.

Canton de Pantin. MM Gantier, juge de paix ; Roullier, propriétaire à Pantin ; Delusseux, adjoint au maire de Drancy.

Arrondissement de Sceaux.

Canton de Charenton. MM. Breton, juge de paix ; Menesson, cultivateur ; Durand, juge de paix, à Vincennes, *décédé*; Berton, propriétaire.

Canton de Sceaux. MM. Huart du Parc, juge de paix, à Fontenay-aux-Roses ; Delalande, à Sceaux ; Corby, adjoint au maire de Clamart ; Lavisé, maire, au Bourg-la-Reine.

Canton de Villejuif. MM. Dret, juge de paix, à Villejuif; Rousselet, rentier, à Vitry ; Barre, maire, à Villejuif ; Saget, manufacturier, à Ivry.

Canton de Vincennes. MM. Durand, juge de paix, à Bercy ; Préaux, notaire, à Montreuil ; Michaut-Montzaigle, à St.-Mandé.

Arrondissement de Paris.

1.er *Canton de Paris.* MM. Lamaignière, juge de paix ; Regnault, ancien juge de paix ; Regnault, commissaire de police ; Niel, avocat, rue st.-honoré, n. 325.

2.e *Canton de Paris.* MM. Delorme, juge de paix ; Bruzelin, ancien juge de paix ; Defresne, commis-greffier de la Cour d'appel.

3.e *Canton de Paris.* MM. Veron, juge de paix ; Dorival, suppléant du juge de paix ; Dejean, avocat.

4.e *Canton de Paris.* MM. Le Sèvre, juge de paix ; Herbault, ancien juge de paix.

5.e *Canton de Páris*. MM. Le Blond , juge de paix ; Garnier du Bourgneuf, propriétaire ; Vaugeois , commissaire de police.

6.e *Canton de Paris*. MM. Lamouque , juge de paix ; Berard, propriétaire , enclos du Temple.

7.e *Canton de Paris*. MM. Fariau , juge de paix ; Jaquotot , avoué.

8.e *Canton de Paris*. MM. Pinatel , juge de paix ; Perrot , suppléant à la justice de paix ; Delarzille , homme de loi.

9.e *Canton de Paris*. MM. Wisnik , juge de paix ; Franchet , ancien juge de paix ; Poultier , ancien juge de paix.

10.e *Canton de Paris*. MM. Godard , juge de paix ; Charpentier , ancien juge de paix.

11.e *Canton de Paris*. MM. Guérin , juge de paix ; Gastebois, chef des bureaux de la 11.e mairie.

12.e *Canton de Paris*. MM. Thorillon , ancien juge de paix ; Gobert , juge de paix.

Collége électoral d'Arrondissement de St.-Denis.

Ce collége électoral s'est assemblé le 1.er novembre à St.-Denis , à l'effet de nommer quatre candidats et quatre suppléans de candidats pour la formation de la liste de présentation au Corps législatif, et huit candidats pour le Conseil d'arrondissement.

Membres du Collége, Messieurs.

BERGON , conseiller d'état, *Président*.

Alcan , négociant, à neuilly.

Aprin, directeur de la poste aux lettres, à nanterre.
Astoud, vérificateur de l'enregistrement, à st.-denis.
Baillon, greffier de justice de paix, à nanterre.
Barot, cultivateur, à nanterre.
Baudon-Dissoucour, cultivateur, à bagnolet.
Benoît, maire, à Auteuil.
Bernier, marchand de porcs, à nanterre.
Bertucat, manufacturier, à dugny.
Besche, architecte, à st.-denis.
Béville, notaire, à st.-denis.
Bidard, peintre en bâtimens, à surênes.
Bougaut, receveur des droits-réunis, à surênes.
Bourget, notaire, à passy.
Coutard, blanchisseur, à neuilly.
Coyer, juge de cassation, à neuilly.
Caillot, rentier, à auteuil.
Campion, employé aux droits réunis, à st.-denis.
Carondelet, cultivateur, à colombes.
Castillon, cultivateur, à nanterre.
Chapelain, adjoint du maire, à boulogne.
Charpentier, rentier, à colombes.
Chevreau, à bagnolet.
Christinat, à passy.
Collière, adjoint de maire, à neuilly.
Colombel, marchand mercier, à courbevoye.
Contour, marchand de bois et farines, à st.-denis.
Cottereau, notaire, à noisy.
Coutelle, colonel, sous-inspect. aux revues, à auteuil.
Cretté, propriétaire, à dugny.
Deblesson, négociant, à st.-denis.
Debourge, maire, à drancy.
Defaucompret, propriétaire, à pierrefitte.
Defaucompret, notaire à paris, à pierrefitte.
Delabordère, ex-prêtre, à neuilly.
Delaizement, ancien boucher, à neuilly.
Delarue, ancien aubergiste, à bondy.
Delassus, marchand de diamans, à courbevoye.

Delusseux, cultivateur, à draucy.
Demars, cultivateur, à aubervilliers.
Demoge, rentier, à neuilly.
Dequevauviller, propriétaire, à gennevilliers.
Deroy, propriétaire, à pantin.
Deschamps, propriétaire, à pantin.
Desruault, à colombes.
Devilleneuve, ancien maire, à st.-denis.
Dezobry, maire, négociant, à st.-denis.
Dussaut, chirurgien, à passy.
Fournier, propriétaire, à pantin.
Fournier, notaire, à surênes.
Fournier, propriétaire, à st.-denis,
Frémin, maître de poste, à bondy.
Gallez, négociant, à courbevoye.
Gambart, propriétaire, à belleville.
Gautier, juge de paix, à pantin.
Garde, maire, bourrelier, à stains.
Garnier, marchand mercier, à neuilly.
Garréau, cultivateur, à nanterre.
Gauthier, propriétaire, à clichy.
Gentil fils, inspect. de l'enregistrem., à belleville.
Gilles, épicier, à st.-denis.
Gillet, maire, à nanterre.
Giroust, cultivateur, à nanterre.
Gouret, juge de paix, à nanterre.
Guibert, notaire, à neuilly.
Guilbert, notaire, à st.-denis.
Halligon, maire, propriétaire, à gennevilliers.
Herbin, négociant, à belleville.
Houy, notaire, à la Villette.
Jean fils, cultivateur, à puteaux.
Joron, rentier, à clichy.
Lanneau, homme de loi, à st.-denis.
Lecamus, chirurgien, à noisy.
Lecouteux, cultivateur, à romainville.
Lefrique, notaire, à courbevoye.

Legrand, directeur des droits réunis, à pantin.
Lejeune, huissier, à boulogne.
Lemoine, charpentier, adjoint de maire, à surênes.
Lesèvre, rentier, à neuilly.
Levert, notaire, à belleville.
Lezier, maire, cultivateur, à la villette.
Lhoier, inspecteur-gén. de l'enregistrem., à neuilly.
Liré, maçon, à colombes.
Livoir, homme de loi, à belleville.
Lorget, rentier, à st.-denis.
Maillet, négociant, à st.-denis.
Maillet, juge de paix, à st.-denis.
Manet, propriétaire, à gennevilliers.
Marquet, cultivateur, à nanterre.
Martin, prêtre desservant, à noisy.
Mongrolle père, cultivateur, à baubigny.
Moulins, ex-prêtre, à romainville.
Moulin, général, à pierrefite.
Musnier, cultivateur, au bourget.
Noël, homme de loi, à st.-denis.
Paillé, maire, à clichy.
Pance, notaire et maire, à boulogne.
Poirié, maçon et maire, à st.-ouen.
Pollard, recev. des dr. réun. à deux-ponts, à st.-denis.
Ranfin, juge de paix, à neuilly.
Ravigneau, maire, à asnières.
Reculé, cultivateur, adjoint de maire, à auteuil.
Retrou, cultivateur, à gennevilliers.
Roullier, rentier, à pantin.
Roullier, suppléant de juge de paix, à pantin.
Rouveau, ancien notaire, à belleville.
Saillot, percepteur des contributions, au bourget.
Saulnier, épicier, à puteaux.
Saulnier, propriétaire, à neuilly.
Savart, cultivateur, à la villette.
Savouré, secrétaire du sous-préfet, à st.-denis.
Tinthoin, percepteur, à st.-denis.

24

Tripier, propriétaire, à charonne.
Trouillet, cultivateur, à la chapelle.
Vannier, huissier, à nanterre.
Vauthier, marchand mercier, à boulogne.

Collége électoral d'Arrondissement de Sceaux.

Ce collége s'est assemblé le 2 novembre à Sceaux, à l'effet de nommer quatre candidats et quatre suppléans de candidats pour la formation de la liste de présentation au corps législatif, et huit candidats pour le conseil d'arrondissement.

MEMBRES du Collége, Messieurs

MUIRON, propriétaire, *Président*.

Allard, propriétaire, à issy.
Ameil, propriétaire, à sceaux.
Amiot, père, propriétaire, à vitry.
Bargue, maire, à issy.
Barre, cultivateur, à villejuif.
Bellin, menuisier, à st.-maur.
Benoist, cultivateur, à sceaux.
Berton, propriétaire, à nogent-sur-marne.
Bontemps, épicier, à fontenay-sous-bois.
Boudet, maire, à Lhay.
Boudin, propriétaire, à montreuil.
Bouquet, maire, à vitry.
Bouvet, épicier, à sceaux.
Breton, juge de paix, à nogent-sur-marne.
Buran, maire, à charenton-st.-maurice.
Bureau, marchand de bois, à rosny.
Cabaret, propriétaire, à sceaux.
Cahouet, propriétaire, à Charenton.
Cazin, rentier, à villejuif.
Certain, propriétaire, à sceaux.

Chabert ✠, directeur de l'école vétérinaire, à Alfort,
Chaillou, père, pépiniériste, à vitry.
Chambry, notaire, à vitry.
Chenier, adjudant-commandant, s.-insp. aux revues.
Chevalier, propriétaire, à thiais.
Corby, propriétaire, à clamart.
Cordier, propriétaire, à bagneux.
Coulmiers (de) ✠, direct. de l'hosp. de charenton.
Crémasco, propriétaire, à vitry.
Cretté, cultivateur, à vitry.
Daix, maître de poste, à charenton.
Darblay, propriétaire, à villejuif.
De Berry, attaché au ministère de l'intérieur, à issy.
Decalonne, greffier de la justice de paix de charenton,
Defrance, receveur de l'enregistrement, bourg-la-reine.
Defresnes, pépiniériste, à vitry.
Delalande, rentier, à sceaux.
Delamartellière, propriétaire, à sceaux.
Delatre, rentier, à choisy.
Demarseille, cultivateur, à vincennes.
De-St.-Jean-de-St.-Maurice, inspecteur des vivres.
Desgranges, notaire et maire, à sceaux.
Désormeaux, rentier, à vincennes.
Desrues, propriétaire, à vaugirard.
Desternes, maire et cultivateur, à champigny.
Dret, juge de paix, à villejuif.
Du Authier, propriétaire, à sceaux.
Du Breuil, maire, à mont-rouge.
Duchef de la Ville, maire, à choisy.
Duflocq, épicier, à Bercy.
Dumont, chirurgien, à gentilly.
Dunepart, maire, à vaugirard.
Dupuis, propriétaire, à sceaux.
Duval, maire, à vanvres.
Fénot, couvreur, à Villemonble.
Finot, notaire, à charenton.
Fleurot, huissier, à charenton.

Fournier, propriétaire, à Fontenay-aux-roses.
Garnon, fils, négociant, à sceaux.
Gaugé, architecte, à villejuif.
Genty, fils, marchand de bois, à choisy.
Gillet, officier de gendarmerie, à sceaux.
Girardot, propriétaire, à villemonble.
Gislain, maire, à antony.
Godefroy, plâtrier, à villejuif.
Gouaux, épicier, à charenton-le-pont.
Gregoire, cultivateur, à creteil.
Haro, propriétaire, à montreuil.
Hénault, cultivateur, à vincennes.
Honoré, chirurgien, à vitry.
Houdé, propriétaire, à vitry.
Houdeyer, sous-préfet, à sceaux.
Huart-Duparc, juge de paix, à Fontenai-aux-roses.
Jacques, manufacturier de faïence, bourg-la-reine.
Jeandier, maire et épicier, à crételi.
Janets, maire, à vincennes.
Julienne, avocat au conseil, à gentilly.
Koller, chef d'escadron, quartier-maître au 23.e régim.
Laîné, maçon, à sceaux.
Lameau, cultivateur, à fontenai-sous-bois.
Lanefranque, médecin, à gentilly.
Lapy, jeune, cultivateur, à fontenai-sous-bois.
Laveaux, chef de bureau à la préfecture du départ.
Lavisé, notaire, au bourg-la-reine.
Lavit-de-Clauzel, propriétaire, à sceaux.
Lebour, cultivateur, à montreuil.
Lebreton, bibliothécaire de la cour de cass., à sceaux.
Leconte, négociant, à st.-mandé.
Lecoupt, marchand de bois, anc. avocat, à charenton.
Légal, propriétaire, à bagneux.
Legendre ✠, sergent retiré.
Leguillié, traiteur, à villejuif.
Lemaire, épicier, à st.-maur.
Lemaître, cultivateur, à vincennes.

Lesage, tailleur, à villejuif.
Luisette, maire, à ivry.
Mackau, propriétaire, à vitry.
Mauregard, cultivateur, à rosny.
Mazard, cultivateur, à montreuil.
Mériel, cultivateur, à montreuil.
Michaut-Monzaigle, maire, à st.-mandé.
Mouette, maire, à châtenai.
Olive de la Gastine, percepteur des contributions.
Parvy, maire et traiteur, à nogent-sur-marne.
Pinson, m. de bois, à la branche du pont de st.-maur.
Piot, père, cultivateur, à thiais.
Puchet, maire, à châtillon.
Préaux, notaire, à montreuil.
Raoult, marchand de vin, à charenton.
Recodère, maire, à gentilly.
Regardin, référendaire, à mont-rouge.
Roger, maire, à maisons.
Romanet, père, cultiv., à cachant, commune d'arcueil.
Rousselet, propriétaire, à vitry.
Saget, manufacturier, à ivry.
Sezeau, secrétaire du sous-préfet, à sceaux.
Tessier-Dubreuil, propriétaire, à châtenai.
Vaillant, prêtre-curé, à villejuif.
Vienot, ancien notaire, à vincennes.
Vienot, ex-receveur de l'enregistrement, à vincennes.
Vitry, cultivateur, à montreuil.
Waubert, rentier, à vincennes.

Colléges électoraux d'Arrondissement de Paris.

Les quatre colléges électoraux d'arrondissement de la ville de Paris, se sont assemblés successivement les 3, 5, 7 et 9 novembre, à l'effet de nommer chacun quatre candidats et quatre suppléans de candidats pour la formation de la liste de présentation au corps législatif.

MEMBRES du premier Collége, comprenant les 1re., 2e. et 3e. Municipalités. Messieurs

MURAIRE, conseiller d'état, *Président.*

Accoiyer, caissier à la cour des comptes.
Amelot, chef de division à l'administ. de la loterie.
André, docteur en médecine.
Anson, administrateur des postes.
Arnault, propriétaire.
Arnoult ✻, maître des comptes.
Aubry, négociant.
Autran, ancien agent de change.
Azau, sous-caissier au trésor public.
Bachelard, horloger.
Balleroy, docteur en médecine.
Baron, sous-directeur du mont-de-piété.
Barré, pharmacien.
Bastard, avoué de première instance.
Batardy, notaire.
Baudement, chef des bureaux de la première mairie.
Beaurain, propriétaire.
Beffara, commissaire de police.
Bergeyron-Madier, avocat.
Bertin, négociant.
Berryer, jurisconsulte.
Billecoq, avocat.
Bocquet, notaire.
Boicervoise, potier d'étain.
Bonnomet, ancien notaire.
Borde, pharmacien.
Boullay, pharmacien.
Boutet-Monvel, secrét. du prince archi-chancelier.
Brancas, propriétaire.
Brière-Surgy, président de la cour des comptes.

Brioude , docteur en médecine.
Brousse-des-Faucherets, admin. des étab. de bienfais.
Bruzelin , ancien juge de paix.
Cannet, administrateur de la manufacture des glaces.
Canonge , commissaire de bienfaisance.
Caron , agent de change.
Caze-de-la-Bove, membre du corps législatif.
Champagne , greffier de paix du 3.e arrondissement.
Chartier, chef de bur. de la troisième mairie de Paris.
Charvin , propriétaire.
Chauffray , administrateur des ponts de Paris.
Chignard, avocat, syndic des avoués de 1.re instance.
• Cochu , avocat au conseil d'état.
Colliau , ancien marchand linger.
Corbin , commissaire de bienfaisance.
Courrejols , sous-chef de division aux postes.
Coustillier , chef de division aux postes.
Dagay , propriétaire.
D'Aigrefeuille , administrat. des dépôts littéraires.
Dancourt, chef de division aux postes.
Decailly , vérificateur des dépenses de la guerre.
Defresne , commis-greffier à la cour d'appel.
Dejean , avocat.
Delafontaine , commissaire de police.
Delamalle , avocat.
Delapierre , administrateur des douanes.
Delaporte , docteur en médecine.
Delaroche , commissaire de bienfaisance.
Delessert , administrateur des hospices.
Delisle, ancien consul général.
Delorme , juge de paix.
Demautort, propriétaire.
Derbanne , ancien agent de change.
Desportés, administrateur des hospices.
Desrenaudes, chef aux archives impériales.
Devaines, administrateur-général du Piémont.
Debuc ✥ , chef d'escadron du 23.e rég. de hussards.

Dupaty, subtitut du proc.-imp. de premi   'ustance.

Faivre, propriétaire.

Feugueur, propriétaire.

Finot, commissaire de bienfaisance.

Fleurieu, sénateur.

Foucher, notaire.

Fournier, notaire.

Frappier, caissier à l'administration des postes.

Gallois, membre du corps législatif.

Garat, directeur-général de la banque de France.

Giraud, chef de bureau au ministère des finances.

Girault, propriétaire.

Gossec ✠, inspecteur du conservatoire de musique.

Gros, négociant.

Guieu, juge de cassation.

Guillotin, docteur en médecine.

Hochet, secrétaire de la commission du contentieux.

Houdeyer, chef de division au ministère de la justice.

Jallabert, notaire.

Jarry Charles ✠, capitaine de première classe.

Joinville ✠, sous-inspecteur aux revues.

Jouan, propriétaire.

Joubert, membre du conseil de préfecture.

Lacan, avoué de première instance.

Lacretelle, homme de lettres.

Lamaignière, juge de paix.

Lancel, receveur des droits réunis et de l'octroi.

Laroche, notaire.

Lebarbier, sous-inspecteur aux revues.

Lebœuf, jurisconsulte.

Lebœuf, chef de bur. à la trésor. de la lég.-d'honneur.

Lebrun, juge d'appel.

Lechat, chef de division à la préfecture.

Lecordier, commissaire de bienfaisance.

Ledoux, receveur des contributions.

Leféburc, agent de change.

Le Gaussat S. Edme, inspecteur des postes.

Lemaistre, ancien agent diplomatique.
Lemaitre, notaire.
Lemoine, instituteur.
Leroux, commissaire de police.
Letellier, juriscons., ex-secrét., rédact. du tribunat.
Lhoir, secrétaire du grand duc de berg.
Liége, ancien juge de paix.
Lynch, général de division.
Marchand, membre du conseil de préfecture.
Marigner, ancien caissier des receveurs généraux.
Marigner, sous-inspecteur aux revues.
Massé, notaire.
Masson, huissier.
Maurey, avoué, première instance.
Meaux-Saint-Marc, banquier.
Méjan, secrétaire du vice roi d'Italie.
Mesnard, propriétaire.
Mirofle, avoué, première instance.
Molinos, architecte.
Montamant, membre du conseil gén. du département.
Morellet ✠, membre de l'institut.
Moriceau, chef des bureaux de la deuxième mairie.
Moulin, propriétaire.
Mourgue, membre du conseil général des hospices.
Niel, avocat.
Ozenne, propriétaire.
Pallier Nicolas-Pierre ✠, capitaine retiré.
Pardon, avocat.
Parent, greffier de justice de paix.
Pastoret ✠, membre du conseil général des hospices.
Picard, adjoint du maire du 2.e arrondis. de Paris.
Pichon ✠, anc. commiss. des relations commerciales.
Piscatory, caissier à la trésorerie.
Pommiés, professeur.
Poussielgue, ancien administrat. général des finances.
Rabaut-Pomier ✠, pasteur de l'église réformée.
Regley, avocat, avoué de première instance.

Regnault , commissaire de police.

Remy , avocat , avoué de première instance.

Rendu , notaire.

Robin , notaire.

Rousseau , négociant.

Rose , avoué , adjoint de maire.

Sandras , commissaire de police.

Serreau , administrateur de la manufacture des glaces.

Sicyes , administrateur des postes.

Silly , ancien notaire.

Tallepied-de-Bondy , chambellan de l'empereur.

Tanevot , commissaire de bienfaisance.

Theuré ✳ , chef de bataillon.

Thibaudeau , cons. d'ét., préfet des Bouches-du-Rhône.

Thibaudier , rentier.

Thierry , ancien administrateur des domaines.

Thion-de la-Chaume , notaire.

Tiron , sous-chef à la trésorerie.

Tittel , chef de bureau aux transports d'artillerie.

Trippier , avocat.

Trubert-Dezanville , chef de bur. à l'admin. des postes.

Turrel , notaire.

Verdier-Heurtin , docteur en médecine.

Véron , propriétaire , adjoint de maire.

Véron , juge de paix.

Villot-Fréville , législateur.

Ytasse , chef de division à l'administration des postes.

Membres du deuxième Collége , comprenant les 4e.
5e. *et* 6e. *Municipalités.* Messieurs

Berthereau, prés. du trib. de 1.re inst. *Président.*

Angot , chef du bureau d'état civil de la 4.e mairie.

Aubron , employé.

Bacoffe , pharmacien.

Baudiu , agent de surv. de l'hospice des vieillards.

Bérard , avocat.

Bevière , agent d'affaires.

Bordin , notaire.

Boucheron, négociant.

Boucheron, architecte.

Boucheseiche, chef de bur. à la préfecture de police.

Boudin, fils, propriétaire.

Bricogne ✠, négoc., maire du 6.e arrondis. de Paris.

Bricogne, premier commis du trésor public.

Bricogne, négociant.

Bros, membre de la commission des contributions.

Brou, chef de bureau à la préfecture de la seine.

Bruant, curé de st.-nicolas-des-champs.

Caubert-Moret, architecte.

Cellier, chef des bureaux de la quatrième mairie.

Chodron, notaire.

Cochet, greffier de justice de paix.

Couvreur, commissaire de police.

Dalmas-de-Pracontal, ancien capitaine d'artillerie.

Defougerais, manufacturier de cristaux.

Delacour, chef d'école secondaire.

Delafrenaye, rentier.

Deplainpoint, desserv. de la suc. de ste.-élisabeth.

Desneux de st.-julien, négociant.

Droullot, commissaire de police.

Demousin-Bernecour, ancien officier général.

Dupont-Caperroy, propriétaire.

Dusser, commissaire de police.

Dutremblay ✠, chef de division à la trésorerie.

Duval, rentier.

Foucou, employé.

Gallet, chef des bureaux de la sixième mairie.

Gandilleau, commissaire de police.

Garnier, procureur-impérial près la cour des comptes.

Gohin, marchand de couleurs.

Grelet, notaire.

Groizard ✠, officier-supérieur de l'état-major.

Hannocque-guérin, commissaire de bienfaisance.

Herbault, ancien juge de paix.

Herbelin, notaire.

Justinard, adjoint de maire.
Lamouque, juge de paix.
Lefébure, ancien négociant.
Lelong, marchand de draps, adjoint de maire.
Lemonnier, commissaire de police.
Lepricur, banquier.
Lesguillez, négociant.
Lesvignes, docteur en médecine.
Lot, avoué de première instance.
Louis, inspecteur près l'admistration des messageries.
Malines-Dumanoir, propriétaire.
Mauvage, adjoint de maire.
Mauvage, fils, fabricant d'évantails.
Mollien, ministre du trésor public.
Monsigny ✠, compositeur de musique.
Monvoisin, chef de l'état civil de la sixième mairie.
Mouchy, aîné, propriétaire.
Mouchy, propriétaire.
Philippon, propriétaire.
Plateaux, le jeune, marchand linger.
Potier, receveur des contributions.
Préau, notaire.
Prevost, propriétaire.
Regley, chef de bureau à la préfecture.
Regley, naturaliste.
Reville, négociant.
Richard, quincaillier.
Ricou, chef des bureaux de la cinquième mairie.
Sensier, notaire.
Troncin, chef d'école secondaire.
Vaugeois, commissaire de police.
Vial de Machurin, ancien auditeur des comptes.

Membres du troisième Collége, comprenant les 7ᵉ.,
       8ᵉ. et 9ᵉ. Municipalités. Messieurs

     Dupont, sénateur, *Président.*

Adenis-Colombeaux, cais. de la manufacture des glaces.

Andrieux, mécanicien.
Andry, docteur en médecine.
Arnaud, propriétaire, rue sainte-avoye.
Arrachart, docteur en chirurgie.
Badoulleau, propriétaire, rue de la poterie st.-bon.
Badoulleau, propriétaire, rue du temple.
Bagnard, commissaire de police.
Basset, marchand d'estampes.
Beaufils, directeur du mont-de-piété.
Bellart, avocat, membre du conseil gén. du départ.
Bellicard, chef des bureaux de la neuvième mairie.
Bélivier, docteur en chirurgie.
Bergeron-d'Anguy, avoué de première instance.
Blerzy, propriétaire, rue de la verrerie, n. 91.
Blondel, président de la cour d'appel.
Bigot, commissaire de bienfaisance.
Bonnet, avocat.
Bouchart, négociant, rue des blancs-manteaux.
Boucheron, commissaire de police.
Boulanger, ancien magistrat.
Bourgoin, marchand de bois.
Boursier, notaire.
Boutray, propriétaire, rue des tournelles.
Braulart, huissier.
Cailler, ancien négociant.
Capitaine, chef de bureau à la huitième mairie.
Carlier, ancien militaire.
Casenave, docteur en médecine.
Cauthion, employé à la manufacture des glaces.
Cellarier, manufacturier de coton.
Chapelier, notaire.
Chardin, propriétaire, rue michel-le-comte.
Chartier, chandellier.
Chaussart, homme de lettres.
Collet, aîné, avoué près la cour d'appel.
Colmet-de-Santerre, avoué près la cour d'appel.
Collin-Vaurancher, avoué près la cour d'appel.

Collinet , propriétaire.

Colmet aîné , propriétaire , rue des rosiers.

Coutans , commissaire de police.

Coutier , instituteur.

Crepon , négociant.

Dambreville , marchand de bois.

Danselme ✠ . général de division retiré.

De la Chaussée , commissaire de bienfaisance.

Delahaye , avoué.

Delamontagne , commissaire-priseur.

Delarue , propriétaire.

Delarzille , homme de loi.

Demonchanin , référendaire.

Demontholon , membre de la commiss. des hospices.

Demoulin , entrepreneur de bâtimens.

Demoulin , marchand mercier.

Denise , ancien négociant.

Deval-Frambert, propriétaire, rue ste-croix de la bret.

Dinematin , propriétaire , rue de picpus.

Duchesne , notaire.

Duchesne , ancien marchand.

Ducret , receveur des contributions.

Duhamel , greffier de justice de paix.

Dumont , employé à la manufacture des glaces.

Duprat , avoué de première instance.

Dupuy , ancien magistrat.

Durand , employé à la secrétairerie d'état.

Duval ✠ , capitaine retiré.

Edon , notaire.

Emerard , tabletier.

Fain , membre du conseil de préfecture.

Fain , secrétaire de l'Empereur.

Fariau , juge de paix.

Fieffé , propriétaire.

Fleurizelle , instituteur.

Foucault-Pavant , notaire.

Franchet , ancien juge de paix.

Francotey, propriétaire, rue de reuilly.

Fromentin, chef de bureau à la préfecture de la Seine.

Fumeron, propriétaire, rue st.-maur.

Gault, ancien tailleur.

Gautier, employé à la manufacture des glaces.

Geoffrenet, avocat en cassation.

Gibé, brasseur.

Gilbert-de-Voisins, magistrat.

Gouniou, chef de bureau d'état civil de la 7.e mairie.

Grobert ✠, sous-inspecteur aux revues.

Guérin, trésorier receveur des hospices civils.

Guitton, juge au tribunal de commerce.

Guitton, négociant.

Harmand, directeur des pensions, à la trésorerie.

Hémard, propriétaire, rue des enfans-rouges.

Hémar-de-Sevran, adjoint de maire.

Herbelin, notaire.

Hernu, docteur en chirurgie.

Huaut-des-Jardins, architecte.

Jacobé-de-Naurois, législateur.

Jacquemart (Marie-Réné-Ferdinand), négociant.

Jacquemart (Auguste-François), négociant.

Jaquotot, avoué.

Jeanneret, brasseur.

Jolly, avoué de première instance.

Lafontaine, commissaire de police.

Laisné, notaire.

Lambin, chef des bureaux de la septième mairie.

Laudigeois, notaire.

Laujon, homme de lettres, membre de l'institut.

Lebel, peintre.

Lecousté, propriétaire, rue de ménil-montant.

Lefèvre d'Ormesson, propriétaire, rue st.-antoine.

Lemaître, archiviste de la préfecture de police.

Lepage, avocat.

Leroy la Corbinaye, commissaire de bienfaisance.

Letellier, libraire.

Leverdier, ancien juge de paix.
Lherbette, notaire.
Liénard, notaire.
Lorthioir, chef de bureau à la neuvième mairie.
Lottin, chef d'école secondaire.
Maignet, propriétaire, rue Lenoir.
Malus, commissaire des sous-inspecteurs.
Martineau, président de la cour de justice criminelle.
Merle-Beaulieu, ancien général.
Michelin, premier référendaire à la cour des comptes.
Moreau, propriétaire.
Morillon, employé.
Moringlanne, pharmacien.
Munier, contrôleur des contributions.
Musnier-des-Closeaux, avocat en cassation.
Nast, fabricant de porcelaine.
Noël-Desverger, négociant.
Perrot, juge de première instance.
Perrot, suppléant à la justice de paix.
Petit, ancien notaire.
Petit, architecte.
Petit, peintre.
Petit, capitaine retiré.
Pillas, chef des bureaux de la huitième mairie.
Pinatel, père, juge de paix.
Pinatel, fils, employé à la manufacture des glaces.
Porcher père, jurisconsulte.
Prousteau-de-Mont-Louis, propriétaire.
Rahaut, ancien auditeur des comptes.
Raynier, ancien serrurier.
Sané, père, propriétaire, rue de reuilly.
Sané, fils, employé.
Sautereau, directeur de correspondance.
Seignette, agent général de l'hospice des aveugles.
Simouet-Maison-Neuve, mercier.
Souchu-de-Rennefort, propriétaire.
Thibaut, négociant, rue du sentier.

Thomas, prêtre-vicaire.
Thomas, marchand de fer.
Tourasse, fabricant de faïence.
Valienne, aîné, employé à la manufacture des glaces.
Vée, inspecteur-voyer.
Vermeil, juge en la cour de cassation.
Viar, chef de bureau au ministère des finances.
Villemsens, chef de divis. à la préfect. de la seine.
Villemsens, adjoint au maire du huitième arrondiss.
Villemsens, architecte.
Wisnik, juge de paix.

MEMBRES *du quatrième Collége,* comprenant les
10.e, 11.e et 12.e *Municipalités.*

SERRURIER, maréchal d'Empire, *Président.*
Agier, président de la cour d'appel.
Alhoy, membre de la commission des hospices.
Amalric, chef de division à la légion d'honneur.
Archambault, avocat.
Arnault, membre de l'institut.
Barbier-Neuville, chef de div. au minist. de l'intérieur.
Bergeron, quincaillier.
Bontemps, aide-de-camp du ministre de la guerre.
Boucher, ancien magistrat.
Boulard, principal clerc de notaire.
Bro, ancien notaire.
Caigné, notaire.
Cauchy ✠, secrétaire-archiviste du sénat.
Chabaud, juge de 1.re instance.
Chaudet, statuaire, membre de l'institut.
Crochot, sous-lieutenant, professeur au lycée imp.
Cuvier, membre de l'institut.
Dautrive, notaire.
Debure, ancien libraire.
Dejoux, membre de l'institut.
De Jussieu, membre de l'institut.
De Jussieu, docteur en médecine.
Delaunay, architecte.

Dherbelot, vice-prés. du tribunal de 1.re instance.

Dubos, notaire.

Dupré, ancien négociant.

Fontanier, chef des bureaux de la 10.e mairie.

Gastebois, chef des bureaux de la 11.e mairie.

Gobert, juge de paix.

Godard, juge de paix.

Guérin, juge de paix.

Guilbert, docteur en médecine.

Guillon-d'Assas, juge de 1.re instance.

Guinot, membre de la commission des contributions.

Hallé ✻, membre de l'institut.

Hévin, juge en la cour d'appel.

Houdon ✻, membre de l'institut.

Laideguive, ancien magistrat.

Landry, vice-président du tribunal de 1.re instance.

Lebeau, vice-président du tribunal de 1.re instance.

Le Breton, secrétaire perpétuel à l'institut.

Lebrun, manufacturier.

Lebrun, notaire.

Lemoine, orfèvre, adjoint de maire.

Lemoine, clerc de notaire.

Liébaut, jurisconsulte.

Mangin, architecte.

Marinier, docteur en médecine.

Masson, statuaire.

Michel, avoué en la cour d'appel.

Minier, membre de la cour de cassation.

Monge, examinateur des aspirans de la marine.

Morin, lieutenant retiré.

Naigeon, membre de l'institut.

Nau-de-Champlouis, ancien conseiller au châtelet.

Nicod, ordonnateur des hospices.

Perreau, inspecteur-général des écoles de droit.

Poirier, jurisconsulte.

Poulain, adjoint de maire.

Rendu, avocat.

Roettiers-de-Montaleau, ancien maître des comptes.
Roger, 1.er commis des archives de la légion d'honn.
Rolland, membre de l'institut.
Rubaz, prés. de la cour criminelle de saone-et-loire.
Salleron, adjoint de maire.
Savin, avocat.
Séguier, premier président de la cour d'appel.
Serize, notaire.
Silvestre de Chanteloup, jugé de 1.re instance.
Silvestre-de-Sacy, membre de l'institut.
Taponnier, ancien général de division.
Tessier, membre de l'institut.
Thouret, ex-tribun, directeur de l'école de médecine.
Vasse, membre de la cour de cassation.
Vauquelin, membre de l'institut.
Vincent, membre de l'institut.

COLLÉGE ÉLECTORAL DU DÉPARTEMENT.

Ce collége a été convoqué pour le 20 novembre, à l'effet de nommer : 1.º deux candidats pour le sénat conservateur ; 2.º quatre candidats et quatre suppléans de candidats pour la formation de la liste de présentation au corps législatif; 3.º seize candidats pour le conseil - général du département. Ce collége s'est assemblé dans la grande salle de l'archevêché.

† DEBELLOY, cardinal, archev. de Paris, *Président.*

MEMBRES du Collége électoral. Messieurs,

Adam-Barbazan, général de brigade.
Agasse, imprimeur-libraire.
Amelot, propriétaire, rue du faub. st.-honoré.
Anthoine, chef de division au ministère des finances.
Armey, avocat au conseil d'état.

Auvert, propriétaire, rue du faub. st.-martin.
Badenier, propriétaire, rue st.-severin.
Baguenault, banquier.
Batiste, chef de bataillon.
Barbereux, propriétaire, rue st.-martin, n. 259.
Barthelemy, banquier.
Bastide, banquier
Baudeloque, accoucheur.
Bénard, négociant, maire.
Berthault, propriétaire, rue du mail, n. 12.
Berthelemy, propriétaire, rue st.-martin, n. 247.
Bidermann, banquier.
Bochard-de-Saron, prop., rue de l'université, n. 20.
Boileau, notaire, adjoint de maire.
Boivin, avoué.
Bonaparte, sénateur, gr. offic. de la lég. d'honneur.
Boscheron, payeur général de la dette publique.
Boulard, notaire, membre du corps législatif.
Boursier, *l'aîné*, négociant.
Brière-Mondétour, maire.
Brochant, *aîné*, chef de bureau à la trésorerie.
Brochant, adjoint de maire.
Buffault, négociant.
Camet-de-la-Bonardière, maire, propriétaire.
Camuset, avoué.
Cardon, fabricant de tabac.
Carvoisin, propriétaire, rue garencière.
Chaptal, sénateur, membre de l'institut.
Charpentier-de-Saintot, prop., rue des prêtres s. p.
Chauchat, *aîné*, propriétaire, rue de braque, n. 8.
Chaulin, marchand de papier.
Chéret, *père*, propriétaire, rue de cléry.
Choiseul-Praslin, sénateur.
Chupin, propriétaire, rue du temple.
Clicr, propriétaire, boulevart s.-martin, n. 12.
Colin, notaire.
Collette, maire du 12e arrondissement.

Cornut de-Coincy, caissier-général du trésor public.
Cotu, propriétaire, rue ste-croix de la bretonnerie.
Cretté, adjoint de maire.
Daligre, propriétaire, membre du cons. gén. du dép.
Danloux-Dumesnils, fabricant de chapeaux.
Davene de Fontaine, propr., rue blanche de castille.
Davillier, négociant, membre du conseil général.
Debéhague, propriétaire, à drancy.
Debourge, propriétaire, rue croix-des-petits-champs.
Decle, propriétaire, rue de l'échelle.
Decormeille, avoué près la cour d'appel.
Delacroix, rentier.
Delarue, administrateur des droits réunis.
Delasalle, général de brigade.
Delessert, banquier.
Demalon-Bercy, propriétaire, à bercy.
Demautort, propriétaire, rue st.-marc, n. 25.
Demoutier, secrétaire d'ambassade.
Denanteuil, administrateur des messageries.
Denise, avoué, adjoint de maire.
Desandroin, propriétaire, rue de la victoire.
Desmaisons, adjoint de maire.
Desprez, banquier.
Destempes, administrateur de la manufact. des glaces.
Detchegoyen, propriétaire, rue neuve des capucines.
Desvaux, colonel d'artillerie.
Dezobry, propriétaire, à st.-denis.
D'Harcourt, membre du conseil général du départ.
Doloret, propriétaire, rue du cherche-midi.
Doulcet-d'Egligny, direct. du comptoir commercial.
Doyen, banquier, membre du corps législatif.
Drugeon, notaire.
Dubois, conseiller d'état, préfet de police.
Dubois, juge suppléant de première instance.
Dubos, sous-préfet.
Duchauffour, propriétaire, rue du grand chantier.
Dufrayer, négociant.

Duquesnoy, maire.
Durosnel, général de brigade.
Dutramblay, administrateur de la caisse d'amortissem.
Duvergier, propriétaire, rue des barres.
Faber, banquier.
Fayau-de-Vilgruy, propriétaire, rue de caumartin.
Ferrand, propriétaire, rue blanche de castille.
Fesquet, membre de la com. adm. des hospices civils.
Fournier, commissaire-priseur.
Garnier, sénateur.
Garnier Deschênes, ancien notaire.
Gauthier-de Kerveguen, gén. de div., insp. aux rev.
Godefroy, membre du conseil-général du départem.
Gondouin-des-Luais, plombier.
Got-des-Jardins, négociant.
Goulet, architecte, adjoint de maire.
Goupil, banquier.
Guyot, négociant, adjoint de maire.
Hanique, général de brigade.
Jacob, fabricant de meubles.
Jarry, propriétaire, rue neuve st.-paul.
Lambert, inspecteur aux revues.
Leblond, juge de paix.
Lecomte, propriétaire, à sceaux.
Lecordier, agent de change, maire.
Ledru, propriétaire, rue neuve st.-paul.
Leduc-Survillers, propriétaire, rue charlot.
Léfévre-St.-Maur, notaire.
Lemoyne, orfévre.
Lerouge, propriétaire, place des victoires.
Leroux, agent de change.
Lesould, propriétaire, rue du monceau st.-gervais.
Leullier, homme de loi.
Main, négociant.
Mallet, banquier.
Malus, inspecteur en chef aux revues.
Mangin, architecte.

Marcelot, marchand de bois.
Marigner, propriétaire, rue des bons-enfans, n. 21.
Marquet-de-Montbreton, propriétaire.
Micoud, préfet du département de l'ourthe.
Molinier-Montplanqua, avocat, adjoint de maire.
Moreau, maire.
Morel-de-Vindé, homme de lettres.
Nyon, libraire.
Osmont, propriétaire, rue montmartre, n. 21.
Péan-de-St.-Gilles, agent de change, adj. de maire.
Péan-de-St.-Gilles, notaire.
Pérignon, avocat, membre du cons. gén. du départ.
Petit, membre du conseil général du département.
Piault, maire.
Ponsard, colonel de la 1.re légion de gendarmerie.
Poussin, capitaine retiré du 3.e de ligne.
Pully, général de division.
Razuret, banquier.
Régley, propriétaire, rue salle-au-comte, n. 9.
Richard-d'Aubigny, prop., m. du cons. gén. des hos.
Robillard, manufacturier de tabac.
Rocher, propriétaire, rue du vieux-colombier, n. 17.
Roëttiers de Montaleau, propriétaire, adj. de maire.
Roques, agent de change.
Rouen, notaire, maire.
Rouhier, commissaire ordonnateur des guerres.
Rouillé de l'Etang, memb. dn cons. gén. du départ.
Rousseau, maire.
Saisseval, propriétaire, rue neuve du luxembourg.
Salverte-Baconnière, anc. adm. des domaines, prop.
Sanegond, juge de première instance.
Serre-de-St.-Romans, propriétaire, rue de la perle.
Solle, adjoint de maire, à villejuif.
Souflot de Mercy, propriétaire, r. du sentier, n. 13.
Tellier, négociant.
Thibon, sous-gouverneur de la banque de france.
Thierry, marchand de bois.

Tiron, receveur des contributions.
Tiron, notaire.
Treilhard, conseiller d'état.
Trémeau, marchand de draps.
Trubert, notaire.
Trudon, manufacturier.
Try, substitut près la cour d'appel.
Valton, avoué.
Varnier, propriétaire, boulevart montmatre.
Verrières, général de brigade.
Vignon, président du tribunal de commerce.
Villot-Fréville, ex-tribun.
Worms, banquier, adjoint de maire.

Candidats présentés pour le Sénat-Conservateur.

Messieurs

Berthereau, président du tribunal de 1.re instance.
Pastoret Emmanuel, membre du cons. des hosp. civils.

Candidats et Suppléans présentés pour le Corps législatif par les Colléges électoraux du département.

Collége électoral du Département. Messieurs,

Vignon, président du tribunal de commerce.
Delamalle, avocat.
Caze de la Bove, membre du corps législatif.
Garnier-Deschènes, propriétaire.

Suppléans, Messieurs,

Boscheron, payeur général de la dette publique.
Montamant, membre du conseil général.
Demautort, propriétaire.
Fulchiron, banquier.

Collége de l'arrondissement de St.-Denis. **Messieurs.**

Villot-Fréville , législateur.
Petit , membre du conseil général.
Gentil , directeur de la régie de l'enregistrement.
Rigault , juge en la cour criminelle.

Suppléans, Messieurs,

Dubos , notaire.
Combes., ancien chef au ministère de la guerre.
Fesquet , administrateur des hospices.
Regardin , maître des comptes.

Collége d'arrondissement de Sceaux. Messieurs ,

Muiron , propriétaire.
Godefroy , propriétaire.
De Coulmiers , direct. de l'hosp. de Charenton.
Cury , propriétaire.

Suppléans, Messieurs,

Houdeyer , sous-préfet.
Huart-du-Parc , avoué en la cour de cassation.
Moinery , maire à Chevilly.
Laveaux , chef de bureau à la préfect. du département.

Premier collége d'arrondissement de Paris. Messieurs.

Brière-Mondétour , maire du 2.e arrondissement.
Lajard , ancien ministre de la guerre.
Morellet , membre de l'institut.
Mourgue , propr. , membre du conseil des hospices.

Suppléans , Messieurs ,

Rousseau ✠ , maire du troisième arrondissement.
La Cretelle aîné , membre de l'institut.
Montamant , membre du conseil général.
Silly , ancien notaire.

26

2.e *collége d'arrondissement de Paris.* Messieurs.

Berthereau, président du tribunal de 1.re instance.
Bricogne, maire du sixième arrondissement.
Dutremblay, administr. de la caisse d'amortissement.
Demontholon, membre de la commission des hospices.

Suppléans, Messieurs,

Moreau ✠, négociant, maire du 5.e arrondissement.
Bexon, vice-président du tribunal de 1.re instance.
Mauvage, négociant, adjoint de maire.
Groizard ✠, officier supérieur de l'état major.

3.e *collége d'arrondissement de Paris.* Messieurs.

Bellart, avocat, memb. du cons. gén. du département.
Jacobé de Naurois, législateur.
Bénard, maire.
Doulcet d'Egligny, maire.

Suppléans, Messieurs,

Lebeau, vice-président du tribunal de 1.re instance.
Perrot, juge.
Martineau, président de la cour de justice criminelle.
Boulard, notaire et législateur.

4.e *collége d'arrondissement de Paris.* Messieurs,

Boulard, législateur.
Delaporte-Lalanne, agent de surveil. de la Salpétrière.
Silvestre de Sacy, membre de l'institut.
Roëttiers de Montaleau, maître des comptes.

Suppléans, Messieurs,

Dupont-de-Nemours.
Lebeau, vice-président du tribunal de 1.re instance.
Nicod, ordonnateur des hospices.
Guyot-Desherbiers, ex-législateur.

CANDIDATS présentés pour le Conseil général par le Collége électoral du Département.

MM.

Dutramblay, chef de division à la trésorerie.

Vial, ancien caissier, à la trésorerie.

D'harcourt, membre du conseil général.

Rouillé de l'Etang, membre du conseil général.

Le Beau, vice président du tribunal civil.

Montamant, membre du conseil-général.

Charpentier de Saintot, propriétaire.

Bertin, négociant.

Anson, administrateur des postes.

Bonnomet, ancien notaire.

Badenier, ancien notaire.

Try, substitut près la cour d'appel.

Sanegon, juge de première instance.

Delarue, administrateur des droits réunis.

Barthelemy, banquier.

Autran, ancien agent de change.

CANDIDATS présentés pour les Conseils d'arrondissement par les deux Colléges électoraux des deux arrondissemens ruraux du Département.

Arrondissement de St.-Denis, MM.

Béville, notaire, à st.-denis.

Pirault-des-Chaumes, avoué de première instance.

Delabordère, rentier, ancien vicaire gén., à neuilly.

Lanneau, propriétaire, ancien procureur, à st.-denis.

Manet, anc. avocat au parlement, à gennevilliers.

Imbert, propriétaire, à pierrefitte.

Ivert, receveur de l'enregistrement, à st.-denis;

Samson, propriétaire, au bourget.

Arrondissement de Sceaux, MM.

Chevalier, propriétaire, anc. négociant, à thiais.

Cury, propriétaire, anc. tablettier, à nogent-sur-m.

Dunepart, maire, à vaugirard.

Moinery, maire, à chevilly.

Buran, anc. chymiste, maire à charenton-st.-maurice.

Gassot, maire, à fresnes.

Coignet, propriétaire, à vanvres.

Durand, à bercy. (Décédé depuis sa nomination).

LISTE des cinq cent cinquante plus imposés du Département.

MM.

Agasse, imprimeur, rue des Poitevins.

Amelin, fabricant de draps, r. du faub. st.-honoré.

Amelot fils, propriétaire, rue du faub. st.-honoré.

Andriane, propriétaire, rue st.-dominique.

Audrieux, intéressé dans les jeux, r. du p.-aux-ch.

Anjorant, propriétaire, faub. montmartre.

Anthoine, premier commis au minist. des finances.

Armand, anc. trésorier de la ville, r. de l'université.

Armet, propriétaire, r. du four st.-honoré.

Armey, jurisconsulte, r. de la place-vendôme.

Auger, propriétaire, r. bourbon-villeneuve.

Auvert, propriétaire, r. du faub. st.-laurent.

Badenier, ancien notaire, rue st.-severin.

Badouleau, propriétaire, rue de la poterie.

Bagueneau, banquier, boulevart poissonnière.

Baran, propriétaire, rue cassette.
Barat, bijoutier, rue de menars.
Barbereux, propriétaire, rue st.-martin.
Barbier, propriétaire, au gros-caillou.
Barbier, marchand de soieries, r. des bourdonnais.
Baroncelly-Javon, propriétaire, r. de richelieu.
Barré, directeur du vaudeville, r. de malte.
Barthelemy, banquier, rue du mont-blanc.
Bataille-Monval, propriétaire, r. de miroménil.
Baudecourt, commissaire des guerres, r. du mont-bl.
Baudeloque, chirurgien-accoucheur, rue jacob.
Baudouin, corroyeur, rue fer-à-moulin.
Bazin, faïencier, rue des fossés-st.-germain.
Bazouin, entrepreneur des jeux, rue taitbout.
Bayvet, épicier, rue de la grande-truanderie.
Beauvilliers, restaurateur, rue de richelieu.
Becquet, agent d'affaires, rue du mont-blanc.
Belanger, menuisier, rue de vaugirard.
Belloc, négociant, rue bourtibourg.
Benard, marchand cirier, rue st. denis.
Bénard, maire du 8.e arrondissement de paris.
Benoît, propriétaire, rue des ss.-pères.
Benoît-Carizy, propriétaire, aux thermes.
Bereux, propriétaire, rue aux ours.
Bergon, conseiller d'état.
Berthaud, propriétaire, rue du mail.
Berthelemy, aubergiste, rue st.-martin.
Berthereau, président du tribunal de 1.re instance.
Besnard, propriétaire, rue st.-jean-de-beauvais.
Bezodis, propriétaire, rue st.-jacques-la-boucherie.
Bezuchet, propriétaire, rue st.-andré-des-arcs.
Biderman, banquier, boulevart poissonnière.
Biennais, orfévre, rue st.-honoré.
Bligny, avoué, rue bourbon-ville-neuve.
Bochard Saron, propriétaire, rue de l'université.
Bocquet, propriét., faub. poissonnière.
Boileau, notaire, rue de richelieu.

Bois, ferblantier, rue de thionville.
Boivin, avoué, rue st.-honoré.
Bokairy, agent d'affaires, r. croix-des-petits-champs.
Bonfils, propriét., place des victoires.
Bonin, entrep. de bâtimens, rue de la fontaine.
Bonnefond, inspect. des forêts, rue des juifs.
Bonneval, propriétaire, rue d'enfer-st.-michel.
Boscheron, payeur de la dette publ.; r. des 2 écus.
Boucherot, banquier, rue du mont-blanc.
Boudet, maire, à Lay.
Bouillat, avocat, rue croix-des-petits-champs.
Bouillette, charpentier, rue de buffon.
Boulard, notaire, rue st.-andré-des-arcs.
Bourgeois, propriétaire, rue st.-sulpice.
Boursier (Et.-P.), banquier, rue n.-d.-des-victoires.
Boursier (Alexandre), banquier, même rue.
Boursier (Balthasar), banquier, même rue.
Boutin, propriétaire, rue de richelieu.
Branchard, propriétaire, rue st.-apolline.
Brezin, fondeur de canons, rue de l'éperon.
Briancourt, administr. de la manufacture des tabacs.
Brière, propriétaire, faubourg st.-martin.
Brière-Mondétour, maire du 2.e arrondissement.
Brochant, propriétaire, r. des fossés-st.-ger.-l'auxer.
Brochant, chef de division à la trésorerie.
Brou, entrepreneur de bâtimens, rue cérutti.
Brullé, architecte, rue du paon.
Brunet, secrét. de la chambre du com., r. du croissant.
Bruyère, négociant, rue helvétius.
Buffaut, négociant, rue de bretonvilliers.
Bureau, entrepren. des messageries, r. de la concorde.
Cadet Chambine, pr. commis des ponts et chaussées.
Caignard de Mailly, avocat, rue du bacq.
Caillatte, fabricant, à bercy.
Cambry, propriétaire, rue caumartin.
Camel-la-Bonardière, maire du 11.e arrondissement.
Camus, avocat, rue de choiseul.

Camuset, avoué, rue pavée st.-andré.
Cannuel, propriétaire de forges, rue du mont-blanc.
Capin, propriétaire, rue du faubourg-montmartre.
Capou, propriét. de fonderies, rue du mont-blanc.
Carchi, glacier, rue de richelieu.
Cardou, fabricant de tabac, rue du sentier.
Caroillon-Destillières, banq., r. neuve-des-capucines.
Carruel, intéressé dans la manufacture des tabacs.
Carton, agent d'affaires, rue des blancs-manteaux.
Carvoisin, propriétaire, rue garancière.
Castelle, propriétaire, rue des cinq-diamans.
Cerveau, confiseur, rue montorgueil.
Chagot, marchand de papier, rue de la verrerie.
Chagot-Defays, propriétaire, rue faydeau.
Chaptal, sénateur, rue st.-dominique.
Charpentier, général, rue du faubourg st.-lazare.
Charpentier Saintot, hom. de lett., r. des prêtres st.-p.
Chauchat, aîné, propriétaire, rue de braque.
Chauffrey, propriétaire, rue basse, porte st. - denis.
Chaulin, marchand de papier, rue st.-honoré.
Chaussard, architecte, rue de grenelle st. honoré.
Cheret, père, propriétaire, rue de cléry.
Cheret, fils, orfévre, quai des orfévres.
Cheronnet, entrepren. de bâtim., boulev. poissonnière.
Choiseul-Praslin, sénateur, rue de bourgogne.
Chrétien, tenant maison garnie, rue de richelieu.
Chupin, propriétaire, rue du temple.
Cliez, propriétaire, rue de bondy.
Colette, maire du 12.e arrondissement.
Colincau, propriétaire, faubourg montmartre.
Collin, notaire, place vendôme.
Collot, fournisseur, rue du mont-blanc.
Combes, marchand de verre, rue des bourdonnais.
Corazza, glacier, rue poissonnière.
Cordier, propriétaire, à Bagneux.
Cornut-de-Coincy, caissier général du trésor public.
Corps, propriétaire, rue ste.-avoye.

Cottin, employé à la trésorerie, quai des orfévres.
Cottu, propriétaire, rue ste.-croix-de-la-bretonnerie.
Coulon, propriétaire, place des victoires.
Coupry-Dupré, propriétaire, rue de verneuil.
Courtois, marchand tailleur, palais-royal.
Cousin, brasseur, faubourg st.-antoine.
Cremieux, négociant, rue du mont-blanc.
Cressard, propriétaire, boulevart du dépôt.
Cretté, fils, propriétaire, rue des jeûneurs.
Crillon, ex-constituant, place de la concorde.
Crouen, propriétaire, rue Taitbout.
Cuel, propriétaire, rue de l'arbre-sec.
Cuisinier, propriétaire, rue favart.
Cuvier, propriétaire, à la Râpée.
D'Aguesseau, propriétaire, rue de ventadour.
Dalbon, commissaire des guerres, rue de grenelle.
D'Aligre, chambellan de la pr. Caroline, r. d'Anjou.
Dallemagne, brodeur, rue des Deux-Portes
Danloux-Duménil, propriétaire, rue bourg-l'abbé.
Dardivillers, fournisseur, rue de la pépinière.
Dargent, propriétaire, rue thibautodé.
Daridan, propriétaire, rue st.-denis.
Darjuzon, chambellan du roi de Hollande, r. caumartin.
Daucourt, homme de lettres, rue vivienne.
Daumy, propriétaire, place des vosges.
Davaines-Desfontaines, propriétaire, île st.-Louis.
Davilliers, négociant, boulevart poissonnière.
De Behague, maire, à Drancy.
Debesse de la Plante, rue basse-du-rempart.
Debourges, épicier, rue croix-des-petits-champs.
Décle, propriétaire, rue de l'échelle.
Decormeille, avoué, rue michel-lepelletier.
Decotte, rue du doyenné.
De Crécy, ex-constituant, à rosny.
Delacroix, receveur des contributions, à vitry.
Delacroix, propriétaire, rue neuve st.-martin.
Delafrenaye, propriét., rue de ménars.

Delamarre, propriétaire, rue bergère.
Delarue, administ. des dr. réunis, porte st.-antoine.
Delarue, négociant, place vendôme.
Delaville-Leroux, propriétaire, rue des moulins.
Delessert, banquier, rue coq-héron.
Delfan-Pontalba, maire, à colombes.
Delondre, épicier-droguiste, rue de la verrerie.
Delorme, propriét., rue neuve-des-mathurins.
Delpont, fournisseur, rue de grenelle.
Demalon de bercy, propriétaire, à bercy.
Demautort, ancien notaire, rue vivienne.
Demesmes, propriét., place du corps législatif.
Demoutier, secrétaire d'ambassade, à dresde.
Denais, propriét., rue st.-honoré.
De Nanteuil, admin. des messag., r. n. s.-augustin.
Denise, avocat et avoué, rue st. antoine.
De Noailles, propriétaire, rue taitbout.
Deperré, propriét., rue de grenelle-st.-germain.
Depons, propriét., rue des filles-st.-thomas.
Deschambeaux, anc. notaire, rue du four-st.-germ.
Desandroin, propr., rue de la victoire.
Descorailles-Langeac, propriét., r. de vaugirard.
Désjobert, propriét., rue du jardinet.
Desmaisons, homme de loi, rue de lille.
Desobry, négociant, à st.-denis.
Desportes, propriét., rue st.-martin.
Després, propriét., faub. st.-martin.
D'Estampes, adm. de la man. des glaces, r. s. honoré.
Detchegoyen, banquier, rue neuve-des-capucines.
Devaines, direct. de la régie des sels et tabacs, à turin.
D'Herbecourt, propriét., rue montmartre.
Dilh, fabricant de porcelaines, rue du temple.
Dode, propriét., cloître st.-germ.-l'auxerrois.
Doloret, propriét., rue du cherche-midi.
Doulcet-d'Egligny, maire du 4e arrondissement.
Doumert, propriétaire, à stains.
Doyen, banquier, rue cérutti.

Dreux, propriétaire, rue Taitbout.
Drugeon, notaire, rue ste.-marguerite, faub. st.-g.
Dubarry, fournisseur, à Paris.
Dubois, juge suppl. de 1re. instance, rue st.-maur.
Dubois, entrepreneur de roulage, rue mêlée.
Dubois, conseiller d'état, préfet de police.
Dubos, sous préfet, à st. denis.
Dubreton, commiss. ordonnateur, au plessis-piquet.
Duchauffour, propriétaire, rue du grand-chantier.
Duchesne, bijoutier, rue de richelieu.
Ducrot, avoué, rue des petits-pères.
Duffault, apothicaire, rue du mont-blanc.
Dumonceaux, négociant, rue du grand-chantier.
Dumont, march. de grains, rue de la mortellerie.
Dumont, propriét., rue neuve-des-petits-champs.
Dupont, sénateur.
Dupont, maître d'hôtel garni, rue de richelieu.
Duquesnoy, maire du 10.e arrondissement.
Duranton, homme d'affaires, r. n.-des-mathurins.
Durieux, banquier, rue de la michaudière.
Dutramblay, adm. de la caisse d'amort. r. montmart.
Dutrosne, propriét., rue des fossés-m.-le-prince.
Duval, propriét., rue st.-honoré.
Duval, propriét., cloître st.-jean-en-grève.
Duvergier, propriét., rue des barres.
Errard aîné, facteur de pianos, rue du mail.
Errard jeune, facteur de pianos, rue du mail.
Faivre, architecte, rue martel.
Famin, épicier, rue des prouvaires.
Faureau de la Tour, avoué, place des victoires.
Favret, employé à la poste, rue st.-georges.
Fayau-de-Vilgruis, prop., rue de caumartin.
Fayolle, dentiste, rue de richelieu.
Ferrand, propriétaire, rue st.-louis en l'île.
Fesquet, juge à la cour crimin., r. s.-thomas du l.
Fessard, entrepren. de bâtim., r. du plâtre-s.-jacq.
Fevrier, restaurateur, palais royal.

Filietaz, négociant, r. neuve-des-mathurins.
Fleury, propriét., rue des ss.-pères.
Fortin, agent d'affaires, rue st.-honoré.
Fouque, quincaillier, quai de la grève.
Fournier, commissaire priseur, rue st.-merry.
Franconville, marchand de dentelles, r. montmart.
Fulchiron, banquier, rue helvétius.
Galwey, négociant, place vendôme.
Gannal, propriétaire, rue st.-martin.
Garnery, propriét., rue de seine.
Garnier, sénateur, rue de la rochefoucault.
Garnier-Deschènes, propr., passage des Petits-Pères.
Gatteaux, graveur, rue st.-dominique.
Gauthier, fondeur de métaux, rue de Turenne.
Gautier-Charnacé, propriétaire, rue d'erléans.
Genisty, essayeur pour le commerce, r. de thionville.
Gensse, maître d'hôtel garni, rue de richelieu.
Gerard de Bury, avocat, rue favart.
Germain, ex-constituant, r. ste-c.-de-la-bretonnerie.
Girard, propriétaire, rue s.-dominique.
Girardot, propriétaire, rue de Verneuil.
Girault, propriétaire, boulevart du dépôt.
Gobeau, propriétaire, quai de la tournelle.
Godefroy, cultivateur, à Villejuif.
Goix, banquier, faubourg poissonnière.
Goudin, propriétaire, grande rue verte.
Goudouin, plombier, rue de beauvais.
Gontault, propriétaire, rue de la place vendôme.
Gosselin, négociant, cul-de-sac de venise.
Got des Jardins, épicier rue quincampoix.
Goulet, architecte, rue quincampoix.
Goupil, banquier, rue de colbert.
Grandin, marchand de couleurs, rue mêlée.
Gravet, négociant, rue du faub. poissonnière.
Grenier, md. de bois, quai de la tournelle.
Grillon des Chapelles, propriétaire, rue d'anjou.
Griyois, propriétaire, rue de menars.

Guébart, négociant, rue de la michaudière.

Guerreau, charron, rue grange-batelière.

Guerrier de Romagnat, propr., rue moutmartre.

Guidon, propriétaire, rue charlot.

Guillot, propriétaire, rue st.-lazare.

Guyot, fabricant, rue du mouton.

Guyot, homme de loi, rue de l'université.

Guyot, propriétaire, place du chevalier-du-guet.

Habdé, proprétaire, rue du faub. st.-denis.

Hacot, marchand de fer, rue st.-denis.

Harcourt, propriétaire, rue de lille.

Hatry, propriétaire, rue du four st-honoré.

Hennecart, md. de mousselines, rue quincampoix.

Herbaut, charpentier, rue de turenne.

Herbel, cordier, rue jean-beausire.

Héricart de Thury, propriétaire, rue de limoges.

Hermann, professeur de musique, rue de grétry.

Honoré, propriétaire, boulevart montmartre.

Houbigant, md. parfumeur, r. du faub. st-honoré.

Hovya la Violette, propriétaire, faub. st.-honoré.

Huard, marchand de vin, rue de Turenne.

Huard, marchand épicier, rue des lombards.

Hubert, propriétaire, rue d'enfer.

Huet, propriétaire, rue chapon.

Huguet Sémonville, ambassadeur, rue de Varennes.

Hunout, couvreur, rue bigot.

Hunout, paveur, quai de la tournelle.

Huzard, propriétaire, rue helvétius.

Igniard, agent d'affaires, rue de gaillon.

Jmbert, propriétaire, palais royal.

Jacob, ébéniste, rue mêlée.

Jamet, orfévre, rue des prouvaires.

Jarry, adjoint au maire du neuvième arrondissement.

Jaume, banquier, à chevilly.

Jeannet *dit* Jouannin, propriétaire, r. du colombier,

Joannot, banquier, rue du mont-blanc.

Jouan, propriétaire, rue du bacq.

Jouanne, agent de change, rue des mathurins.

Joussineau-Tourdonnet, prop., r. du théât. français.

Jullien, fournisseur, rue taitbout.

Junot, gouverneur de Paris.

Karcher, banquier, rue de la michaudière.

Kornemann, propriétaire, rue st.-martin.

Kropper, poëlier, rue de la roquette.

La Batte, propriétaire, rue st.-martin.

La Borne, propriétaire, rue des petits-augustins.

La Caze, agent de change, rue neuve des mathurins.

La Chapelle, architecte, boulevart montmartre.

Lacouture, marchand de fer, rue des lombards.

Lacrosnière, propriétaire, rue porte-foin.

Lafarge, direct. de la caisse d'épar., r. de grammont.

Lafitte, propriétaire, rue des bons-enfans.

Lafitte, propriétaire, rue de chabanais.

Lafleyrie, propriétaire, rue de la planche.

Lafolleville-noury, propriétaire, rue st.-gilles.

Lafond neveu, md. de vin, quai de la tournelle.

Laisné, marchand d'équipages, au palais royal.

Lalive-d'Epinay, propr., rue de la ville-l'évêque.

Lamoureux, propriétaire, boulevart montmartre.

Lamy, propriétaire, rue de la vieille estrapade.

Laporte, marchand mercier.

Laugier, parfumeur, rue bourg-l'abbé.

Le Blanc, marchand de bois, rue projetée.

Le Blond, juge de paix du 5.e arrondissement.

Le Brun, marchand de tableaux, rue du gros-chenet.

Lecarpentier, propriétaire, rue d'angoulême.

Lécluse, architecte, rue de chabannais.

Lecomte, marchand de draps, palais-royal.

Lecomte, propriétaire, à sceaux.

Lecordier, agent de change, maire, rue st.-honoré.

Le Couteux du Molay, boulevart cérutty.

Le Doux, architecte, rue basse-d'orléans.

Le Dru, médecin, rue neuve-st.-paul.

Le Duc, sellier-carossier, boulevart st.-honoré.

Le Duc-Survillers, propriétaire, rue charlot.

Lefebure-Saint.Maur, notaire, place thionville.
Lefebvre, propriétaire, boulevart montmartre.
Lefebvre-d'Ormesson, propriétaire, rue st.-antoine.
Lefevre des Nouettes, propriétaire, r. des bons-enf.
Le Gendre de Luçay, préfet du palais, rue d'anjou.
Le Grand, marchand de draps, rue st.-honoré.
Le Grand, propriétaire, rue bourbon-villeneuve.
Lelegard, propriétaire, rue des champs-élysées.
Le Mercier, homme de lettres, rue de ménil-montant.
Le Moine, marchand orfévre, quai des orfévres.
Léon de Perthuis, propriétaire, rue beautreillis.
Le Prince, entrepren. de bâtim., r. du f. poissonnière.
Le Roi, propriétaire, rue de grammont.
Le Roi, propriétaire, palais royal.
Le Rouge, propriétaire, place des victoires.
Le Roux, agent de change, à la préfecture de police.
Le Roy, propriétaire, rue de richelieu.
Le Secq, march. de charbon, rue des petites-écuries.
Le Sould, propriétaire, rue du monceau-st.-gervais.
Le Tellier, propriétaire, rue neuve-st.-augustin.
Le Tellier, propriétaire, rue st.-denis.
Letu, propriétaire, palais royal.
Leullier, agent d'affaires, place des petits pères.
Le Vacher-Dujouzel, fabricant d'armes, rue ménars.
Lignereux, marchand de meubles, rue vivienne.
Logette, commissionnaire, rue bourg-l'abbé.
Longueroux, négociant, rue de richelieu.
Lorain, propriétaire, faubourg du roule.
Louis, propriétaire, faubourg montmartre.
Louveau, notaire, rue st.-martin.
Luuyt, commissaire des guerres, rue du mont-blanc.
Magnian, propriétaire, rue favart.
Magnien, adm. des douanes, rue de clichy.
Maillard, propriétaire, rue st.-denis.
Malès, avoué, rue favart.
Mallet, banquier, rue du mont-blanc.
Mallet (I.-J.-J.), banquier, rue du-mont-blanc.

Malteste, élève en diplomatie, boulevart **montmartre.**
Mangin, architecte, rue des mathurins.
Marcelot, marchand de bois, rue du faub. s.-honoré.
Marignier, propriétaire, rue des bons-enfans.
Marquet-de-Monbreton, propr., rue d'anjou-st.-hon.
Marquet-de-Monbreton, écuyer, rue d'aguesseau.
Martin, homme d'affaires, rue de richelieu.
Masséna, maréchal d'empire, rue de lille.
Mathieu, notaire, rue st.-honoré.
Maucourt, propriétaire, rue michel-le-Pelletier.
Mazures, propriétaire, rue d'amboise.
Menil-Glaise, propriétaire, à montreuil.
Méot, restaurateur, rue des bons-enfans.
Messager, marchand de vin, quai de l'école.
Micoud, préfet de l'ourthe, r. des francs-bourgeois.
Minel, admin. des nouveaux ponts, rue montmartre.
Mitouflet, adm. de la caisse d'épargnes, r. de choiseul.
Molinier-Montplanqua, avocat, rue de la verrerie.
Monchenu, propriétaire, rue du faub.-st.-honoré.
Montesquiou, propriétaire, rue bergère.
Mont-Merqué, propriétaire, rue de thorigny.
Montz, banquier, place vendôme.
Moreau, marchand de fer, rue st.-antoine.
Morel de Vindé, ex-conseiller au parl. r. g. batelière.
Moret-Chefdeville, propriétaire, r. du f. poissonnière.
Mosselman, négociant, rue st.-denis.
Mouchonnet, architecte, rue notre-dame-nazareth.
Moulet, épicier, rue de la vieille-monnaie.
Moulin, agent d'affaires, rue de ventadour.
Moulin, propriétaire, rue helvétius.
Moutié, négociant, rue neuve-des-petits-champs.
Moutier, négociant, rue quincampoix.
Muiron, propriétaire, à sceaux.
Muraine, marchand de draps, rue des bourdonnais.
Narcilhac, propriétaire, rue des filles-st.-thomas.
Naudon, propriétaire, passage du vigan.
Nicard, propriétaire, rue de sèvres.

Nolette, propriétaire, rue du cherche-midi.
Nyon, imprimeur-libraire, rue hautefeuille.
Odiot. marchand orfévre, rue st.-honoré.
Orsel, propriétaire, rue de la place vendôme.
Osmont, propriétaire, rue montmartre.
Pajot l'aîné, propriétaire, rue de provence.
Pallard, propriétaire, rue st.-honoré.
Panier aîné, propriétaire, rue de la monnaie.
Pascal, sellier, rue guénégaud.
Payen, propriétaire, cul-de-sac du doyenné.
Péan Saint-Gilles, notaire, rue de condé.
Péan Saint-Gilles, agent de change, place des vosges.
Périac, architecte, faubourg st.-denis.
Pérignon, jurisconsulte, rue de choiseul.
Perregaux, sénateur, rue du mont-blanc.
Perrier aîné, négociant, place vendôme.
Perrier jeune, négociant, place vendôme.
Perrin, administrateur des jeux, rue de richelieu.
Petigniaud, législateur, rue de miromesnil.
Petit, propriétaire, rue baillet.
Petit, architecte, rue des juifs.
Piault, adjoint de maire, rue de Lille,
Planat, propriétaire, rue de richelieu.
Pochet, brasseur, faubourg st.-antoine.
Pomeret, propriétaire, rue du helder.
Pontenay, propriétaire, rue des vieux.-Augustins.
Prevost, propriétaire, faubourg st.-antoine.
Prévoteau, propriétaire, rue j.-j.-rousseau.
Privast, tapissier, rue de taranne.
Prudhomme, propriétaire, rue du ponceau.
Psalmen, marchand de vin, faubourg st.-honoré.
Psalmon, marchand de vin, rue de grammont.
Quenin, propriétaire, palais royal.
Quesvron, propriétaire, rue du mont-blanc.
Radou, propriétaire, rue des fontaines.
Radu, carrier, faubourg saint-jacques.
Rafélix, propriétaire.

Raimond, architecte, faubourg st.-martin.
Regley fils naturaliste, rue salle-au-comte.
Regnaud de' St.-Jean-d'Angely, ministre d'état.
Regnier, grand-juge, ministre de la justice.
Remy, avoué, rue des prouvaires.
Réveillon, propriétaire, rue des bons-enfans.
Richard, agent de change, rue st.-marc.
Richard Daubigny, propriétaire, rue des jeûneurs.
Richard jeune, propriétaire, rue ste.-avoie.
Richer fils, agent d'affaires, rue de grenelle.
Rillier, propriétaire, rue montmartre.
Rivierre, marchand de chevaux, rue mêlée.
Roblâtre, propriétaire, rue du bac.
Robillard neveu, directeur de la manufac. de tabac.
Rocher, propriétaire, rue du vieux-colombier.
Rœderer, sénateur, rue du faub. st.-honoré.
Roettiers de Montaleau, propr., rue du four st.-germ.
Roques, agent de change, rue de bondy.
Rouels, march. de draps, rue du chevalier du guet.
Rouen, maire du 9.e arrondissement.
Roubier, commissaire des guerres, rue de la barillerie.
Rouillé de l'Etang, cais. de la police, place de la conc.
Rousseau, maire du 3.e arrondissement.
Rousseau, fabricant de draps, rue montmartre.
Roy, maître de forges, rue neuve des capucines.
Ruelle fils, épicier, rue de grenelle, au gros caillou.
Sabatier, banquier, place vendôme.
Sahuguet d'Espagnac, propriétaire, rue de louvois.
Saillard, banquier, rue de clichy.
Saint-Martin, munition. des vivres, rue du cherc.-midi.
Saint-Martin, propriétaire, rue de sèvres.
Salverte-Baconière, chef aux domaines, r. lepelletier.
Samson, propriétaire, faubourg du temple.
Sandrin, propriétaire, rue montmartre.
Sanegond fils, juge de 1re instance, rue mêlée.
Sanguin de Livry, propriétaire, à Stains.
Sauvant, propriétaire, cour des fontaines.

Schol , banquier , rue hauteville.
Ségny , architecte , rue coquillière.
Senovert , fabricant de tabacs , rue st.-dominique.
Serre Saint-Romans , propriétaire , rue de la perle.
Sevennes , banquier, rue lepelletier.
Sevin , marchand de vin , rue ste.-avoie.
Simon , propriétaire , rue des quatre-vents.
Sivry , propriétaire , rue des fossés st.-victor.
Soehnée , négociant , rue de richelieu.
Solle fils , propriétaire , rue ste.-apolline.
Soufflot de Merey, direct. de la banq. territ. , r. du sent.
Soult , maréchal d'empire , rue de l'université.
Susse, propriétaire , rue de bussy.
Syeyes , sénateur , rue de la Madeleine.
Taigny , pâtissier , rue neuve des petits-champs.
Talleyrand-Périgord , prince de Bénevent.
Tardu , propriétaire , rue de la michaudière.
Tassin , propriétaire , rue villedot.
Tellier , négociant , rue n.-d.-des victoires.
Thibon , régent de la banque , rue de la réunion.
Thierry , marchand de bois , à la râpée.
Tiron , receveur des contrib. à Paris, rue du mail.
Tiron , notaire , rue st.-denis.
Tobler , fournisseur, faubourg poissonnière.
Toutain , huissier , rue montorgueil.
Travers , serrurier , rue feydeau.
Treilhard, conseiller d'état , rue des mâçons.
Tremeau , marchand de draps , rue st.-denis.
Trompette , marchand de bois, rue de sèvres.
Trubert , notaire , rue montmartre.
Trudon , fabricant de bougies , rue de l'arbre-sec.
Try , substitut à la cour d'appel, rue de Tournon.
Tyberghien , banquier, rue vivienne.
Vacherat, propriétaire, rue des grands-augustins.
Valade , mâçon, rue de caumartin,
Valet , propriétaire , rue neuve-des capucines.
Valton , avoué , rue d'aboukir.

Varnier, médecin, rue favart.

Vecten, entrepreneur de bâtimens, rue ste.-croix.

Venant-Main, négociant, rue st.-sauveur.

Vergès, chirurgien, rue de richelieu.

Véry, restaurateur, palais royal.

Vial, ancien caissier du trésor, rue n.-d. des victoires.

Vié, capitaine de la chaîne, faubourg poissonnière.

Vigier, propriétaire des bains, quai voltaire.

Vignon, présid. du trib. de commerce, r. de grenelle.

Vignon, architecte, rue mêlée.

Vignon, fils, propriétaire, rue des fossés-st.-germain.

Villemanzy, inspecteur aux revues, à maisons.

Villot-Fréville, rue du mont-blanc.

Voisin, horloger, rue de thionville.

Worms, banquier, rue de bondy.

FAMILLE IMPÉRIALE.

NAPOLÉON I.er, né à Ajaccio en Corse, le 15 août 1769, nommé EMPEREUR des français le 28 mai 1804, déclaré EMPEREUR héréditaire le 6 novembre suivant ; sacré et couronné à Paris le 2 décembre de la même année ; couronné à Milan, roi d'Italie, le 26 mai 1805, protecteur de la confédération du Rhin. Marié le 8 mars 1796, à

JOSÉPHINE, née le 24 juin 1768, sacrée et couronnée Impératrice des français le 2 décembre 1804, et reine d'Italie le 26 mai 1805.

EUGÈNE NAPOLÉON, né en 1782, fils adoptif de l'EMPEREUR et ROI, et fils de l'Impératrice, archichancelier d'état, vice-roi d'Italie, prince de Venise ; marié le 13 janvier 1806 à

AUGUSTE-AMÉLIE-LOUISE, fille du roi de Bavière, née le 21 juin 1788.

STEPHANIE-LOUISE ADRIENNE NAPOLÉON, née le 28 août 1789 ; mariée le 7 avril 1806 à

CHARLES LOUIS-FRÉDÉRIC, grand-duc héréditaire de Bade, né le 8 juin 1786.

JOSEPH NAPOLÉON, frère de l'Empereur et Roi, né le 5 février 1768, Grand-Electeur de l'Empire, Roi de Naples et de Sicile, le 30 mars 1806, marié le 24 septembre 1794 à

MARIE-JULIE, Reine de Naples et de Sicile, née le 26 décembre 1777.

De ce mariage sont nées :

CHARLOTTE-ZENAÏDE-JULIE, née le 8 juillet 1801.

CHARLOTTE, sa sœur, née le 31 octobre 1802.

LOUIS NAPOLÉON, né le 4 septembre 1778, frère de l'Empereur et Roi, Grand-Connétable de l'Empire, Roi de Hollande le 5 juin 1806, marié le 3 janvier 1802 à

HORTENSE-EUGÉNIE, Reine de Hollande, née le 10 avril 1783.

De ce mariage est né :

NAPOLÉON LOUIS, Prince Royal de Hollande, né le 11 octobre 1804.

JÉRÔME NAPOLÉON, né le 15 novembre 1784, frère de l'Empereur et Roi, Roi de Westphalie, marié le 22 août 1807 à

FRÉDERIQUE-CATHERINE-SOPHIE-DOROTHEE, Princesse royale de Wurtemberg, Duchesse de Souabe et de Teck, née le 2 février 1783.

MARIE-ANNE-ELIZA, sœur de l'Empereur des Français, Princesse de Lucques et de Piombino, née le 3 janvier 1777, mariée le 5 mai 1797 à

FÉLIX BACCIOCCHI, Prince de Lucques et de Piombino, né le 18 mai 1762.

MARIE PAULINE, sœur de l'Empereur des Français, Princesse et Duchesse de Guastalla, née le 22 avril 1782, mariée en secondes noces le 28 août 1803 à

CAMILLE, Prince de Borghèse, Prince et Duc de Guastalla, né le 8 août 1775.

MARIE-ANNUNCIADE-CAROLINE, sœur de l'Empereur des Français, née le 25 mars 1782, mariée le 20 janvier 1800 à

JOACHIM, Prince et Grand-Amiral de France, Duc de Clèves et de Berg, né le 25 mars 1771.

De ce mariage sont nés,

NAPOLÉON ACHILLE, prince héréditaire, duc de Clèves, né le 21 janvier 1801.

NAPOLÉON LUCIEN CHARLES, son frère, né le 16 mai 1803.

LŒTITIA JOSEPHE, sa sœur, née le 25 avril 1802.

LOUISE JULIE CAROLINE, sa sœur, née le 22 mars 1805.

MARIE LŒTITIA, née le 24 août 1750. MADAME Mère de l'EMPEREUR et ROI.

~~~~~~~~~~~~~~~~~~~~~~~~~~~~~~

TITULAIRES DES GRANDES DIGNITÉS
de l'Empire.

Le ROI DE NAPLES, grand électeur.

Le ROI DE HOLLANDE, grand connétable.

Le prince CAMBACÉRÈS, archi-chancelier de l'Empire.

Le prince LE BRUN, archi-trésorier.

Le prince EUGÈNE NAPOLÉON, Vice-Roi d'Italie, prince de Venise, archi-chancelier d'Etat.

Le prince JOACHIM, grand duc de Berg et de Clèves, grand amiral.

Le Prince de Bénévent, vice-grand-électeur.

Le Prince de Neufchatel, vice-connétable.

MINISTRES, LL. EE. MM.

REGNIER (Cl. Am.), grand juge, ministre de la justice,

CHAMPAGNY, ministre des relations extérieures.

CRETET, ministre de l'intérieur.

GAUDIN, ministre des finances.

MOLLIEN, ministre du trésor public.

CLARKE, ministre de la guerre.

DEJEAN, min.-direc. de l'administration de la guerre.

DECRÈS, ministre de la marine et des colonies.

FOUCHÉ, ministre de la police générale.

. . . . . ., ministre des cultes.

REGNAUD DE S. JEAN D'ANGELY, DEFERMON, LACUÉE, ministres d'Etat.

Ministre secrétaire d'Etat.

S. Exc. M. H. B. MARET.

GRANDS OFFICIERS DE L'EMPIRE.

Maréchaux de l'Empire. LL. EE. MM.

Berthier.	Bernadotte.	Ney.
Murat.	Soult.	Davoust.
Moncey.	Brune.	Bessière.
Jourdan.	Lannes.	N. . . . .
Massena.	Mortier.	N. . . . .
Augereau.		

Sénateurs ayant titre de Maréchaux de l'Empire.

LL. EE. MM.

KELLERMANN. LEFEVRE. PERIGNON. SERRURIER.

Inspecteurs et Colonels-généraux. LL. EE. MM.

N. . . . , inspecteur des côtes de l'Océan.
Decrès, inspecteur des côtes de la Méditerranée.
Songis, inspecteur de l'artillerie.
Marescot, inspecteur du génie.
Gouvion St.-Cyr, colonel général des cuirassiers.
Baraguey d'Hilliers, colonel général des dragons.
Junot, colonel général des hussards.
Marmont, colonel général des chasseurs à cheval.

Grands Officiers civils de la Couronne.

S. Em. le cardinal Fesch, grand aumônier.

LL. Exc. MM.

Talleyrand, vice-grand-électeur, grand chambellan.
Duroc, grand maréchal du palais.
Caulaincourt, grand écuyer.
Berthier, vice-connétable, grand veneur.
Ségur, grand-maître des cérémonies.
Regnaud, ministre d'Etat, secrétaire de l'état civil.

Officiers civils de la Couronne, MM.

Daru, intendant-général de la Maison de l'Empereur.
Estève, trésorier-général de la Couronne.
Deluçay, premier préfet du palais.
De Remusat, premier chambellan.
Charier de la Roche, premier aumônier.

Ministres du Royaume d'Italie auprès de S. M. l'Empereur et Roi.

M. *Marescalchi*, ministre des relations extérieures.
M. *Aldini*, ministre secrétaire d'Etat.

MAISON DE L'EMPEREUR.

GRAND *AUMONIER.* S. Em. Mgr. le Cardinal FESCH, archevêque de Lyon.

Premier Aumônier. † *Charrier de la Roche,* évêque de Versailles. — *Aumôniers ordinaires.* † *Deprade,* évêque de Poitiers. † *De Broglio,* évêque de Gand. † *Jauffret,* évêque de Metz, vicaire-général de la grande-aumônerie † *Fournier,* évêque de Montpellier. — *Aumônier* M. l'abbé de Boulogne. *Chapelain,* M. l'abbé Lucotte, chanoine de Lyon. — *Maître des cérémonies de la chapelle.* M. Sambucy.

GRAND CHAMBELLAN. M. *Talleyrand,* (G. D. ✸), vice-grand-électeur, prince de Bénévent.

Premier chambellan maître de la garde-robe. M. Remusat.

Chambellans. MM. Darberg ✸, A. Talleyrand ✸, Brigode ✸ ; *les sénateurs* Deviry, C. ✸ et Garnier-Laboissière, G. ✸ ; Decroy, Mery-Argenteau, Zuidiwk, Detournon, Taille-pied-Boudy, de Fallette-Barol, Ponte-de-Lombriasco, Deviry fils, Germain, d'Angosse.

Secrétaire du Cabinet. M. Clarke, G. ✸. — *Bibliothécaires,* MM. Denina et Barbier. — *Compositeur de la musique de la Chambre,* M. Paer. — *Directeur de la musique,* M. Le Sueur ✸. *Dessinateur du Cabinet,* M. Isabey.

GRAND MARÉCHAL DU PALAIS. M. le général Duroc, (G. D. ✸).

Maréchal des logis du Palais. M. Ségur fils ✸. — *Sous-lieutenant.* M. Tascher ✸. — *Adjoints du grand*

28

maréchal du palais. MM. les colonels Reynaud, C.✷, Clément, C. ✷.

Gouverneurs des Palais impériaux. MM. de Fleurieu, G. ✷, sénateur, Palais des Tuileries. M.... ...., à Versailles. M. le général Loison, G. ✷, à St.-Cloud. M. le général Gudin, à Fontainebleau. M. le général Suchet, G. D ✷, à Lacken. M. l'adjudant-commandant de Saluces, O. ✷, à Turin. M. de Luzerne, à Stupinitz. M. le général Brice Montigny, C. ✷, à Strasbourg.

M. le colonel Fusy, C. ✷, gouverneur de la caserne impériale de l'Ecole militaire.

Premier préfet du palais, M. de Luçay ✷. MM. De Beausset et Saint-Didier, *Préfets du palais.*

GRAND ECUYER. M. le gén. Caulaincourt, G. D. ✷.

Ecuyers. MM. les généraux Durosnel, O. ✷; Defrance, O. ✷; Vatier, O. ✷; St.-Sulpice, C. ✷, de Canisy ✷ et de Villoutreys ✷.

Gouverneur des pages. M. le général Gardanne, ambassadeur en Perse. *Sous-gouverneurs.* M. le colonel d'Assigny, et M. l'abbé Gandon, aumônier. — *Médecin*, M. Ruffin. *Chirurgien*, M. Vergez. — *Professeurs des pages.* MM. Hachette, mathématiques; Orange, latin et français; Endter, histoire et géographie; Carrey, allemand et anglais; Bernard, écriture; Dutertre, dessin; Ertault, musique; Beaupré, danse; Laboissière fils, escrime; De Ligny, natation.

Pages. MM. Lauriston et Najac, *premiers pages*; Balaincourt, Beaufranchet, Beaumont, Bonnair, Boudard, Beaumont, Chaban, Corvisart, Claybrack, Duval, D'Hervilly, Debilly, Duffault, Daubusson, Devienne, Dupont, Delafrenaye, Del-Caretto, d'Houdetot, de Gabriac, Friant, Labarthe de Thermes, Lariboissière, Legrand, Moucey, Mongenet, Massena, Montchoisy, Oudinot, Pontalba, Rigaud, Villeminot, Xaintrailles.

GRAND-VENEUR. M. le maréchal Berthier, G. D. ✠, vice-connétable, prince de Neufchâtel.

Capitaine commandant la vénerie. M. d'Hannecourt. — *Lieutenans de la vénerie.* MM. Bongard de Caqueret, Girardin. — *Porte-arquebuse.* M. Bauterne. — *Secrétaire-général de la vénerie.* M. Froidure.

Capitaines forestiers régisseurs et capitaines des chasses. MM. d'Hannecourt, à Versailles; Lauriston, à St.-Germain-en-Laye; Serracin, à Rambouillet; Calabre, à Compiègne; Boisdhyver, à Fontainebleau; Bernardy, à Stupinitz.

GRAND - MAÎTRE DES CÉRÉMONIES. M. *Ségur*, G. D. ✠.

Introducteurs des ambassadeurs, maîtres des cérémonies. MM. Cramayel, Seyssel. — *Aides des cérémonies, secrétaires à l'introduction des ambassadeurs.* MM. Aignan, Dargainaratz. — *Chef des hérauts d'armes.* M. Duverdier. *Hérauts d'armes.* MM. Sallengros, Zimmermann, cap. Pascal ✠, Larcher, cap. — *Secrétaire des cérémonies.* M. Saint-Felix. — *Dessinateur des cérémonies.* M. Isabey. — *Répétiteur.* M. Despréaux.

INTENDANT - GÉNÉRAL DE LA MAISON. M. *Daru*, conseiller-d'Etat, C. ✠. — *Administrateur et conservateur des forêts et bois de la Couronne.* M. Pélet de la Lozère, fils. — *Premier peintre.* M. David. *Administrateur des parcs et jardins des palais impériaux.* M. Lelieur (de Ville - sur - Arce). — *Architectes,* MM. Fontaine, Louvre et Tuileries; Raymond, St.- Cloud et Meudon; Trepzat, Versailles, les deux Trianons; Famin, Rambouillet; Berthaut, Fontainebleau; Henry, Lacken; Piacensa, Stupinitz. — *Administrateur du garde-meuble de la Couronne.* M. Desmazis. *Conservateur du mobilier de la Couronne.* M. Lefael. — *Inspecteur.* M. Brogniart. — *Intendant des biens de la Couronne, situés au-delà des Alpes.* M. Salmatoris. — *Inspecteur du mobilier des Palais impériaux au-delà des Alpes.* M. Brambilla. — *Notaire.* M. Noel.

Médecins et chirurgiens. MM. Corvisart (O.✷), *premier médecin;* Hallé ✷, *médecin ordinaire;* Boyer ✷, *premier chirurgien;* Yvan ✷, *chirurgien ordinaire.* — *Médecins de l'infirmerie et de la Maison impériale.* MM. Lanefranque, Leclerc. — *Chirurgiens de l'infirmerie et de la Maison impériale.* MM. Horeau, Varelliaud.

Médecins consultans, MM. Lepreux ✷, Malouët; Pinel ✷. *Chirurgiens consultans,* MM. Pelletan ✷, Percy (O. ✷), Sabathier ✷. MM. Deyeux, *premier pharmacien;* Clarion, *pharmacien ordinaire;* Wenzel, *médecin oculiste;* Dubois, *chirurgien-dentiste.*

Trésor-général de la Couronne. M. *Estève, trésorier-général* (O. ✷). *Préposés du trésorier,* MM. Lemaître, à Paris. Dubous, à Versailles. Leroy, à St.-Germain. Lamotte, à Rambouillet. Adam, à Fontainebleau. Pallias, à Compiègne. Blanchot, à Strasbourg. Vogezzi, à Stupinitz et Turin. — *Payeur de la Maison militaire*, M. Baudeuf. — *Payeur du Conseil d'Etat*, M. . . . . . — *Agent de change*, Leroux ✿.

CONSEIL. Le conseil de la maison de l'EMPEREUR est composé : Des grands officiers de la couronne ; de l'intendant-général de la maison et du trésorier-général.

MAISON DE L'IMPÉRATRICE.

Premier aumônier. M. Ferdinand Rohan ✿, *ancien archevêque de Cambrai*.

Dame d'honneur, Madame La Rochefoucault.

Dame d'atour, Madame Lavalette.

Dames du palais, Mesdames, Deluçay, Remusat, Talhouet, Lauriston, Ney, Darberg, L. Darberg, Lannes, Duchâtel, Walsh-Serrant, Colbert, Savary, Octave Ségur, Turenne, Montalivet, Bouillé, Devaux, Marescot, Deperone, Solar, Lascaris-Vintimiglia, Brignole, Remedi, Degentile, Canisi, Chevreuse, Maret, Victor Mortemart, Montmorency-Matignon.

Chevalier d'honneur. M. le Sénateur Harville (C. D. ✿).

Chambellans. M. le général de division Nansouty (C. ✿), *premier chambellan*.

Introducteurs des ambassadeurs. M. Beaumont ✿. MM. Hector Daubusson Lafeuillade ✿. Galard-Bearn. Decourtomer. Degavre ✿. Montesquiou. Dumanoir. *Chambellans*.

Écuyers. M. le Sénateur Ordener (C. ✠), *premier écuyer.*

Écuyers cavalcadours. MM. les généraux Fouler (C. ✠). Berckheim ✠. Doudenarde.

Secrétaires des commandemens. M. J. M. Deschamps.

Premières femmes de chambre. Mesdames Basan et St.-Hilaire.

Dames d'annonce. Mesdames Églé Marchery, Félicité Longroy, Ducrest Villeneuve, Soustras.

Notaire. M. Noël.

Conseil.

Le conseil de la maison de l'impératrice est composé de la dame d'honneur, de la dame d'atour, du premier écuyer et du premier chambellan : l'intendant-général assiste au conseil et le secrétaire des commandemens y tient la plume.

SÉNAT-CONSERVATEUR.

L'EMPEREUR,

LES PRINCES DE LA FAMILLE IMPÉRIALE,

LES PRINCES DE L'EMPIRE, grands dignitaires.

Sénateurs, Messieurs (1) :

Aboville *, place des vosges. (Besançon).

Abrial *, rue plumet, n. 18. (Grenoble).

(1) L'astérique * indique les Sénateurs titulaires des sénatoreries ; et le nom de ville, entre deux parenthèses, le chef-lieu de la sénatorerie.

Barthélemy, rue du mont-blanc, n. 43.

Beaumont, rue de grenelle st.-germain, n. 105.

Béguinot, rue st.-dominique, n. 25.

Berthollet *, rue d'enfer, n. 37. (Montpellier).

Beurnonville, rue faubourg st.-honoré, n. 51.

Boissy-d'Anglas, rue de choiseul, n. 13.

Bonaparte * (Lucien), rue st.-dominique (Trèves).

Bougainville, porte st.-martin, n. 23.

Bruneteau Ste.-Suzanne *, r. s.-dominique s.-g. (Pau).

Cabanis, maison helvétius, à auteuil, n. 25.

Cambacérès (Cardinal), place du carrouzel, n. 16.

Cambiaso, rue st.-dominique st.-germ., n. 100.

Canclaux, rue neuve st.-paul, n. 4.

Casa-Bianca *, quai voltaire, n. 9. (Ajaccio).

Caulaincourt, rue joubert, chaussée d'antin, n. 41.

Chaptal (trésorier), r. st.-dominique st.-g., n. 70.

Chasset *, rue des champs-élysées, n. 3. (Metz).

Choiseul-Praslin, r. de grenelle st.-germain, n. 79.

Cholet, rue du rocher, n. 26.

Clément de Ris (préteur), rue de madame, n. 11.

Colaud, rue de lille, n. 103.

Colchen, rue de caumartin, n. 22.

Cornet, rue de vaugirard, n. 15.

Cornudet *, r. de grenelle st.-germain, n. 90. (Rennes).

Cossé de Brissac, rue du pot-de-fer, n. 8.

Curé, rue notre-dame-des-victoires, n. 32.

D'Aguesseau, rue du marché-d'aguesseau, n. 5.

D'Aremberg, place vendôme, n. 15.

Davous, rue du mont-parnasse, n. 3.

De Barral, arch. de Tours, r. des petits-augustins.

De Beauharnais *, r. de l'université. (Amiens).

De Belloy (M. le cardinal), à l'archevêché, n. 9.

Dedelay-d'Agier, rue helvétius, n. 16.

De Fleurieu, rue taitbout, n. 18.

De Grégory-Marcorengo, rue de la ville-l'évêque.

De Lannoy, rue de grenelle-st.-germain, n. 109.

Delatour, rue du colombier.

De l'Espinasse *, à l'arsenal. (Dijon).

Deloë, rue de bondy, n. 10.

Dembarrère, rue de grenelle-st.-germain, n. 45.

Démeunier *, rue de menars, n. 14. (Toulouse).

Demont, rue helvétius, n. 23.

Depère (Mathieu), rue d'aguesseau, n. 9.

Destutt-Tracy, à auteuil.

Deviry, rue férou, n. 26.

Doulcet-Pontécoulant, rue ste-croix, n. 14.

Dubois-Dubay *, r. du mont-parnasse, n. 5. (Nismes).

Dupont, rue des vieilles-audriettes, n. 2.

Dupuy, rue de grenelle-st.-germain, n. 119.

Durazzo, rue st.-dominique-st.-germain, n. 100.

Dyzez, rue de tournon, n. 8.

Emmery, rue du bac, n. 110.

Fabre, palais royal.

Falette-Barolle, boulevart montmartre, n. 28.

Félix, prince de lucques et de piombino.

Férino (secrétaire), rue de cléry, n. 13.

Fesch (cardinal), rue du mont-blanc, n. 70.

Fouché *, ministre de la police générale. (Aix).

François (de Neufchâteau) *, r. d'enfer. (Bruxelles).

Garat, rue du petit-vaugirard, n. 5.

Garnier-Laboissière *, rue de lille, n. 73. (Bourges).

Garnier (Germain), secrétaire, r. de la rochefouc.

Garran-Coulon *, au palais du sénat. (Riom).

Gouvion, rue du faubourg st.-honoré, n. 57.

Grégoire, rue du pot-de-fer, n. 22.

Harville *, rue de lille, n. 54. (Turin).

Hédouville, r. cisalpine, près celle de courcelle, n. 2.

Herwyn, rue de tournon, n. 12.

Jaqueminot *, rue de grenelle st.-ger., n. 50. (Douai).

Jaucourt, rue de la pépinière, n. 31.

Journu-Auber, rue de l'université, n. 96.

Kellermann *, rue st.-dominique st.-germ. (Colmar).

Klein, rue Grange-Batelière, n. 13.

Lacépède *, présid., palais de la légion d'hon. (Paris).

Lagrange, faubourg st.-honoré, n. 128.

Lamartillière *, rue de miroménil, n. 28. (Agen.).

Lambrechts, rue du cherche-midi, n. 18.

Lanjuinais, rue taranne, n. 25.

Laplace (*chancelier*), palais du sénat.

Latour-Maubourg, rue d'anjou, n. 19.

Lebrun, hôtel de la monnoie.

Lecouteulx-Canteleu *, rue des mathurins. (Lyon).

Lefebvre, m. le maréchal, *préteur*, rue d'enfer, n. 32.

Lejéas, hôtel de brionne, place du carrousel.

Lemercier *, rue du cherche-midi, n. 17. (Angers).

Lenoir-Laroche, rue pochet, n. 5.

Malleville, rue des fossoyeurs, faub. st.-germ. n. 17.

Monge *, rue neuve belle-chasse, n. 3. (Liége).

Morard-de-Galle *, r. de l'université, n. 25.(Limoges).

Ordener, quai bonaparte, n. 3.

Papin, rue st.-marc, n. 10.

Peré, rue cassette, faubourg st.-germain, n. 32.

Pérignon * le maréchal, r. de berry, n. 10. (Bordeaux).

Perregaux, rue du mont-blanc, n. 9.

Porcher, rue st.-dominique st.-germain, n. 36.

Primat, arch. de Toulouse, rue neuve st.-augustin.

Rampon *, rue matignon, s.-honoré, n. 1. (Rouen).

Rigal, rue joubert, chaussée d'antin, n. 29.

Rœderer *, rue du faub. st.-honoré, n. 99. (Caen).

Roger-Ducos *, rue du pot-de-fer, n. 20. (Orléans).

Rousseau, rue du regard, n. 20.

Saint-Martin-Lamotte, r. des saussayes st.-hon., n. 8.

Saint-Vallier, rue de l'université, n. 29.

Saur, rue de lille, n. 101.

Sémonville, rue de varennes, n. 37.

Sers, rue des ss.-pères, n. 14.

Serrurier, m. le maréchal, à l'hôtel des invalides.

Sieyes, rue de la madeleine, faub. st.-honoré, n. 18.

Soulès, à l'école militaire.

Tascher, rue de grenelle st.-germain, n. 18.

Valence, rue de provence, chaussée d'antin, n. 25.

Vaubois *, rue de provence, n. 56. (Poitiers).

Vernier, rue st.-guillaume st.-germain, n. 34.

Vien, quai malaquais, n. 3.

Villetard, rue et barrière d'enfer, n. 84.

Vimar *, rue de belle-chasse, n. 11 (Nancy).

Volney, rue de la rochefoucault, n. 11.

M. Cauchy, *garde des archives, rédacteur des procès-verbaux des séances*, au palais du sénat.

Organisation du Sénat.

Bureau. M. LACÉPÈDE, *président.* MM. Ferino et Germain Garnier, *secrétaires.*

Administration. MM. le maréchal Lefévre et Clément de Ris, *préteurs;* Laplace, *chancelier;* Chaptal, *trésorier.*

Grand Conseil d'administration présidé par l'Empereur. MM. Ferino, Garnier (Germain), *secrétaires.*

Monge, De Fleurieu, Roger-Ducos, Lemercier, d'Aguesseau, Sers, Valence.

Conseil particulier. S. E. M. Lacépède, président. MM. Ferino et Garnier, secrétaires; Vimar, Jacqueminot.

Commission de la liberté individuelle. Messieurs,

Boissy-d'Anglas, Lemercier, Emery, Cornet, Journu-Aubert, Lenoir-Laroche, et Abrial.

Commission de la liberté de la presse. Messieurs,

Jaucourt, Cholet, Depère, Garat, Herwyn, Chasset, et Porcher.

Sénatorerie de Paris.

Elle se compose des départemens de l'Aube, d'Eure-et-Loire, de la Marne, de la Seine, de Seine-et-Marne, de Seine-et-Oise et de l'Yonne. M. LACÉPÈDE, *titulaire de la sénatorerie.*

CONSEIL D'ÉTAT.

Le Conseil d'État est divisé en cinq sections. Il est présidé par l'EMPEREUR ou par un des Princes grands dignitaires, spécialement désigné.

L'EMPEREUR.

LES PRINCES DE LA FAMILLE IMPÉRIALE.

LES PRINCES DE L'EMPIRE, grands dignitaires.

LES MINISTRES.

CONSEILLERS D'ÉTAT.

Section de Législation, Messieurs.

TREILHARD (G. ✻), président, rue des maçons-sorbonne, n. 3.

Albisson ✻, rue st.-honoré, n. 416.

Berlier (C. ✻), conseiller d'état *à vie*, président du conseil des prises, à l'oratoire.

Faure ✻, rue de condé, n. 26.

Réal (C. ✻), conseiller d'état *à vie*, chargé du 1.er arrond. de la police de l'empire, rue de lille, n. 1.

Section de l'Intérieur, Messieurs.

REGNAUD de St.-Jean-d'Angely (G. ✻), ministre d'état, *président*, chaussée d'antin, n. 53.

Bégouen (C. ✻), rue martel, faub. poissonnière, n. 2.

Corvetto, (O. ✻), grande rue de chaillot, n. 7.

D'Hauterive ✻, au ministère des relations extérieures, rue du bacq.

Fourcroy (C. ✻), conseiller d'état *à vie*, directeur général de l'instruct. publique, au jardin des plantes.

Français de Nantes, (C. ✻), conseiller d'état *à vie*, directeur-général de la régie des droits réunis, rue ste.-avoie, à l'hôtel de la régie.

Lavalette ✻, directeur général des postes, à l'hôtel des postes.

Maret ✻, directeur des vivres de la guerre; rue de grenelle st.-germain, n. 83.

Montalivet, (C. ✻), direct. des ponts et chaussées, rue d'iéna, n. 1, faubourg st.-germain.

Pélet, (C. ✻), conseiller d'état *à vie*, chargé du 2.e

arrondissement de la police de l'empire, rue de l'université, n. 17.

Portalis (✻), rue de l'Université.

Ségur, (G. D. ✻), grand maître des cérémonies, membre de l'institut, rue des saussaies, n. 13.

St.-Marsan, rue......

Section des Finances. Messieurs.

DEFERMON, (G. ✻), ministre d'état, *président*, directeur de la liquidation de la dette publique, place vendôme.

Bérenger (C. ✻), conseiller d'état *à vie*; directeur de la caisse d'amortissement, à l'oratoire.

Bergon, directeur-général de l'administration des forêts, rue neuve st.-augustin, n. 23.

Boulay (C. ✻), conseiller d'état *à vie*, chargé du contentieux des domaines, rue de tournon, n. 10.

Collin (C. ✻), conseiller d'état *à vie*, directeur général des douanes, rue montmartre, hôtel des douanes.

Duchatel (C. ✻), conseiller d'état *à vie*, directeur général de l'enregistrement et des domaines, rue de choiseul, hôtel de l'administration.

Jaubert (C. ✻), gouverneur de la banque, rue st.-honoré, hôtel boulogne.

Section de la Guerre. Messieurs.

LACUÉE (G. ✻), ministre d'état, *président*, rue de grenelle st.-germain, n. 105.

Gassendy (C. ✻), général de division, rue et hôtel ste.-anne.

29

Section de la Marine, Messieurs:

GANTHEAUME (G. D. ✶), *président*, vice-amiral, au ministère de la marine.

Redon (C· ✶), conseiller d'état à *vie*, rue de clichy.

Najac (C. ✶), conseiller d'Etat à *vie*, rue st.-guillaume, faubourg st.-germain, n. 18.

M. Locré (✶), *secrétaire général*, au palais imp.

Service ordinaire hors des sections, Messieurs.

Dubois (C. ✶), conseiller d'état à *vie*, préfet de police, hôtel de la préfecture de police.

Frochot (C. ✶), préfet du département de la Seine, à l'hôtel de la préfecture.

Laumond (C. ✶), Préfet du département de Seine-et-Oise, à Versailles.

Merlin (C. ✶), membre de l'institut, rue de Touraine, au marais, n. 2.

Muraire (G· ✶), conseiller d'état à *vie*, premier présid. de la Cour de cassation, r. du helder, n. 3.

Service extraordinaire, Messieurs.

Beugnot (✶).	Jourdan (G. D. ✶).
Bourcier (G. ✶).	Julien (C. ✶).
Brune (G. D. ✶).	Laforest (C. ✶).
Caffarelli (G. ✶).	Marmont (G. D. ✶)
Daru (C. ✶).	Moreau St.-Méry (C. ✶).
Dauchy (C. ✶).	Otto (G. ✶).
Gally (C. ✶).	Shée (C. ✶).
Gau (C. ✶).	Siméon (C. ✶).
Gouvion S.-Cyr(G.D.✶).	Thibaudeau (C. ✶).
Jollivet (C. ✶).	

Maîtres des Requêtes.

Service ordinaire, Messieurs.

Chadelas (✳), inspecteur aux revues, r. de lille, n. 87.

Delpozzo, rue. . .

Félix, inspecteur aux revues, rue. . .

Janet, rue croix des petits-champs, hôtel du levant.

Louis, rue de lille, hôtel de la grande chancellerie de la légion d'honneur.

Néville, rue du bac, n. 97.

Pasquier, rue d'anjou st.-honoré, n. 35.

Service extraordinaire, Messieurs :

Chaban (✳), préfet de la Dyle, à Bruxelles.

Chabrol (✳), premier président de la Cour d'appel d'Orléans.

Mayneau Pancemont (✳), premier président de la Cour d'appel de Nismes.

Merlet (C. ✳) préfet de la Vendée, à Napoléon.

Molé, préfet de la Côte-d'Or, à Dijon.

Seguier (C. ✳), premier président de la Cour d'appel, à Paris.

Wischer de Celles, préfet de la Loire infér., à Nantes.

Auditeurs.

Service ordinaire, Messieurs.

Abrial, rue plumet.

Anglès, rue de l'université, n. 25.

Anisson-Duperron, rue des orties-du-louvre, n. 22.

Balby-Berton-Crion, rue. . .

Brignole fils, rue de la place vendôme, n. 5.

Camille-Tournon, rue neuve du luxembourg, n. 33.

Campan, rue montmartre, n. 58.

Canouville, rue de varennes, n. 37.

Caron-de-St.-Thomas, rue. . .

Chaillou, hôtel du ministère des relations extérieures.

Châteaubourg, quai voltaire, n. 5.

Delamalle, rue des capucines, n. 101.

D'Houdetot, rue du faubourg st.-Honoré, n. 83.

Doazan, rue du chaume au marais, n. 17.

Dudon, rue joubert, n. 35.

Dumolart, rue de la victoire, n. 7.

Dupont-Delporte, rue vivienne, n. 6.

Duval de Beaulieu, rue de la place vendôme, **n. 17.**

Forbin-Janson, rue st.-guillaume, n. 58.

Hely d'Oissel, rue des fossés st-germ. l'auxer., **n.9.**

Jaubert (✻), rue de provence, n. 10.

Lafond, rue cerutti, n. 22.

Lecouteulx, rue du mont-blanc, n. 60.

Lepelletier d'Aunay, rue de Lille, n. 63.

Mounier, rue d'anjou st.-honoré, n. 24.

Pélet fils, rue de l'université, n. 17.

Pepin de Belle-isle, rue jacob, n. 12.

Perregaux fils, rue de paradis-poissonnière, **n. 43.**

Petiet, rue bigaut, à la grille.

Rédon fils, rue de clichy, n. 23.

Regnier, hôtel du grand juge, place vendôme.

Taboureau, rue des filles st.-thomas, hôtel d'**Anglet.**

Treilhard fils, rue des maçons-sorbonne, n. 3.

Vincent Marniola, rue...

Service extraordinaire, Messieurs:

Barante, sous-préfet, à Bressuire.

Goyon, sous-préfet, à Montaigu.

Latour Maubourg, à Constantinople.

Maurice, préfet du département de la **Creuse.**

Reuilly, sous-préfet, à Soissons.

Rœderer, à Naples.

Stassart, sous-préfet, à Orange.

Commission des pétitions, Messieurs.

Pelet, Faure, *conseillers d'état* ; Janet, Delpozzo, Pasquier, Félix, *maîtres des requêtes.* Abrial, Brignoles, Chateaubourg, Lepelletier d'Aunay, *auditeurs.*

Commission du Contentieux, présidée par S. Exc. le Grand-Juge, Ministre de la Justice.

MM. Chadelas, Janet, Félix, Neville, Pasquier, Delpozzo, *maîtres des requêtes* ; Regnier, Treilhard, Doazan, de la Malle, Lecouteulx, Canouville, *auditeurs.*

Avocats au Conseil d'Etat.

Armey.
Badin.
Chabroud.
Chauveau Lagarde.
Cochu.
Dejoly.
De la Croix-Frainville.
Deslix.
Dupont.
Fressenel.

Huart-Duparc.
Jullienne.
Legras.
Mailhe.
Parent-Réal.
Raoul.
Roux (*Henri-François*).
Tacussios.
Thilorier.

Pour les adresses des avocats, voyez *le tableau des* avocats, *page* 279.

Huissiers *près le Conseil d'Etat,* MM. Dumont et....

CORPS LÉGISLATIF.

Président.

M. Fontanes (C. ✱), au palais du corps législatif.

Questeurs, Messieurs,

Despalières.
Nougarède.

Marcorelle (✱).
Blanquart-Bailleul.

Législateurs , Messieurs (1),

5	1809	Aroux.	seine-inférieure.
1	1811	Aubert-du-petit-Thouars.	indre-et-loire.
3	1808	Augier.	charente-infér.
1	1811	Auguis.	deux-sèvres.
3	1808	Barral.	isère.
1	1811	Barrot.	lozère.
3	1808	Bassange.	ourthe.
5	1809	Bastil.	lot.
3	1808	Bavouz.	Sésia.
3	1808	Becquey.	marne.
1	1811	Beguin , fils.	cher.
3	1808	Beslay.	côtes-du-nord.
5	1809	Besqueut.	haute-loire.
1	1811	Besson.	ain.
3	1808	Blanquart-Bailleul.	pas-de-calais.
2	1810	Bodinier.	île-et-vilaine.
2	1810	Bonardo.	Marengo.
1	1811	Bonnot.	hautes-alpes.
3	1808	Botta.	Doire.
5	1809	Bouget.	roër.

(1) La première colonne indique la série à laquelle appartient chaque législateur. La deuxième , l'année de sortie au 31 décembre. La quatrième ; le département par lequel il est député.

Les * qui sont après quelques noms désignent les membres du Tribunat qui ont passé au Corps législatif.

La nomination des membres de la quatrième série qui doivent remplacer ceux sortis au 31 décembre 1807 n'étoit point connue lors de l'impression de cet Annuaire.

Les lettres, pendant la session, doivent être adressées au palais du Corps législatif.

1	1811	Bouquelon.	eure.
2	1810	Bourguet-Travanet.	tarn.
1	1811	Bourlier.	eure.
3	1808	Bourrau.	lot-et-garonne.
2	1810	Bouteiller.	meurthe.
2	1810	Bouteiller.	somme.
5	1809	Boyelleau.	saône-et-loire.
3	1808	Bruneau-Beaumez.	pas-de-calais.
2	1810	Chappuis.	vaucluse.
»	1812	Chabaud-Latour. *	
»	1812	Chabot-de-l'Allier. *	
»	1812	Challan. *	
3	1808	Charly.	arriège.
3	1808	Chestret.	ourthe.
1	1811	Chiavarina.	pô.
5	1809	Chilhaut-Larigaudie.	Dordogne.
2	1810	Chiron.	finistère.
5	1809	Cholet.	seine-et-oise.
3	1808	Claudet.	jura.
1	1811	Clausel.	aveyron.
2	1810	Clémenceau.	vendée.
1	1811	Coffinhal.	cantal.
1	1811	Collard.	aisne.
1	1811	Colaud-Lasalcette.	creuse.
2	1810	Colonieu.	vaucluse.
1	1811	Combret-Marsillac.	corrèze.
1	1811	Costa.	pô.
5	1809	Costé.	seine-inférieure.
3	1808	Couppé.	côtes-du-nord.
5	1809	Creuzé.	saône-et-loire.
2	1810	Daigremont.	calvados.
5	1809	Dalesme.	haute-vienne.

5	1809	Dalleaume.	seine-inférieure.
3	1808	Dalmas.	ardèche.
2	1810	Dalpozzo.	marengo.
2	1810	Darthenay.	calvados.
2	1810	Dauzat.	hautes-pyrennées.
2	1810	Debosque.	haute-garonne.
2	1810	Debrigode.	nord.
3	1808	Defermon.	mayenne.
5	1809	Dejunquière.	seine-et-oise.
1	1811	Dekersmaker.	lys.
3	1808	Delahaye.	loiret.
1	1811	Delamardelle.	indre-et-loire.
2	1810	Delameth.	somme.
2	1810	Delecluze.	finistère.
1	1811	Delhorme.	aisne.
3	1808	Demissy.	charente-infér.
2	1810	Demortreux.	calvados.
2	1810	Desbois.	ile-et-villaine.
2	1810	Despallières.	vendée.
2	1810	Despret.	nord.
2	1810	Dhaubersart.	nord.
5	1809	Ducan.	sarthe.
3	1808	Duclaux.	ardèche.
5	1809	Ducos.	landes.
5	1809	Dufeu.	loire-inférieure.
1	1811	Duhamel.	manche.
2	1810	Dumolard.	nord.
1	1811	Dupré de St.-Maure.	aude.
2	1810	Duquenne.	nord.
3	1808	Duret.	charente infér.
5	1809.	Duris-Dufresne.	indre.

2	1810	Emmery.	nord.
2	1810	Estourmel.	somme.
2	1810	Farez.	nord.
»	1812	Favart. *	
1	1811	Fontanes.	deux-sèvres.
3	1808	Foucher.	mayenne.
3	1808	Francia.	sésia.
3	1808	Francoville.	pas-de-calais.
1	1811	Fremin-Beaumont.	manche.
1	1811	Frontin.	eure.
2	1810	Gaillard.	seine-et-marne.
»	1812	Gallois. *	
3	1808	Gally.	alpes-maritimes.
5	1809	Gédouin.	loire inférieure.
3	1808	Gendebien.	jemmapes.
2	1810	Gerolt.	rhin-et-moselle.
3	1808	Girardin.	oise.
»	1812	Girardin. *	
1	1811	Giraudet.	allier.
5	1809	Girod-Chantrans.	doubs.
3	1808	Goblet.	jemmapes.
3	1808	Godailh.	lot-et-garonne.
1	1811	Golzart.	ardennes.
1	1811	Goubau.	lys.
3	1808	Gosse.	pas-de-calais.
»	1812	Goupil-Préfeln. *	
1	1811	Grandsaigne.	aveyron.
1	1811	Grellet.	creuse.
5	1809	Grenier.	haute-loire.
5	1809	Grenier.	hérault.

»	1812	Grenier.*	
2	1810	Guibal.	tarn.
5	1809	Hardouin.	sarthe.
5	1809	Hébert.	seine inférieure.
5	1809	Hénin.	seine-et-oise.
1	1811	Hennequin.	allier.
1	1811	Herwyn.	lys.
1	1811	Horn.	mont-tonnerre.
2	1810	Houdouart.	yonne.
3	1808	Houzé.	jemmapes.
2	1810	Jacopin.	meurthe.
1	1811	Jaquet.	Pô.
3	1808	Jaubert.	bouches-du-rhône.
3	1808	Jubié.	isère.
3	1808	Juery.	oise.
5	1809	Kervégan.	loire inférieure.
1	1811	Lacoste.	gard.
5	1809	Lagier-Lacondamine.	drôme.
»	1812	Lahary.*	
3	1808	Lahure.	jemmapes.
5	1809	Lajard.	hérault.
1	1811	Lamer.	pyrénées orental.
2	1810	Langlois-Septenville.	dyle.
5	1809	Larché.	côte-d'or.
5	1809	Larmagnac.	saône et loire.
3	1808	Laurence-Dumail.	vienne.
1	1811	Ledanois.	eure.
1	1811	Lefebvre-Gineau.	ardennes.
5	1809	Lefort.	léman.
5	1809	Lefranc.	landes.
1	1811	Leleu.	aisne.

3 1808 Lemaire-Darion.   oise.

1 1811 Lemarrois.   manche.

5 1809 Lemosy,   lot.

» 1812 Le Roy. *

3 1808 Lesperut.   mayenne.

3 1808 Lespinasse.   nièvre.

2 1810 Letellier.   calvados.

5 1809 Limouzin.   dordogne.

2 1810 Louvet.   somme.

2 1810 Lucy.   seine-et-marne.

» 1812 Mallarmé. *

2 1810 Marcorelle.   haute-garonne.

1 1811 Marescot-Pérignat.   loir-et-cher.

1 1811 Marquette-de-Fleury.   haute-marne.

2 1810 Martin-Bergnac.   haute-garonne.

1 1811 Martin, fils.   haute-saône.

1 1811 Martin Saint-Jean.   aude.

5 1809 Mauboussin.   sarthe.

3 1808 Mauclerc.   marne.

1 1811 Membrède.   meuse inférieure.

2 1810 Mercier-Vergerie.   vendée.

1 1811 Monseignat.   aveyron.

2 1810 Montesquiou.   seine-et-marne.

2 1810 Moreau.   haut-rhin.

1 1811 Noaille.   gard.

2 1810 Noguez.   hautes-pyrénées.

3 1808 Noguier-Malijay.   bouches-du-rhône.

5 1809 Nougarède.   hérault.

2 1810 Olbrechts.   dyle.

5 1809 Ollivier.   drôme.

3 1808 Oudinot,   meuse.

1	1811	Pardessus.	loir-et-cher.
1	1811	Paroletti.	Pô.
3	1808	Pascal.	isère.
2	1810	Pastoret.	forêts.
3	1808	Pavetti.	doire.
5	1809	Pelzer.	roër.
5	1809	Pemartin.	basses-pyrénées.
1	1811	Penière-Delzors.	corrèze.
3	1808	Peppe.	deux-nèthes.
1	1811	Perès.	gers.
5	1809	Périgois.	indre.
1	1811	Petit.	cher.
3	1808	Petit-Lafosse.	loiret.
2	1810	Philippe-Delleville.	finistère.
3	1808	Picolet.	mont-blanc.
5	1809	Plagnat.	léman.
2	1810	Plasschaert.	dyle.
»	1812	Poujard du Limbert.	
2	1810	Prati.	marengo.
5	1809	Prunis.	dordogne.
2	1810	Puymaurin Marcassus.	haute-garonne.
2	1810	Ragon-Gillet.	yonne.
2	1810	Rallier.	ille-et-villaine.
3	1808	Ratier.	charente infér.
2	1810	Raynouard.	var.
2	1810	Reuter.	forêts.
1	1811	Reinaud-Lascours.	gard.
1	1811	Riboud.	ain.
5	1809	Rieussec.	rhône.
2	1810	Robinet.	ille-et-villaine.
1	1811	Roemers.	meuse inférieure.
1	1811	Roger.	haute-marne.

2 1810 Rossée.   haut-rhin.
5 1809 Roulhac.   haute-vienne.

» 1812 Sahuc.*
2 1810 Saillour.   finistère.
1 1811 Saint-Pierre-Lesperet.   gers.
5 1809 Salm Dick.   roër.
5 1809 Salmon.   sarthe.
1 1811 Salvage.   cantal.
3 1808 Sapey.   isère.
3 1808 Sautier.   mont-blanc.
3 1808 Sauzay.   mont-blanc.
2 1810 Schadet.   nord.
3 1808 Selys.   ourthe.
2 1810 Senés.   var.
2 1810 Siméon.   var.
3 1808 Sol.   arriége.
2 1810 Sommervogel.   haut-rhin.
5 1809 Soret.   seine-et-oise.
2 1810 Soufflot.   yonne.
1 1811 Sturtz.   mont-tonnerre.

5 1809 Talhouet.   loire inférieure.
1 1811 Tardy.   ain.
3 1808 Tartas-Conques.   lot-et-garonne.
5 1809 Terrasson.   rhône.
1 1811 Tesnière-Bresmeuil.   manche.
3 1808 Thibaudeau.   Vienne.
2 1810 Thiry.   meurthe.
3 1808 Thomas.   marne.
5 1809 Thomas.   seine inférieure.
» 1812 Thouret.*
3 1808 Toulongeon.   nièvre.

1	1811	Trinqualie-Maignan.	gers.
5	1809	Tupinier.	saône-et-loire.
3	1808	Valleteaux.	côtes-du-nord.
1	1811	Vandermeersch.	lys.
2	1810	Vanrecum.	rhin-et-moselle.
3	1808	Vantrier.	deux-nèthes.
1	1811	Vigneron.	haute-saône.
5	1809	Villiers.	côte-d'or.
5	1809	Vonder-Leyen.	roër.
2	1810	Willems.	dyle.

Secrétaires rédacteurs. MM. Le Vasseur, Gleizat, au Palais du Corps législatif.

Messagers d'État. MM. Sevestre, Fournier.

Huissiers. MM. Beaupré, *chef,* Aubriet, *sous-chef,* Bertholet, Jeunesse, Girard, Balza, Boyat, Tournemine, Sal, Leblanc, Giraud jeune, Jean, au Palais du Corps législatif.

Procès-verbaux. MM. Giraud aîné, *chef,* Dubois, 1.er *commis,* au Palais du Corps législatif.

Bibliothèque. M. Druon, *conservateur.*

Comptabilité. MM. Parelle, *chef,* Vié, 1.er *commis.*

Secrétariat de la questure. MM. Marignié, *secrétaire-général,* Desaint, *secrétaire particulier,* Hébert, *commis d'ordre,* Richard, *garde magasin.*

Secrétaire de la présidence, M. Lanjeac.

Architecte, M. Poyet, administration des ponts et chaussées.

Imprimeur, M. Hacquart, rue Gît-le-Cœur, n. 8.

HAUTE COUR IMPÉRIALE.

Le siége de la Haute-Cour impériale est dans le Sénat.

Elle est présidée par l'archi-chancelier de l'Empire.

Elle est composée des princes, des titulaires des grandes dignités et grands-officiers de l'Empire, du grand-juge ministre de la justice, de soixante sénateurs, des présidens de sections du Conseil - d'Etat, de quatorze conseillers d'état, et de vingt membres de la Cour de cassation.

Les sénateurs, les conseillers d'état, et les membres de la Cour de cassation sont appelés par ordre d'ancienneté.

Grand procureur-général. M. Regnaud de St.-Jean-d'Angely, *ministre d'état,* rue du mont-blanc, n. 53.

Greffier en chef. M. *Garnier,* rue st.-honoré, vis-à-vis celle de la sourdière, n. 317.

COUR DE CASSATION.

Il y a, pour tout l'Empire français, une seule Cour de cassation, séante à Paris.

Cette Cour est composée d'un premier président, de deux présidens, et de quarante-cinq juges. Elle se divise en trois sections, savoir : la section des requêtes ; la section de cassation civile ; la section de cassation criminelle.

Il y a, près de la Cour, un procureur-général impérial, six substituts et un greffier en chef.

Cette Cour n'a pas de vacances.

Cour de Cassation.

Membres de la Cour. MM.

MURAIRE, *conseiller d'état*, 1.er *présid.*, r. helder, n. 3.
Carris, *président*, rue du vieux-colombier, n. 3.
Vieillart, *président*, rue sts.-pères, n. 3.
Audier-Massillon, rue chabanois, n. 6.
Aumont, rue du cherche-midi, n. 19.
Babille, rue du théâtre français, n. 19.
Bailly, rue du petit-bourbon st.-sulpice, n. 25.
Basire, rue du petit-bourbon, n. 25.
Beauchamp, quai bourbon, île st.-louis, n. 19.
Boyer, rue du pot-de-fer st.-sulpice, n. 9.
Borel, rue du petit-bourbon st.-sulpice, n. 27.
Botton, rue du bacq, n. 32.
Brillart-Savarin, rue des filles st.-thomas, n. 23.
Buschop, rue de la vieille-estrapade, n. 5.
Carnot, rue des sts.-pères, n. 3.
Cassaigne, rue st.-andré-des-arcs, n. 60.
Chasle, rue st.-guillaume, n. 11.
Cochard, rue jacob, n. 20.
Coffinhal, rue beautreillis, n. 14.
Delatoste, rue du bacq, n. 34.
D'Outrepont, rue de tournon, n. 6.
Dutoc, rue de l'université, n. 20.
Gandon, rue du cherche-midi, n. 19.
Genevoie, rue de grenelle, n. 15.
Guyeu, rue helvétius,
Henrion-Pensey, r. du petit-bourbon st.-sulpice, n. 20.
Lachèze, rue neuve-des capucines, n. 97.
Lamarque, rue vaugirard, n. 60.
Lasaudade, quai voltaire, n. 22.
Liborel, rue du cherche-midi, n. 34.
Liger-de-Verdigny, rue st.-dominique, n. 48.
Lombard-Quincieux, rue gît-le-cœur, n. 13.
Minier, cul-de-sac st.-dominique-d'enfer, n. 2.
Oudart, rue notre-dame-de-nazareth, n. 27.

Oudot, rue des ss.-pères, n. 75.
Pajon, rue de l'université, n. 5.
Poriquet, rue jacob, n. 22.
Rataud, boulevart du temple, n. 17.
Rousseau, rue du jardinet, n. 11.
Ruperon, rue montmartre, n. 64.
Scwendt, rue du gros-chenêt, n. 6.
Seignette, aux quinze-vingts.
Sieyes, rue st.-dominique, n. 14.
Vallée, rue cassette, n. 15.
Vasse, rue d'enfer-st.-michel, n. 20.
Vergès, rue de vaugirard, n. 34.
Vermeil, rue geoffroy-langevin, n. 7.
Zangiacomi, rue de vaugirard, n. 49.

Procureur-général-impérial.

M. MERLIN, cons. d'état, r. de touraine, au marais.

Substituts. Messieurs,

Jourde, rue de seine, n. 48.
Thuriot, rue gerard-boquet, n. 4.
Le Contour, rue de savoie, n. 9.
Pons-de-Verdun, rue st.-victor, n. 158.
Giraud, quai béthune, île st. louis, n. 18.
- *Daniels*, rue de cléry, n. 13.

Section des requêtes et section civile.

Audience les lundi, mardi et mercredi de chaque semaine.

Section criminelle.

Audience les jeudi, vendredi et samedi de chaque semaine.

Greffier en chef. M. *Jalabert*, r. de l'odéon, n. 26.

Concierge. M. *Lemoine*, au palais de justice.

Tableau des Avocats en la Cour.

Messieurs (1),

Badin, rue neuve-des-petits-champs, n. 4.
Barbé *, rue st.-andré-des-arcs, n. 51.
Becquey-Beaupré, rue coq-héron, n. 14.
Bérenger *, rue bonaparte, n. 5.
Bosquillon, rue de la tixeranderie, n. 29.
Bouchereau, quai malaquais, n. 21 (secrétaire).
Bouquet, rue croix-des-petits-champs, n. 37.
Camus, cloître notre-dame, n. 2.
Chabroud, rue du paon, n. 8, près l'école de médec.
Champion, rue du mail, n. 1.
Cochu, rue de caumartin, n. 21.
Colin, rue traversière-st.-honoré, n. 25.
Coste, rue de la sourdière, n. 21.
Dejoly, rue de gaillon, n. 13.
Deslix, rue de tournon, n. 2 (rapporteur).
Dufresnéau, rue neuve st.-merry, n. 15.
Dumesnil-de-Merville, rue de seine st·germ., n. 48.
Dupont, rue verdelet, n. 4.
Duprat, rue des petits-augustins, n. 9.
Flusin, vieille rue du temple, cul-de-sac d'argenson.
Geoffrenet, rue des blancs-manteaux, n. 24.
Gérardin *, rue pavée st.-andré-des-arcs, n. 3.
Godard, r. pavée st.-andré-des-arcs, n. 18 (syndic).
Granié, rue traversière-st.-honoré, n. 26 (trésorier).
Grisart rue des fossés-mr.-le-prince, n. 18.
Guichard, rue de gaillon, n. 12.
Huart-Duparc, rue de l'université, n. 25.
Jousselin, rue thibautodé, n. 10.
Laveaux, rue du battoir-st.-andré-des-arcs, n. 19.
Le Picard, rue neuve-des-mathurins, n. 18.
Le Roy-de-Neufvillette, rue mêlée, n. 38.
Loiseau, rue du cimetière st.-andré, n. 10.
Maille, rue des petits-augustins, n. 15.

---

(1) L'astérique * désigne les membres de la Chambre.

Martineau, rue thérèse, n. 11 (président).
Mathias, vieille rue du temple, n. 32.
Maussallé, rue montmartre, n. 68.
Méjean, (Maurice) boulevart montmartre, n. 21.
Merlhie de la Grange, boulevart des italiens, n. 27.
Molinier-Montplanqua, rue de la verrerie, n. 36.
Moreau, rue de condé, n. 5.
Musnier-Desclozeaux, rue et île st.-louis, n. 51.
Parent-Réal, rue de tournon, n. 12.
Pelleport, rue du hanovre, n. 10.
Picolet, rue poissonnière, n. 21.
Raoul, rue batave, n. 9.
Saladin, rue mauconseil, n. 17.
Sirey, quai des morfondus, n. 9.
Thacussios, rue hautefeuille, n. 10.
Troussel, rue du petit-carreau, n. 16.
N. . , ... , rue . . . . .

COUR DES COMPTES.

Elle est composée d'un premier Président, de trois présidens, de dix-huit maîtres des comptes, de référendaires, dont le nombre est provisoirement fixé à dix-huit de première classe et soixante-deux de seconde classe; d'un procureur général et d'un greffier en chef.

La Cour est divisée en trois chambres, composée chacune d'un président et de six maîtres des comptes.

MEMBRES DE LA COUR.

Premier Président.

M. BARBÉ MARBOIS, rue de Grenelle, F. S. G.

Présidens. MM.

Jard Panvillier, rue du Lycée, n. 3.
Delpierre, rue des fossés st.-germain, n. 5.
Briere-Surgy, rue de grammont, n. 14.

Maîtres des comptes. Messieurs ,

Féval, rue coq-héron , n. 16.

Goussard, rue jacob , n. 20.

Regardin , rue st.-andré-des-arcs, n. 6.

Sanlot, rue le pelletier, n. 2 , boulev. des italiens.

Girod (de l'Ain) , hôtel de Bouillon , quai malaquais.

Arnould , rue de la place vendôme , n. 54.

Chassiron, rue du cherche-midi , n. 14.

Gillet la Jacqueminière, r. neuve des pet. champs, n.54.

Gillet (de Seine et Oise) , rue de la ville l'év. , n. 28.

Malès , rue de Tournon , n. 2.

Montruault, rue des deux-portes st.-jean , n. 4.

Perrée , rue saint-honoré , n. 383.

Pinteville Cernon , rue basse du rempart, n. 54.

Duvidal , place vendôme , n. 6. •

Carret , rue poissonnière , n. 13.

Tarrible , rue du vieux colombier , n. 3.

Drouet , rue neuve des mathurins, n. 48.

Guillemain de Vaivres , rue joubert, n. 19.

Procureur général impérial.

M. GARNIER , rue st.-honoré. n. 317.

Greffier en chef.

M. Pajot Dorville , rue de tournon , n. 12.

Référendaires de première classe. MM.

Michelin , rue du grand chantier , n. 10.

Guillaume , île st.-louis, quai d'Alençon , n. 53.

Hullin-Boischevallier, r. pavée st.-And.-des-arcs, n.7.

Percheron , rue de condé , n. 10.

Lhuillier , rue cloître st.-Marcel , n. 5.

Gillot , rue bailleul, au coin de celle de l'arbre-sec.

Duclos, rue st.-martin, n, 127.
Finot, rue st.-honoré, n. 404.
Degombert, rue du chantre st.-honoré, n. 11.
Deleville, rue et île st.-louis, n. 22.
Gavot, rue neuve-st.-roch, n. 7.
Truet, rue st.-jacques, n. 57.

Référendaires de deuxième classe, MM.

Dugier-Lamothe, vieille rue du temple, n. 32.
Sahut, rue beauregard, n. 8.
Perrier-Trémémont, rue gît-le-cœur, n. 12.
Fourmantin, rue st.-andré-des-arcs, n. 45.
Carré, rue férou, n. 17.
Crassous, rue de verneuil, n. 35.
Regardin le jeune, rue st.-andré-des-arcs, n. 61.
Demont-Chanin, rue amelot, n. 12.
Thibaut, rue du lycée.
Delaistre.
Gigault de la Salle, rue d'amboise, n. 3.
Barthouil, rue st.-honoré, hôtel de boulogne.
St.-Didier.
Barthélemy, rue st.-dominique-st.-germain, n. 25.
Duparc, rue ste.-croix-de-la-bretonnerie, n. 39.
Faucond, rue phelippeaux, n. 15.
Pernot, rue porte-foin, n. 17.
Bralle, rue du four st.-germain, n. 43.
Duriez, rue st.-denis, n. 73.
Prin, rue du faub. du temple, n. 66.
Dérigny, rue j.-j. rousseau, n. 12.
Duchesne, rue de l'éperon st.-andré, n. 8.
Lesval, rue cadet, faub. montmartre, n. 4.
Pierret, rue st.-landry, n. 5.
Vial, rue des vieux augustins, n. 27.
Larant, quai d'anjou, île st.-louis, n. 30.
Colleau, vieille rue du temple, n. 123.
Alig, rue des fossés st.-germain l'auxerrois, n. 3.
Lemaître, rue st.-andré-des-arcs, n. 60.

Régnier aîné, rue bonaparte, n. 5, abbaye st.-germ.
Dubreuil, rue de la tournelle, n. 13, panthéon.
Héroux, rue de l'odéon, n. 20.
Roualle aîné, rue geoffroy l'angevin, n. 11.
Bouchard, rue des vieilles-thuilleries, n. 5.
Dalbaret, rue de l'arbre-sec, n. 14.
Parisot, rue des maçons-sorbonne, n. 3.
Hamarc de la Borde, rue du chantre-st.-hon., n. 20.
Leroux, rue de l'arbre-sec, n. 15.
Mauguard, rue royale, n. 9, hôtel nicolaï.
Tarjon, cloître notre-dame, n. 6.
Montfouilloux, rue barre-du-bec, n. 8.
Courel, rue st.-denis, n. 257.
Valadon, rue des tournelles, n. 52.
Dusommerard, rue st.-honoré, n. 89.
Dupont, rue du lycée, n. 3.
Bagot, rue du faub. montmartre, n. 67.
Beaulieux, rue du sépulchre, n. 36.
Villeneuve-Bargemont, rue de grenelle st.-germain.
Meulan, rue de surênes, faub. st.-honoré, n. 23.

L𝖤́GION D'HONNEUR. Voir à la table des matières.

MINISTÈRES.

SECRÉTAIRERIE D'ÉTAT.

place du Petit Carrousel.

S. Ex. M. H. B. MARET (G. D. ✻), Ministre Secrétaire d'Etat.

1.re *DIVISION. Expédition.* MM. Aubusson ✻, *chef de division*, Husson, Vergniaud, Evrat, *sous-chefs.*

2.e *DIVISION. Procès-verbaux.* MM. Lemolt, *chef de division*, Jubinal, *sous-chef, adjoint.*

3e. *DIVISION. Correspondance.* MM. Agasse, *chef de division*, Durand, *sous-chef.*

Archives Impériales. MM. Fain ⁂, *chef de division*, Levallois, *sous-chef*, Desrenaudes, *garde de la bibliothèque historique.*

Artiste écrivain, M. Petit, aîné.

MINISTÈRE DE LA JUSTICE,
place Vendôme.

S. Ex. Mr REGNIER (G. D. ⁂), Grand-Juge et Ministre.

Auditeurs, V. page 339.

SECRÉTARIAT GÉNÉRAL. MM. *Delecroix*, secrétaire général du Ministère, *Romer*, secrétaire particulier.

1.er Bureau. *Enregistrement.* MM. Brocard, chef, Brosselart, traducteur des lois et pièces étrangères.

2.e Bureau. *Archives.* MM. De Laigue, Leroux, Noyer, *chefs.*

Bureau de consultation et de révision. MM. Guyot, Gorguereau, Decomberousse, *jurisconsultes*, *membres*

---

(1) Le Grand-Juge donne ses audiences publiques les premier et troisième vendredis de chaque mois, depuis midi jusqu'à une heure. Les fonctionnaires publics sont reçus les premiers. Les bureaux du secrétariat général et de la comptabilité sont ouverts au public les premier et troisième vendredis de chaque mois, depuis 2 h. jusqu'à 4. Les fonctionnaires publics sont admis tous les jours à la même heure, dans les différens bureaux du ministère.

du bureau de consultation ; Dalmassy, Duport, *chefs de révision.*

Bureau particulier du ministre. M. Montvel, chef.

1.re *DIVISION. Recours en grâce.* MM. *Collenel ,* chef de division, Tiron, chef du bureau.

2.e *DIVISION. Organisation judiciaire.* M. *Bordas,* chef de division.

3.e *DIVISION. Matières civiles.* MM. *Bernardi ,* chef de division, Broyart, chef de bureau.

4.e *DIVISION. Matières criminelles.* M. *Beaulaton,* chef de division.

1.re *Section.* Justice criminelle. M. Legraverend, chef. 2.e *Section.* Police correctionnelle. M. Dufour de la Boulaye, chef. 3.e *Section.* Cassation. M. Sallais, chef.

5.e *DIVISION. Comptabilité.* M. Rieff, ch. de div.

1.re *Section.* M. *Champion,* chef.

2.e *Section.* M. *Houdeyer ,* chef.

6.e *DIVISION. Envoi des lois,* (rue de la Vrillière). MM. *Dumont* et *Chaube ,* directeurs.

MM. Boldoni, Lamey, Gomez, *traducteurs.*

IMPRIMERIE IMPÉRIALE (rue de la Vrillière).

M. *Marcel* ✠ , directeur-général.
M. Le Barbier, *secrétaire de la direction.*

Bureaux. MM. Colas, *chef typographe,* Salbreux , *chargé de la comptabilité.*

Vérification et correction des épreuves. MM. Gence, Esline , Beaufils, Demange , *correcteurs.*

Imprimerie. *Première Section.* M. Rousseau , *prote chef. Deuxième Section.* M. Leloup , *prote chef.*

Langues orientales. MM. Silvestre de Sacy ✢, *vé-rificateur;* Delarue, *prote.*

Fonderie. MM. Firmin Didot, *graveur;* Jollivet, *prote.*

Reliure. M. Lafond, *chef.*

Papeterie. M. Girard, *chef.*

Inspecteur des ateliers. M. Colmache.

M. Sollier, *chirurgien du département du Grand-Juge,* rue de Seine, n. 12.

MINISTÈRE DES RELATIONS EXTÉRIEURES,

rue du Bacq, hôtel Galiffet.

S. Ex. Mᶜ DE CHAMPAGNY (G. D. ✢), Ministre.

1ʳᵉ. *DIVISION POLITIQUE.* MM. *La Besnar-dière* ✢, chef; Durand, sous-chef.

2ᵉ. *DIVISION POLITIQUE.* MM. Roux ✢, chef; Bourjot, sous-chef.

DIVISION DES RELATIONS COMMERCIALES. MM. *Dhermand* ✢, chef; Flury, sous-chef.

Archives. MM. *Blanc-d'Hauterive* ✢, conseiller-d'état ✢, chef, garde du dépôt.

Fonds et comptabilité. MM. *Bresson* ✢, chef; De-laflèchelle, sous-chef.

Nota. Le bureau des passeports, qui fait partie de la division des relations commerciales, est le seul ouvert au public tous les jours depuis onze heures du matin jusqu'à trois heures de l'après midi, excepté les dimanches et les fêtes.

Outre l'expédition des passeports et la légalisation des pièces venant de l'étranger, ou susceptibles d'y être envoyées, les personnes qui auroient besoin de quelques renseignemens, pourront se les procurer dans ce même bureau.

MINISTÈRE DE L'INTÉRIEUR,
rue de Grenelle.

S. Ex. Mᴵ Cʀᴇᴛᴇᴛ (C. ✸), Ministre (1).

Auditeurs, V. page 339.

Sᴇᴄʀᴇ́ᴛᴀʀɪᴀᴛ ɢᴇ́ɴᴇ́ʀᴀʟ. M. *De Gerando*, membre de l'institut, secrétaire-général.

M. Fauchat, *chef du secrétariat.* M. Bocquet, *chef du bureau d'expédition et des archives.*

Bureau d'enregistrement, informations et des dépêches. MM. Loiselet, *chef.* Linel, *chef-adjoint.*

---

(1) Le Ministre donne audience aux Membres du Sénat-Conservateur et du Corps législatif, le lundi de chaque semaine : il donne des audiences particulières, lorsqu'on en forme la demande par écrit, en indiquant l'objet dont on desire l'entretenir.

Les chefs de division reçoivent le public les jeudis, depuis midi jusqu'à deux heures. Les autres jours, il est expressément défendu aux portiers de laisser entrer, sans une autorisation du Ministre, ou du Secrétaire général.

Bureau de statistique. MM. Coquebert-Monbret ✠. *chef.* Ph. de la Madeleine, conservateur de la bibliothèque du ministère, du dépôt des cartes, des souscriptions et abonnemens.

1re. DIVISION. M. Benoist, *chef.*

Bureau de l'administration générale. MM. Fleurigeon, Gambier, *chefs.*

Bureau de l'administration communale. M. Lefranc, *chef.*

Première section. M. Tellemon, *chef-adjoint.*

Deuxième section. M. Baudard, *chef.*

Bureau de la comptabilité administrative. M. Petel, *chef.*

Bureau du personnel. M. Le Tellier, *chef.*

2e. DIVISION. M. Lansel ✠, *chef.*

Bureau d'agriculture. M. Sylvestre, *chef.*

Bureau des subsistances. M. Remondat, *chef.*

Bureau du commerce. M. Arnould, *chef.*

Bureau de la balance du commerce. M. Arnould, *chef.*

Bureau des arts et manufactures. M. Costaz, *chef.*

3e. DIVISION. M. Barbier-Neuville ✠, *chef.*

Bureau des secours et hôpitaux. M. Frerson, *chef.*

Bureau des bâtimens civils et prisons. M. Norry, *chef.*

Bureau des beaux arts. M. Amaury-Duval, *chef.*

Bureau des sciences. M. Jacquemont, *chef.*

4e. DIVISION. M. Bohain, *chef.*

Cette division comprend les bureaux des fonds et la comptabilité centrale.

Premier bureau. M. Guillois-Chupperelle, *chef.*

Deuxième bureau. M. Petit, *chef.*
Troisième bureau. Caisse. M. Bergeron, *chef.*

Bureau consultatif des Arts et Manufactures.

Membres résidens, Messieurs

Molard.   Montgolfier.   Ampère.   Gay-Lussac.

Membres supplémentaires, Messieurs,

Savoye-Rollin.   Scipion Perier.   Camille Pernon.
De Gerando.   Louis Pouchet.   Bardel.
Louis Costaz.   Auguste.   Roard.
Bonjour.   Decretot.   Gilet-Laumond.

Commission chargée de la rédaction d'un Projet de Code rural.

MM. Teissier ✻, Huzard, *membres de l'Institut, commissaires près les établissemens ruraux.* Just-la-Tourette, *chargé de la rédaction ;* M. Camille-Tournon, *secrétaire.*

Conseil-général de Commerce.

Hôtel ci-dev. Chabrillant, r. de grenelle st.-germain:

Membres du Conseil-général de commerce. Messieurs,
. . . . Du Hàvre ; . . . ., de Carcassonne ; Alex. Defontenay, de Rouen ; Couderc, père, de Lyon ; Pierre-Et. Cabarrus, de Bayonne ; Gramont, de Bordeaux ; Frédéric Turckheim, de Strasbourg ; Dominique Audibert, de Marseille ; Massey, d'Amiens ; Emmery, de Dunkerque ; Michel Simons, d'Anvers,

Membres présens à Paris, formant la commission intermédiaire. MM. Dominique Audibert, Michel Simons.

Secrétariat du conseil. M. Dominique Bertrand, secrétaire.

Chefs rapporteurs des affaires du conseil. MM De-Gerando et.....

Nota. Les personnes qui ont des renseignemens à demander, peuvent s'adresser au secrétaire-général du ministère, ou au secrétaire près le conseil.

M. De Gerando ayant été appelé au secrétariat-général, M....... le supplée dans ses fonctions.

Commissaires du Gouvernement près le Ministre de l'intérieur pour la vérification des marchandises, relativement aux prohibitions et aux droits. MM. Alard, rue de l'union, n. 10, faubourg du Roule; Bardel, rue du mail, n. 1.

Commissaires du Gouvernement près les établissemens ruraux. MM. Huzard, inspecteur-général des écoles vétérinaires. Tessier ✳, inspecteur-général des bergeries nationales. Bosc, inspecteur des pépinières du Gouvernement.

Conseil des Bâtimens civils,

Hôtel ci-devant Conti, rue de Grenelle.

Ce Conseil fait partie du ministère de l'intérieur, et est établi près de la troisième division; il examine les projets et devis des travaux à exécuter dans les bâtimens civils; il trace les alignemens des rues et places de la commune de Paris, sur les plans levés en exécution de la déclaration de 1783 : il donne son avis sur les questions relatives aux arts et soumises à son examen.

Membres du Conseil, MM, Heurtier, *Président,* Rondelet, Chalgrin, Peyre, Raymond, *mem-*

bres composant le conseil; Petit-Radel , Brongniart Garrez , *inspecteurs-généraux des bâtimens civils.* Mermet, *secrétaire du conseil.*

Conseil des Mines, *rue de l'Université,* n°. 61.

Membres du Conseil. Messieurs.

Gillet-Laumont, Lefebvre-d'Hellancourt, Lelièvre. M. Deheppe , secrétaire en chef, premier commis.

Ingénieurs en chefs, Messieurs, Schreiber , J. Hassenfratz, Baillet , Duhamel fils, Laverrière, Blavier, Brochin, Miché, Muthuon, Mathieu, Heron-Villefosse. *Ingénieur honoraire.* M. Brongniart. *Inspecteurs vétérans,* Messieurs, Duhamel , père, Monnet, Besson.

Les salles de la collection de minéralogie sont ouvertes au public les lundis et jeudis , depuis onze heures jusqu'à trois.

M. Tonnellier, *garde, chargé de la classification des collections de minéralogie.*

M. Patrin, *chargé des traductions, adjoint aux collections.*

Nota. Le conseil reçoit le public les mardis, depuis trois heures jusqu'à quatre.

Dépôt littéraire du ministère. M. Daigrefeuille, *administrateur.*

Ponts-et-Chaussées, navigation intérieure, ports de commerce, phares et fanaux , et lignes télégraphiques.

M. Montalivet (C. ✻), *conseiller d'état, directeur-général,* rue de l'université , n. 120.

Membres du conseil, Messieurs,

Lamandé, rue du bac, n. 86; Rolland, rue guénégaud, n. 11; Le Creulx, rue st.-honoré, en face des jacobins; Besnard, rue des ss.-pères, n. 24; Prony ✖, rue de l'université, n. 120, *inspecteurs-généraux sédentaires.*

Ducros, à Carcassonne; . . . . . .; Bremontier ✖, à Bordeaux; Bouchet, à Orléans, *inspecteurs-généraux chargés d'inspections divisionnaires.*

Sgansin ✖, rue de l'université, n. 120; Cachin ✖, rue de cérutti, n. 16; Ferregeau ✖, rue des bons-enfans, n. 28, *inspecteurs - généraux directeurs des ports militaires.*

M. Cadet-Chambine, père, rue de l'université, faub. st.-germain; M. Bruyère, *secrétaire, ingénieur en chef, professeur de l'école.*

M, Magin, aîné, *commmissaire - général de l'approvisionnement de Paris.*

MM. Chappe, frères, *administrateurs des lignes télégraphiques.*

SECRÉTARIAT GÉNÉRAL. M. Courtin, *secrét.-gén.*

1re. *DIVISION.* M. Cadet-Chambine, fils, *chef.*

Pont-et-chaussées, navigation, canaux, dessèchemens, ports maritimes de commerce et approvisionnemens de Paris, quant à la navigation, phares et fanaux:

2e. *DIVISION.* M. Beaunier, *chef.*

Liquidation de la taxe d'entretien des routes; octroi de navigation; droits des bacs, de bassins, de tonnage, plans et archives.

Comptabilité. M. Poterlet, *chef.*

Personnel. M. Labiche, *chef.* M. Trassart, *sous-chef.*

SERVICE DANS LE DÉPARTEMENT DE LA SEINE. *Inspecteur divisionnaire.* M. Cahouet, inspecteur du bassin de la Seine.

Instruction publique.

M. FOURCROY (C. ✠), Conseiller d'état, directeur général, rue de Grenelle St.-Germain, n. 103 ; ou au jardin des Plantes.

M. Arnault ✠, membre de l'institut, *chef de division.*

1.er *Bureau.* MM. Dumouchel, *chef,* Garnier, *chef-adjoint.*

2.e *Bureau.* M. Grandjean, *chef.*

ARCHIVES DE L'EMPIRE,

Palais du Corps législatif, cours Montesquieu et d'Aguesseau ; et Palais de Justice, cour de la Sainte-Chapelle.

M. Daunou, *membre de l'institut, Archiviste.*

M. Coru-Sarthe, *Secrétaire-général.*

Section législative. MM. Petitpierre, Parnel, Chenier.

Section topographique. MM. Belleyme, Guiter.

Section historique. MM. Joubert, Berger, Pavillet, Oëillet-S.-Victor.

Section domaniale. M. Cheyré.

Section judiciaire. M. Terrasse, *au palais de jus-tice.*

Archives des départemens au-delà des Alpes. M. Gavuzzy, *à Turin.*

MINISTÈRE DES FINANCES,

rue Neuve-des-Petits-Champs.

S. Ex. M^r. GAUDIN (G. D. ✠), Ministre (1).

Auditeurs. V. *page* 339.

SECRÉTARIAT GÉNÉRAL. MM. *Amabert,* secré-taire-général. Saussay , *secrétaire particulier.* Vialla , *chef.*

1re. *DIVISION. Contributions directes.* MM. *Le-grand* ✠ , 1.er commis. Moreau, Dissez, Milliè, Pe-rard , *chefs.*

---

(1) Le Ministre tient son audience générale le premier lundi de chaque mois , à midi. Il donne ses audiences particulières lorsqu'elles sont demandées par lettres signées qui en indiquent l'objet ; les personnes qui les ont obtenues sont admises en représentant aux huissiers de la salle la réponse du Ministre. Les membres des premières autorités sont admis au cabinet du Ministre le lundi de chaque semaine, depuis 11 heures jus-qu'à midi. Les conférences particulières du public avec les premiers commis ont lieu le lundi de chaque semaine , depuis 2 heures jusqu'à 4. Le bureau des renseignemens est ouvert tous les jours, depuis 2 h. jusqu'à 4. Celui des fonds et de la comptabilité du ministère est ouvert les lundis et jeudis à la même heure.

Bureau des soumissions. MM. *Vauguyon*, directeur. Le Peintre, Gallez, Jobert, *chefs.*

Cadastre de la France. MM. *Hennet* ⚓, commissaire impérial. Oyon, *chef*, rue de Cléry, n. 19.

2ᶜ. *DIVISION. Contributions et produits indirects,* M. *Anthoine* ⚓, 1.ᵉʳ commis, maison du Ministre.

1ʳᵉ. *Section. Enregistrement, timbre et douanes.* MM. Trezy et Duperron, *chefs.*

2ᵉ. *Section. Monnaies, droits de garantie, postes et loteries.* M. Brunet, *chef.*

3ᵉ. *DIVISION. Administration des Domaines nationaux, bois et usines.* M. *Cyalis-Lavand* ⚓, 1.ᵉʳ commis, maison Lambert, rue Neuve-des-Petits-Champs.

1ʳᵉ. *Section.* M. Brocart-Montcavrel, *chef.*

2ᵉ. *Section.* M. Lerasle, *chef.*

4ᵉ. *DIVISION. Comptabilité.* MM. *Dutertre-Véteuil*, 1.ᵉʳ commis. Ducasse, Bilhon, Lepord, *chefs.*

Contentieux et Domaines nationaux.

M. BOULAY (C. ⚓), Conseiller d'Etat (1), rue de Tournon, hôtel de Nivernois.

L'instruction des affaires relatives aux séquestres et partages, au passif et à l'actif des émigrés, à l'aliéna-

(1) M. le Conseiller-d'Etat donne ses audiences le premier mercredi de chaque mois.

Le secrétariat général est ouvert au public tous les jours, depuis midi jusqu'à quatre heures.

M. le chef de division reçoit le public tous les mercredis et samedis, depuis deux heures jusqu'à quatre.

tion des domaines publics, et à la vente du mobilier appartenant à l'Etat.

Bureaux. MM. Bressant, secrétaire - principal, chef du bureau des dépêches ; Mûnier, secrétaire particulier du Conseiller d'Etat.

MM. Raison, 1.er *commis.* Simon, Raffard, Barrême, *chefs.*

M. Trubert, *Notaire du Ministère.*

M. Benard, *Architecte*, rue des Bons-Enfans, n. 9.

MINISTÈRE DU TRÉSOR PUBLIC.

rue *Neuve-des-Petits-Champs.*

S. Ex. Mr. MOLLIEN (C. ✠), Ministre.

M. DAUCHY (C. ✠), Conseiller-d'Etat, Intendant du Trésor public dans les départemens au-delà des Alpes.

Auditeurs. V. *page* 339.

Administrateurs. MM.

Lemonier ✠, pour les caisses, la recette et les opérations du bureau particulier.

Laquiante ✠, pour la dépense.

Louis, maître des requêtes. Caisse de service comptabilité centrale, dette publique et contentieux.

Bureau particulier près le ministre, M. *Bricogne*, premier commis.

Secrétariat général. M. Lefèvre, *secrétaire général*; M. Pernot, *chef du bureau des renvois.*

Caisse générale. MM. *Cornut*, caissier général; *Dubra*, sous-caissier; *Fagnant*, premier commis; *Guyot-Laval*, suppléant du caissier général pour les signatures.

Caisse des recettes journalières. MM. *Foin*, caissier; *Bourqueney*, sous-caissier; *Lasserez*, contrôleur.

Caisse des dépenses journalières. MM. *Piscatory*, caissier; *Savigny*, sous-caissier, chargé des envois de fonds aux départemens, ports et armées; *Azam*, sous-caissier, chargé des payemens de la dette publique, à Paris.

Caisse de service, MM. *Jourdan* et *Bronner*, directeurs; *Petit*, caissier; *Baudoin*, directeur des liquidations de compte.

Bureau général de comptabilité centrale. M. de St.-Didier, *inspecteur-général;* MM. Lecamus et Molard, *premiers commis, directeurs.*

Bureau administratif des recettes. MM. Frestel, Roussel, Liévreville, *directeurs*; M. Tournus, *chef du bureau des monnoies.*

Contrôle des dépenses générales, divisé en trois sections, savoir: 1.° *Ordonnances et crédits*, M. Clergeau-Lacroix, *chef.* 2.° *Fonds et comptes*, M. Vauquoy, *chef. Correspondance générale*, M. Dutramblay, aîné ⁂, *chef.*

PAYEURS GÉNÉRAUX.

Guerre, MM. Jehannot ✿, *payeur général;* Dauchy, Barbot aîné, *premiers commis.*

Marine. MM. Labouillerie ✿, *payeur général;* Bizouard, *premier commis.*

Dépenses diverses. MM. De Lafontaine ✿, *payeur général;* Molard, *premier commis.*

Contrôle des mandats. M. Beckvelt, *contrôleur.*

Dette publique et pensions. M. Boscheron, *payeur général;* Fabignon, *premier commis.*

Contrôle. M. Desouches, *contrôleur en chef.*

Direction du grand livre de la dette publique. MM. Lamolère, *directeur;* Houzel, *directeur adjoint.*

Bureau des pensions. M. Harmand, *directeur.*

Bureau des consignations, dépôts et oppositions, M. Dubuisson, *chef.*

Comptabilité arriérée. 1ʳᵉ. *Division.* M. Verhnes. 2ᵉ. *Division.* M. Dallet. 3ᵉ. *Division.* M. Lemaréchal.

PRÉPOSÉS EXTÉRIEURS DU TRÉSOR PUBLIC.

Inspecteurs généraux. MM.

Richelle ✿.	Petit.	Duret.
Isoard.	Bailly.	Jehannot-Crochard.
Lansac.	Reboul.	
Pichard.	Dubourg.	Pernot.
Cliquet.	Colchen.	

M. Merlin, *agent de change*, chargé de diverses opérations de bourse pour le trésor public.

Agence judiciaire du trésor public. MM. Alein, *agent judiciaire*, rue vivienne, n. 5 ; Laffilard, Lego, Bezard, *sous-agens;* Wante, *contrôleur du recou- vrement des créances du tresor public.*

Suite du contentieux dans les tribunaux. MM.

Bonnet , *jurisconsulte.*
Badin, *avocat au Conseil et à la Cour de cassation.*
Sandrin , *avoué au tribunal de première instance.*
Lecacheur , *avoué en la Cour d'appel.*

Payeur général du département de la Seine et de la première division militaire , M. Roguin.

MINISTÈRE DE LA GUERRE,

rue Saint-Dominique (1).

S. Ex. Mr CLARKE (G. D. ✻), Ministre.
Auditeurs. V. page 339.

SECRÉTARIAT GÉNÉRAL. M. *Denniée* (O. ✻), inspecteur en chef aux revues, secéraire général.

Bureau des dépêches. M. Charpentier, commis principal.

Bureau des lois et archives. M. Arcambal, com- missaire ordonnateur, chef.

Bureau des écoles militaires. M. Blin de Sain- more , *chef.*

---

(1) Les bureaux sont ouverts au public le mercredi de chaque semaine ; de 2 à 4 heures.

1re. *DIVISION. Fonds.* M. *Prévost,* sous-inspecteur aux revues, chef.

Bureau de la solde courante. M. Quillet, chef.

Bureau des ordonnances. M. Simonet, chef.

Bureau des indemnités. M. Romcron, chef.

Bureau de liquidation. M. Thiébault, chef.

2e. *DIVISION. Nominations.* M. *Tabarié* (O ✠), sous-inspecteur aux revues, chef.

Bureau de l'infanterie. M. . . . . . , chef.

Bureau des états-majors et des troupes à cheval. M. Henri Durosnel ✠, chef.

Bureau de la garde impériale et de la gendarmerie. M. Pryvé, chef.

3e. *DIVISION. Opérations militaires.* M. *Gérard* ✠, chef.

Bureau des opérations militaires. M. Salmon ✠, chef.

Bureau du mouvement. M. . . . . . chef.

4e. *DIVISION. Organisation des troupes.* M. *Barnier* ✠, commissaire des guerres, chef.

Bureau de l'organisation et inspection. M. Herlaut, chef.

Bureau de l'état civil et militaire. M. Godard, chef.

5e. *DIVISION. Retraites.* M. *Goulhot* ✠, chef.

Bureau des pensions. M. Chauvet, chef.

Bureau des vétérans, invalides et prisonniers de guerre. M. Debacq, chef.

ARTILLERIE. *Personnel.* M. le général de division

Gassendi (C. ✠), conseiller d'état, chargé de l'artillerie. M. *Evain*, sous-direct. d'artillerie, adjoint.

Matériel. M. Heu, chef.

Génie. *Personnel.* M. *Decaux* (O. ✠), sous-directeur des fortifications. M. Lagé, chef du bureau du personnel.

Matériel. M. le colonel *Senermont* (O. ✠), direc-recteur des fortifications. M. Schillemans, chef du bureau du matériel.

Bureau de la police militaire. M. Besson ✠, chef.

DIVISION DES DÉPENSES INTÉRIEURES M. *Reverony* ✠, sous-directeur du génie, chef.

Caisse particulière du Ministère. M. Fournier, caissier.

DÉPOT GÉNÉRAL DE LA GUERRE. Le général de divis. *Sanson*, (C. ✠) directeur. M. Muriel, chef de bataillon, adjoint.

Notaire du Ministère, M. Huguet.

Médecin, M. Parfait.

Direction générale des Revues et de la Conscription militaire (1).

S. Ex. M. Lacuée (G. ✠), Ministre d'Etat, directeur général (2).

---

(1) Les bureaux de cette direction sont établis maison Saint-Joseph, rue Saint-Dominique, faubourg Saint-Germain.

(2) M. le Directeur général donne audience le mercredi à une heure. Les bureaux de la direction sont ouverts le même jour au public, à deux heures.

Secrétaire général, M. Cailliez.

Secrétaire particulier, M. Villeneuve.

Première Section. Elle fait partie des attributions du secrétariat général.

Deuxième Section, MM. Dubreuil ✾, ..., *inspecteurs aux revues;* Jacquemin ✾, Monnet ✾, *sous-inspecteurs.* La vérification des revues.

Troisième Section. M. Rabou, *chef.* La correspondance générale et l'arriéré.

Bureau de la conscription. M. Hargenvilliers, *chef.* M. Desoye, *sous-chef.*

Bureau des déserteurs. M. Seguin, *chef.*

Poudres et Salpêtres.

Administrateurs généraux, MM. Champy ✾, Botté, Riffault, à l'Arsenal. Champy, fils, *adjoint.* Aboville, *commissaire impérial.*

Inspecteurs généraux, MM. Goubert, Lemaître.

Chefs de bureaux, MM. Vigneux, chef de correspondance; Muguet, chef de comptabilité; Bussy, chef du mouvement des fonds.

Gendarmerie impériale.

S. Ex. M^r le maréchal Moncey (G. D. ✾), *premier inspecteur-général.*

Le corps de la gendarmerie est divisé en 27 légions dont une d'élite. Ces légions se composent de 1750 brigades à cheval et de 750 brigades à pied. Chaque brigade est composée d'un sous-officier et cinq gendarmes. Chaque légion fait le service de quatre départemens, à raison d'une compagnie par département, sauf les exceptions déterminées par l'arrêté du 12 thermidor an 12.

Le service ordinaire de la gendarmerie dans le département de la Seine est fait par la première compagnie de la première légion, les trois autres compagnies font le service des départemens de Seine-et-Oise, de Seine-et-Marne, et de l'Oise.

État-major de la première Légion, MM.

Ponsard (O. ✠), colonel commandant.

Reydy-Lagrange ✠, *chef* du premier escadron, commandant les comp. de la Seine et de Seine et Oise.

Ravier ✠, capitaine-lieutenant; Morieux, lieutenant, quartier-maître.

La compagnie du département de la Seine est composée d'un capitaine, de 4 lieutenans, de 10 maréchaux des logis, dont 9 à cheval et un à pied, et de 32 brigades, dont 29 à cheval et 3 à pied.

M. Ravier, *capitaine.*

LIEUTENANCES. Les quatre lieutenances du département de la Seine sont établies ainsi qu'il suit : la 1.re à Paris, la 2.e à St.-Denis ; la 3.e à Sceaux ; la 4.e à Passy. A Paris, chef-lieu, se trouve un dépôt de 29 hommes, dont un maréchal-des-logis, 4 brigadiers et 24 gendarmes à cheval, tirés du sixième des brigades.

Lieutenance de Paris. M. Fleury, lieutenant. Cette lieutenance se compose de 11 brigades, dont 8 à cheval et 3 à pied. *Brigades à cheval.* Deux de ces brigades sont à Paris, les six autres sont établies *extrà muros*, à Charenton, à Créteil, à Champigny, à Nogent, à Vincennes et à Montreuil. *Brigades à pied.* Ces trois brigades sont à Paris.

Lieutenance de St.-Denis. M. Chastel, lieutenant. Cette lieutenance comprend les brigades établies à St.-Denis, la Chapelle, la Villette, au Bourget, à Pantin et à Belleville. Toutes ces brigades, au nombre de 8, dont 2 à St.-Denis, sont à cheval.

Lieutenance de Sceaux. M. Gillet, lieutenant. Cette lieutenance comprend les brigades établies à Sceaux, Villejuif, Choisy, Mont-Rouge, Vaugirard, la Maison-Blanche, Labelle-Epine et au Petit-Bicêtre. Toutes ces brigades, au nombre de huit, sont à cheval.

Lieutenance de Passy. M. Hamel, lieutenant. Cette lieutenance comprend les brigades de Passy, Boulogne, Neuilly, Nanterre, Clichy ; et en outre la brigade provisoire de Châtillon. Au total, six brigades toutes à cheval.

Compagnies de Réserve.

Les compagnies de la réserve du département de la Seine sont affectées, l'une à la préfecture du département, l'autre à la préfecture de police ; la première fournit la garde de l'hôtel-de-ville, des archives du département et des hôpitaux ; la seconde fournit la garde de la préfecture de police, des prisons de la préfecture, et du dépôt de St.-Denis.

Les officiers sont :

Première compagnie, MM. *Dalon*, capitaine; *Le-feuvre*, lieutenant; *Mongin*, sous-lieutenant.

Deuxième compagnie, MM. *Milet*, capitaine; *Tallard*, lieutenant; *Grenet*, sous-lieutenant.

Chirurgien-major. M. Richerand.

La caserne des deux compagnies est faubourg St.-Denis, vis-à-vis St.-Lazare.

Inspection des Revues.

S. E. M. *Lacuée* (G. ✠), Ministre d'Etat, Direct. général des revues et de la conscription militaire (1).

Inspecteurs en chef. MM. Denniée, Malus, Villemansy.

Inspecteurs en résidence à Paris. MM.

Davrange d'Haugeranville ✠, 1re et 15e divisions.
Dubreil ✠, près la Direction générale des revues.
Chadelas ✠, près la garde impériale.

Direction générale des Vivres de la guerre.

M. *Maret* ✠, conseiller d'état, directeur général, rue de Grenelle St.-Germain, n. 83.

Inspecteurs du service des vivres de la guerre.

MM. *les auditeurs* Dupont - Delporte, Doazan, Lecouteulx et Mounier.

---

(1) Pour les bureaux du Directeur-général, V. pag. 376.

ADMINISTRATION DE LA GUERRE,

rue de Varennes, hôtel Rohan-Rochefort, n. 29.

S. Ex. Mr DEJEAN (G. D. ✻), Ministre Directeur (1).

Membres du Conseil d'Administration, MM.

Gau (C. ✻), *conseiller d'état,* première section.

Maret ✻, *conseiller d'état,* deuxième section.

Le général *Bourcier* (G. ✻) , *conseiller d'état,* troisième section.

Secrétaire-général du conseil. M. *Sartelon* ✻ , commissaire ordonnateur.

SECRÉTARIAT. M. Despaux, *chef du bureau des dépêches.*

M. Jullien, *commissaire des guerres, chef du bureau particulier.*

1re. SECTION. *Bureau des vivres.* M. *Léger,* chef.

Bureau du casernement. M. Panichot, commissaire des guerres, chef.

2e. SECTION. *Bureau des fonds et comptabilité.* M. *Espert,* chef.

Bureau central de liquidation. M. Gambier, chef.

3e. SECTION. *Bureau de l'habillement.* M. *Jullien* ✻ , sous-inspecteur des revues, chef.

Bureau des fourrages. M. Dujardin-Baumez, commissaire ordonnateur, chef.

Bureau du service intérieur. M. Jacob, chef.

CAISSE. M. Henriet, caissier.

(1) Le Ministre directeur donne ses audiences publiques les premier et troisième lundis de chaque mois, à deux heures.

Directoire de l'habillement et équipement,

rue St.-Dominique, à St.-Joseph. MM.

Dauzeret, commissaire des guerres, président.
Damemme, Isambert. M. Reculé, *secrétaire-général.*

Service de Santé des armées,

hôtel de Tessé, rue de Varennes.

Inspecteurs généraux, MM.

Coste (O. ✷), 1.er médecin des armées, aux Invalides.
Desgenettes (O. ✷), méd. en chef des armées, rue de
Tournon.
Heurteloup ✷, 1.er chirurg. des armées, rue Favart.
Percy (C. ✷.), professeur de l'École de Médecine.
Larey (C. ✷.), chirur. en ch. de la garde impériale.
Parmentier (✷), 1.er pharmacien des armées.

Directoire central des Hôpitaux militaires,

hôtel de Tessé, rue de Varennes.

Membres du Directoire, MM.

Guy-Coustar-Saint-Lo ✷, général de division.
Pampelone ✷, administrateur civil. . . . . .
M. Méric, chef du bureau.

Inspecteurs-généraux des hôpitaux militaires du
du département de la Seine, MM. Perbal ✷, *à Paris;*
Dutertre ✷, *à St.-Denis.*

Artillerie impériale.

S. Ex. M. Songis (G. D. ✷), général de division,
premier inspecteur-général.

MM. . . . . , colonel, directeur à Paris.

Evain ✹, chef de bataillon, sous-directeur à Paris.

Corps impérial du Génie, MM.

Marescot (G. D. ✹), *premier inspecteur-général.*

Andréossy, gén. de brigade, *inspecteur-gén. à Paris.*

Directeurs des fortifications en résidence à Paris.
MM. les colonels Senermont (O. ✹) et Terrasson
(C. ✹), membres du corps législatif.

Sous-directeurs des fortifications résidans à Paris.
MM. les chefs de bataillon Reverony - St. - Cyr ✹ ;
Decaux ✹, directeur du dépôt de la marine et des colo-
nies, détaché près le premier inspecteur; Allent ✹.

Capitaines résidans à Paris. MM. Advenier, chargé
du dépôt des fortifications ; Emon , aîné ; André ✹ ;
Mauger ; Schillemans ; Cambier ; Bayart.

HÔTEL IMPÉRIAL DES INVALIDES.

État-major général, MM.

Le maréchal SERURIER (G. D. ✹), sénateur, gouvern.

Simon (C. ✹), général de brigade, employé à l'hôtel.

Faivre ✹, colonel, major de l'hôtel.

D'Avrange-Dukermont ✹ , commissaire-ordonnateur.

Poincaré, adjoint au commissaire des guerres.

Barthelemy, quartier-maître, trésorier.

Adjudans majors ayant rang de capitaines, MM.
Debusne, Hochereau, Saintonge, Lachaud.

Sous-adjudans majors, MM. Nick, Néel, Dé-
pinal, Tessier, Vallerand.

Service de santé, MM. *Coste* (O. ✠), médecin en chef; *Audral*, médecin en chef, adjoint; *Sabatier* ✠, chirurgien en chef; *Yvan* ✠, adjoint; *Folliard*, pharmacien en chef.

Service du culte, MM. *Pichot*, 1.er aumônier, *Lissoir*, *Josion*, adjoints.

Bâtimens, M. *Trepsat*, architecte.

Bibliothèque, MM. *Perdiguier*, chef de brigade invalide, bibliothécaire ; *Torchet Saint-Victor* et *Fromentin*, capitaines invalides , adjoints.

MINISTÈRE DE LA MARINE ET DES COLONIES ,
rue de la Concorde.

S. Ex. M^r le Vice-Amiral DECRÈS (G. D. ✠) *grand-officier de l'Empire, inspecteur-général des côtes de la Méditerranée, chef de la* 10e *cohorte de la légion d'honneur*, Ministre (1).

Auditeurs, V. page 339.

SECRÉTARIAT GÉNÉRAL. M. Rosières ✠, chef d'administration de marine, secrétaire-général. M. Régnier, chef du secrétariat.

1ere. *DIVISION. Personnel*, M. Forestier ✠ , *chef*.

2e. *DIVISION. Administration des ports*. M Jurien ✠ , *chef.*

---

(1) Le Ministre reçoit les membres des autorités constituées et les officiers généraux et supérieurs, tous les jeudis à sept heures et demie du soir. Ses audiences publiques sont les 2 et 16 de chaque mois, à deux heures, et les bureaux sont ouverts au public tous les jeudis, de deux à quatre heures.

3e. *DIVISION. Approvisionnement.* M. Rosières ✶, *chef.*

4e. *DIVISION. Comptabilité.* M. Vernier, *chef.*

5e. *DIVISION. Caisse des invalides.* M. Rivière ✶, *chef.* M. Toulouse, *trésorier-général*, rue du hasard.

MATÉRIEL DE L'ARTILLERIE. M. Thirion (O. ✶), colonel, inspecteur - adjoint de l'artillerie de la marine.

ADMINISTRATION DES COLONIES. M. Guillemin-Vaivre ✶, *chef.* M. Poncet, *commissaire de marine*, *chef-adjoint.*

M. Keraudren ✶, *médecin en chef de la marine*, chargé de l'inspection du service de santé.

DÉPÔT GÉN. DES CARTES, PLANS ET ARCHIVES. MM. Rosily (C. ✶), vice - amiral, directeur et inspecteur; Buache ✶, premier hydrographe de marine, chef; Beautemps - Beaupré ✶, hydrographe, sous-chef.

M. Delusines, *chef du bureau des chartes et archives*, à Versailles.

CONSEIL DES TRAVAUX MARITIMES. MM. Sganzin ✶, Cachin ✶, Ferregeau ✶, inspecteurs-généraux des ponts-et-chaussées.

Horloger mécanicien de la marine. M. Berthoud.

Conseil des Prises,

Maison de l'Oratoire St.-Honoré.

On peut prendre tous les jours, au secrétariat, communication des pièces depuis neuf heures jusqu'à quatre.

33

M. Berlier (C. ✠), conseiller d'état, président, à l'oratoire.

Membres du conseil, Messieurs,

Niou, quai de l'école, n. 22.
Lacoste, rue de la madeleine, hôtel de lostanges.
Montigny-Monplaisir, rue des petits-augustins, n. 24.
Tournachon, rue de la madeleine, hôtel de lostanges.
Laloi, rue jacob, n. 18.
Parseval-Grand-Maison, rue des moulins, n. 32.
Chompré, rue et hôtel serpente.

Collet-Descottils, *procur.-gén.-imp.*, rue de lille.
Florent-Guyot, *substitut*, rue du four st.-honoré.
Calmelet, *secrétaire-général*, à l'oratoire.
Darbaud, *chef du bur. du pro.-gén.* r. st.-dominique.
Dumas, *secrétaire de la présidence.*

Interprètes des langues étrangères, Messieurs,

Lemière, rue de thionville, en face de celle de lodi.
Vogt, rue culture st.-gervais.
Madjett, au ministère de la marine.
Denis, rue de la harpe.
Tourlet, r. mazarine, vis-à-vis la r. guénégaud, n. 48.
Maudru, rue du pot-de-fer, faubourg st.-germain.
Bonnet, place vendôme.
Ramirez, cloitre st.-honoré.
François Soulés, r. de Surênes, faub. s.-honoré, n. 23.

Préfets maritimes, MM.

Bonnefoux (O. ✠), cap. de vaisseau. 1.er *arrondis.*
. . . . 2.e *arrondissement.*
Caffarelli (G. ✠), cons. d'état. 3.e *arrondissement.*

Thévenard (G. ✠), vice-amiral. 4.ᵉ *arrondisement.*
Martin (G. ✠), vice-amiral. 5.ᵉ *arrondissement.*
Emeriau (C. ✠), contre-amiral. 6.ᵉ *arrondissement,*
Lescalier (C. ✠.). 7.ᵉ *arrondissement.*
 Malouet ✠, commis.-gén. de la marine, *à Anvers.*

Inspection générale du Corps impérial de l'artillerie de la Marine, MM.

Sugny (C. ✠); *gén. de divis.*, 1.ᵉʳ inspecteur-général.
La Combe (O. ✠), *colonel ;* Thirion, *idem* (O. ✠),
 inspecteurs-adjoints.

Officiers du Génie maritime et d'administration.

 M. Sané ✠, *inspecteur-général.*
 M. Marrier-la-Gatinerie, *chef du* 5.ᵉ *arrondisse-
ment forestier et de construction résidant à Paris.*
 *Commissaire de marine, 2.ᵉ classe, résidant à
Paris.* M. Poncet, J. L.

Arrondissemens forestiers de la marine, pour la recherche, le martelage et l'exploitation des bois propres aux constructions navales.

 Cinquième arrondissement, comprenant les dépar-
temens de la Seine, Seine-et-Marne, Seine-et-Oise,
Marne, Ardennes, Aisne, Oise, Eure, Calvados,
Manche, Seine-Inférieure, Somme, Pas-de-Calais,
Nord, Eure-et-Loire.
 M. Marrier-la-Gatinerie ✠, *chef du génie mari-
time et du* 5.ᵉ *arrondissement forestier, ayant son
point central à Paris.*

MINISTÈRE DE LA POLICE GÉNÉRALE,
quai Voltaire.

S. Ex. Mr le sénateur Fouché (G. D. ⚜), Ministre.

M. *Réal* (C. ⚜), *conseiller d'état*, chargé du premier arrondissement.

M. *Pelet* (de la Lozère), (C. ⚜), *conseiller d'état* chargé, du deuxième arrondissement.

M. *Dubois* (C. ⚜), *couseiller d'état*, préfet de police, chargé du troisième arrondissement.

Indépendamment des audiences du Sénateur-ministre, les trois conseillers d'état en donnent aussi pour recevoir et transmettre à Son Excellence les réclamations des citoyens. Ces audiences ont lieu à l'hôtel du ministère de la police-générale : le mardi, à dix heures du matin ; par M. *Pelet*, le samedi, à la même heure ; par M. *Réal*; M. *Dubois* donne les siennes le lundi à midi, à l'hôtel de la préfecture de police.

Secrétariat-général. M. Saulnier ⚜, secrétaire-général.

Bureau des journaux. MM. Lemontey, Brousse-Desfaucherets, Lacretelle, jeune, Esmenard.

1re. DIVISION. *Cabinet du Ministre.* M. Maillocheau, secrétaire intime, chef.

2e. DIVISION. *Police-générale et celle des prisons d'état.* M. Desmarets, *chef*; M. Patrice, *sous-chef.*

3e. DIVISION. *Correspondance avec les commissions sénatoriales.* M. Havas, *chef.*

4e. DIVISION. *Émigrés.* M. Morice, *chef.*

La continuation des travaux relatifs à l'exécution du sénatus-consulte du 6 floréal an 10, concernant l'amnistie accordée aux émigrés.

Correspondance et rapports à ce sujet.

5e. *DIVISION. Comptabilité.* M. Bochard, chef et caissier.

ARCHIVES. M. Lombard-Taradeau, *chef.*

Outre ces divisions placées auprès du Sénateur-ministre pour les objets qui se traitent sous sa direction immédiate, MM. les trois conseillers d'état ont aussi des bureaux établis dans l'hôtel de chacun d'eux.

MINISTÈRE DES CULTES,

rue de l'Université.

S. Ex. Mr BIGOT-PRÉAMENEU (G. D. ✻), Ministre (1).

SECRÉTARIAT-GÉNÉRAL. M......... *Secrétaire-général.* MM. Maurice Giry, Langlois père et Jauffret, chefs des bureaux.

1re. *DIVISION. Culte catholique.* M. Coupigny, *chef;* M............, *chef des bureaux.*

2e. *DIVISION. Culte protestant.* M. Darbaud, chef de division. M. H. Chatillon, chef des bureaux.

---

(1) Le Ministre donne ses audiences le vendredi de chaque semaine, à deux heures. Les autres jours, il est expressément défendu au portier de laisser entrer dans les bureaux, sans une autorisation du Ministre ou du Secrétaire général et des chefs de division.

Nota. Le chef de cette division reçoit le public les jeudis, depuis midi jusqu'à deux heures.

3ᵉ. DIVISION. *Comptabilité.* M. David Portalis, chef. MM. Langlois et Deslukets, chefs de bureau.

●)ᵒ●—●●ᵒ●

ARCHEVÊQUES ET ÉVÊQUES

DE FRANCE.

Messieurs (1),

1709	1752	DEBELLOY (G.D.✠), cardinal.	*Paris.*
. . . . .			. *Troyes.*
1744	1804	Demandolx ✠.	*Amiens.*
1753	1800	Le Blanc-Beaulieu ✠.	*Soissons.*
1768	1802	Latour-d'Auvergne-Laurag.✠	*Arras.*
1757	1800	Belmas ✠ (Louis).	*Cambrai.*
1738	1791	Charrier-Laroche ✠.	*Versailles.*
1750	1802	Faudoas.	*Meaux.*
1736	1802	Rousseau. ✠	*Orleans.*
1721	1754	ROQUELAURE (O. ✠).	*Malines.*
1743	1784	Pisani de la Gaude.	*Namur.*
1751	1802	Hirn ✠.	*Tournay.*
1740	1796	Berdolet ✠.	*Aix-la-Ch.*

(1) La première colonne indique l'année de la naissance. La seconde, celle du sacre. La quatrième, celle du chef-lieu de l'archevêché ou évêché. Les noms des archevêques sont en lettres capitales, et les suffragans sont à la suite.

1745	1802	Mannay ✠.	*Trèves.*
1766	1805	De Broglio ✠.	*Gand.*
1736	1802	Zaepffel ✠.	*Liége.*
1760	1802	Colmar ✠.	*Mayence.*
1740	1791	LECOZ (O. ✠).	*Besançon.*
1737	1806	Imberties.	*Autun.*
1759	1806	Jauffret ✠.	*Metz.*
1733	1791	Saurine ✠.	*Strasbourg.*
1754	1785	D'Osmond ✠.	*Nancy.*
1737	1793	Reymond.	*Dijon.*
1763	1802	FESCH, Cardinal (G. D. ✠.)	*Lyon.*
1752	1805	Morel de Mons ✠.	*Mende.*
1744	1802	Simon ✠.	*Grenoble.*
1732	1791	Bécherel ✠.	*Valence.*
1744	1802	De Solle ✠.	*Chambéry.*
1735	1770	CHAMPION DE CICÉ (O. ✠).	*Aix.*
1758	1802	Colonna d'Istria ✠.	*Nice.*
1740	1791	Perrier ✠.	*Avignon.*
1745	1802	Sébastiani-Porta ✠.	*Ajaccio.*
1753	1806	Miollis.	*Digne.*
1734	1804	Gerolamo-Orengo ✠.	*Vintimille.*
1746	1791	PRIMAT (O. ✠), Sénateur.	*Toulouse.*
1745	1802	Cousin-de-Grainville.	*Cahors.*
1758	1806	Fournier.	*Montpellier.*
1758	1802	De Laporte.	*Carcassonne.*
1761	1802	Jacoupy.	*Agen.*
1744	1802	Loison.	*Bayonne.*

1736 1790 D'AVIAU-DUBOIS-DE-SANZAY *Bordeaux.*

1759 1805 Depradt ✾,   *Poitiers.*
1735 1805 Paillou ✾.   *La Rochelle.*
1749 1798 Lacombe.   *Angoulême.*

1736 1776 DE MERCY (O. ✾).   *Bourges.*

1746 1802 Duvalk-Dampierre.   *Clermont.*
1756 1802 Montanier-Belmont ✾.   *St.-Flour.*
1751 1802 Du Bourg.   *Limoges.*

1746 1788 DE BARRAL (O. ✾),   *Tours.*

1734 1794 De Pidoll ✾.   *Le Mans.*
1755 1791 Montault.   *Angers.*
1744 1802 Duvoisin ✾.   *Nantes.*
1742 1805 Enoch.   *Rennes.*
. . . .   *Vannes.*
1763 1802 Caffarelli ✾.   *St.-Brieux.*
1751 1805 Dombidau de Crouzeilles ✾. *Quimper.*

1756 1802 S.E.M. le Card CAMBACÉRÈS.(G.D') *Rouen.*

1736 1802 Dupont de Poursat (G.D.✾). *Coutances.*
1752 1802 Brault.   *Bayeux.*
1746 1802 Chevigné de Boischolet.   *Séez.*
1731 1802 Bourlier.   *Evreux.*

1747 1790 DE LATOUR.   *Turin.*

      Arrighi.   *Acqui.*
1747 1788 Arborio Gattinara ✾.   *Asty.*
1739 1802 Villaret ✾.   *Casal.*
1754 1797 Grimaldi ✾.   *Ivrée.*
1751 1791 Vitale ✾.   *Mondovi.*

1757	1796	Ferrero Della Marmora ✠.	*Saluces.*
1753	1796	Canavery ✠.	*Verceil.*
1744	1798	S. E. M. le Card. Spina (O. ✠).	*Gênes.*
1744	1802	Dania.	*Albenga.*
1736	1776	Gaimberti.	*Borgo San Donino.*
1732	1792	Solari.	*Brugnetto.*
1740	1802	S. Em. Caselli Card. (G. ✠).	*Parme.*
……	……	………	*Plaisance.*
1742	1804	Pallavicini.	*Sarzanne.*
1752	1795	Vincent.	*Savonne.*

ADMINISTRATION DE L'ENREGISTREMENT

et des Domaines.

M. Duchatel, conseiller d'état (O. ✠), directeur général, rue de Choiseul (1).

Administrateurs, Messieurs.

Barairon, rue du mont-blanç, n. 5.
Bochet, rue de la rochefoucault, n. 18.
Chardon-Vanieville, r. de la tour-d'auvergne, n. 21.
Lacoste, rue de provence, n. 11.

(1) Le directeur général donne ses audiences publiques le premier mardi de chaque mois, depuis 10 heures du matin jusqu'à midi. Il reçoit les membres des autorités constituées le même jour, depuis midi jusqu'à une heure. Les bureaux du secrétariat sont ouverts les lundis et jeudis depuis deux heures jusqu'à quatre.

Poissant, rue de richelieu, n. 115.

Garnier-Deschênes, rue n. des petits champs, n. 76.

Ginoux, rue des fossés-du-temple, n. 68.

Hourier-Eloi, rue du faub. st.-honoré, n. 74.

Secrétariat général. M. Pajot, *secrétaire général.* M. Auger, *secrétaire particulier.*

Bureau de la correspondance générale. M. Fouant, chef. MM. Magnan et Gail, sous-chefs.

Bureau des dépêches. M. Lucot-St.-Aubin, chef.

Bureau des instructions générales. MM. Pierrot, chef; Segond et Consolin, sous-chefs.

Bureau des états et dépenses. MM. Guillebert, chef; Tupigny, Paillard, Foussy, sous-chefs.

Comptabilité courante. MM. Morin, chef; Domergue, Herbin et Beaufort, sous-chefs.

Comptabilité arriérée. MM. Salverte, chef; Hainault, Duflos et Serdier, sous-chefs.

Distinction des parties de l'administration dont la surveillance est confiée à chaque administrateur dans toute la France.

1re. *Division.* M. Chardon-Vanieville, *administrateur.* Enregistrement et timbre.

2e. *Division.* M. Lacoste, *administrateur.* Hypothèques, droits de greffe, droits de l'expédition des actes de l'état civil dans la commune de Paris; frais de justice.

3e. *Division.* M. Poissant, *administrateur.* Les fruits, droits et revenus domaniaux de toute nature.

4e. *Division.* M. Bochet, *administrateur.* Créances sur l'état, remboursement, rachats, décomptes du prix de ventes des domaines.

5e. *Division.* M. Barairon, *administrateur.* Droits et recettes imprévues.

6e. *Division.* M. Garnier-Deschênes, *administra-teur.* La comptabilité générale.

En outre de ces attributions, ces six administrateurs suivent, pour toutes les parties de l'administration, le travail des employés des départemens, selon les divisions ci après.

Division de la correspondance pour les départemens.

1re. *Division.* M. *Chardon-Vaniéville*, administrateur. MM. Renesson, chef. Dupé, chef-adjoint, Montheau, Lavoisier, Michou, sous-chefs; Gauthier, Lamarre, Mercier, sous-chefs-adjoints.

Cette division comprend les 14 départemens ci-après : Aube, Charente-Inférieure, Eure-et-Loire, Indre-et Loire, Loir-et-Cher, Loiret, Marne, Seine, Seine-et-Marne, Seine-et-Oise, Sèvres (Deux), Vendée, Vienne, Yonne.

2e. *Division.* M. *Poissant*, administrateur. MM. Girard, chef; Esmangard, chef-adjoint; Cheville-Desfondis et Epoigny, sous-chefs; De la Courtie et Dézile, sous-chefs adjoints.

Cette division comprend les 16 départemens ci-après : Aisne, Calvados, Côtes-du-Nord, Eure, Finistère, Ile-et-Vilaine, Loire-Inférieure, Maine-et-

Loire, Manche, Mayenne, Morbihan, Oise, Orne, Sarthe, Seine-Inférieure, Somme.

3ᵉ. *Division*. M. *Garnier-Deschênes*, administrateur. MM. Magnien, chef; Ginoux, chef-adjoint; Pugnet et Gauthier, sous-chefs; Marin, Desprez, sous-chefs adjoints.

Cette division comprend les 19 départemens ci-après : Ardennes, Dyle, Escaut, Forêts, Jemmapes, Lys, Meuse-Inférieure, Mont-Tonnerre, Moselle, Nethes (Deux), Nord, Ourthe, Pas-de-Calais, Rhin (Bas), Rhin (Haut), Rhin-et-Moselle, Roër, Sambre-et-Meuse, Sarre.

4ᵉ. *Division*. M. *Lacoste*, administrateur. MM. Finot, chef; Lavoisier, chef-adjoint; Meynier et Belle, sous-chefs; Legendre et Mellié, sous-chefs adjoints.

Cette division comprend les 19 départemens ci-après : Allier, Cantal, Cher, Corrèze, Côte-d'Or, Creuse, Doubs, Indre, Jura, Loire (Haute), Marne (Haute), Meurthe, Meuse, Nièvre, Puy-de-Dôme, Saône (Haute), Saône-et-Loire, Vienne (Haute), Vosges.

5ᵉ. *Division*. M. *Barairon*, administrateur. MM. Delarue, chef; Vannelet, chef adjoint; Clément et Lelièvre, sous-chefs; Raimbault et . . . . . . , sous-chefs adjoints.

Cette division comprend les 20 départemens ci-après : Ardêche, Arriége, Aude, Aveyron, Charente, Dordogne, Gard, Garonne (haute), Gers, Gironde, Hérault, Landes, Lot, Lot-et-Garonne,

Lozère, Pyrénées (Basses), Pyrénées (Hautes), Pyrénées-Orientales, Tarn, Vaucluse.

6e. *Division.* M. *Bochet*, administrateur. MM. Piet, chef, Poujade, chef-adjoint; Lacroix et Dejunquières, sous-chefs; Jannin, Roger, Ducoudray, sous-chefs adjoints.

Cette division comprend les 23 départemens ci-après : Ain, Alpes (Basses), Alpes (Hautes), Alpes-Maritimes, Appennins, Bouches-du-Rhône, Golo, Liamone, Doire, Drôme, Isère, Léman, Loire, Marengo, Mont-Blanc, Montenotte, Pô, Rhône, Sesia, Stura, Var.

Conseil pour le contentieux. MM. Roy, Collenel, et Fournel, jurisconsultes.

Avocat en la Cour de Cassation. M. Huart-Duparc.

Avoué en Cour d'appel. M. Lescot, rue neuve des petits champs.

Avoués de première instance, MM. Bergeron-d'Anguy, rue du grand chantier, pour l'enregistrement ; Pirault, rue ventadour, pour les domaines.

Commissaire priseur. M Demauroy, rue des déchargeurs.

Premier Architecte. M. Petit. *Architectes adjoints.* MM. Bourla, Aubert et Bénard. *Vérificateur.* M. Hédouin.

Direction du département de la Seine, V. page 172.

ADMINISTRATION GÉNÉRALE DES POSTES.

V. ci-devant page 182.

34

ADMINISTRATION GÉNÉRALE DÉS DOUANES,

rue Montmartre, hôtel d'Uzès.

M. Collin (C. ✷), conseiller d'état, directeur général (1).

Administrateurs, Messieurs,

Magnien, rue de Clichy, n. 26, 1.re *division.*
Chaslon, rue Caumartin, n. 12, 2.e *division.*
Delapierre, rue Bergère, n. 12, 3.e *division.*
Dubois, r. neuve du Luxembourg, n. 19, 4.e *division.*

Secrétaire général, M. de la Vigerie, r. st.-honoré.

Chef du bureau des colonies et des entrepôts, et de la suite des acquits à caution, M. Galot.

Inspecteurs généraux, MM. George d'Epinai, Saint-Marcel, Dumas, Laugier, Lautier.

Comptabilité des retraites, M. Delapierre, administrateur.

1re. *division.* Service actif et perceptions. M. Bertin, chef.

2e. *division.* M. Ciavarelli, chef du contentieux.

3e. *division.* 1.re section. M. Clerget, chef de la

---

(1) Le Directeur-général indique aux personnes qui lui demandent des audiences le jour où il peut les recevoir.

Les lettres et mémoires concernant l'Administration des Douanes, doivent lui être adressés, franc de port, à l'hôtel d'Uzès, rue Montmartre.

Le Directeur général et les Administrateurs tiennent leur conseil les mardis et vendredis.

comptabilité. 2.e section. M. Gros, chef. La vérification des comptes.

4e. *division.* MM. de Saint-Cricq , chef , Racine,
chef du bureau des retraites.

Conseil pour le contentieux. MM. Pérignon, jurisconsulte, rue de choiseul, n. 1; Dupont, avocat
en la cour de cassation, rue verdelet, n. 4; Jullienne,
avocat au conseil d'état, cloître Notre-Dame, n. 18.

ADMINISTRATION GÉNÉRALE DES FORÊTS.

M. BERGON, conseiller d'état, directeur général (1);
rue Neuve St.-Augustin , n. 23.

Administrateurs, Messieurs ,

Chauvet, rue Montmartre, n. 160.
Allaire , rue du faubourg Montmartre, n. 77.
Gueheneuc , quai Voltaire.
Gossuin , rue Saint-Honoré, n. 358.

Secrétaire général , M. Duchâtel , rue Port-Ma-
hon (2).

1re. *division.* Contentieux. MM. Allaire, administrateur, Doniol, chef.

2e. *division.* Aménagemens. MM. Chauvet, administrateur, Chanlaire, chef.

---

(1) Le Directeur général reçoit le premier mercredi de chaque mois, depuis dix heures du matin jusqu'à midi.

(2) Le Bureau des renseignemens est ouvert au public les
mardis et vendredis, depuis deux heures jusqu'à quatre.

Les lettres et mémoires concernant l'Administration , doivent être adressés directement à M. le Directeur général.

3e. *division.* Personnel. MM. Guchencuc, administrateur, Leveyer, chef.

4e. *division.* Ventes et coupes. MM. Gossuin, administrateur, Brunel, chef.

Inspecteurs généraux, MM. Bertrand, Crepy,
Castaing, Déliars, Dubois, Devergennes, Duteil, Guy,
Legrand, Lagrange, Marcotte, Sezille, Ravier.

Sous inspecteur près l'Administration, M. Goyard.

M. Huart Duparc, avocat en la Cour de cassation et
au Conseil, rue de l'Université, n. 25.

M. Boileau, notaire, rue de Richelieu, n. 4.

M. Benard, architecte, rue neuve des Bons-Enfans.

      Première conservation. Paris, chef-lieu.

M. Perrache-Franqueville, conservateur, à Paris,
rue St.-Florentin, n. 7.

Seine, Seine-et-Oise, MM. Dubarret, *Paris.* Beau-
mier, *Versailles,* inspecteurs. Lalleman, *Pontoise.*
Métayer, *Dourdan.* Guerin, *Corbeil,* sous-inspect.

ADMINISTRATION DE LA LOTERIE IMPÉRIALE.

Voyez ci-devant, page 186.

ADMINISTRATION DES MONNOIES.

Administrateurs, Messieurs,

Guyton (O. ✠), *Sivard, Mongez,* à la Monnoie.

Secrétaire général, M. Bertrand, à la Monnoie.

Fonctionnaires généraux, MM. Gingembre, inspecteur général des monnoies; Anfrye, inspecteur
des essais; Darcet, vérificateur; Constant, Chevillot,
essayeurs; Tiollier, graveur, à l'hôtel des monnoies
de Paris.

Affinages, M. Gauthier, affineur, hôtel des Monn.

Essayeurs du commerce, MM. Bonneville aîné, rue des Écrivains, n. 22 ; Ginisty, place Dauphine ; Lecour, rue St.-Martin, près celle aux Ours ; Porcher, rue du Chevalier du Guet ; Normand, r. St.-Honoré, vis-à-vis celle du Four ; Chabannettes, passage du cloître St.-Germain l'Auxerrois, n. 18.

Hôtels des Monnoies.

Les hôtels des Monnoies, pour la fabrication des espèces d'or, d'argent et de cuivre, sont au nombre de seize.

Monnoie de Paris, A. MM. *Huguet*, commissaire impérial ; *Delespine*, directeur ; *Lerat*, contrôleur du monnoyage ; *Dorigny*, caissier.

Monnoie de Bayonne, L. — de Bordeaux, K. — de Nantes, T. — de Lille, W. — de Strasbourg, BB. — de Lyon, D. — de Marseille, W. — de Perpi-gnan, Q. — de Gênes, CC. — de la Rochelle, H. — de Limoges, J. — de Rouen, B. — de Toulouse, M. — de Turin, U. — de Bruxelles.

ADMINISTRATION DES DROITS RÉUNIS,

rue Sainte-Avoye.

M. FRANÇAIS (C. ✠) conseiller d'état, directeur général (1), à l'hôtel de l'admin., rue ste-avoie.

---

(1) Le Directeur général reçoit le premier et le troisième mercredi de chaque mois, depuis deux heures du soir jusqu'à quatre. Le Bureau des renseignemens est ouvert au public les

Administrateurs, Messieurs,

Moustelon, rue de la loi, près l'arcade colbert.
Collin fils, boulevart montmartre.
Frignet, rue cisalpine, n. 6.
Delarue, maison beaumarchais, porte st.-antoine.
Gamot, rue du faubourg poissonnière, n. 49.

Secrétaire général, M. Ducrêst de Villeneuve, hôtel de l'administration.
Receveur général, M. Jame. *Contrôleur*, M. Hertzog.

Les cinq administrateurs sont chargés de surveiller les parties ci-après dans toute l'étendue de la France, savoir :

1re. *Division.* M. Moustelon, *Administrateur.* M. Breban, *Chef de division.* Octrois de navigation intérieure, voitures publiques, cartes, garantie sur les matières d'or et d'argent, bacs, bateaux et canaux de navigation.

2e. *Division.* M. Collin, *Administrateur.* M. Daudignac, *Chef de division,* La comptabilité et le service des caisses.

3e. *Division.* M. Frignet, *Administrateur.* M. Lemaître, *Chef de division.* Vins, cidres et poirés.

4e. *Division.* M. Delarue, *Administrateur.* M. Rome, *Chef de division.* Les bierres, distilleries de grains et autres substances que le vin.

premier et troisième jeudis de chaque mois, depuis deux heures jusqu'à   qu. Les lettres et mémoires concernant l'administration doivent être adressés directement à M. le Directeur général.

5e. *Division.* M. Gamot , *Administrateur.* M. Alexandre, *Chef de division.* Les tabacs. MM. Ducrêst de Villeneuve ; *Secrétaire général ;* Cayeux ; chef de division du contentieux ; Moreau, chef de division du personnel et de la suite du service ; Lemaître , chef de division de la correspondance générale et du matériel.

Division des sels. MM. Breban , chef, Tarbé, chef-adjoint.

Conseil pour le contentieux. MM. Lemontey, Bourguignon , Decomberousse.

Becquet-Beaupré , avocat en la cour de cassation.

Fressenel , avocat au conseil d'état.

Gairal , défenseur près les tribunaux.

Heuvrard , avoué en la cour d'appel.

Perin , avoué près le tribunal de première instance.

Colin , notaire de l'administration.

Direction des droits réunis du département.

Voir ci-devant page 179.

Régie des Salines.

L'administration est établie à Paris, place Vendôme, n. 3.

Administration. Messieurs,

Alex. *Dupré*, commissaire général , rue la victoire,
Desaix, inspecteur-général , rue chauchat.

MM. *Rupied , Dauphin , Catoire , Quintard , Stumm*, administrateurs.

M. Fauchat, consul de l'administration.

1ère. *Division.* M. Bonjour, commissaire particulier.

Directeurs des salines. MM. Dufays, *à Dieuze.* Foblant, *à Moyenvic.* Quintard, *à Château-Salins.* . . . . . ., *à Soultz.* Benoist, *à Saulnot.*

2e. *Division.* M. Babey, commissaire particulier.

Directeurs des salines. MM. Jadelot, *à Salins.* Bossu, *à Arc.* Desvernois, *à Montmorot.* Roche, *à Moutiers.*

3e. *Division.* M. Bailly, commissaire particulier.

Directeur des salines. M. Dupré, *à Creutznak et Durcheins.*

DIRECTION GÉNÉRALE DE LA LIQUIDATION DE LA DETTE PUBLIQUE,

place Vendôme.

S. E. M. DEFERMON (G. ✵), *ministre d'état, directeur général* (1).

Membres du Conseil de liquidation, MM.
Denormandie.
Agier, rue taranne.
Segretain, quai Voltaire.
Guillaume, rue neuve-s.-augustin.
Buffault, rue du mont-blanc
Crespeaux, *secrétaire général* (2).

(1) Le directeur-général donne ses audiences sur la demande qui lui en est faite par écrit, et lorsque l'objet exprimé dans la demande en est jugé susceptible.

(2) Les Directeurs particuliers et le secrétaire-général don-

Secrétariat-général, place vendôme. MM. Crespeaux , *secrétaire - général ;* Husson , Beauchet, *chefs.*

1ere. *Division , place Vendôme.* MM. Denormandie, directeur; Guyard, premier commis; Fleurot, Pájot, Tardif, Vauremoire , chefs.

2e. *Division , aux Carmes, place Maubert.* MM. Agier, directeur ; Marteau , premier commis ; Desrenaudes , Lalende , Cugnet , chefs.

3e. *Division, aux Carmes.* MM. Segretain, directeur ; . . . . . . , premier commis ; Lœuillet , Pasquier , Vallet , chefs.

4e. *Division, aux Carmes.* MM. Guillaume, directeur , Forestier, premier commis , Delaroche , Loison , Boyard , chefs.

5e. *Division, aux Carmes.* MM. Buffault, *directeur;* Jourdan, *premier commis;* Papigny, Debré, Barbier, Mouillesaux, *chefs.*

CAISSE D'AMORTISSEMENT,
rue et maison de l'Oratoire.

M. Bérenger (C. ✵), conseiller d'état, directeur général, à l'Oratoire.

Administrateurs, Messieurs

Décrétot ✵ , rue du mail , n. 27.

Dutremblay , rue d'enfer , n. 37.

nent des audiences où le public est admis le mercredi de chaque semaine , à la maison des Carmes, place Maubert, et le vendredi , place Vendôme , depuis deux heures jusqu'à quatre.

Pluvié, rue de Grammont, n. 23.

Labrouste ✣, rue de l'université, n. 76.

Secrétariat - général. MM. Geoffroy, secrétaire-général, à l'Oratoire ; Accarias, secrétaire parti-culier.

Chefs de correspondance, MM. Lemoine et Mauger.

Caisse générale. MM. Dubois, caissier-général ; Mignotte, sous-caissier ; Combe, contrôleur.

Comptabilité générale. M. Paterson, directeur des comptes.

Chefs de comptabilité, MM. Quesnel, Druilhet et Giry.

Bureau des domaines. M. Engelbrecht, chef.

Bureau des cautionnemens. M. Changarnier, chef.

Bureau du contentieux. M. Sinet, chef.

Bureau des pièces comptables. M. Boyeldieu, chef.

BANQUE DE FRANCE,

place des Victoires, hôtel Massiac.

M. Jaubert (C. ✣), conseiller d'état, *gouverneur*, rue des fossés montmartre, n. 6.

M. Thibon, *premier sous-gouv.*, r. de la réunion, n. 13.

M. Rodier, *second sous-gouv.*, r. de l'université, n. 17.

Les opérations de la banque consistent : 1.º à es-compter à toutes personnes domiciliées à Paris, les lettres-de-change et autres effets de commerce, revêtus de la signature au moins de trois négocians commerçans, manufacturiers et autres personnes no-

toirement réputées solvables. Le transfert des actions
à la banque, pour lui garantir le recouvrement des
effets escomptés, équivaut à une signature; 2.º à se
charger, pour compte de particuliers et pour celui des
établissemens publics, du recouvrement des effets
qui lui sont remis; à recevoir en compte courant les
sommes en numéraire et les effets qui lui sont remis
par des particuliers ou par des établissemens publics;
à payer pour eux les mandats qu'ils tirent sur elle, ou
les engagemens pris à son domicile, et ce jusqu'à
concurrence des sommes encaissées à leur profit. Ces
mandats sont payables au porteur et à présentation :
la banque en est valablement libérée, quelle que soit
leur date, quel que soit l'individu qui en a touché le
montant; 4.º à tenir une caisse de placement et d'é-
pargnes, où elle reçoit les sommes au-dessus de cinquante francs, dont elle paye l'intérêt, et pour lesquelles elle donne des reconnoissances au porteur ou
à ordre, payables à des époques convenues.

On est point recevable à mettre des oppositions sur
les valeurs que la banque a en compte courant.

Les jours d'escompte sont les lundi et jeudi de chaque semaine.

Conseil général de la Banque.

Régens, Messieurs,

Cordier, négociant, faubourg poissonnière, n. 8.
Davillier, négociant rue basse-du-rempart, n. 16.
Delessert, fils, banquier, rue coq-héron, n. 3.
Flory, négociant, place vendôme, n. 3.
Gibert, receveur-général du département de l'oise.

Guitton, jeune, comm. en march., r. mich.-lepellet.
Hottinguer, négociant, rue du sentier, n. 20.
Jame, recev. gén. des droits réunis, r. de grenelle, st.-g.
Mallet, aîné, banquier, rue du mont-blanc, n. 13.
Moreau ✣, négociant, rue st.-antoine, n. 177.
Muguet-Varange, recev.-gén. du départ. de l'escaut.
Olivier, négociant, rue du gros-chenêt, n. 19.
Perregaux (C. ✣), rue du mont-blanc, n. 9.
Pierlot, receveur-général du département de l'aube.
Roux (Vital), négociant, rue helvétius, n. 16.

Censeurs, Messieurs,

Martin-Puech, négociant, rue d'antin, n. 9.
Robillard, fabriquant de tabac, rue du mont-blanc.
Sœhnée, père, négociant, rue de richelieu, n. 106.

Comités permanens dont les membres ne sont renouvelés qu'après dix-huit mois d'exercice.

Des billets. MM. Cordier, Delessert, Mallet.
Des livres et porte-feuilles. MM. Davillier, Flory, Hottinguer.

Des relations avec le trésor public et les receveurs-généraux. MM.

Cordier, Delessert, Muguet-Varange, Perregaux, Pierlot.

Conseil d'escompte, Messieurs :

Bellengé, rue n. st.-denis, n. 14.
Chagot, ancien papetier, rue de l'arcade.
Chevals, rue st.-fiacre, n. 5.
Dubloc, négociant, place des victoires.
Fessart, épicier en gros, rue michel-lepelletier.
Lafaulotte, comm. de bois, rue basse-du-rempart.

Lafond, comm. en vins, quai de la tournelle.

Latteux, commiss. en march., rue de la réunion.

Lesourd, fabriquant de tabac, rue montmartre.

Monier, commerce de soierie, rue thibautodé.

Renet, commerce en vins, quai bourbon.

Ternaux, commerce de draps, place des victoires.

Secrétaire-général. M. Audibert, père, rue des fossés montmartre, n. 6.

Secrétaire du gouvernement de la banque. M. Maillard, rue des fossés montmartre, n. 6.

Direction-générale, Messieurs, Garrat, directeur-général, à la banque; Dibarrart, directeur-général adjoint, à l'hôtel des monnoies; Delafontaine, caissier-général, à la banque; Decrousaz, contrôleur-général, à la banque.

Directeurs particuliers, Messieurs, ..., directeur de la correspondance; Brisebarre, aîné, directeur des effets au comptant; ...., directeur des livres; Decoincy, directeur des billets et de l'imprimerie; Gachet, directeur des actions; Soret, directeur de l'escompte.

Caissiers particuliers, Messieurs, Joinville, fils, caissier des recettes; Dupougel, caissier de la première caisse de dépense; Bizouard, caissier de la deuxième caisse de dépense; Vial, caissier pour l'échange des billets contre espèces; Grandin, caissier pour l'échange des billets de 500 fr.; Delaroche, suppléant aux deux caisses d'échange.

Conseils de la banque, Messieurs,

Armey, avocat au conseil, rue de la place vendôme;

35

Bonnet, jurisconsulte, rue du sentier.

Coulomb ✿, ancien magistrat, rue Villedot.

Demautort, ancien notaire, rue vivienne.

Dupont, avocat au conseil, rue verdelet.

Guicu, juge de cassation.

Perignon, jurisconsulte, rue de choiseul.

Marchoux, notaire, rue vivienne.

Boudard, avoué près la cour d'appel, r. n.-st.-eustache.

Meure, *idem*, rue de l'ancienne comédie française.

Hocmelle, rue de la place vendôme.

Gorneau-Duizy, défens. près le trib. de commerce.

Millard, huissier, rue st.-martin.

Delannoy, architecte, r. bergère, au conserv. de musiq.

INSTITUT DES SCIENCES,

Lettres et Arts.

Il se divise en quatre classes (1) ; savoir :

Première classe. Sciences physiques et mathématiques.

Seconde classe. La langue et la littérature françaises.

(1) La première classe tient ses séances le lundi de chaque semaine ; la seconde, le mercredi ; la troisième, le vendredi ; la quatrième, le samedi.

Ces séances ont lieu aux Quatre Nations, et durent depuis trois heures jusqu'à cinq.

La première classe rend publique sa première séance du mois de janvier ; la deuxième, sa première d'avril ; la troisième, sa première de juillet ; la quatrième, sa première du mois de septembre.

Troisième classe. Histoire et littérature anciennes.

Quatrième classe. Beaux-arts.

La première classe est divisée en onze sections composées et désignées ainsi qu'il suit :

Sciences mathématiques. Géométrie, six membres; mécanique, six; astronomie, six; géographie et navigation, trois; physique générale, six.

Sciences physiques. Chimie, six membres; minéralogie, six; botanique, six; économie rurale et art vétérinaire, six; anatomie et zoologie, six; médecine et chirurgie, six.

Cette classe a deux secrétaires perpétuels, l'un pour les sciences mathématiques, l'autre pour les sciences physiques; ils ne font partie d'aucune section,

La seconde classe est composée de quatre membres.

Elle a un secrétaire perpétuel.

La troisième classe est composée de quarante membres et de huit associés étrangers.

Elle a un secrétaire perpétuel.

La quatrième classe est composée de vingt-huit membres et de huit associés étrangers.

Ils sont divisés en sections, désignées et composées ainsi qu'il suit :

Peinture, dix membres; sculpture, six; architecture, six; gravure, trois; musique (composition), trois.

Elle a un secrétaire perpétuel, membre de la classe.

Tous les ans les classes distribuent des prix, dont le nombre et la valeur sont réglés ainsi qu'il suit:

La première classe, un prix de 3000 francs.

La seconde et la troisième classes, chacune un prix
de 1500 francs.

Et la quatrième classe, de grands prix de peinture,
de sculpture, d'architecture et de composition musi-
cale : ceux qui remportent un de ces quatre grands
prix, sont envoyés à Rome et entretenus aux frais de
l'Etat.

Liste des membres et des associés étrangers (1).

1. L'EMPEREUR.

3. LE ROI DE NAPLES.

2. Aguesseau (d') (C. ✻), *sénateur.*
2. Andrieux (✻), rue de Vaugirard, n. 27.
4. Appiani, à Milan.
2. Arnault (✻), au ministère de l'intérieur.
1. Banks, à Londres.
3. Barbié-du-Bocage, rue cassette, n. 20.
1. Berthollet (C. ✻), *Sénateur. Chimie.*
1. Berthoud, rue du harlay, n. 29. *Mécanique.*
4. Bervic, rue de grenelle st.-honoré, n. 27. *Gravure.*
2. Bigot-Préameneu (G. ✻), *ministre des cultes.*
1. Biot, rue des fr.-bourgeois st.-michel. *Géométrie.*
2. Bissy, rue de la ville-l'évêque.
3. Bitaubé ✻, rue garancière, n. 6.
3. Boissy d'Anglas (C. ✻), *sénateur.*
2. Bonaparte (Lucien), (G. ✻).
1. Bosc, rue des maçons sorbonne. *Economie rurale.*
1. Bossut ✻, rue thevenot, n. 23. *Géométrie.*
2. Boufflers ✻, rue verte, faubourg st honoré, n. 36.
1. Bougainville (G. ✻), *sénateur. Géogr. navig.*
1. Bouvard, à l'observatoire. *Astronomie.*

_____

(1) Le chiffre qui précède le nom de chaque membre indique
la classe dont il fait partie. S. P. signifie : Secrétaire perpétuel.

3. Brial , rue des fossoyeurs , n. 25.

1. Buache ✣ , rue guénégaud , n. 18. *Géog. navigat.*

1. Burckhardt , à l'école militaire. *Astronomie.*

11. Cabanis , *sénateur*, à Auteuil.

11. Cailhava , rue du cimetière st.-andré.

Caillot , à S.-Germ.-en-Laye, dép. de Seine et Oise.

11. Cambacérès , prince archi-chancelier de l'empire.

1. Carnot ✣ , rue Boucherat , n. 23. *Mécanique.*

1. Cassini ✣ , cloître notre-dame , n. 12. *Astronomie.*

1. Cavendish , à Londres,

11. Chalgrin , palais du sénat. *Architecture.*

3. Champagne ✣ , rue st.-jacques, au Lycée. *Chimie.*

1. Chaptal , *sénateur*.

1. Charles , rue n.-gr.-batelière , n. 14. *Phys. génér.*

11. Chaudet , rue de l'université , n. 31. *Sculpture.*

11. Chenier ✣ , rue de la loi , n. 18.

3. Choiseul-Gouffier , rue de grenelle st.-germain.

11. Cuvier ✣ , au jardin des plantes. S. P.

8. Dacier ✣ , rue colbert , n. 4 S. P.

8. Dalberg , prince primat de la confédér. du Rhin.

12. Daru , *conseiller d'Etat.*

8. Dannou , aux archives du corps législatif.

14. David ✣ , rue de seine st.-ger. , n. 10. *Peinture.*

83. De Gerando , au ministère de l'intérieur.

14. Dejoux ✣ , *Sculpture.*

11. Delambre ✣ , rue de paradis au marais. S. P.

12. Delille , rue neuve ste.-catherine, au marais , n. 14.

14. Denon ✣ , galeries du louvre , n. 18. *Peinture.*

83. De Sales , rue de sevres , faubourg st -germain.

11. Des Essarts , cul-de-sac sourdis. *Médec. et chirur.*

11. Desfontaines ✣ , jardin des plantes. *Botanique.*

11. Desmarest , rue de seine . n. 49. *Minéralogie.*

13. Déyeux , rue de Tournon , n. 8. *Chimie.*

12. Domergue , rue des fossés st.-germain l'auxerrois.

12. Ducis , rue de l'université , n. 3.

14 Dufourny , rue de l'université, n. 10. *Architecture.*

11. Duhamel, rue de l'université , n. 61. *Minéralogie.*

3. Dupont (de Nemours), rue martel , n. 11.

3. Dupuis ⚓ collége de France, place cambrai.

4. Duvivier , rue des champs-Élysées , n. 3. *Gravure.*

1. Fleurieu , *sénateur. Géographie navigation.*

2. Fontanes , au palais du corps législatif.

1. Fourcroy , *conseiller d'Etat. Chimie.*

2. François (de Neufchâteau) (G. ⚓), *sénat.*, *r. d'enfer.*

2. Garat (C. ⚓), *sénateur*, rue du petit-vaugir., n. 5.

3. Garran-Coulon (C. ⚓), *sénateur*, au palais du sénat.

1. Gay-Cussac , rue. . . . . . *Physique générale.*

1. Geoffroy-Saint-Hilaire , jard. des plant. *An. Zo.*

3. Ginguené , rue du cherche-midi , n. 19.

4. Gondoin ⚓, rue de Tournon , n. 12. *Architecture.*

4. Gosset , rue bergère. *Musique.*

3. Gosselin ⚓ , rue et arcade colbert , n. 6.

4. Grandmenil , rue de condé , n. 14. *Musique.*

3. Grégoire (C. ⚓), *sénateur*, rue pot-de-fer , n. 22.

4. Gretry ⚓ , boulevart italien , n. 7. *Musique.*

1. Guiton (O. ⚓) rue de lille , n. 63. *Chimie.*

1. Hallé ⚓ , rue pierre-sarrazin , n. 10. *Chirurgie.*

1. Haüy ⚓ , jardin des plantes. *Minéralogie.*

4. Haydn , à Vienne.

1. Herschel , à Londres. *Astronomie.*

4. Heurtier, île s.-louis, quai de l'union. *Architecture.*

3. Heyne , à Gottingue.

4. Houdon ⚓ , aux quatre-nations. *Sculpture.*

1. Huzard, rue de l'éperon , n. 7. *Art vétérinaire.*

3. Jefferson , à Philadelphie.

4. Jeuffroy , rue n. ste.-genev., n. 12. *Gravure.*

1. Jussieu ⚓ , rue de seine st.-victor. *Botanique.*

1. Klaproth , à Berlin.

1. Labillardière , boulevart montmartre. *Botanique*

1. Lacépède, gr. ch. de la lég. d'honn. *Anat. et zool.*

2. Lacretelle aîné, rue de richelieu , n. 111.

1. Lacroix ⚓ , rue garancière , n. 6. *Géométrie.*

2. Lacuée (G. ⚓) , *ministre d'Etat.*

1. Lagrange (G. ⚓), *sénateur*, *Géométrie.*

3. Lakanal, au lycée Bonaparte.
1. Lamarck ✠, museum d'hist. naturelle. *Botanique.*
3. Langlès, à la bibliothèque impériale.
1. Laplace (G. ✠) *sénateur* r. de tournon. *Géométrie.*
3. Laporte Dutheil ✠, quai et place de la monnoie.
5. Larcher ✠, rue de la harpe . n. 104.
1. Lassus, rue de seine, n. 6. *Médecine.*
2. Laujon, rue st.-athanase, n. 1.
3. Leblond. . . . . .
3. Lebreton ✠, rue de tournon, n. 4, 4ᵉ. S. P.
2. Lebrun, prince archi-trésorier de l'empire.
1. Lefèvre-Gineau ✠, collège de France. *Phys. gén.*
1. Lefrançois-Lalande, collége de France *Astron.*
1. Legendre ✠, rue de condé, n. 15. *Géométrie.*
2. Le Gouvé ✠, rue st.-marc-feydeau, n. 14.
1. Lelièvre, rue de l'université, n. 61. *Minéralogie.*
1. Lévêque ✠, rue de l'univers., n. 34. *Phys. génér.*
3. Lévêque ✠, quai et île st.-louis, n. 29.
2. Maret (G. D. ✠), *secrétaire d'Etat.*
4. Marvuglia, à Palerme.
1. Maskeline, à Londres.
2. Maury, cardinal, aumônier du Roi de Westphalie.
4. Méhul ✠, rue bergère, au conservat. *Musique.*
3. Mentelle, rue du doyenné, n. 2.
3. Mercier, rue de seine, n. 12.
2. Merlin (C. ✠), *conseiller d'Etat.*
1. Messier ✠, rue des mathurins, n. 14. *Astronomie.*
3. Millin ✠, à la bibliothèque impériale.
4. Moitte ✠, quai malaquai, n. 3. *Sculpture.*
1. Monge (G. ✠), *sénateur. Mécanique.*
3. Mongez, hôtel des monnoies.
1. Montgolfier, rue st.-martin. *Physique.*
4. Monvel, faubourg st.-Martin, n. 88. *Musique.*
2. Morellet ✠, rue d'anjou st.-honoré, n. 26.
4. Morghen, à Florence.
2. Naigeon, rue de l'université, n. 48.
3. Niebhur, en Danemarck.
1. Olivier, place de ste.-Geneviève, n. 1. *Anatomie.*

4. Pajou ✻, quai voltaire, n. 15. *Sculpture.*
1. Palissot-Beauvois, rue de turenne. *Botanique.*
1. Pallas, à St.-Pétersbourg.
1. Parmentier ✻, rue des amand. pop. *Econ.* **rur.**
2. Parny, rue de provence, n. 8.
3. Pastoret ✻, place de la concorde, n. 6.
1. Pelletan ✻, parvis notre-dame, n. 10. *Chirurgie.*
1. Percy, rue des trois-pavillons. *Médecine.*
1. Perrier, rue de belle-chasse, n. 13. *Mécanique.*
3. Petit-Radel, île st.-Louis, n. 30.
4. Peyre ✻, rue des sts.-pères, n. 28. *Architecture.*
2. Picard aîné, rue de sully.
1. Pinel, à la salpétrière. *Anatomie, zoologie.*
1. Portal ✻, rue pavée st.-andré des-arcs. *Médecine.*
3. Pougens, quai voltaire, n. 17.
1. Prony ✻, école des ponts et chaussées. *Mécanique.*
3. Quatremere de Quincy, rue basse, n. 31, à Passy.
4. Ramond (C. ✻), rue de colbert, n. 4. *Minéralogie.*
4. Raymond, rue du roule, n. 11. *Architecture.*
2. Regnaud (de St.-Jean-d'Angély), (G. ✻).
4. Regnault ✻, r. guénégaud, n. 15. *Peinture.*
3. Reinhard (C. ✻), r. st.-dominique, faub. **st.-germ.**
3. Rennell, à londres.
   Reynouard, rue basse, à passy.
1. Richard, rue copeau, n. 23. *Anatomie et Zoologie.*
1. Rochon, r. de seine, faub. st.-g, n. 12. *Phys. gén.*
2. Rœderer (C. ✻), sénateur, r. du faub. st.-honoré.
4. Roland ✻, à la sorbonne, n. 11. *Sculpture.*
2. Roquelaure (O. ✻), archevêque de malines.
1. Rumford, à munich.
1. Sabatier ✻, (R. B.) hôtel des invalides. *Chirurgie.*
1. Sage, à l'hôtel des monnoies. *Minéralogie.*
2. Saint-Pierre ✻, (Bernardin de) r. de bellechasse.
3. Sainte-Croix, rue cassette, n. 33.
4. Salieri, à vienne.
1. Sané ✻, rue d'argenteuil, n. 4. *Mécanique.*
2. Ségur (G. D. ✻), rue des saussayes, n. 13.
4. Sergell, à Stockholm.

c2. Sicard, à l'institut des sourds-muets.

R2. Sieyes (G. ✻), sénateur, r. de la madeleine, n. 18.

F1. Silvestre, rue de seine, n. 12. *Economie rurale.*

E3. Silvestre de Sacy ✻, rue hautefeuille, n. 9.

c2. Suard ✻, place de la concorde, n. 6. S. P.

E3. Talleyrand (G. D. ✻), prince de bénévent.

A4 Taunay, rue des petits-champs, n. 25. *Peinture.*

c1. Tenon ✻, rue du jardinet, n. 3. *Anat. et Zool.*

L1. Tessier ✻, r de l'oratoire. *Écon. rur. Art vétér.*

c1. Thouin ✻, jardin des plantes. *Econ. rur.*

3. Toulongeon (C. ✻), r. n.-du-luxembourg, n. 27.

4. Van-Spaendonck ✻, au mus d'hist. nat. *Peinture.*

c1. Vauquelin ✻, muséum d'hist. naturelle. *Chymie.*

1. Ventenat ✻, à la biblioth du panth. *Botanique.*

4. Vien (C. ✻), quai malaquais, n. 3. *Peinture.*

2. Villar ✻, rue de lille, n. 101.

4. Vincent ✻, aux quatre-nations. *Peinture.*

3. Visconti ✻, quai malaquais, n. 1. *Peinture.*

2. Volney (C. ✻), r. de la rochefoucault. *Lang. fr.*

1. Volta, à pavie.

4. West, à londres.

3. Wieland, à weimar en saxe.

3. Wildfort, membre de la société de calcuta.

    Lucas, agent.

    Cardot, chef du bureau, au secrétariat.

ÉCOLE IMPÉRIALE POLYTECHNIQUE,

Rue de la Montagne Sainte-Geneviève.

Le nombre des élèves est d'environ trois cents.

S. E. M. *Lacuée* (G. ✻), Ministre d'état, gouv. de l'école.

Etat-major, direction et administration, MM.

Vernon ✻, commandant en second, directeur des

études ; *Le Brun*, inspecteur des études; *Cicéron*, administrateur; *Davignon* ✠, chef de bataillon; *Marielle*, capitaine, quartier-maître-trésorier, secrétaire; *Redon* ✠, *Richard* ✠, capitaines; *Bourdillet* ✠, *Letoublon* ✠, lieutenans; *Rostan* ✠, Clément, adjud.

Instituteurs, MM.

Analyse et mécanique, Prony ✠, Poisson, Lacroix, Labey. *Géométrie pure et appliquée*, Monge (G. ✠), Hachette, Sganzin ✠, Duhays. *Chimie*, Guyton (O. ✠), Fourcroy (C. ✠). *Physique générale*, Hassenfratz. *Architecture*, Durand. *Dessin*, Neveu.

Grammaire et belles-lettres, Andrieux ✠, *membre de l'Institut*, Bossut ✠, Legendre ✠, *examinateurs de mathématiques pour l'admission dans les services publics*; Barruel, *bibliothécaire.*

M. Chaussié, *medecin.* M. Gault, *chirurgien.*

Examinateurs des aspirans.

Mathématiques. M. Francœur. *Langues latine et française.* M. Blanc, chef, à la préfecture. *Dessin.* M. De Wailly.

ÉCOLE IMPÉRIALE DES PONTS ET CHAUSSÉES,

hôtel de l'Administration des Ponts et Chaussées, rue de l'Université, n. 120.

M. Prony ✠, *directeur*, *inspecteur général des Ponts et chaussees.*

Ingénieurs en chef. MM.

Lesage, *inspecteur.*

Bruyère, Mandar, *professeurs.* Eisenmann, *professeur, ingénieur ordinaire.*

ÉCOLE DES MINES.

Voyez ci-devant page 366.

ÉCOLE SPÉCIALE DE LANGUES ORIENTALES VIVANTES

à la Bibliothèque impériale.

Persan et Malay. M. Langlès, administrateur de l'École et Professeur. Les lundis, mercredis et samedis, de 2 à 4 heures du soir.

Arabe vulgaire et littéral. MM. Silvestre-de-Sacy ✿, professeur. Dom Raphaël Monachis, professeur-adjoint. Les lundis, mercredis et vendredis, à 5 heures du soir.

Turc et Tartare de Crimée. M. Jaubert, professeur. Les mardis, jeudis et samedis, de 3 à 5 heures du soir.

Cours d'archæologie, à la Bibliothèque impériale. M. Millin ✿ *professeur.* Les mardis, jeudis et samedis, à deux heures.

ÉCOLE DE DROIT DE PARIS,

place Ste-Geneviève.

Inspecteur-général de l'Ecole.

M. Viellart (C. ✿), *président de la Cour de Cassation.*

Directeur. M. Portiez (de l'Oise), à l'Ecole.

Droit romain. M. Berthelot, professeur, à l'Ecole.

Les jours et heures des leçons sont annoncés par
des affiches au commencement de chaque sémestre.

Code civil, première année. MM. Morand, professeur, à l'Ecole. Simon, suppléant, au lycée Impérial.

Code civil, deuxième année. MM. Delvincourt,
professeur, à l'Ecole. Caillau, suppléant, rue des
Maçons-Sorbonne, n. 14.

*Droit civil dans ses rapports avec l'administration
publique.* M. Portiez (de l'Oise), professeur.

Procédure civile et Législation criminelle. MM. Pigeau, professeur, à l'École. Bavonx, suppléant, rue
de Savoie, n. 18.

Secrétaire-général, Caissier et Garde des Archives.
M. Reboul, à l'Ecole.

Conseil de discipline et d'enseignement. MM.

Treilhard (G. ✻), conseiler-d'état, président du
     conseil. Abrial (G. ✻), sénateur. De Malleville,
     (C. ✻), sénateur.

Bigot de Préameneu (G. ✻), conseiller d'état.

Muraire (G. ✻), conseiller d'état, premier prési-
     dent de la cour de cassation.

Merlin (C. ✻), conseiller d'état, procureur-général
     impérial près la même cour.

Bourguignon, membre de la cour de justice crimi-
     nelle du département de la Seine.

. . . ., jurisconsulte.

Rarris ✻, président de la cour de cassation.

Gandon, juge en la même cour.

Seguier (C. ✻), maître des requêtes ; premier pré-
     sident de la cour d'Appel de Paris.

Delamalle, jurisconsulte.
Portiez (de l'Oise), directeur de l'école.
Reboul, secrétaire.

Bureau d'administration. MM.

Frochot (C. ✶) conseiller d'état, préfet du départe-
tement de la Seine , président né.

Treilhard (G. ✶), doyen d'honneur du conseil de
discipline.

Ferey ✶ , membre dudit conseil.

Camet-de-la-Bonnardière ✶ , maire du 11.ᵉ arrondissement.

Portiez (de l'Oise), directeur.

Morand, professeur.

Reboul , secrétaire.

INSPECTEURS-GÉNÉRAUX DES ÉTUDES.

Première commission. M. Noel ✶ , rue Jacob, près
l'hôtel de Modène.

Deuxième commission. MM. Lefevre-Gineau ✶ ,
membre de l'Institut, place Cambray , collége de
France. Villar ✶ , *membre de l'Institut,* rue de Lille,
n. 101.

Troisième commission. MM. Despaulx ✶ , rue de
la Harpe , vis-à-vis celle de l'Ecole de médecine.
Ant. Pictet, rue. . . . . .

Lycées , Ecoles secondaires , Primaires du département, V. ci-devant p. et suivantes.

ÉCOLE DE MÉDECINE DE PARIS.

Anatomie et Physiologie. Professeurs. MM. Chaussier, rue d'enfer, n. 20. Duméril, rue des fossés st.-Jacques. n. 13.

Chimie médicale et Pharmacie. MM. Fourcroy, (C. ✻), conseiller d'état. Déyeux, premier pharmacien de l'Empereur, rue de tournon, n. 8.

Physique médicale et Hygiène. MM. Hallé ✻, rue pierre-sarrasin, ●10. Desgenettes (O. ✻), rue de tournon, n. 8.

Pathologie externe. MM. Percy (O. ✻), rue des trois-pavillons, n. 10. Richerand, rue de Bondi, n. 44.

Pathologie interne. MM. Pinel ✻, à la salpétrière. Bourdier, place conti, près la monnoie.

Histoire Naturelle-médicale Botanique. MM. Dejussieu ✻, au jardin des plantes. Richard, rue Copeau.

Médecine Opératoire. MM. Sabatier ✻, aux invalides. Lallement, à la salpétrière.

Clinique externe. MM. Pelletan ✻, parvis notredame, n. 10. Boyer, premier chirurgien de l'Empereur, à l'hospice de la charité.

Clinique interne. MM. Corvisart (O. ✻), premier médecin de l'empereur, professeur honoraire, rue st.-dominique, faubourg st.-germain. Le Roux des Tillets, médecin du roi de Hollande, rue de verneuil, faubourg st.-germain, au coin de celle ste.-marie.

Clinique de l'école, dite de perfectionnement. MM. Dubois, a l'école de médecine, rue de l'Observance; Petit-Radel, rue du jardinet, n. 8.

Accouchemens. MM. Le Roy (Alphonse), rue de Vaugirard, près celle du regard. Baudelocque, rue jacob, n. 10.

Médecine légale. M. Leclerc, rue des fossés-m.-le-prince, n. 12. Cabanis ✠, sénateur, à auteuil, près Paris.

Doctrine d'Hippocrate. Histoire des cas rares. M. Thouret ✠, directeur, à l'école de médecine.

Bibliographie médicale. M. Sue, professeur, bibliothécaire et trésorier, à l'école de médecine.

Démonstration des drogues usuelles et des instrumens de Chirurgie. M. Thillaye, conservateur, à l'école de médecine.

Chef des travaux anatomiques. M. Dupuytren, rue de l'observance.

Artistes attachés à l'école. MM. Lemonnier, peintre, rue de vaugirard. Pinson, chargé de modeler les pièces en cire, à l'école de médecine, rue de l'observance.

Bureaux. M. Descot, chef des bureaux, à l'école de médecine.

MÉDECINS *de l'ancienne Faculté de médecine de Paris,* MM.

Andry, rue des écouffes, au marais, n. 16.
Asselin, rue neuve st.-merry, n. 32.
Bacher, rue de la convention, n. 1.

Bertholet, rue d'enfer.

Boric, rue des fossés montmartre, n. 15.

Bosquillon, collége de france, place, cambray.

Bourdois de la Motte, rue st.-honoré, n. 138.

Bourdier, place conty, près la monnoie, n. 15.

Bourru, rue des maçons, n. 25.

Caille, rue de tournon, n. 15.

Chambon de Montaux, rue guénégaud.

Corvisart, (médec. de S. M.,) r. st.-domin.-st.-germ.

Defrasne, rue mêlée, n. 32.

Dejussieu, rue de seine, jardin des plantes.

Dejussieu, rue st.-dominique-d'enfer.

De la Louette, rue jacob, n. 5.

Delaporte, rue neuve des petits-champs, n. 77.

Demontaigu, rue st.-andré-des-arcs, n. 48.

Demours, rue de l'université, n. 19.

Descemet, au lycée impérial.

Desessarts, cul-de-sac sourdis, n. 1.

Dewenzel, rue charlot.

Dumangin, rue traversière st.-honoré, n. 25.

Duval, aux armées.

Fourcroy, (conseiller d'état,) jardin des plantes.

Gezand, r. de la harpe, v.-à-v. celle de l'école de méd.

Gilles, cul-de-sac du doyenné.

Guillotin, rue neuve st.-roch, n. 375.

Hallé, rue pierre-sarrazin, n. 10.

Jeannet de Longroir, rue de la vrillière, n. 2.

Jeanroy, rue du doyenné, n. 15.

Jeanroy, rue du ponceau, n. 25.

Jumelin, au lycée impérial.

Lanigan, aux armées.

Laservolle, rue de la harpe, près celle de médecine.

Laubry, aux armées.

Lebegue de Presle, rue st. Jacques près celle des mat.

Leclerc, rue des fossés m. le prince, n. 12.

Leys, rue poupée au coin de celle haute-feuille.

Lemoine, rue des vieux-augustins, n. 18.

Lepreux, cloître notre dame, n. 10.

Leroy, rue de vaugirard, près celle du regard.

Leroux, rue de verneuil, fauboug st.-germ., n. 20.

Letenneur, rue st.-claude, près le boulevard.

Louiche de Fontaines, r. de seine, jardin des plantes.

Mallet, rue de jouy, n. 8.

Maloet, rue d'antin, n. 12.

Marinier, rue du théâtre français.

Nolland, rue du petit-carreau, n. 13.

Petit-Radel, rue du jadinet st.-andré-des-arcs.

Pautier de la Breuille, r. des capuc. près la place vend.

Petit, rue des fossés m. le prince, n. 25.

Pluvinet, à Clichy.

Roussel-Vauzenne, rue de l'université, n. 7.

Roussille de Chamseru, rue favart, n. 8.

Tessier, rue de condé, près l'odéon.

Théry, rue christine, n. .

Thomas d'Ouglée, rue de verneuil, n. 11.

Thouret, membre du corps lég., à l'école de médecine.

Anciens Médecins reçus dans les Facultés de France,
autres que celle de Paris.

Andravy, rue traversière st.-honoré, n. 39.

Asquier, ...

Andral, rue de provence, aux invalides.

Baget, rue michel-le-pelletier, n. .

Baillergeau, ...

Balleroy, rue montorgueil, n. .

Banau, à Nanterre.

Bauduin, ...

Bazin de la Rappenelllière, rue n.-d. des victoires.

Bertin, rue St.-hyacinthe.

Biron, rue de verneuil, n. 37.

Bodin, rue de verneuil, n. .

Boiveau-Laffecteur, rue de varennes, n. 10.

Bourgeois, rue tiquetonne.

Bousquet, rue des écrivains.

Braw, rue de joui.

Brechot, rue st.-honoré, n. 87 (ancien).

Brunet, rue neuve des petits-champs, n. 26.

Bruslé, rue cassette, n. 20.

Burard, rue du petit-lion st.-sulpice.

Caille, rue copeau, n. 7.

Cattin de Beaumarchais, rue des nonaindières.

Chalibert, ...

Chappon, rue du cherche-midi.

Chaussier, rue d'enfer.

Chauvot de Beauchêne, rue st.-dominique.

Chigot, rue de la marche, n. 9.

Colon, rue du mont-parnasse.

Coste, ...

Daignan, rue du helder, n. 12.

Dazile, rue bergère.

Delacoudray, ...

Delatour, rue des barres.

Demassée, ...

Devilly, rue de la tixeranderie, n. 45.

Doussin-Dubreuil, rue pavée st.-andré-des-arcs.

Duchêne-Montaubien, rue poissonnière, n. 44.

Dufour, rue de bondy.

Dumas, ...

Dupont, rue st.-Roch, cul-de-sac de la corderie.

Dupont-Delamotte, rue charlot, n. 12.

Dutrone de la Couture. . . . . .

Emounot, rue notre-dame des victoires, n. 12.

Fels, rue de sèvres.

Ferot, rue st.-denis.

Foix, rue de grenelle st.-honoré, n. 35.

Force, faubourg st.-antoine, près la barrière.

Foubert, rue du regard.

Gallé, ...

Gay, cul-de-sac du doyenné, n. 3.

Gilbert, au val-de-grace.

Goetz, rue de la bienfaisance.

Guignard , rue du sentier.
Jadelot , rue du petit-vaugirard , n. 71.
Joubert , rue de bussy , n. 15.
Joemie-Lonchamp , ...
Juge , rue des tournelles , n. 70.
Lallemand , rue st.-honoré , n. 89.
Lamotte , rue thibautodée , n. 7.
Launefranque , rue christine , n. 3.
Larguez , rue des tournelles.
Lasserre , ...
Lebchu de la Bastays , rue mêlée , n. 13.
Lepage de Lingerville , rue st.-georges , n. 6.
Leroux , à belleville.
Lesage , rue coquillière , n. 20.
Lescure , rue du paradis , n. 4 , au marais.
Lesvignes , rue du faubourg st-martin , n. 4.
Lobiuhes , rue st.-florentin , n. 11.
Maigrot , faubourg st.-denis.
Mailhot , rue st-jacques-la-boucherie , n. 28.
Maison , rue st.-christophe , n. 1.
Marchescheau , rue du hasard richelieu.
Marie , rue notre-dame des victoires , n. 40.
Marie St. Ursin , rue des sts. pères , n. 5.
Marre , rue de la tixeranderie , n. 7.
Maurice , rue du cimetière st.-andré.
Mestais , rue des fossés st.-victor.
Mongenot , rue du four st.-germain.
Moore , rue thevenot , n. 9.
Ollivier , place du panthéon.
Percy , rue des trois-pavillons.
Peyre , rue de surène , n. 19.
Pinel , à la salpétrière.
Portal , rue pavée.
Prouteau , rue du petit-carreau ; n. 2.
Quevremont-de-la-motte.
Redemayer.
Reis , rue caumartin.

Roques, rue des filles-st.-thomas, n. 17.
Roy. rue dauphine.
Schauffelberger, rue de malte, n. 25.
Sedillot, rue favart.
Sedillot, rue thibautodé.
Simon, palais royal.
Sollier.
Soyeux, palais royal.
Vallée, rue feydeau.
Verdier, rue charlot.
Vergez, rue de richelieu, n. 84.
Vigaronx.
Vosdey, rue du faubourg st.-denis, n. 154.

Médecins reçus par charge.

Bouvier, place thionville, n. 24.
Enguehard, rue ste.-appoline, n. 10.
Guinot, rue fontaine-nationale.
Leroy, rue baillet, n. 4.
Menuret, rue du bacq, n. 33.
Saiffert, r. st.-dominique, faub. st.-germain, n. 25.
Seguy, rue st.-honoré, n. 226.
Thibaut, rue st.-honoré, n. 358.

Réception d'après les nouvelles formes.

Docteurs en médecine.

Abraham, rue neuve de l'abbaye st.-germain, n. 4.
Alard, ...
Bally, ...
Barras, rue du harlay, n. 29.
Bayle, ...
Béclard, rue de la verrerie, hôtel de reims.
Bellemain, rue barbette, n. 14.
Bénard, rue batave, n. 13.
Berlios, rue du bouloy, n. 13.
Berthet, rue du faubourg poissonnière, n. 7.

Bernardin , rue jean-jacques rousseau.
Bezard , rue de thorigny , n. 14.
Bobillier , rue ste-appolline , n. 2.
Boissat , rue d'angivilliers.
Bonnafox , rue ste-avoie , n. 8.
Bouillon-Lagrange , au lycée napoléon.
Boulay , à st.-denis.
Bouvenot , rue st.-dominique , n. 87.
Bruneau , rue du vieux colombier, n. 24, f. st.-ger.
Brunet , rue des petits-augustins , n. 21.
Brunié , rue du four st.-honoré , n. 15.
Budan , rue de seine , n. 59, faubourg st.-germain.
Burdin , place st.-antoine , n. 9.
Caigné , à courbevoie.
Canuet , grande rue de chaillot , n. 10.
Capuron , rue st-andré-des-arcs , n. 58.
Carre , rue thévenot.
Cattet , rue de grenelle st.-germain , n. 17.
Carrette , rue des bourdonnais , n. 7.
Casenave , rue amelot , n. 32.
Chailly , rue de la calandre , n. 19.
Chamand , rue mêlée , n. 58, et b. st.-martin , n. 7.
Chardel , place st.-sulpice.
Chardel Frédéric , place st.-sulpice.
Chardon , à Auteuil , grande rue , n. 5.
Chauchard , rue quincampoix.
Chavassieu d'Aubert , rue du helder , n. 5.
Chirac , rue du sépulcre , n. 21.
Chrétien , rue de braque , n. 10.
Chrétien , rue des blanc-manteaux.
Collinet , rue st.-andré-des-arcs.
Couad , rue miroménil.
Couécou , rue st.-marc , n. 21.
Coutèle , rue st.-honoré ,
Collet-Meygret , rue de thionville.
Cellier , rue du hasard , n. 1.
Creciat , place de l'estrapade , n. 9.
Dablin , rue des francs-bourgeois , n. 8.

Danyau , rue st.-andré-des-arcs.

Dausse , rue grange-batelière , n. 26.

David , à st.-denis.

Deguise , rue des francs-bourgeois , au marais.

Dehaussy-Robecourt , rue Poitevin , n. 5.

Delagrange , rue du contrat social , n. 7.

Delamontagne , rue st.-antoine , n. 37.

Delaroche , rue helvétius , n. 40.

Demangeon , rue haute-feuille , n. 44.

Demercy , rue barbette.

Demotte , rue st.-thomas-du-louvre , n. 42.

Deyeux , rue de tournon.

Deprepetit-Dufrêne , rue de thionville , n. 53.

Dolivera , rue st.-martin , n. 149.

Dubois , rue miguon , n. 7.

Dubreuil , ...

Dudanjon , au carrousel , hôtel de l'archi-chancel.

Duméril , place de l'estrapade.

Dutertre , rue du mont-blanc , n. 58.

Fabré , rue de l'arbre-sec , n. 35.

Fautrel , rue de fourcy st.-antoine , n. 1.

Favareille-Placial , quai des célestins , n. 20.

Favareil-Placial , quai de la tournelle , n. 36.

Ferey , ...

Fiseau , rue baillet , n. 5.

Forestier , rue de richelieu , n. 40.

Fourier Duportail , rue et île st.-louis , n. 96.

Fouquier , rue thévenot , n. 26.

Fourcadelle , rue des gravilliers.

Fourcau-Beauregard , rue des deux-écus , n. 5.

France , rue du faubourg poissonnière , n. 13.

Fron , rue st.-martin.

Gardien , rue montmartre , n. 137.

Gault , place dauphine , n. 7.

Geoffroy , rue ste.-croix-de-la-bretonnerie , n. 32.

Gilbert , hospice des vénér. , faubourg st.-jacques.

Girard , rue montmartre , n. 109.

Léveillée, rue neuve-des-petits-champs, n. 53.
Leverdays,
Leviels, rue de Cléry, n. 3.
Leviaud, rue d'argenteuil, n. 7.
Levraud, rue st.-andré-des-arcs, n. 51.
L'Haridon, aux armées.
Loiseleur-des-Longchamps, rue de jouy, n. 8.
Louis, rue st.-honoré, n 69.
Lousier, rue de richelieu, n. 15.
Louyer-de-Villermay, rue Michel le comte, n. 16.
Lullier, rue st.-antoine, n. 61.
Macmahon, rue des postes, maison macdermott.
Madoré, rue neuve-st.-martin, n. 28.
Markoswki, rue neuve-st.-roch, n. 39.
Marquis, rue neuve-des-petits-champs, n. 14.
Martin, rue bon-conseil, n. 12.
Marye, rue des noyers, n. 52.
Maygrier, rue j.-j. rousseau, n. 7.
Mercier, rue bon-conseil, n. 35.
Miquel-Neuville, rue des poulies, n. 12.
Monnier,
Morillon, rue bourbon-villeneuve, n. 17.
Mouillet, rue st.-martin.
Nacquart, rue du grand-chantier, n. 18.
Nauche, rue du bouloi, n 8.
Naudin, rue des grands-augustins, n. 31.
Neboux, rue du petit-lion-st.-germain.
Newbourg, rue st.-honoré, 355.
Pagès, rue du four st.-germain, n. 17.
Paly-Rasch, aux invalides.
Parfait, rue du helder, n. 12.
Pascalis, rue neuve-des-bons enfans, n. 17.
Péraudin, à l'hôpital de la charité.
Pinaire, rue bertin-poirée, n. 11.
Piorry, rue coquillière.
Piron, rue des martyrs, n. 58.
Porcher, rue et quai de la tournelle, n. 29.

Potel , rue beaurepaire.
Poupillier ,
Prat , rue st.-marc , n. 21.
Prevost-de-St.-Cyr , rue du vieux-colombier.
Pujos , rue du grand-hurleur.
Racine , rue de la grande-truanderie , n. 54.
Raynaud , rue du théâtre-français , n. 20.
Recamier , rue st.-honoré , n. 319.
Renauldin , rue taitbout , n. 14.
Renoult ,
Romerode-Terreros , quai voltaire , n. 5.
Rougeot , faubourg st.-antoine , près la bastille.
Rouget , rue serpente , n. 3.
Rousset-Dachez , rue du faubourg st.-jacques , n. 264.
Royer-Collard , quai bourbon.
Ruette , rue marceau , n. 13.
Salvage , rue de lille , n. 11.
Salmade , rue de la concorde , n. 8.
Sarrazin , rue st.-honoré , n. 218.
Savary , place de l'estrapade , n. 11.
Sengensse , rue de chabannais.
Souchotte , rue st.-jacques.
Terrier , rue poissonnière , n. 21.
Thore , à sceaux.
Trappe , rue de bussy , faubourg st.-germain , n. 3.
Vaidy , rue jacob.
Vareliaud , à la charité.
Varin , rue des bons-enfans.
Verdier-Heurtin , rue montorgueil , n. 65.
Villeneuve , rue de sèvres , n. 43.
Vignardonne , rue st.-christophe , n. 1.

Chirurgie.

Membres de l'ancien Collége de Chirurgie de Paris.

Andravy , rue traversière st.-honoré.
André , rue feydeau , n. 15.

Arrachard, quai bourbon , n. 10.
Auvity, rue du bacq.
Babel, rue st.-martin, en face celle montmorency.
Bagei , rue geoffroy-langevin.
Ballay, rue des bourdonnais.
Baudelocque, rue de l'université.
Bauduin , rue de marivaux.
Becquet, rue des prouvaires, n. 33.
Bertholet, rue thibautodé.
Bobilier , rue ste.-appoline.
Bodin , rue de la chanvrerie.
Botentuit-Langlais, rue montmartre.
Bonjour, rue des nonaindières, n. 1.
Boulay, rue charlot, n. 43.
Bousquet, rue chapon, au marais, n. 7.
Bousquets , rue des écrivains, n. 13.
Burard , rue de condé.
Busnel , rue de cléry.
By , rue grenetat.
Caron , rue de vaugirard.
Catelot, rue st.-antoine.
Cattin , rue bourtibourg.
Cervenon , rue michel-le-comte.
Cezerac, rue neuve ste.-géneviève.
Champenois, rue feydeau.
Coste , faubourg st.-honoré , n. 2 et 4.
Coste , rue st.-honoré, n. 14.
Courtin, rue des sept-voies.
Coutouly, rue de richelieu, n. 15.
Dalliez, rue du temple , n. 60.
Decheverry, rue de poitou.
Deschamps, hospice de la charité.
Davillers, carrefour st.-jacques.
Didier, rue st.-denis.
Dubertrand, vieille rue du temple.
Dubois Foucou, rue caumartin.
Dubois, r. de l'observance, à l'hospice de l'école.

Dufouart, hospice du val-de-grace.

Dufour, rue de bondy.

Duval, place des vosges, au pavillon.

Echancher, rue des fossés-st.-germain-des-prés.

Evrat, rue de sèvres.

Favier, rue du dauphin.

Fiefuet, rue neuve des petits-champs, n. 79.

Forestier, rue des moulins, n. 1.

Gardanne, rue du mail, n. 41.

Gautier de Chaubry, rue jacob, n. 1.

Gay, rue du bacq, n. 14.

Girard, rue du fouare.

Gobert, rue gît-le-cœur.

Gratereau, rue baillette, n. 3.

Huttier, rue st.-honoré, n. 282.

Jacoupy-Lafond.

Laborde, rue et île st.-louis, n. 96.

Maret, aux petites-maisons.

Michaud, rue aumaire, n. 55.

Millot, rue j.-j. rousseau, hôtel de bullion.

Monier, rue neuve ste -catherine.

Naury, rue ste.-croix-de-la-bretonnerie.

Paroisse, rue d'anjou.

Pelletan, parvis notre-dame.

Perron, rue bon-conseil.

Petitbeau, rue et porte st.-honoré.

Piet, rue j.-j. rousseau.

Pipelet, rue mazarine, n. 21.

Poisson, rue st.-marc, n. 16.

Ruffin, rue louis-le-grand.

Sabatier, aux invalides.

Sassard, rue des saints-pères.

Sautereau, rue contrescarpe.

Sedillot, rue thibautodé.

Sedillot, rue favart.

Soupé, quai des orfèvres.

Sue, à l'école de médecine.

Sue, rue neuve du luxembourg.
Tenon, rue du jardinet.
Thévenot, rue bon-conseil.
Thillaye, à l'école de médecine.
Viany, rue princesse.

Anciens chirurgiens reçus par d'autres colléges que celui de Paris.

Bergoing, rue du lycée, hôtel de châtillon.
Grand-Champ.
Guérin.
Lagut, rue st.-Marc. n. 9.
Schock, rue du petit-lion st-.-Sauveur, n.19.
Touchard, rue de Vaugirard, n. 60.
Trouillet, cour du palais de justice, n. 17.
Bernardin, rue j.-j. rousseau.
Brillonnet, place du corps législatif, n. 101.
Farielle-Placial, quai des miramionnes.
Marre.
Villette.

Anciens chirurgiens reçus par charge.

Ané, rue st.-guillaume, n. 7.
Bergeret, rue neuve-st.-augustin.
Biscarrat, rue de Gaillon, n. 15.
Bezau, rue du sépulcre, n. 19.
Châteauneuf, rue Barbette.
Delacoste, rue du mont-blanc.
Descloche, rue Coquillière.
Fillot, rue bon-conseil, n. 14.
Guenouville, rue du cherche-midi, **n. 2.**
Hurel, rue culture ste.-catherine.
Jarry.
Luxembourg, rue quincampoix, n. 4.
Rapeau, rue des fossés-st-germain.
Stapart, rue helvétius, n. 13.

Thibault, rue saint-honoré, n. 358.
Vergez.

Anciens chirurgiens reçus par le lieutenant du premier chirurgien du Roi.

Audibert, rue michel-le-pelletier, n. 34.
Azemar, à Choisy, (rue du bacq).
Balluet, rue st.-honoré, n. 214.
Benoist, à montreuil.
Bigot, rue st.-germain-l'auxerrois, n. 43.
Blazy, rue du gros-chenêt, n. 7.
Bonnet, à vincennes.
Bonnuye, rue st.-dominique, n. 5.
Brésillon, rue montorgueil, n. 28.
Canuet.
Carré, rue montmartre, n. 30.
Carrère.
Casaubon, rue j.-j. rousseau, n. 14.
Castet, à Bercy, rue de charenton, n. 94.
Charles, faubourg du temple.
Chauvot.
Contamine, à champigny.
Cornilliau.
Cousin.
Cullembourg, rue de la vieille-draperie, n. 20.
Dalignez.
Dalliez, à nanterre.
Dambax, à choisy.
Lartigues, rue st.-denis.
Dartreux, à vincennes.
Dartugner, rue st.-antoine, n. 215.
David, à puteaux.
Debray, passage de la réunion, n. 4.
Delabrousse, au bourg-la-reine.
Delarue, rue du mont-blanc.
Delavaud.
Delmas.

Demontigny, **rue de la monnoie**, n. 19.
Dorez, rue de jouy.
Dossat, à issy.
Doumayron, à boulogne.
Dubois, rue des filles du calvaire n . 5.
Ducluseau, rue st.-nicaise, n. 8.
Dumetz.
Dussault, à Passy.
Dutarret, rue des enfans-rouges.
Fabre-de-Molène, rue st.-martin, n. 205.
Fillict, cour de la ste.-chapelle.
Fleury, rue philippeaux, n. 11.
Fouloy.
Garcin, à villejuif.
Gavarry, à vaugirard.
Gauthier, rue de tracy, n. 14.
Gelède, rue st.-pierre-aux-bœufs, n. 10.
Girard, à la chapelle.
Girouard, à la chapelle.
Grandin, à passy.
Grazide, place du palais royal, n. 25.
Guenebault, rue st.-andré-des-arcs, n. 55.
Guérin, rue bourbon-villeneuve, n. 18.
Guillemain, rue d'argenteuil, n. 14.
Guillemont, rue mandar, n. 10.
Ibrelisle, rue basse-d'orléans, n. 6.
Jollet, à charenton-le-pont.
Laborie, rue de grenelle, au gros-caillou.
Lafond, rue de richelieu, n. 46.
Lajeust.
Lambert, rue tiquetonne, n. 19.
Lassimonie, rue st-sauveur, n. 43.
Latour-de-pompudic, rue du faub. st-ant., n. 129.
Lebon, rue du faubourg dn roule, n. 61.
Lebreton, rue des vieux-Augustins, n. 40.
Lecamus, à noisy.
Leclerc.

Lefévre, à sceaux.

Léglise, à vitry.

Leroy, rue des lavandières-ste.-opportune, n. 4.

Leroug, à neuilly.

Lesclavy.

Maisonneuve, rue de vendôme, n. 4, au marais.

Marie.

Marque, rue st.-martin, n. 77.

Marquis, rue du hasard.

Mercadier.

Mermier.

Michault, rue aumaire, n. 29.

Monier.

Mounier, à montreuil.

Neveux, rue des lavandières-sté.-opportune, n. 35.

Pelletier, rue de l'église, n. 1, au gros-caillou.

Potain, rue st.-antoine, n. 64.

Ravallier, rue ste-marguerite, n. 41.

Rouvé, à charenton-le-pont.

Ruellet, à aubervilliers.

Sainte-Marie, à ivry.

Salgue, faubourg st.-denis, n. 32.

Salmon.

Segas, à fontenay-aux-roses.

Serres, à Rosny.

Serres, à belleville, grande-rue, n. 10.

Souberbielle, rue de louvois, n. 2.

Sureau, rue quincampoix, n. 52.

Thebault, rue boucher, n. 8.

Tilhard, rue ste.-avoye, n. 31.

Variot, à vanvres.

Verdiguier, au gros-caillou.

Vial, à l'arsenal.

Viguier, rue du faubourg-poissonnière, n. 99.

Watier.

Willaume, rue de richelieu, n. 47.

Anciens chirurgiens exerçant par baux de privilége.

Audet, rue du four.
Beauregard.
Coyé, rue ste.-croix-de-la-bretonnerie.
Cavalan, rue de lille, n. 19.
Chabanneau, vieille rue du temple.
Chansauld, rue de la harpe, n. 88.
Decelles, rue des sts.-pères, n. 41.
Duchâteau, cul-de-sac sourdis, n 3.
Dufour.
Faulcon, carré st.-martin, n. 288.
Favrot, rue des fossés-st.-germain, n. 6.
Gaillard.
Jacques, rue du coq st.-honoré, n. 13.
Lefévre dit Gaillard, rue st.-florentin, n. 10.
Mellet, rue mêlée, n. 35.
Mossy, rue des cinq-diamans, n. 22.
Pujolle, rue neuve-d'orléans, n. 2.
Saint-Martin, pont st.-michel, au coin de la r. st.-louis.
Tajan, rue des vieilles-étuves-st.-honoré, n. 3.

Docteurs en chirurgie.

Belivier, r. de charenton, hospice des quinze-vingts.
Forlence, rue des sts.-pères, n. 46.
Giraud.
Lacour, rue montorgueil, n. 8.
Lacroix, rue coqhéron, n. 36.
Larrey.
L'Oult, rue de l'échelle, n. 13.
Martin.
Marye, rue des noyers, n. 52.
Piet, rue du faubourg-montmartre, n. 33.
Richerand, à l'hôpital st.-louis.
Segard, rue thévenot, n. 63.
Teytaud, rue j.-j. rousseau, n. 18.
Thierry, rue du petit-musc, n. 9.

Anciens chirurgiens-dentistes.

Bousquet, rue de richelieu, n. 48.
Catalan, rue de thionville.
Jaurdain, quai des augustins, n. 27.
Laforgue, rue des fossés st.-germain des-prés, n. 7.
Laveran.
Legros, rue de l'arbre-sec.
Mahon.
Picard, rue aux fers, n. 18.
Pommez.
Pedelaborde.
Ricci, rue des fossés montmartre.
Salgue.
Talma, rue jean-jacques rousseau, n. 3.

Anciens chirurgiens herniaires.

Arcelin, rue de bétisy.
Baronat, rue des poulies.
Brogniard, à Passy, rue vincière, n. 19.
Chabanette, cour du commerce.
Lie-Hubert, vieille rue du temple, n. 52.
Ronsil, rue ticquetonne, n. 20.
Sénée, place du carrousel.
Stainville.

Sages-femmes reçues suivant les anciennes formes.

Mesdames

Aubin, rue de Chaillot, n. 9.
Bancelin.
Basse.
Botté, rue st.-benoît, faub. saint-germain, n. 13.

Bourgeois, rue de nevers.
Bizard.
Cerveaux.
Chalot, rue de bussy, n. 44.
Chartus.
Chermartin.
Darmard, à passy.
Debinche.
Destriche, rue de la harpe, n. 12.
Didier.
Drègre.
Dury.
Esprit.
Feuilleret.
Fillerin.
Florian, rue de charenton, n. 67.
Fourdoisson, à aubervilliers.
Fromentin, à st.-denis.
Gallet.
Gassot, au bourg-la-reine.
Gaverelle, à passy.
Gauvin, à noisy.
Gendron, à sceaux.
Godeffrin.
Gons.
Granelle.
Graride, rue coquillière, n. 14.
Grossin.
Guesdon.
Guillain.
Helpiquet, rue des quatre-vents.
Huet.
Huguenin.
Hussenait.
Jousset, rue de chaillot, n. 39.
Larivière.
Lebecq, rue st.-jean-de-beauvais.

Ledans, à nanterre.

Leclerc.

Lefer, rue thibautodé, n. 14.

Lelièvre, rue de bretagne, n. 15.

Leroux, faubourg du roule, n. 36.

Letang.

Levacher, rue st.-dominique, n. 14.

Limonne.

Loubry.

Lupin, rue montmartre.

Machuré, à neuilly.

Mahy, rue des blancs-manteaux.

Mariette.

Marle, à montreuil.

Martin.

Martin.

Messiers.

Michelinot.

Morin.

Millevoix.

Mistier.

Morisot.

Moury.

Nigeot.

Noël.

Normand.

Picard, rue ste-marguerite, n. 41.

Picard, à arcueil.

Picot.

Pilet, à vanvres.

Pitout.

Plisson, à antony.

Pommez.

Potrieux.

Poullain.

Prevot.

Prioux.

Regnier, rue du faubourg st.-honoré, n. 37.

Renard.

Rigial, rue montorgueil, n. 106.

Rodier.

Roullaud, rue neuve-st.-martin.

Ruelle.

Segas, à fontenay-aux-roses.

Sergent, à issy.

Simon.

Tillemin.

Touroude, rue coquillière, n. 41.

Tronson, en face des vieux-augustins.

Voyer, à courbevoie.

Sages-femmes reçues suivant les nouvelles formes.

Chevalier.

Corthier, rue de la harpe, n. 42.

Delacour, rue de la verrerie, n. 45.

Desgranges, rue st.-martin, n. 24.

Dombre.

Ducasse, rue de l'oursine.

Falgeirolles, rue de la pépinière, n. 30.

Gauthier, rue st.-martin, n. 144.

Guillain, rue de la vieille-monnaie, n. 3.

Ibrelisle, rue basse-d'orléans, n. 6.

Langelé Chapelle.

Launoy, cour du commerce.

L'herbon.

Lunette, rue du four-st.-germain, n. 79.

Michaut, rue st -nicolas, n. 39.

Neveu, rue du sépulcre, n. 38.

Oddon.

Plissier, rue de lille.

Préval.

Quedville.

Robert, rue st.-victor, n. 24.

Simon, rue st.-jacques-la-boucherie, n. 26.

Thibault.

Thibout, rue du faub. st.-martin, n. 75.

ÉCOLE SPÉCIALE DE PHARMACIE DE PARIS.

M. Vauquelin ✿ , *directeur*, au jardin des plantes.

M. Trusson , *directeur-adjoint*, montagne ste.-gene-
viève.

M. Cheradame , *trésorier*, rue st.-denis.

Professeurs. Messieurs.

(*Chimie.*) Bouillon-Lagrange. Henry, *adjoint.*

(*Pharmacie.*) Nachette. Bouriat , *adjoint.*

(*Histoire naturelle des médicamens.*) Laugier.
Vallée , *adjoint.*

(*Botanique.*) Guyart, père. Guyart fils , *adjoint.*

*PHARMACIENS établis dans le ressort de la Préfee-
ture de police. Ville de Paris.*

Athenas, rue mouffetard , n. 23.
Aubé , rue des lombards , n. 8.
Baccoffe père, rue du temple , n. 105.
Baccoffe fils , rue de richelieu , n. 66.
Baget , vieille rue du temple , n. 79.
Barré , rue montmartre , n. 14.
Bas , dit Lebas , rue st.-paul , n. 35.
Bataille , rue de beaune , n. 23.
Becqueret , rue de condé , n. 10.
Benoît , rue st.-séverin , n. 4.
Bessières, place maubert , n. 23.
Bidaut de Gardinville, porte st.-jacques, n. 172.
Blond, rue ste.-marguerite , n. 30.
Bonneau, rue du faubourg st.-denis , n. 42,
Borde, rue mandar , n. 12.
Boudet , rue du four st.-germain , n. 88.
Boudrot, rue du marché aux poirées , n. 11.
Boullay, rue des fossés montmartre , n. 17.

Bourgogne , rue de la harpe , n. 33.
Bouriat, rue du bacq , n. 56.
Cabanes , rue des ss.-pères , n. 53.
Cadet-Gassicourt , rue st.-honoré , n. 180.
Cadilhon , petite rue st.-pierre , n. 46.
Caubet , rue de grenelle st.-honoré , n. 13.
Chansard , rue du faubourg poissonnière , n. 20.
Charlard , rue basse du rempart, porte s.-denis,
Chéradame , rue st.-denis , n. 135.
Chomet, rue du faubourg st. honoré , n. 21.
Clicquot, rue st.-dominique, n. 48.
Cluzel , rue des bons enfans , n. 20.
Costel , rue de la vrillière , n. 5.
Courmaceul , rue montorgueil , n. 13.
Couture, rue de la loi , n. 77.
Damade , rue ste.-marguerite , n. 22.
Danzel , rue de bussy , n. 9.
Daubrebis , rue de la harpe , n. 69.
Deharambure , carré st.-martin , n. 254.
Delaplanche , rue du faub. st.-antoine , n. 221.
Delon , rue st.-honoré , n. 93.
Delondre , rue de la verrerie , n. 19.
Delondre , rue des cinq diamans , n. 18.
Derosne , rue st.-honoré , n. 115.
Deschamps père , rue du faub. montmartre , n. 12.
Deschamps fils , rue du faub. montmartre , n. 12.
Desir, rue st.-antoine , n. 166.
Desprez , rue mouffetard , n. 151.
Desprez , rue montmartre , n. 136.
Didiaux , rue beauregard , n. 14.
Dublanc , rue st.-martin , n. 98.
Duchatel , rue de condé , n. 22.
Dufau , rue du mont-blanc , n. 34.
Dufilho , rue de richelieu , n. 44.
Dufour , rue neuve des petits-champs , n. 26.
Duponchel, rue des lombards , n. 14.
Dupont , à la croix-rouge , n. 36.

Duret, rue st..denis, n. 248.
Durosiez, rue de sèvres, n. 71.
Esthéveny, rue st.-andré des arcs, n. 51.
Faure, rue st.-dominique, n. 7.
Flamant, rue montmartre, n. 145.
Follope, rue st.-honoré, n. 381.
Gagnage, rue d'anjou, n. 8.
Gaillard, rue de seine, n. 49.
Galtié, au marché-neuf, n. 26.
Garnier, rue du faub. montmartre, n. 10.
Godard, rue de caumartin, n. 45.
Gontier, rue st.-honoré, n. 350.
Goupil, rue helvétius, n. 23.
Guiart, rue st.-honoré, n. 176.
Guibout, rue des lombards, n. 12.
Guiétand, rue j. j. rousseau, n. 21.
Guillaume, rue des boucheries, n. 56.
Haincqne de Faulques, rue du helder, n. 14.
Hallée, rue de la monnaie, n. 9.
Hardy, place st.-michel, n. 18.
Hauchecorne, rue de la juiverie, n. 32.
Joffrin, rue st.-honoré, n. 232.
Josse, rue des cinq diamans, n. 24.
Juving, rue du mont-blanc, n. 52.
Labarraque, rue st.-martin, n. 65.
Labbé-Dumesnil, rue grande truanderie, n. 13.
Labric, rue de sèvres, n. 4.
Lacour-Fraisse, rue de gaillon, n. 22.
Lambert, rue du faub. st.-jacques, n. 308.
Lamégie, rue du bacq, n. 19.
Langlois, rue du temple, n. 82.
Lecanu, rue du marché aux poirées, n. 10.
Leclerc, rue de la barillerie, n. 33.
Lecomte, rue neuve des petits-champs, n. 77.
Lecourt, rue st.-martin, n. 193.
Lefrançois, rue neuve ste.-croix, n. 12.
Leguey, rue st.-louis st.-honoré, n. 10.

Lehoux-de-Clermont, rue st.-honoré, n. 208.
Lemaitre de la Guetterie, rue st.-antoine, n. 77.
Lemanceau des Challeris, rue st.-martin, n. 171.
Lemiére, place beaudoyer, n. 1.
Lemuet, rue st.-jacques la boucherie, n. 30.
Lenormand, rue mouffetard, n. 121.
Lepère, place maubert, n. 27.
Lepic, rue ste.-avoye, n. 73.
Lescot, rue de grammont, n. 14.
Liebert, rue st.-honoré, n. 270.
Marcotte, rue du faubourg st.-honoré, n. 84.
Marc, rue des bourdonnais, n. 2.
Margueron, rue st.-honoré, n. 6.
Martin, rue croix des petits-champs, n. 27.
Martin, rue des deux-ponts, n. 11.
Mathias, rue aux ours, n. 23.
Mithouart, rue coquillière, n. 27.
Neret, rue st. honoré, n. 309.
Parra, grande rue du faubourg st.-antoine, n. 124.
Pestiaux, rue de Sèvres, n. 2.
Petit, rue montmartre; n. 82.
Petit, rue de la verrerie, n. 4.
Petit, rue bourbon villeneuve, n. 19.
Planche, rue de poitou, n. 13.
Pluvinet, rue ste.-avoye, n. 38.
Porcher, marché st.-martin, n. 15.
Regnaud-Destouches, gr. rue du faub. st.-antoine.
Rissoan, rue des petits carreaux, n. 4.
Rocque, rue ste.-avoye, n. 20.
Rojou, r. des fossés st.-germain-l'auxerrois, n. 9.
Rondeau, rue des lombards, n. 44.
Saulnier, rue des lombards, n. 28.
Seguin, rue st.-honoré, n. 378.
Serreau, rue du faubourg st.-jacques, n. 169.
Sillan. rue st.-louis, n. 35.
Steinacher, rue de thionville, n. 38.
Sureau, rue favart, n. 8.

Trévez, rue neuve de petits-champs, n. 52.
Trit, rue des fossés st.-germain des prés, n. 31.
Trouillet, rue du faubourg du temple, n. 82.
Truet, rue de bourgogne, n. 11.
Trusson, montagne ste.-geneviève, n. 28.
Vaillant, rue des lombards, n. 20.
Vallée, rue st.-victor, n. 37.
Vauquelin, rue de cléry, n. 2.
Villemsens, rue st.-denis, n. 349.
Zanetti, rue ste.-marguerite, n. 36.

Veuves des Pharmaciens décédés, qui ont la faculte de tenir officine ouverte dans Paris.

Lachenaye, rue d'anjou, n. 3.
Mouton, rue st.-denis, n. 361.
Pelletier, rue jacob, n. 15.
Vercureur, rue neuve st.-catherine, n. 11.

Pharmaciens établis dans les communes rurales.

Clarion, à st -cloud.
Delongchamps, à st.-denis.
Gessard , à st.-denis, grande rue.

ÉCOLE VÉTÉRINAIRE D'ALFORT.

Administration. MM.

Huzard, membre de l'Institut, commissaire du Gouvernement, chargé de l'inspection des écoles impériales vétérinaires.

Chabert ✠, correspondant de l'Institut et directeur.

Barathon, surveillant des élèves.

Nioche, régisseur.

Flandrin, secrétaire du directeur.

Gisors, architecte.

Roger Collart, médecin.

⁚ . . . . . . aumônier.

Professeurs. MM.

Girard, anatomie et physiologie des animaux domestiques.

Godine, jeune. Connoissance extérieure des animaux, troupeau d'expérience, collection et bibliothèque. •

Dupuy. Botanique, chimie pharmaceutique, matière médicale.

Chabert. Maréchallerie, jurisprudence vétérinaire.

Verrier. Théorie et pratique des maladies, opérations. Il est spécialement chargé des hôpitaux.

Yvart. Economie rurale, théorie et pratique. Il fait la théorie dans l'Ecole, et la pratique sur le terrein de son exploitation, près de l'école.

Deschaux, pharmacien botaniste.

Millet, jardinier-botaniste.

Il y a en outre un jury d'examen, composé de huit membres : MM. Huzard, Chaussier-Desplas, César, *vétérinaires ;* Bosc, Decandole, Tessier et Coquebert-Montbret, *agriculteurs.*

SOCIÉTÉ DE MÉDECINE DE PARIS,

établie à l'Ecole de Médecine, par divers arrêtés du Ministre de l'intérieur.

Cette Société, instituée pour continuer les travaux des ci-devant Société Royale de Médecine, et Académie de Chirurgie, est chargée d'entretenir une correspondance avec les médecins et chirurgiens de l'Empire, et avec les médecins étrangers, sur tous les objets qui peuvent tendre aux progrès de l'art de guérir.

Elle est composée des professeurs de l'Ecole et de MM.

Tenon, membre de l'institut, président.

Alibert, médecin, rue de savoie, n. 23.

Andry, médecin, rue des écouffes, n. 16.

Auvity, chirurgien, rue du bacq.

Bourdois, médecin du département.

Chaptal (G. ✤), ex-ministre de l'intérieur.

Cuvier ✤, professeur, au jardin des plantes.

Deschamps, chirurgien en chef, à la charité.

Dupuytren, chef des trav. anatom. à l'école de médec.

Jadelot, médecin de l'hospice des enfans.

Jeanroy, médecin, rue du ponceau, n. 25.

Huzard, de l'institut, rue de l'éperon.

Delaporte, médecin, r. n.e des petits-champs, n. 77.

Larrey (O. ✤), inspecteur du service des armées.

Lepreux ✤, médecin, cloître notre-dame, n. 10.

Tessier ✤, de l'institut, rue de molière, n. 4.

Vauquelin ✤, de l'institut, au jardin des plantes.

Husson, aide-bibliothécaire de l'école de médecine.

Associés adjoints, Messieurs,

Giraud, chirurgien en second, à l'hôtel-dieu.

Roux, rue st.-honoré, n. 372.

Geoffroy, fils, médecin, r. ste-cr.-bretonnerie, n. 32.

Laennec, médecin, rue du jardinet, n. 4.

Moreau, aide-bibliothécaire de l'école de médecine.

Bayle, rue du croissant, n. 20.

Thillaye, fils, médecin, à l'école de médecine.

Duvernoy, médecin, au jardin des plantes.

Nysten, médecin, rue de l'observance.

Peron, naturaliste, rue copeau.

Decandolle, prof. d'hist. natur., boulev. montmor.

Royer Collard, médecin, quai et île st.-louis, n. 9.

Schwilgué, médecin, à la salpétrière.

Thénard, prof. de chimie, au collége de france.

L'herminier, rue caumartin, n. 11.

Louyer Villermey, médecin, rue du temple, n. 105.

Cette société tient ses séances dans une des salles de l'école, les jeudis, de quinzaine en quinzaine.

Société pour l'extinction de la petite vérole en France, par la propagation de la Vaccine.

Cette nouvelle Société s'occupe des moyens de parvenir à l'extinction de la petite vérole en France. Les demandes de fluide vaccin sont adressées, sous le couvert du Ministre de l'Intérieur, à M. Husson, docteur en médecine, secrétaire de la Société et du comité.

Membres de la Société, Messieurs,

S. Ex. le Ministre de l'Intérieur, président.

Barbier-Neuville ✿, chef de divis. au minist. de l'int.

Berthollet (G. ✿), sénateur.

Captal (G. ✿), sénateur.

Corvisart (O. ✿), premier médecin de l'Empereur.

Coste ✿, médecin des invalides.

Coulomb ✿.

Cuvier ✿, membre de l'institut.

De Gerando, membre de l'institut.

Delambre ✲, membre de l'institut.

De la Place (G. ✲), sénateur.

Delasteyrie, membre de la société d'agriculture.

Delessert, membre du conseil général des hôpitaux.

Doussin-Dubreuil, médecin.

Dubois (C. ✲), conseiller d'état, préfet de police.

Fontanes (C. ✲), membre du corps législatif.

Fourcroy (C ✲), cons. d'état, dir. de l'instr. publ.

Frochot (C. ✲), conseiller d'état, préfet du départ.

Guillotin, ancien profess. de la faculté de médecine.

Hallé ✲, de l'institut, profess. à l'école de médec.

Husson, médecin de l'hospice de vaccination.

Huzard, membre de l'institut.

Jadelot, médecin de l'hospice des enfans malades.

Lacépède (G. D. ✲), gr. chancel. de la lég. d'honn.

La Rochefoucault Liancourt, correspond. de l'instit.

Leroux, professeur, médecin du roi de hollande.

Marin, chirurgien en chef du lycée impérial.

Mongenot, médecin de l'hôpit. des enfans malades.

Parfait, médecin du bureau d'admiss. dans les hôpit.

Parmentier ✲, membre de l'institut.

Pinel ✲, de l'institut, profess. à l'école de médec.

Regnaud de St.-Jean-d'Angély (G. ✲), ministre d'ét.

Salmade, médecin.

Tessier ✲, membre de l'institut.

Thouret ✲, directeur de l'école de médecine.

Hospice central de la Vaccine,

rue du Battoir Saint-André-des-Arcs, n. 1.

Cet hospice est placé sous la surveillance du conseil

général des hospices, et dirigé par le comité central
de vaccination.

Madame Dubois, agente; M. Husson, médecin, à
l'école de médecine.

Les expériences sur la vaccine sont suivies, dans cet
hospice, par un comité central composé de quinze
membres chargés de correspondre avec les préfets, les
comités de vaccine et les médecins des départemens,
et de propager cette découverte dans tout l'Empire,
pour y éteindre la petite vérole.

Membres du comité, MM. Huzard, président, Corvisart (O ✵), Delasteyrie, Doussin-Dubreuil, Guillotin, Hallé ✵, Husson, secrétaire, J. J. Le Roux,
Jadelot, Marin, Mongenot, Parfait, Pinel ✵, Salmade, Thouret ✵.

On vaccine gratuitement dans cet hospice les mardi
et samedi de chaque semaine, à midi.

Administration de bienfaisance,

des Aveugles et Sourds-muets.

L'hospice impérial des *Aveugles,* ci-devant dit des
Quinze-Vingts, rue de Charenton, et l'institution
impériale des *Sourds-Muets de naissance,* rue du
faubourg St.-Jacques, sont sous la surveillance immédiate de S. Exc. le Ministre de l'Intérieur. Ils sont
administrés par un seul conseil gratuit et honoraire
composé de cinq membres.

Administrateurs, MM. Brousse - Desfaucherets,
Mathieu-Montmorency, ..., l'abbé Sicard,

membre de l'institut, Garnier ✠, procureur général de la cour des comptes.

Conseil d'administration, MM. Rendu, notaire, rue St.-Honoré, n. 317; Lemit, avoué au tribunal de première instance, rue Helvétius, n. 34.

Hospice impérial des Aveugles.

Cet établissement se compose de 420 aveugles, dont 300 dits de première classe, et 120 dits de seconde classe, ou jeunes Aveugles.

Les aveugles travailleurs, ci-devant rue St.-Denis, font partie de cette seconde classe.

Pour être admis dans cet hospice, il faut être dans un état de cécité absolue et d'indigence constatée. Le Ministre de l'intérieur nomme aux places vacantes, sur la présentation de l'administration. Les choix se font parmi les aveugles de tous les départemens de l'Empire.

Tout aveugle admis dans l'hospice est logé, nourri, habillé, chauffé, et reçoit en outre, s'il est de la première classe, une rétribution de 33 centimes par jour, et s'il est de la seconde, l'entretien entier et l'instruction dont il peut être susceptible.

Il existe dans cet hospice différens travaux, et notamment une fabrique de tabac et une filature de coton où les aveugles qui veulent travailler, acquièrent par leur industrie, une augmentation de traitement, où leurs femmes trouvent un métier lucratif, et leurs enfans un apprentissage et des secours. Des écoles ont été ouvertes, au commencement de 1806, en faveur de ces derniers.

L'administration a rétabli l'imprimerie des aveugles, existant autrefois rue St.-Denis. Elle en a confié la direction à M. Lesueur, aveugle-né.

Employés de l'administration, MM.

Seignette, agent général; Metoyen, caissier; Hagnion, secrétaire et archiviste; Gervais, premier commis; Thibault, architecte-inspecteur des bâtimens;

MM. Duffour, médecin; Belivier, chirurgien.

Instruction des jeunes Aveugles, MM.

Bertrand, premier instituteur;

Genérès, deuxième instituteur;

Jacob, répétiteur surveillant.

Institution impériale des Sourds-Muets.

Le nombre des élèves fixé d'abord à 60, a depuis été porté à 80.

Pour y être admis, outre l'exhibition de l'acte de naissance qui prouve que l'élève proposé n'a pas moins de 12 ans révolus, et pas plus de 16, il faut que les parens obtiennent de leur municipalité un certificat qui atteste, d'après le rapport d'un médecin ou chirurgien, que l'élève est vraiment sourd-muet; qu'il n'a aucune infirmité contagieuse, et que leur fortune ne leur permet pas de le soutenir, à leurs frais, dans l'école. La municipalité envoie le certificat au Préfet de son département qui fait au Ministre de l'intérieur la demande de la place.

Pendant leur séjour dans l'institution, lequel est de 5 ans, les élèves des deux sexes sont nourris et entretenus, tant en santé qu'en maladie ; ils apprennent à lire, écrire, compter, dessiner et un métier.

Cette institution est aussi ouverte à tous les sourds-muets dont les parens sont assez aisés pour les y entretenir. La pension est de 900 francs pour les garçons et de 800 francs pour les filles, et l'on s'adresse à l'agent pour les divers arrangemens que l'on veut prendre.

Instituteurs et répétiteurs, MM.

L'abbé Sicard, membre de l'institut, directeur et premier instituteur ; l'abbé Salvan, second instituteur ; Massieu, premier répétiteur ; Pellier, second répétiteur, Paulmier, troisième répétiteur ; Clerc, quatrième répétiteur. Mesdames Bertault, De Montloué et Duler, répétitrices.

Inspecteurs surveillans, MM. Ricous et Mangin.

Employés de l'administration.

M. Mauclerc, agent général ; Mademoiselle Salmon, surveillante en chef ; MM. Clo, directeur de l'imprimerie ; E. M. Itard, médecin.

Pour satisfaire à l'intérêt et à la curiosité du public, il y a tous les quinze jours une séance publique, où sont réunis les élèves des deux sexes, sous l'inspection des surveillans et des surveillantes.

Si cependant des étrangers qui ne pourroient pas se trouver à Paris, le jour fixé pour la séance publique, desiroient avoir une idée de cette éducation, ils voudroient bien en faire prévenir le directeur de l'institution qui tâcheroit de répondre à leur desir.

Établissement en faveur des Blessés indigens.

M. *Thierry*, docteur en chirurgie.

Cet établissement, précédemment tenu par madame Dumont Valdajou, est situé rue du Petit-Musc, division de l'Arsenal : il a pour but de traiter et de soigner gratuitement les blessures des indigens qui s'y présentent, de leur fournir le linge et les médicamens nécessaires, et de leur donner des consultations. Un décret a affecté pour ses besoins un fonds de deux mille francs, qui sont acquittés par la caisse des pauvres et des hospices. Il est dirigé par M. Thierry, docteur en chirurgie, gendre et successeur du sieur Dumont Valdajou, pour ce qui a rapport à l'art de guérir, et par la veuve Valdajou pour ce qui, dans le soulagement des blessés, peut être du ressort des femmes.

Les personnes non indigentes sont admises au traitement de cet hospice, moyennant un prix de journée.

Hospice de Charenton.

V. page 148 et 149.

M. Decoulmiers ☩, administrateur, directeur gén.
M. Royer Collard, médecin en chef, quai et île s.-louis.
M. Deguise, chirurgien.

Collége de France, place Cambrai.

Lecteurs et Professeurs. MM.

Astronomie. Delambre, rue de paradis, au marais, n. 16.

Géométrie. Mauduit, rue de l'observance, n. 6.

Physique - mathématique. Biot, rue des francs-bourgeois, place st.-michel, n. 8.

Physique expérimentale, Lefevre-Gineau ✠ , au collége de France.

Médecine-pratique. Hallé ✠ , rue pierre-sarrazin, n. 10.

Anatomie. Portal ✠ , rue pavée-st.-andré des-arcs, n. 5.

Chimie. Thenart, au collége de France.

Histoire Naturelle. Cuvier ✠ , garde du cabinet d'histoire naturelle, au jardin des plantes. Lametherie, adjoint, rue st.-nicaise, n. 26.

Droit de la Nature et des Gens. Pastoret ✠ , place de la concorde, n. 6.

Histoire et morale. L'Evesque ✠ , quai et île st.-louis, n. 29.

Hébreu et syriaque. Audran, au collége de france.

Arabe. Caussin, au collége de France.

Turc. Kieffer, pour M. Ruffin.

Persan. Silvestre de Sacy ✠ , membre de l'institut.

Grec. Bosquillon, au collége de France; Gail, au collége de France.

Eloquence latine. Dupuis, au collége de France.

Poésie. Delille, rue culture ste-Catherine. *Suppléant,* Légouvé, rue st.-marc-feydeau, n. 1.

Littérature française. Cournand, au collége de France.

MM. Aubert, Vauquelin et Corvisart, professeurs honoraires.

Bureau des Longitudes,
à l'Observatoire.

Géomètres. MM. Lagrange (G. ✳), faubourg st.-honoré, n. 128. Laplace (G. ✳), palais du sénat.

Astronomes. MM. Delambre ✳, rue de paradis, au marais, n. 16. Messier, rue des mathurins st.-jacques, n. 14. Bouvard, à l'observatoire. Lefrançois-Lalande, au collége de France.

Anciens navigateurs. MM. Claret de Fleurieu, (G. ✳), rue taitbout, n. 18. Bougainville (G. ✳), boulevart s.-martin, n. 23.

Géographe. Buache ✳, rue guénégaud, n. 18.

Artiste. Caroché, à l'observatoire.

Surnuméraire. M. Prony ✳, à l'école des ponts et chaussées.

Adjoints astronomes. MM. Burckhardt, à l'école militaire. Biot, rue des francs-bourgeois, place st.-michel, n. 8. Arago, à l'observatoire. N. . . . .

Collége des Irlandais,
Anglais et Ecossais réunis, rue du Cheval-Vert, n. 3.

Membres du bureau. Messieurs.

De Belloy (G. D. ✳), cardinal archevêque de Paris.
Frochot (C. ✳), conseiller d'état, préfet du départ.
Séguier (C. ✳), président de la cour d'appel.
Mourre (C. ✳), proc.-gén.-impér. près la c d'appel.

Demautort, membre du conseil-général du départ.

Nicod, ordonnateur général des hospices.

Walsh, administrateur-général, au collége.

Ruphy, secrétaire du bureau.

Professeurs. MM.

Philosophie. Burnier-Fontanel, prêtre licencié en théologie, professeur des études.

Rhétorique. V. Lycée Napoléon.

Seconde. V. Lycée Napoléon.

Troisieme. Poitevin, prêtre, ancien professeur.

Quatrième. Baisné, prêtre, ancien professeur.

Cinquième. Garnot, *idem.*

Sixième. Hure, *idem.*

Septième. Poupart.

Langues anglaise et grecque. Parcker, Macnulty. Langlois.

Architecte. M. Viel, jeune.

Kennedi, médecin.

Muséum d'Histoire naturelle,

et *Jardin des Plantes.*

Cet établissement est composé d'un Jardin de botanique, d'une collection d'Histoire naturelle, d'un Amphitéâtre pour les Cours, d'une Bibliothèque d'Histoire naturelle, et d'une Ménagerie d'animaux vivans.

Les Cours publics se font dans l'Amphithéâtre, dans les galeries d'Histoire naturelle, et dans les écoles de botanique.

Les galeries et la bibliothèque sont ouvertes au public et aux étrangers les mardi et vendredi de chaque semaine, depuis trois heures jusqu'à la nuit, pendant l'automne et l'hiver, et depuis 4 heures jusqu'à 7, pendant le printemps et l'été; les lundi, mercredi et samedi de chaque semaine, sont consacrés aux étudians.

La ménagerie est ouverte au public les mardi, vendredi et dimanche de chaque semaine, depuis deux heures jusqu'à sept heures du soir, pendant l'été, et quatre heures seulement durant les six mois d'hiver ; les lundis, mercredis, jeudis et samedis sont réservés aux élèves du muséum et aux artistes qui dessinent l'histoire naturelle; lesquels, sur la présentation de cartes ou de billets d'entrée, sont admis dans les jardins de la ménagerie, depuis onze heures du matin jusqu'à trois de l'après-midi.

Le jardin continue à fournir aux établissemens publics qui lui sont analogues, des graines d'arbres et des plantes utiles aux progrès de l'agriculture et des arts, et il donne aux pauvres malades celles qui sont propres à la guérison ou au soulagement de leurs maux.

Le public est averti que tout est gratuit dans l'établissement; qu'en conséquence, les garçons de service des galeries d'histoire naturelle, de la bibliothèque et des laboratoires, les gardiens des animaux de la ménagerie et les garçons jardiniers, ne doivent recevoir, sous aucun prétexte, ni rétribution, ni droit volontaire.

Professeurs, Administrateurs. MM.

Thouin (André) ✿, culture des jardins.

Portal ✿, anatomie humaine.

De Jussieu ✿, botanique rurale.

Vanspaendonck ✿, iconographie naturelle.

Fourcroy (C. ✳), chimie générale.

Lacépède (G. D. ✳), zoologie des reptiles et des poissons.

Desfontaines ✳ , directeur, botanique.

Faujas ✳ , géologie.

Lamarck ✳ , trésorier, zoologie des insectes et vers.

Geoffroy ✳ , zoologie des quadrupèdes, cétacées, oiseaux.

Haüy ✳ , secrétaire, minéralogie.

Cuvier ✳ , anatomie des animaux.

Vauquelin ✳ , arts chimiques.

Aides-naturalistes. MM.

Dufresne, chef du laboratoire de zoologie.

Valenciennes, zoologie.

Latreille, zoologie des insectes, etc.

Deleuze, botanique.

Rousseau, anatomie.

Laugier, analyses chimiques.

Dubois, préparations des cours de chimie.

Tondy, minéralogie.

Lalande, zoologie des mammifères.

Bibliothèque. MM. Toscan, bibliothécaire; Mordant de Launay, sous-bibliothécaire.

Galeries. MM. Lucas, père, garde des galeries; Lucas, fils, adjoint à son père.

Peintres. MM. Redouté, l'aîné; Redouté, jeune; De Wailly, jeune; Huet, fils.

Jardin. M. Thouin (Jean), premier jardinier.

Ménagerie. M. Cuvier (Frédéric), garde de la ménagerie.

Secrétariat. M. Thouin (Jacques), ch. des bureaux.

Officiers commandant les vétérans. MM. Grand-cour, capitaine-commandant; Villard, capitaine.

Musées.

M. Denon ✠, membre de l'institut, directeur-général.

Il a sous sa direction immédiate le musée Napoléon, le musée des Monumens français, le musée spécial de l'école française à Versailles, les galeries des palais du gouvernement, la monnoie des médailles, les ateliers de calcographie, de gravure sur pierres fines et de mosaïque, enfin l'acquisition et le transport des objets d'arts.

Musée Napoléon, au Louvre.

Les samedis et dimanches le Musée est ouvert au public depuis dix heures jusqu'à quatre.

Pendant les jours d'étude, on admet seulement les étrangers voyageurs, sur la présentation de leurs passeports.

Sont attachés au Musée Napoléon : MM.

Fontaine, architecte de l'Empereur.

Visconti ✠, antiquaire, conservateur des statues.

Dufourni, conservateur des tableaux.

Morel-d'Arleu, conservateur des dessins et planches.

A. Lavallée, secrétaire-général et comptable.

Aubourg, commissaire-expert.

De Busne, premier commis.

Musée des Monumens Français, rue des Petits-Augustins, faub. St.-Germain.

M. Alexandre Lenoir, administrateur.
M. Binart, conservateur.

Cet établissement est ouvert au public, en été, les jeudis, depuis dix heures du matin jusqu'à deux ; et les dimanches, depuis dix heures jusqu'à quatre. En hiver, les jeudis, depuis onze heures jusqu'à deux ; et les dimanches depuis onze heures jusqu'à trois.

Musée des Mines, à l'hôtel des Monnoies.

Ce Musée est composé du cabinet que M. *B. G. Sage*, membre de l'institut, a formé à ses frais, pour servir à l'instruction des élèves de l'école des mines.

Ce Musée est ouvert tous les jours depuis neuf heures jusqu'à deux, excepté les dimanches et fêtes. Les cours publics durent cinq mois, et commencent en décembre, les lundis, mercredis et vendredis, à midi.

M. B. G. *Sage*, administr. et professeur, à la monnoie.
M. Trumeau de-Vozelle, conserv., r. des marais, f. s.-g.

Musée spécial de l'École française à Versailles.

M. Lauzan, conservateur.

Monnoie des Médailles, rue Guénégaud. MM

Oroz, conservateur, graveur et mécanicien.
Oerne, contrôleur.
Chaltas, comptable, chargé de la vente des médailles.

Écoles spéciales des Beaux - Arts

Peinture, Sculpture.

Les leçons se donnent au palais des beaux arts, ci devant collége des quatre-nations.

Professeurs-recteurs, Messieurs,

Vien (C. ✻), *P.* (1), sénateur, membre de l'institut.
Pajou ✻, *S.*, de l'institut, quai malaquais, n. 15.
Gois, *S.*, pavillon des quatre-nations.

Professeurs, Messieurs,

Lagrenée, jeune, *P.*, place de st.-germ.-l'auxer., n. 24.
Ménageot ✻, *P.*, bâtiment des quatre-nations.
Lecomte, *S.*, administr., pavillon des 4 nations, n. 1.
Vincent ✻, *P.*, de l'institut, pavillon des 4 nations.
Houdon ✻, *S.*, de l'institut, pavillon des 4 nations.
Boizot, *S.*, au bâtiment des quatre nations.
Regnault ✻, *P.*, de l'institut, rue de guénégaud.
Dejoux ✻, *S.*, de l'institut, rue des petits-augustins.
Berthellemy, *P.*, au bâtiment des quatre nations.

Professeur pour la perspective. M. Demachy, *P.*, à la sorbonne, n. 3.

Professeur pour l'anatomie. M. Suë, médecin de l'hôpital de la garde impériale, rue du chemin-du-rempart, porte st.-honoré.

Surveillant à la tenue des écoles et secrétaire perpétuel. M. Mérimée *P.*, rue des postes, n. 12.

Concierge surveillant. M. Phlipault, à l'école de peinture et de sculpture, place du muséum.

_____

(1) P. signifie Peintre; S. Sculpteur.

Concierge-surveillant de la salle d'étude de l'anti-que et d'anatomie. M. Mouret, au palais des beaux arts.

Architecture.

M. Dufourny, *professeur*, membre de l'institut, directeur - conservateur de la galerie d'architecture près l'école des beaux arts, rue de l'univerité, n. 10, donne ses leçons publiques sur l'histoire et la théorie de l'art, le samedi de chaque semaine, depuis une heure jusqu'à deux, à l'école d'architecture, au ci-devant collége des quatre-nations.

Il reçoit tous les jours chez lui, depuis dix heures jusqu'à deux, les élèves qui veulent le consulter; et tous les mois, il propose un sujet de concours d'archi-tecture, dont le prix est une médaille.

Mathématiques.

M. Mauduit, *professeur*, rue de l'observance, n. 6, donne ses leçons les mercredi et vendredi de chaque semaine, depuis onze heures jusqu'à une heure.

Il explique les principes du calcul arithmétique et de géométrie élémentaire, dont il fait l'application aux différentes parties de l'architecture civile et mili-taire, tels que le nivellement, l'art de lever les plans et la perspective.

Stéréotomie et Construction.

M. Rondelet, *professeur*, enclos du panthéon.
Donne ses leçons au ci-devant collége des quatre-nations, les mercredi et vendredi de chaque semaine, à six heures du soir.

Ses leçons pratiques et théoriques comprennent toutes les parties de l'art de bâtir, telles que la maçonnerie, la coupe des pierres, la charpente, etc.

MM. Vaudoyer, *archiviste* ; Millet, *concierge*, à l'école d'architecture, palais des beaux arts.

Ecole de Gravure en pierres fines,

à l'Institution des Sourds-Muets.

M. Jeuffroy, membre de l'institut, professeur.

École de Mosaïque,

aux ci-devant Cordeliers.

M. Belloni, professeur.

École gratuite de Dessin,

rue de l'Ecole de Médecine.

Cet établissement est ouvert en faveur de quinzes cents élèves destinés aux professions mécaniques : on leur enseigne,

Les lundi et jeudi de chaque semaine, la géométrie pratique, les calculs, la coupe des pierres, la perspective, l'architecture et le toisé ;

Les mardi et vendredi, la figure et les animaux ;

Les mercredi et samedi, les fleurs et l'ornement.

Administration , Messieurs ,

Lebreton ✠ , président , rue de tournon.

Amielh , rue coquillière , n. 42.

Boulard , législateur , rue des petits-augustins , n. 21.

Germain , rue de l'estrapade , n. 3.

Nanteuil , aîné , rue royale , n. 3.

Thibaudier , rue du helder , chaussée d'antin.

Perrin , directeur , agent-général , à l'école.

Bachelier , secrétaire , à l'école.

Professeurs et employés. Messieurs , Lavit , hôtel bullion ; Thierry , architecte , rue du cimetière-st.-andré-des-arcs , n. 2 ; Defraisne , rue de bièvre ; Godefroy , île st.-louis ; Robineau , inspecteur des élèves , rue papillon.

Conservatoire impérial de Musique ,

rue Bergère.

Le conservatoire est établi pour la conservation et la reproduction de la musique dans toutes ses parties. Il est composé ainsi qu'il suit : un directeur , trois inspecteurs de l'enseignement , un secrétaire , un bibliothécaire , et trente-huit professeurs. Trois cents élèves des deux sexes , pris en nombre égal dans chaque département , sont instruits gratuitement dans le Conservatoire. Ces élèves sont admis à la suite d'examens , dont les époques sont fixées aux 15 mars , 15 juin , 15 septembre et 15 décembre de chaque

40

année. Il y a dans cet établissement un pensionnat pour l'enseignement spécial du chant; une école spéciale de déclamation dramatique, une bibliothèque et un cabinet d'instrumens.

Directeur. M. Sarrette.

Inspecteurs de l'enseignement professant la composition. MM. Gossec ✂, Méhul ✂, Chérubini.

Secrétaire. M. Vinit. *Bibliothécaire.* M. l'abbé Rose.

Compositeurs et artistes correspondans étrangers. MM. Haydn, à Vienne; Paesiello, à Naples; Salieri, à Vienne; Winter, à Munich; Zingarelli, à Rome; Crescentini, à Paris; Plantade, à Utrecht.

Professeurs.

Harmonie. MM. Catel, Berton.

Chant. MM. Garat, Richer, Guichard, Gérard.

Préparation au chant. MM. Roland, Butignot, Desperamons, *adjoints.*

Violon. MM. Rode, Kreutzer, Baillot, Grasset.

Violoncelle. MM. Levasseur, Baudiot.

Piano. MM. Adam, Boyeldieu, Pradère, *remplaçant temporairement* M. Boyeldieu. M. Jadin.

Clarinette. MM. Lefevre, Duvernoy.

Basson, MM. Ozi, Delcambre.

Flûte. M. Wunderlich.

Cor. MM. Duvernoy-Frédéric, Domnich.

Hautbois. M. Sallantin.

Solfège. MM. Eler, Widerkher, Gobert, Rogat, Veilard, Fasquel.

Déclamation. MM. Dugazon, Monvel, Dazincourt, Lafond.

MM. Méon et Duret, chefs de la surveillance et de la police des classes.

M. Méric, conservateur du dépôt de musique et d'instrumens à l'usage des classes.

Théâtres.

Surintendant des Spectacles. M. REMUSAT ✲, premier chambellan de S. M. l'Empereur et Roi.

Les quatre grands théâtres sont : l'Académie impériale de Musique, le Théâtre français, l'Opéra-comique, et le théâtre de l'Impératrice et Opéra-Buffa réunis.

Académie impériale de musique , rue de Richelieu.

Administration. Messieurs,

Picard aîné , directeur, rue du mail , n. 13.
Wante, administrateur compt., rue st. honoré , n. 45.
Mareuil, inspecteur général , à l'académie.
Courtin, secrétaire génér., rue ste-anne , n. 12.

C H A N T.

Maîtres chefs de la scène , MM. Lasuze, Persuis, Lebrun , Adrien.

Artistes. MM. Lainez , Lays, Dufresne, Laforêt, Bertin , Roland, Albert Bonet , Nourrit , Dérivis , Eloi , Huby.

Mesdames , Maillard , Branchu , Armand , Chollet, Ferrière, Granier , Jannard , Himm.

Professeurs de l'école. MM. Lasuze, Persuis, Lebrun, Rigel, Rodolphe.

Accompagnateurs. MM. Granier, Alex. Piccini, Lacknit.

D A N S E.

Maîtres des ballets, MM. Gardel et Milon.

Artistes, MM. Vestris, Duport, Beaupré, Beaulieu, Saint-Amand, Goyon, Branchu, Aumer, B. Petit, Léon, Lefèvre.

Mesdames Clotilde, Gardel, Chevigny, Ém. Collomb, Saulnier, Bigottini, Millière, Delisle aînée, Duport, Félicité, Vestris, Hutin, Favre-Guiardelle, Mareillier cadette, Vic. Saulnier, Rivière.

M. Dusel, inspecteur.

Orchestre. MM. Rey, 1er. chef, Rochefort, 2e. chef.

Conseil. MM.

Guieu, juge de cassation, rue helvétius, n. 53.
Becquey-Beaupré, avocat en la cour de cassation.
Noel, notaire de l'Empereur, rue st.-honoré.

Artistes attachés au théâtre, Messieurs,

Boutron, machiniste en chef.
Hery, machiniste en second.
Protain fils, dessin., dirigeant l'attelier des décor.
Barthelemy, dessinateur des costumes.
Rebory, inspec. partic. de la salle et de l'habillem.
Rochier, inspecteur particulier du théâtre.
Jamont, Mitthouard, gardes-magasins.
Damense, préposé aux locations, à l'académie.

Théâtre français, rue de Richelieu.

L'administration du Théâtre français est confiée à des comédiens sociétaires.

Un commissaire impérial est attaché à ce théâtre.

L'admission ou le rejet des pièces présentées se fait par les sociétaires assemblés au nombre de onze au moins.

M. Maherault, commissaire, au Théâtre français.

Comédiens ordinaires de l'Empereur. Messieurs,

Dugazon.	Grandménil.	Baptiste cadet.
Dazincourt.	Caumont.	Armand.
Fleury.	Michot.	Lafond.
Saint-Prix.	Baptiste.	Després.
Saint-Phal.	Damas.	Lacave.
Talma.		

Mesdames,

Raucourt.	Talma.	Volnais.
Contat (Lse.).	Mezeray.	Duchesnois.
Thénart.	Desbrosses.	Georges.
Devienne.	Mars, cadette.	Amalr. Contat.
Emilie Contat.	Bourgoin.	

Comédiens aux appointemens ou à l'essai. Messieurs,

Dublin.	Mainvielle.	Marchand.
Varennes.	Michelot.	

Mesdames.

Patrat.   Gros.

Conseil de la comédie française. MM. Deseze;

Delamalle, Belard, Bonnet, Gomel, Denormandie;
De Cormeille, jurisconsultes, Hua, notaire.

Comédiens retirés avec pension. MM. Mauduit-
Larive, Dupont, Florence, Duval, Naudet, Mon-
vel. *Mesdames* Doligny, Fannier, femme Gasse,
Saint-Val aînée, Laurent, Luzy, Saint-Val cadette,
Lachassaigne, Suin, Fleury-Chevetel.

MM. Desrosière, inspecteur; De Cormeille, caissier;
Laplace, premier secrétaire; Maignen, deuxième
secrétaire, répétiteurs et souffleurs; Baudron, maître
de musique et chef d'orchestre; Adam, machiniste.

Pour la location des loges, s'adresser à M. Jordan,
concierge, au théâtre.

Théatre de l'Opéra-Comique, rue Feydeau.

L'administration intérieure est confiée à un comité
de comédiens sociétaires.

Il y a en outre un commissaire impérial.

La lecture des pièces, l'admission ou le rejet se
font en assemblée générale des sociétaires.

Commissaire impérial.

M. Campenou, rue ste.-hyacinthe, près celle de la
sourdière.

*Comédiens ordinaires de l'Empereur, par rang d'an-
cienneté.* Messieurs,

Camerani.	Martin.	Gavaudan.
Chenard.	Gaveaux.	Juliet.
Solié.	Elleviou.	Moreau.
Lesage.	Saint-Aubin.	Baptiste.

Mesdames.

Desbrosses.	Cretu.	Gavaudan.
Gonthier.	Aubert. (Le-	Rollandeau)
Saint-Aubin.	sage.	Moreau.

Pensionnaires reçus à l'essai. Messieurs Paul, Darancourt, Richebourg, Huet, Allaire, Julien. Mesdames Aglaé Gavaudan, Simonet, Paul Michu, Belmont.

Comédiens retirés et pensionnés. Messieurs Rézicourt, Philippe. Mesdames Carline - Nivelon, Dugazon.

Conseil. MM. Bonnet, Belard, Delamalle, Gicquel, Taillandier, Avocats; Sandrin, avoué, ... notaire.

MM. Darcourt, régisseur de la scène; Prévot et Fromageot, chefs des chœurs; Lefebvre et Blasius, chefs d'orchestre.

M. Dufey, caissier.

M. Rabilly, receveur à la location des loges, au théâtre.

Théâtre de l'Impératrice, rue de Louvois.

Le théâtre de l'Impératrice et celui de l'Opéra-Buffa sont réunis. L'administration de ces deux théâtres est confiée à un directeur.

Administration. Messieurs.

Duval, directeur, rue du mail, n. 30.
Picard jeune, caissier, au théâtre.

Walville, régisseur, rue de richelieu, au café minerve.
Rézicourt j^e., inspec. gén., rue des foss. st. ger. l'aux.
Lamarre, inspecteur et sous-caissier.
Cauvin, secrét. gén. chargé de la location des loges.
Valtier, commis aux écritures, attaché au régisseur.
Brunet, contrôleur.

Conseil. Messieurs Bonnet, Quequet, avocats ;
Jallabert, notaire ; Lambert de Sainte-Croix, avoué.

Acteurs. Messieurs.

Picard jeune.	Perroud.	Rosambeau.
Vigny.	Granville.	Rousselle.
Barbier.	Valcour.	Firmin.
Walville.	Armand.	Ferdinand.
Clozel.	Cauvin.	Ponteil.

Actrices. Mesdames.

Molière.	Beffroi.	Perrin.
Légé-Molé.	Adeline.	Devin.
Delisle.	Pelicier.	

Accessoires. Rothkopst, Valine, Hebert, Mengozzi.
Premier souffleur bibliothécaire, ...
Chef de l'orchestre, Bonardot.

Théâtre de l'opéra buffa réuni au théâtre de l'Impératrice, rue de louvois. Messieurs.

Duval, directeur.
Mosca et Berton, directeurs de la musique.
Lupi, régisseur.

Messieurs Bianchi, première, Zardi, deuxième
haute-contre ou tenore ; Barilli, Tarulli, Carma-
nini, bouffons.

Mesdames Barilli, Canavassi, Crespy, prima dona; Laurenzetti, 2e.; Sevesti, 3e.; Capra, 3e.

Lupi, accessoire; Rinaldi, souffleur et copiste; Grasset, chef d'orchestre; Lepreux, premier violon; Prader, premier des seconds violons; Mailly, première basse au piano.

Bibliothèques publiques.

Bibliothèque impériale, rue de Richelieu.

Conservateurs et Administrateurs. MM.

Livres imprimés. Capperonnier, à la bibliothèque; Van-Praet, à la bibliothèque.

Manuscrits. Langlès, pour les manuscrits en langues orientales, à la bibliothèque; Laporte du Theil ✠, pour les manuscrits en langue grecque et latine, à la bibliothèque; Dacier ✠, pour les manuscrits en langues modernes, à la bibliothèque.

Médailles antiques et pierres gravées. MM. Millin ✠, Gossellin ✠, à la bibliothèque.

Estampes et planches gravées. Joly, à la bibliothèque.

Libraires de la bibliothèque. Debure père et fils, rue serpente, n. 7.

Graveur de la bibliothèque, ... à la bibliothèque.

Cette bibliothèque est ouverte pour les lecteurs, tous les jours, excepté les dimanches et les fêtes, de 10 à 2 heures, et pour les curieux, les mardis et vendredis, aux mêmes heures. Elle est en vacance depuis le premier septembre jusqu'au 15 octobre.

Bibliothèque Mazarine, ou *des Quatre-Nations.* MM.

Palissot, bibliothécaire, administrateur perpétuel.
Coquille, conservateur.
Louis Petit-Radel, conservateur-adjoint.
Leblond, conservateur honoraire.

Cette bibliothèque est ouverte au public tous les jours, depuis 10 heures jusqu'à 2, excepté les jeudis qui sont consacrés aux travaux intérieurs, et les dimanches et fêtes.

Bibliothèque du Panthéon. MM.

Ventenat ✹, de l'institut, bibliot. et admin. perpét.
Flocon, Le Chevalier, conservateurs.

La bibliothèque est ouverte tous les jours, excepté les dimanches et les fêtes, depuis 10 heures du matin jusqu'à 2 de relevée. Elle est en vacance depuis le premier septembre jusqu'au 2 novembre.

Bibliothèque de l'Arsenal. MM.

Treneuil, bibliothécaire-administrateur.
. . . . bibliothécaire-conservateur.
Zendroni, conservateur.
Ameilhon jeune, Dupont de Nemours, Guérin, sous-bibliothécaires.

Cette bibliothèque, une des plus riches et des plus considérables de l'empire, est ouverte au public les mercredi, jeudi et vendredi de chaque semaine, depuis 10 heures du matin jusqu'à 2 de relevée, à l'exception des fêtes.

Voy. Museum d'histoire naturelle, Ecole vétérinaire d'Alfort.

Manufactures impériales.

Les Gobelins. MM.

.................., administrateur.
Belle, inspecteur et professeur de dessin.
Roard, directeur des teintures des trois manufactures impériales.
........., secrétaire, garde-magasin.

La Savonnerie.

M. Duvivier, administrateur.

Conservatoire des arts et métiers,

rue Saint-Martin

M. Molard, administrateur.
M. Montgolfier, démonstrateur.
Cet établissement est spécialement destiné à recevoir l'original des instrumens et machines inventés ou

perfectionnées. Il renferme déjà une collection nombreuse de machines, modèles, outils, dessins, descriptions et livres dans tous les genres d'arts et métiers.

On y enseigne le dessin et la pratique de différens arts, tels que la filature du coton, etc.

Le Conservatoire est ouvert au public les dimanches et jeudis, depuis dix jusqu'à quatre heures.

Les étrangers voyageurs y sont admis les mardis et vendredis, sur la présentation de leurs passeports.

Société pour l'encouragement de l'industrie,

rue du Bac, hôtel de Boulogne.

Cette société a pour but de seconder les efforts du Gouvernement pour l'amélioration de toutes les branches d'industrie française. Les moyens qu'elle emploie sont : 1.º envois de modèles; 2.º Expériences; 3.º récompenses; 4.º publication d'un bulletin; 5.º distribution de prix.

La Société d'encouragement est composée d'environ 700 membres, tant de Paris que des départemens. Elle tient ses assemblées générales deux fois par an. Son conseil d'administration s'assemble de deux mercredis l'un, de quinzaine en quinzaine. Tous les membres y ont voix délibérative. Pour être reçu dans la Société d'encouragement, il suffit d'être présenté par un de ses membres, admis par le conseil, et de s'engager pour une contribution annuelle de 36 fr.

Membres et adjoints du Conseil d'Administration.

Président. M. *Chaptal* (G. ✿) , trésorier du sénat, membre de l'institut.

Vice-Présidens. MM. *Guyton de Morveau* (O. ✿), Administrateur des monnoies, et membre de l'Institut. *Dupont* (de Nemours) , membre de l'Institut.

Secrétaire. M. *De Gérando* , secrétaire-général du ministère de l'intérieur, et membre de l'institut.

Vice-Secrétaires. MM. *Mathieu de Montmorency*, *Costaz*, jeune, chef du bureau des arts , au ministère de l'intérieur.

Trésorier. M. *Laroche* , ancien notaire.

Commissaires des fonds. MM. Boulard , notaire ; Brillat-Savarin ✿ , membre de la cour de cassation ; Davillier, membre du conseil-général du département de la Seine ; Grivel , négociant ; Petit, membre du conseil-général du département de la Seine ; Rouillé de l'Etang ✿ , membre du conseil-général du département de la Seine ; Sers (C. ✿). sénateur ; Soufflot , législateur. *Adjoint*, M. Gau (C. ✿) , conseiller d'état.

Arts mécaniques. MM. Baillet, ingénieur en chef des mines. Bardel, père, fabricant. Breguet, horloger. Molard, administrateur du conservatoire des arts. Perrier, membre de l'institut. Pernon (Camille) ✿, ex-tribun. Prony ✿, membre de l'institut. Ternaux, aîné, manufacturier. *Adjoints*, MM. Decretot, manufacturier. Delanz , professeur à l'école polytechnique. Girard, ingénieur des ponts et chaussées. Gengembre,

41

mécanicien. Récicourt (O. ✳.) , colonel du génie. Ampère, professeur à l'école polytechnique.

Arts chimiques. MM. Bertholet (G. ✳.), séna- teur. Collet-Descotils, ingénieur des mines. Guyton- Morveau (O. ✳), administrateur des monnaies et membre de l'institut. Mérimée, peintre. Perrier (Sci- pion), banquier. Thénard, professeur de chimie, au collége de France. Vauquelin ✳ , professeur de chi- mie , au muséum d'histoire naturelle. *Adjoints* , MM. Anfrye , inspecteur des essais, à la monnaie. Boullay, pharmacien. Cadet-Gassicourt, pharmacien de S. M. l'Empereur. Darcet, vérificateur des essais, à la monnaie. Roard, directeur des teintures, aux Gobelins.

Arts économiques. MM. Bouriat , pharmacien: Cadet de Vaux , membre de plusieurs sociétés sa- vantes. Decandolle , *idem.* Delessert (Benjamin) , banquier. Montgolfier, membre du conservatoire des arts. Parmentier ✳ , inspecteur-général du service de santé militaire. Pastoret ✳, membre du conseil d'admi- nistration des hospices. Pictet ✳, ex-tribun. *Adjoints,* MM. Cambry, membre de la société d'agriculture de la Seine. De Grave, ex-ministre de la guerre. De- lunel , secrétaire de correspondance de la société de pharmacie. Donnant , homme de lettres. Sureau , pharmacien. Vanhulthem ✳ , ex-tribun.

Agriculture. MM. Chassiron ✳, maître des comptes. François de Neufchâteau (G. ✳), sénateur. Gay-Lus- sac. Huzard, membre de l'institut. Lasteyrie, membre de la société d'agriculture. Richard-d'Aubigny , *idem.* Silvestre , secrétaire de la société d'agriculture. Tessier ❈, membre de l'institut. Yvart, membre de la société d'agriculture. *Adjoints*, MM. Gilet-Laumont, membre du conseil des mines. Moreau-Saint-Méry (C. ❈), conseiller d'état. Swédiaur, membre de la société d'agriculture.

Commerce. MM. Arnould ❈ , maître des comptes. Arnould, jeune, chef du bureau de commerce, au ministère de l'intérieur. Coquebert Montbret ❈ , chef du bureau de statistique, au ministère de l'intérieur. Dupont de Nemours, membre de l'institut. Durazzo (O. ❈), sénateur. Journu-Auber (C. ❈), sénateur. Magnien, administrateur des douanes. Regnaud de St.-Jean-d'Angély (G. ❈), ministre d'état. Vital Roux, membre de la chambre de commerce de Paris. *Adjoints*, MM. Audibert, négociant. Collasson, directeur de correspondance des douanes. Perrée ❈ , maître des comptes.

Rédacteur du bulletin de la société. M. C. Daclin, rue cadet, n. 10.

Agent de la société chargé de tous les détails de l'administration et du recouvrement des souscriptions. M. Guillard-Senainville, au local de la société.

Banquiers à Paris. Messieurs,

André, rue du mont-blanc, n. 37.
Babut et compagnie, rue des trois-frères.
Baguenault et C.e, boulevart poissonnière, n. 17.
Bazin, rue st.-marc, n. 10.
Behic et Dubois, rue d'hanovre, n. 5.
Billing et compagnie, rue des filles-st.-thomas.

Boucherot et comp., rue du mont-blanc, n. 32.

Bouchet frères, et comp., r. du mont-blanc, n. 64.

Boursier, rue notre-dame-des-victoires, n. 6.

Buquet, rue des vieilles-audriettes, n. 2.

Busoni, Goupy et C.e, r. du faub. poissonnière, n. 32.

Caccia et Blomaert, rue n.-des-petits-champs, n. 60.

Carairon, Cousins et compagnie, rue du gros-chenêt.

Cousin et André, rue st.-martin.

Dauphin, rue neuve-st.-augustin, n. 41.

Delessert et compagnie, rue coq-héron, n. 3.

Desprez, rue de choiseul, n. 23.

Doumerc, et comp., rue du houssaye, n. 2.

Doyen et compagnie, rue cérutti, n. 9.

Dupin, rue st.-marc.

Durand, rue caumartin, n. 1.

Emeric, frères, faubourg poissonnière, n.° 28.

Fould, rue bergère, n. 10.

Gallet, le Prieur et comp., rue du petit-carreau, n. 16.

Gastinel, rue de thionville, n. 32.

Gaudelet-Dubernard et comp., r. de paradis, f. poiss.

Guebhart, rue de la michaudière, n. 8.

Hottinguer et compagnie, rue du sentier, n. 20.

Johannot, Martin, Masbou et C.e, r. n.-des-mathur.

Julien, et fils aîné, rue du sentier, n. 5.

Lagreca, rue cadet, n. 16.

Leconte et compagnie, rue du sentier.

Lefebvre, rue chapon, au marais, n. 11.

Mallet, frères et comp., rue du mont-blanc, n. 13.

Marceille, Robin et compagnie, rue st.-joseph.

Marlier, rue des fossés-montmartre.

Michel, aîné, rue du mont-blanc, n. 40.

Michel, jeune, place vendôme, n. 6.

Olivier, Outrequin et comp., r. du gros-chenêt.

Perregaux (C. ✠) et comp., rue du mont-blanc, n. 9.

Perier, frères, place vendôme, n. 3.

Rodrigues-Patto et comp., r. des petites-écuries, n. 43.

Rolland et comp., rue joubert, n. 31.

Rougemont de Lowenberg , rue bergère , n. 9.
Saillard, l'aîné, rue de clichy, n. 44.
Scherer et Feinguerlin, rue Taitbout , n. 1.
Schuchart et compagnie, r. bourbon-villeneuve, n. 7.
Sevenne , frères , rue le pelletier , n. 2.
Tassin et compagnie , rue helvétius , n. 71.
Tiolier et comp. , île s.-louis, quai des balcons, n. 12.
Thornton , Power et compag. , rue cérutti, n. 5.
Tourton , Ravel et comp. , rue st.-georges , n. 2.
Worms, Olry , Hayem , rue de bondi, n. 44.

Bourse de Paris ,

aux Petits-Pères , place des Victoires,

Elle est ouverte tous les jours, depuis deux heures jusqu'à trois , excepté les dimanches et fêtes.

Commissaire de police de la Bourse.

M. Descoings, rue du Temple , n. 109.

Agens de change composant le comité. MM. Houard. *syndic ;* Leroux , Richard-Monjoyeux, Péan de Saint-Gilles , Lecordier, Guyot , Goupil , *adjoints.*

MM. Chèvre , fils , écrivain-crieur, rue des Filles-St.-Thomas ; Chèvre , concierge , rue des Filles-St.-Thomas , ou à la Bourse.

Agens de change. Messieurs,

Archdeacon, fils aîné, rue de duphot, n. 4.
Archdeacon , jeune, rue du helder, n. 9.
Bailliot, rue neuve des mathurins , n. 17.

Beaumont, rue basse-du-rempart, n. 32.
Besson, aîné, rue helvétius, n. 23.
Bocher, rue grange-batelière, n. 15.
Boisson, rue basse, porte st.-denis, **n. 1.**
Boscary-Villeplaine, rue blanche, n. 5.
Boscary, jeune, place vendôme, **n. 24.**
Bou, rue Rochechouart, n. 7.
Boucarande, rue du sentier, n. 3.
Bresson, rue grange-batelière, n. 3.
Caron jeune, rue poissonnière, n. 5.
Carron, rue de la concorde, n. 8.
Chiboust, rue le pelletier, n. 1.
Coindre, rue de provence, n. 26.
Courty, rue du mont-blanc, n. 8.
Dartigue, rue de grammont, n. 12.
Dautremont, rue cérutti, n. 9.
Dejean, rue de choiseul, n. 23.
Delahaye, rue du mont-blanc, n. 19.
Delamare, rue thévenot, n. 21.
De la Salette, rue de la concorde, **n. 13.**
Delatte, rue taitbout, n. 34.
Delaunay-Lemiere, rue du faub. poissonnière, **n. 8.**
Dewelle, rue de cérutti, n. 2.
Dubruel, rue neuve-st.-augustin, n. 19.
Dufresne, rue neuve-st.-augustin, n. 39.
Dumez, rue basse, porte st.-denis, n. 28.
Dupin, rue basse-du-rempart, **n. 20.**
Duroux, rue de la victoire, n. 14.
Ferrand, rue du mont-blanc, n. 21.
Fortin, rue neuve-st.-Eustache, n. 36.
Fournier, rue le pelletier, n. 9.
Fournier (Gervais), rue de choiseul, **n. 10.**
Froment, rue neuve-st.-augustin, **n. 22.**
Gallot, rue villedot, n. 12.
Goupil, *adjoint*, rue colbert, n. 2.
Guibout, rue taitbout, n. 10.
Guyot, *adjoint*, rue des bons-enfans, **n. 21.**

Houard, *syndic*, rue vivienne, n. 17.
Jacquier, rue du helder, n. 23.
Jouanne, rue neuve-des-mathurins, n. 20.
Jouanne, neveu, rue du mont-blanc, n. 8.
Lacaze, rue neuve-des-mathurins, n. 34.
Laffite jeune, rue de la victoire, n. 20.
Lafite, rue neuve-des-mathurins, n. 34.
Lagrenée, rue de mesnars, n. 8.
Lavernhe, rue de joubert, n. 21.
Leclercq, rue de cléry, n. 25.
Lecordier, *adjoint*, rue st.-honoré, n. 327.
Ledhuy, rue du mont-blanc, n. 36.
Lefebvre, *doyen*, rue thérèse, n. 8.
Leroux, *adjoint*, rue bergère, n. 14.
Leroy, rue n.-d. des victoires, n. 28.
Lorin, rue caumartin, n. 27.
Luce, rue des fossés-montmartre, n. 8.
Madinier, rue grange-batelière, n. 24.
Madinier Damarin, rue vivienne, n. 22.
Manuel, place des victoires, n. 1.
Margantin, rue basse, porte st.-denis, n. 1.
Martin, rue poissonnière, n. 37.
Martinet, rue faub. poissonnière, n. 2.
Merlin, rue de la place vendôme, n. 11.
Millet, rue neuve-des-petits-champs, n. 54.
Mounier, rue des jeûneurs, n. 16.
Pages, boulev. montmartre, n. 14.
Péan-St.-Gilles, *adjoint*, place des vosges, n. 6.
Perdonnet, rue de Provence, n. 46.
Perroud, fils, rue des moulins, n. 15.
Personne Desbrières, rue de richelieu, n. 24.
Petit, rue des juifs, n. 13.
Petit aîné, rue neuve-st.-augustin, n. 17.
Peyronnet, rue richer, n. 10.
Pignard-Laboulloy, rue de grammont, n. 7.
Pillot, rue de choiseul, n. 8.
Ponchon, rue de mesnars, n. 12.

Portau, rue cérutti, n. 28.
Portau, jeune, même demeure.
Réal (Ulrich)., rue faub. poissonnière, n. 2.
Reich, rue lepelletier, n. 1.
Reverony, rue st.-georges, n. 32.
Richard-Montjoyeux, *adjoint*, rue st.-georges, **n. 1.**
Rigaud, rue du hazard, n. 8.
Roques, rue de bondy, n. 14.
Saucède, rue du faub. poissonnière, **n. 18.**
Soubeiran, rue mont-tabor, n. 2.
Tattet, rue de l'échiquier, n. 38.
Tattet jeune, rue montmartre, n. 149.
Torras, boulevart montmartre, n. 10.
Trudelle, rue basse du rempart, n. 18.
Valedau, faubourg montmartre, n. 29.
Vernes, rue le pelletier, n. 2.

Courtiers de commerce.

Le comité est composé d'un syndic et de six adjoints désignés dans la liste suivante.

Messieurs,

Adam, rue du bouloy, n. 13.
Armingaud-Boyer, *adjoint*, rue boucher, n. 4.
Aubé, rue des blancs-manteaux, n. 46.
Baisnée, rue meslée, n. 9.
Bapst, rue du petit-carreau, n. 32.
Bardin, rue feydeau, hôtel béarn.
Begue, rue montmartre, n. 84.
Bellamy, rue du mont-blanc, n. 58.
Bellin, rue ste-avoye, n. 36.
Benard, rue coq-héron, n. 5.
Berthelemy, rue du gros-chenêt, **n. 8.**
Bertrand, rue des singes, n. 5.

Bertrand (Athanase), même demeure.
Blaisot, rue du cimetière st.-nicolas, n. 6.
Bouchet, rue helvétius, n. 14.
Brinquant, rue de cléry, n. 28.
Brucelle, faubourg poissonnière, n. 36.
Carron, rue basse st.-denis, n. 18.
Cassas (V. E.), rue meslée, n. 30.
Cassas (P. A.), rue de cléry, n. 12.
Chamoy, rue de bondi, n. 34.
Charlemagne, rue st.-Denis, n. 152.
Chavet, rue vivienne, n. 20.
Chevremout, rue feydeau, n. 11.
Dalibon, rue de grenelle st.-honoré, n. 42.
Delanoye, *adjoint*, faubourg poissonnière, n. 33.
Deschiens, rue de la réunion, n. 25.
Dusagt, rue de la verrerie, n. 63.
Dulin, rue du sentier, n. 14.
Dumont, rue salle-au-comte, n 2.
Durand, rue st.-martin, n. 114.
Fiché, *adjoint*, rue du petit-carreau, n. 19.
Fuzélier, boulevard st.-martin, n. 12.
Gillet, rue mêlée, n. 18.
Godechal, rue st.-denis, n. 319.
Lamy, rue michel-lepelletier, n. 18.
Laurent, *adjoint*, rue ste.-avoye, n. 14.
Letault, rue neuve st.-eustache, n. 9.
Lezé, rue des déchargeurs, n. 6.
Lienard, rue st.-martin, n. 259.
Messal, *adjoint*, boulevart st.-martin, n. 4.
Moizard, rue simon-le-franc, n. 13.
Moteau, *adjoint*, rue montmartre, n. 113.
Moullin, rue des ss.-pères, n. 3.
Papillon, rue ste.-croix de la bretonnerie, n. 52.
Paulmier, rue ste.-avoye, n. 15.
Péronard, rue ste.-croix de la bretonnerie, n. 21.
Prunier, rue ste.-avoye, n. 31.
Plocque, rue bourbon-villeneuve, n. 33.

Rigaud, rue du hasard, n. 8.
Simonneau, rue du rempart st.-honoré, n. 1.
Tetard, rue richer, à la brasserie flamande.
Thumin, rue favart, n. 6.
Topin, rue du faubourg st.-denis, n. 73.
Vallantin, *syndic*, rue des écrivains, n. 24.
Valpinçon, rue ste.-avoye, n. 34.
Vauquelin, rue mandar, n. 10.
Zurich, rue de la grande-truanderie, n. 46.

Comptoir commercial,

Rue Neuve-St.-Médéric, hôtel Jabach.

MM. Jacquemart et Doulcet d'Egligny, directeurs.

Le comptoir commercial est une caisse d'escompte établie pour l'utilité des marchands et fabricans, et destinée à escompter à cette classe intéressante du commerce des effets à deux signatures, au même taux que la Banque de France, en y ajoutant un huitième de plus par mois. Sa commandite est sous la raison Jacquemart et fils, et Doulcet d'Egligny.

Les fonds déposés entre les mains des directeurs sont convertis en actions de la Banque de France, inscrites au nom social, et déposées à la Banque.

Cet établissement est surveillé par une administration composée de vingt membres qui se renouvellent chaque année, et par un contrôleur nommé par les actionnaires.

La caisse est ouverte tous les jours depuis 9 heures jusqu'à 3.

Les escomptes ont lieu les mercredi et samedi de chaque semaine; on y admet des effets de 1 à 120 jours d'échéance.

Caisse d'Epargnes de M. Lafarge,

rue de Grammont, n°. 13.

Les paiemens de cette caisse s'ouvrent le 1ᵉʳ octobre de chaque année, et sont fermés le 1ᵉʳ avril suivant. C'est pendant ces six mois qu'il faut se présenter pour recevoir à peine de déchéance.

L'administration de cette caisse est surveillée par des commissaires nommés par les actionnaires dans leurs assemblées générales.

Administration. MM.

Lafarge, directeur-général, rue de grammont, n. 13.

Mitoufflet, adjoint, rue de choiseul, n. 6.

Mignon du Planier, administrateur, rue de grammont, n. 13.

Robelot, vérificateur-général, même demeure.

Edon, notaire, rue st.-antoine.

Achille Hervouet, secrétaire-général, à l'administr.

Commissaires des actionnaires. MM.

Gaudot de la Bruère, rue du hasard.

Lhomme, ancien notaire, rue du roule.

Tiron, notaire.

Camus du Martroy, rue de grammont, n. 13.

Guillotin, médecin.

Colmet de Santerre, avoué.

Caisse des Employës et des Artisans,

ou *Caisse Guérin, rue Sainte-Croix de la Bretonnerie.*

L'ouverture d'une seconde société a été annoncée au public à dater du 2 janvier de l'année 1806 ; elle sera fermée en octobre 1808.

La direction de cette Caisse est surveillée par un conseil d'administration composé d'actionnaires nommés dans les assemblées générales.

M. *Guérin*, fondateur-directeur, rue ste.-croix de la bretonnerie.

Administrateurs, MM.

Lanjuinais, sénateur, rue tarauue, n. 25.
Lemoyne de Gatigny, rue de grenelle, f. st.-germ.
Troisœufs, ex-législateur, place du louvre.
Grehan, propriétaire, rue basse-du-rempart.
Lemoine, secrétaire, rue neuve-st.-martin.

Le prospectus de la seconde société se délivre à l'administration.

Administration des Messageries,

rue Notre-Dame des Victoires, hôtel des Messageries impériales.

Cet établissement, spécialement chargé des transports du Gouvernement et des administrations publiques, offre au commerce et aux particuliers une centralité de services des messageries sur tous les points de l'Empire français, et par ses correspondans dans le Piémont, l'Italie, l'Allemagne, la Suisse, etc.

L'administration tient ses assemblées les mardi, jeudi et samedi de chaque semaine, de midi à quatre heures.

Il y a toujours à l'hôtel des messageries un administrateur pour recevoir les réclamations du public et y faire droit.

Administrateurs, MM. Denanteuil aîné, Bureau, Catherine Saint-Georges, Caylus, Soufflot aîné, Denanteuil-Lanorville, Touchard.

Adjoints, MM. Provigny, Joliveau, Gevaudan, Lecocq, Dutillet, Chandonné, Clément de Nanteuil.

Chefs de division. MM. Burdel, Treittinger, Besson, Labastiolle.

Caissier-général. M. Lefebvre.

Secrétaire-général. M. Taupin.

Conseil de l'administration MM. de Gallissanne, Courtin, jurisconsultes; Bonnet, avocat plaidant; Chignard, avoué; Bouricard, avoué au tribunal de première instance; Robin, Soudez, avoués de la cour d'appel. Corneau jeune, défenseur officieux près le tribunal de commerce. Boileau, notaire. Houard, agent de change. Vincent de Saint-Hilaire, commissaire-priseur.

Bureau des recouvremens.

Ce bureau est chargé particulièrement du recouvrement des effets de commerce, de Paris sur les départemens, et des départemens sur Paris.

42

Nota. On fait des compositions avec les maisons de commerce pour le transport des fonds et des marchandises, en raison de l'importance des expéditions.

Entreprise des Vélocifères,

rue Croix-des-Petits-Champs, hôtel de l'Univers.

Il part régulièrement de cet établissement des voitures pour Mayence, Francfort, Strasbourg, l'Allemagne, par Château-Thierry, Châlons-sur-Marne, Saint-Dizier, Bar et Nancy;

Des vélocifères pour Rouen, par Pontoise et Magny;

Et des diligences pour Nemours.

Entreprise des Coches

de la Haute-Seine, Yonne et Canaux.

M. Philippe-Meynard, *entrepreneur-propriétaire*, quai Saint-Bernard.

Cette entreprise se charge du transport des voyageurs et des marchandises de toute nature.

Les bureaux sont établis à Paris, au port Saint-Paul, pour les coches de Corbeil, Montereau, Nogent et Briare; et au port Saint-Bernard, pour les coches d'Auxerre et de Sens. Elle se charge encore des réexpéditions par terre dans les places du Nord, et de celles à faire par eau à Rouen et au Hâvre.

Les marchandises pour les ports de la Haute et Petite-Seine, et pour ceux des canaux de Loing et Briare, doivent être adressées au bureau du port St.-

Paul ; et celles pour les ports de l'Yonne, au bureau du port St.-Bernard.

Il y a des préposés dans chaque ville de la route que tiennent ces voitures, chargés de recevoir les marchandises, de les rendre ou de les réexpédier à destination, et de traiter pour les prix de transport.

Toutes ces voitures partent de Paris à 8 heures du matin, du premier octobre au premier avril ; et à 7 heures du matin, du premier avril au premier octobre, à l'exception de celle à la destination de Corbeil, qui part, en tout temps, le vendredi à 10 heures du matin.

Leur mouvement se fait dans l'ordre suivant :

Port Saint-Paul.

JOURS.	DÉPARTS		ARRIVÉES	
	de Paris.	des communes.	à Paris.	dans les communes.
Dimanche .	Nogent. . .	. . . . . .	Briare	
Lundi . . .	. . . . . .	Montereau.	Montereau.	Nogent.
Mardi . . .	Briare . . .	Corbeil. . .	Corbeil.	
Mercredi. .	. . . . . .	Nogent. . .		
Jeudi. . . .	Montereau.	. . . . . .	Nogent. . .	{ Briare. Montereau,
Vendredi. .	Corbeil. . .	Briare . . .	. . . . .	{ Corbeil.

Port Saint-Bernard.

Dimanche .	. . . . . .	. . . . . .	. . . . . .	Auxerre.
Lundi . . .	Sens. . . .	Auxerre . .	. . . . . .	. . . . . .
Mardi . . .	. . . . . .	. . . . . .	. . . . . .	Sens.
Mercredi. .	Auxerre . .	. . . . . .	Auxerre. .	Auxerre.
Jeudi. . . .	. . . . . .	{ Sens. . . . Auxerre. .		
Vendredi .	. . . . . .	. . . . . .	Sens.	
Samedi. . .	Auxerre . .	. . . . . .	Auxerre.	

Entreprise des Inhumations,

rue Culture-Sainte-Catherine , n° 13.

M. Bobée , *entrepreneur-général.*

M. Tampier, *directeur à l'administration.*

Cet établissement réunit dans son local tous les objets relatifs aux pompes funèbres ; il y correspond , pour le service journalier, avec les douze mairies, et a , près de chacune d'elles, un ordonnateur des convois, auquel on peut s'adresser.

École polytechnique préparatoire,

rue de Sorbonne.

M. Bois Bertrand , *directeur.*

Cet établissement, fondé avec l'assentiment de de S. Ex. M. le ministre d'état gouverneur de l'école impériale polytechnique , prend des pensionnaires et reçoit des externes.

❖ Musée des Artistes.

Ce Musée est établi rue de Sorbonne, en face de l'Ecole polytechnique préparatoire.

IDÉE GÉNÉRALE
DE L'EMPIRE FRANÇAIS.

L'EMPIRE FRANÇAIS se compose d'un territoire continental et d'un territoire insulaire et colonial.

Son territoire continental est situé entre le 13.e et
le 25.e degré de longitude occidentale, et les 42.e et
52.e degrés de latitude. Du nord au sud de la France
continentale, on compte environ 250 lieues de 25 au
degré; et de l'est à l'ouest, environ 210 lieues, en
allant de Strasbourg à Brest.

Ses limites sont la Hollande, l'Allemagne, l'Italie,
la Suisse, la Méditerranée, l'Espagne et l'Océan.

En 1789, son étendue étoit d'environ 27,000 lieues
carrées, aujourd'hui elle est de plus de 32,000 lieues.

Sa population est d'environ 35,000,000 d'habitans.

Division du territoire. L'Empire français se divise
aujourd'hui en 122 départemens, dont 110 en Europe
et 12 dans les colonies.

Les 12 départemens des colonies sont formés ainsi
qu'il suit :

St.-Domingue, 5; le Sud, l'Ouest, Nord, Sama-
na, Inganne. La Guadeloupe, 1. La Martinique, 1.
La Guyanne et Cayenne, 1. Ste.-Lucie et Tabago, 1.
L'île Bourbon ou de la Réunion, 1. L'île de France, 1.
Les Indes orientales, 1.

La division de la France en départemens eut lieu

en 1790, mais il n'y en eut alors que 83, formés ainsi qu'il suit :

La Provence forma les départemens 4, 14, 104. — Le Dauphiné, les 5, 27, 44. — La Franche-Comté, les 26, 46, 91. — L'Alsace, les 85 et 86. — La Lorraine, les Trois-Evêchés et Barrois, les 65, 66, 72 et 109. — La Champagne, la principauté de Sédan, Carignan et Mousson, Philippeville, Marienbourg, Givet, Charlemont, les 9, 11, 62, 63. — Les deux Flandres, Hainault, Cambresis, Artois, Boulonois, Calaisis, Ardrésis, les 75 et 79. — L'Ile de France, Paris, Soissonnois, Beauvoisis, Amiénois, Vexin-François, Gatinois, les 2, 76, 95, 96, 97, 101. — La Normandie et le Perche, les 15, 30, 60, 77, 98.— Bretagne et partie des Marches communes, les 22, 32, 41, 53, 71. — Haut et Bas Maine, Anjou, Touraine et Saumurois, les 43, 59, 64 et 94. — Poitou et deuxième partie des Marches communes, les 100, 106 et 107. — Orléanois, Blaisois, Pays Chartrain, les 31, 50, 54. — Le Berry, les 19, 42. — Nivernois le 74. — Bourgogne, Auxerrois, Senonois, Besse, Bugey, Valromey, Dombes et pays de Gex, les 1, 21, 92, 110. — Lyonnois, Forez, Beaujolais, les 51, 88. — Bourbonnois, le 3. — Marche, Dorat, Haut et Bas Limousin, les 20, 23, 108. — Angoûmois, le 17. — Aunis et Saintonge, le 18. — Périgord, le 25. — Bordelois, Bazadois, Agénois, Condomois, Armagnac, Chalosse, Pays de Marsan, Landes, les 37, 38, 47, 56. — Quercy, le 55. — Rouergue, le 13. — Basques et Béarn, le 82. — Bigorre et Quatre-Vallées, le 83. — Couserans et Foix, le 10. — Roussil-

Ion, le 84. — Languedoc, Comminges, Nebousan, Rivière-Verdun, les 8, 11, 34, 35, 40, 57, 103. — Velay, Haute et Basse Auvergne, les 16, 52, 81. — Corse, un département alors nommé département de Corse, réuni à la France dès 1789.

Réunions et changemens postérieurs à la première division en 83 départemens.

La Savoie, réunie en 1792; le comté de Nice, en 1793; Genève en 1798, les 6, 48, 68. — Le Hainaut autrichien, la Flandre autrichienne, le Brabant, le pays de Liège, le duché de Luxembourg, le Tournaisis, comté de Namur, pays de Gueldre, etc., réunis en 1793 et 1795, les 28, 29, 33, 45, 58, 67, 73, 78, 90. — Les parties de la rive gauche du Rhin réunis à la France en 1795, les 70, 84, 87, 93. — Le Piémont et le territoire de la Ligurie réunis en 1802 et 1805 les 7, 24, 36, 61, 69, 80, 99, 102; Avignon et le Comtat Venaissin réunis dès 1791, formèrent en 1793, le dép. n°. 105.

Le 1er. juillet 1793, l'île de Corse fut divisée en deux dép., et forma les 39 et 49. La même année le dép. de Rhône-et-Loire fut divisé, et forma les 51 et 88, ce qui fit encore deux départemens de plus.

Résumé.

1re. formation.	83	
Réunions postérieures.	25	} 122.
Division de deux anciens.	2	
Colonies. . . . . , ...	12	

Les 110 départemens d'Europe se composent d'environ 47,200 communes, qui forment 3560 cantons et 448 arrondissemens communaux, à quoi il faut ajouter l'île d'Elbe, les états de Parme et de Plaisance.

Montagnes. Les principales sont les Alpes, les Pyrénées, les Cévennes, les Vosges, les Ardennes.

Fleuves. Sept fleuves principaux qui reçoivent les eaux de plus de 6,000 rivières, ravins et rûs arrosent le sol de la France et forment sept bassins ; ces fleuves sont : la Seine, la Loire, la Garonne, le Rhin, la Meuse, le Pô.

Superficie du territoire. Le territoire de la France comporte environ 62,000,000 d'hectares, ce qui fait le double en arpens des eaux-et-forêts, et le triple environ en arpens mesure de Paris, dont à peu-près le quart en terres grasses et très-fertiles ; un cinquième en landes et bruyères ; un dixième en terrres crayeuses ; un trentième en gravières ; un sixième en terres pierreuses ; un cinquième en terres de montagnes, et un quinzième en terres sablonneuses.

Finances.

Trésor public. *An 14.—1806.*

Dans cet espace de 465 jours les recettes cumulées de tous les exercices présentent un total de 986,992, 539 fr.

Les dépenses aussi cumulées, un

total de. . . . . 932,449,419 fr.

Budget de 1807.

Produits présumés en contributions et revenus.

Contributions directes. *Foncière,* en principal centimes pour frais de guerre et dépenses fixes, 244,458,974 fr.

Personnelle et mobilière, en principal et centimes pour dépenses fixes, 35,381,711 fr.

Portes et fenêtres, 16,000,000 fr.

Patentes, 16,000,000 fr.

	francs.
Total des contributions directes. . .	311,840,685
Enregistrement, domaines et bois. . .	180,000,000
Douanes, droits sur *sel* compris. . .	80,000,000
Loterie.	12,000,000
Postes.	11,000,000
Droits réunis.	68,000,000
Sel et tabacs au-delà des Alpes. . .	5,000,000
Salines de l'est.	4,625,739
Poudres et salpêtres.	1,000,000
Monnoies.	540,000
Reste à recevoir de l'an 13 et antérieurs.	8,000,000
Recettes diverses y compris contributions de Parme et Plaisance.	7,993,576
Recettes extérieures.	30,000,000
Total général.	720,000,000

DÉPENSE.

Dette publique.

. . . perpétuelle.	54,340,000
Idem, viagère.	17,500,000
Idem, perpétuelle, Piémont.	1,900,000
Idem, viagère.	485,000
Idem, perpétuelle, Ligurie.	860,000
Idem, de Parme et Plaisance. . . .	74,000
Total.	75,159,000

Liste-civile y compris 3 millions pour
 les princes.   28,000,000

                Total.   103,159,000

Dépenses générales du service.

Grand-juge. . . . ·   22,191,000
Relations extérieures.   8,650,000
Intérieur, service ordinaire.   17,150,100
——— Travaux publics, ponts-et-chaus-
 sées   35,849,900
Finances, caisse-d'amortissement. . .   10,000,000
— Pensions civiles.   5,000,000
—*Idem*, ecclésiastiques.   24,000,000
— Service ordinaire.   26,000,000
Trésor public.   8,100,000
Guerre.   192,000,000
Administration de la guerre. . . .   129,400,000
Marine   106,000,000
Cultes.   12,500,000
Police-générale.   1,000,000
Frais de négociation.   10,000,000
Fonds de réserve.   9,000,000

                Total général.   720,000,000

MONNOIES.

Au 14, mars 1807, les monnoies d'or
 et d'argent de nouvelle fabrication
 formoient un total de.   362,389,269
Dont en 5 francs ancien type. . . .   106,335,755
De nouvelle fabrication en vertu de la
 loi du 7 germinal an 11.   256,053,514

SAVOIR :

Or de 4o fr.	44,847,16o	»
— De 20 fr.	67,989,76o	»
Argent de 5 fr.	127,523,345	»
— De 2 fr.	5,687,628	»
— De 1 fr.	9,126,451	»
— De 1/2 fr.	1,265,349	5o
— De 1/4 fr	213,820	5o
Total égal. . . .	256,053,514	»

Sénatoreries.

Il y a pour tout l'Empire trente-deux sénatore-ries. Pour connoître les titulaires, les chefs-lieux et départemens qui dépendent de chaque sénatorerie, voir ci-devant page 33o et suivantes.

Légion d'honneur.

La Légion d'honneur se divise en 16 cohortes, dont les chefs-lieux sont 1re .... , 2e. Arras ; 3e. Gand ; 4e. le château de Brülh ; 5e. château de Saverne ; 6e. Dijon ; 7e. Vienne ; 8e. Aix ; 9e. Beziers ; 10e. Toulouse ; 11e. Agen ; 12e. abbaye de St.-Maixent ; 13e. château de Craon ; 14e. Caen ; 15e. château de Chambord ; 16e. château de la Vénerie.

Grand Conseil.

Les titulaires des grandes dignités de l'Empire composent le grand conseil d'administration.

Les membres du grand conseil, nommés en l'an 11, conservent pour la durée de leur vie, leurs titres, fonctions et prérogatives.

Le grand conseil nomme un grand chancelier de la légion et un grand trésorier, qui sont grands officiers. Ils ont le rang et jouissent, dans toutes les circonstances, des distinctions et des honneurs, tant civils que militaires, des grands officiers de l'Empire.

L'EMPEREUR, *chef de la Légion et président du grand conseil d'administration.*

Grands Officiers, Membres du Grand Conseil, et Titulaires des Grandes Dignités de l'Empire.

Le Roi de Naples, *grand électeur.*

Le Roi de Hollande, *connétable.*

S. A. S. Monseigneur le Prince CAMBACÉRÈS, *archi-chancelier de l'Empire.*

S. A. S. Monseigneur le Prince LEBRUN, *archi-trésorier de l'Empire.*

S. A. I. Monseigneur le Prince EUGÈNE, *archi-chancelier d'état, Vice-Roi d'Italie, prince de Venise.*

S. A. I. Monseigneur le Prince JOACHIM, *grand duc de Berg et de Clèves, grand amiral, maréchal de l'Empire.*

S. A. S. Monseigneur le Prince de Bénévent, *vice-grand-électeur.*

S. A. S. Monseigneur le Prince de Neufchâtel, *vice-connétable.*

Membres du Grand Conseil.

S. Exc. le Maréchal Kellermann (G. D, ✲)

M. Le Sénateur Lucien Bonaparte.

S. Exc. le Sénateur Lacépède (G. D. ✳), grand-chancelier.

S. Exc. le Général Dejean (G. D. ✳), ministre-directeur de l'administration de la guerre, grand trésorier.

DÉCORÉS DU GRAND-AIGLE.

Promotions du 13 pluviose an 13.

Le Roi de Naples, grand électeur.

Le Roi de Hollande, grand connétable.

S. A. S. l'Archi-Chancelier de l'Empire.

S. A. S. l'Archi-Trésorier.

S. A. I. le Vice-Roi d'Italie, archi-chancelier d'état.

S. A. I. le Grand Duc de Berg, Grand Amiral, Maréchal de l'Empire.

S. A. S. le Prince de Bénévent.

S. A. S. le Prince de Neufchâtel.

Augereau, maréchal de l'empire.

Baraguey-d'Hilliers, colonel-général des dragons.

Barbé-Marbois, 1er. président de la cour des comptes.

Bernadotte, prince de Ponte-Corvo, maréchal de l'empire.

Bessières, maréchal de l'empire.

Brune, maréchal de l'empire.

Cambacérès, cardinal, archevêque de rouen.

Caulaincourt, grand écuyer.

Champagny, ministre des relations extérieures.

Davoust, maréchal de l'empire.

De Belloy, cardinal, archevêque de Paris.

Decrès, ministre de la marine et des colonies.

Dejean, ministre-directeur de l'administration de la guerre.

43

Duroc, grand maréchal du palais.

S. A. Em. le cardinal Fesch, archevêque de Lyon, grand aumonier.

Fouché, sénateur, ministre de la police générale.

Gantheaume, vice-amiral.

Gaudin, ministre des finances.

Gouvion-St.-Cyr, colonel-général des cuirassiers.

Jourdan, maréchal de l'empire.

Junot, colonel-gén. des hussards, gouverneur de Paris?

Kellermann, sénateur, maréchal de l'empire.

Lacépède, sénateur, grand chancelier de la légion d'honneur.

Lannes, maréchal de l'empire, colonel gén. des suisses.

Lefevre, sénateur, maréchal de l'empire, duc de Dantzig.

Marescot, inspecteur-général du génie.

Maret, ministre, secrétaire d'état.

Marmont, conseiller d'état, colonel-général des chasseurs à cheval.

Masséna, maréchal de l'empire.

Moncey, maréchal de l'empire.

Mortier, idem.

Ney, idem.

Pérignon, sénateur, maréchal de l'empire.

Régnier, grand juge, ministre de la justice.

Ségur, grand maître des cérémonies.

Serrurier, sénateur, maréchal de l'empire.

Songis, inspecteur-général de l'artillerie.

Soult, maréchal de l'empire.

Villaret-Joyeuse, vice-amiral.

Promotion du 21 pluviose an 13.

S. A. S. le Prince Borghèse, duc de Guastalla.

Promotions du 15 ventose an 13.

S. A. S. le Prince de Lucques et de Piombino.
Oudinot, général de division.
Victor, maréchal de l'Empire.

Promotion du 20 prairial an 13.

D'Harville, sénateur, général, chevalier d'honneur
de S. M. l'Impératrice.

Promotions du 5 nivose an 14.

Vandamme, général de division.
Saint-Hilaire, général de division.
Friant, général de division.
Legrand, général de division.

Promotions du 8 février 1806.

Suchet, général de division.
Caffarelli, général de division, ministre de la guerre
du royaume d'Italie.
Walter, général de division.

Promotion du   septembre 1806.

S. M. le Roi de Westphalie.

Promotion du 25 février 1807.

Savary, général de division.

Promotion du 7 avril 1807.

Sébastiani, général de division, ambassadeur de
S. M. I. et R. près la Sublime Porte.

Promotion du 11 juillet 1807.

Nansouty, général de division, premier chambellan
de S. M. l'Impératrice et Reine.
Dupont, général de division.

Promotions du 13 juillet 1807.

Grouchy, général de division.

Marchant, général de division.

Étrangers décorés du Grand-Aigle.

Bade.

S. A. R. le *Grand Duc héréditaire.*

S. A. R. le margrave *Louis-Auguste-Guillaume* de Bade.

Bavière.

S. M. le Roi de Bavière.

S. A. R. le Prince Royal de Bavière.

S. Exc. monseigneur le baron *De Mongelas*, ministre des affaires étrangères.

S. Exc. monseigneur le comte *De Morawitsky*, second ministre d'état.

S. Exc. monseigneur le général de *De Roy*, inspecteur militaire et commandant en chef dans la basse Bavière et le haut Palatinat.

S. Exc. monseigneur le comte *De Preysing*, chambellan et conseiller intime du Roi.

S. Exc. monseigneur le comte *De Foesring*, chambellan et conseiller intime du Roi.

Espagne.

S. M. C. le Roi d'Espagne.

S. A. R. Dom *Fernando*, prince des Asturies.

S. A. R. Dom *Carlos Maria Ysidro*, Infant d'espagne, fils du Roi.

S. A. R. Dom *Francisco de Paula Antonio*, Infant d'Espagne, fils du Roi.

S. A. R. Dom *Antonio Pasqual*, Infant d'Espagne, frère du Roi.

S. Exc. le Prince de la Paix.

Hollande.

S. Exc. monseigneur le vice-amiral *Verhuel.*

Italie.

S. Exc. monseigneur *Melzi d'Eril*, duc de Lodi, chancelier, garde des sceaux de la couronne.

Bresil.

S. A. R. le Prince Régent.

S. Exc. monseigneur le duc *D'Alofoens*, maréchal-général des armées, du conseil de S. A. R., conseiller d'état, grand'croix du christ, grand maître de la maison.

S. Exc. monseigneur le duc *De Cadaval*, lieutenant-général des armées, du conseil de S. A. R., et grand'croix du christ.

S. Exc. monseigneur le comte *De Villa Verde*, premier ministre.

S. Exc. monseigneur le marquis *De Bellas*, grand chancelier, capitaine des gardes, grand'croix de l'ordre de st.-jacques.

S. Exc. monseigneur *D'Aranjo*, du conseil de S. A. R., ministre et secrétaire d'état.

S. Exc. monseigneur *De Lima.*

Prusse.

S. M. le Roi de Prusse.

S. A. R. le prince *Ferdinand* de Prusse.

S. Exc. monseigneur le maréchal *De Moellendorf.*

S. Exc. monseigneur le baron *De Hardenberg*, ministre des affaires étrangères.

S. Exc. monseigneur le comte *De Schullemburg*, membre du conseil privé de l'état.

S. Exc. monseigneur le comte *D'Haugwitz.*

Russie.

S. M. l'Empereur de toutes les Russies.

S. A. I. le grand duc *Constantin.*

S. Exc. le prince *Kurakin.*

S. Exc. le prince *Labanoff.*

S. Exc. monseigneur le baron *De Budberg.*

Saxe.

S. M. le Roi de Saxe.

S. A. R. Antoine-Clément, frère du Roi.

S. A. R. Maximilien-Marie, frère du Roi.

S. Exc. le comte *De Bose*, ministre des affaires étrangères.

S. Exc. monseigneur le comte *Marcolini*, grand écuyer.

Wurtemberg.

S. M. le Roi de Wurtemberg.

S. A. R. *Frédéric-Guillaume-Charles*, prince royal de Wurtemberg.

S. A. R. *Paul-Charles-Frédéric-Auguste*, fils du Roi.

S. A. R. *Eugène-Frédéric-Henry*, frère du Roi.

S. A. R. *Frédéric-Guillaume-Philippe*, frère du Roi.

S. Exc. monseigneur le comte *De Winzingerode*, ministre d'état.

Wurtzbourg.

S. A. I. et R. le grand duc de Wurtzbourg.

Grands Officiers.

Promotions du 25 prairial an 12.

Aboville, sénateur.

Abrial, sénateur.

Andréossy, général de division.

Augereau, maréchal de l'empire.

Baraguey-D'Hilliers, colonel-général des dragons.

Barbé-Marbois, 1er. présid. de la cour des comptes.

Bernadotte, prince de ponte-corvo, maréch. d'emp.

Bertholet, sénateur.

Bessières, maréchal de l'empire.

Beurnonville, général de division.

Bigot-Préameneu, ministre des cultes.

Bougainville, sénateur.

Bourcier, général de division, conseiller d'état.

Brune, maréchal de l'empire.

Bruneteau-Ste.-Suzanne, sénateur, général de division.

Caffarelli, conseiller d'état, préfet maritime à brest.

Cambacérès, cardinal, archevêque de rouen.

Canclaux, sénateur, général de division.

Casa-Bianca, sénateur, général de division.

Champagny, ministre des relations extérieures.

Chaptal, sénateur, trésorier du sénat.

Colaud, sénateur, général de division.

Davoust, maréchal de l'empire.

De Belloy, sénateur, cardinal, archevêque de Paris.

De Caen, général de division.

Decrès, ministre de la marine et des colonies.

Defermon, ministre d'état, président de la section
   des finances.

Delaborde, général de division.

Dessolles, général de division.

Duhesme, général de division.

Dupont, général de division.

Duroc, général de division, grand maréchal du palais.

Eblé, général de division.

Ernouf, général de division, capitaine général de la.
   Guadeloupe.

Férino, sénateur, général de division.

Feseh, cardinal, grand aumônier de l'empire, etc.

Fleurieu, sénateur.

Fouché, sénateur, ministre de la police générale.

François de Neufchâteau, sénateur.

Friant, général de division.

Gantheaume, vice-amiral.

Garnier-la-Boissière, sénateur.

Gaudin, ministre des finances.

Gouvion, général de division.

Gouvion-St.-Cyr, colonel-général des cuirassiers.

Grouchy, général de division.

Harville, général de division, sénateur.

Hédouville, général de division.

Jourdan, maréchal de l'empire.

Junot, colonel-gén. des hussards, gouverneur de Paris.

Kellermann, fils, général de division.

Klein, général de division.

Lacuée, min. d'état, présid. de la section de la guerre.

Lagrange, sénateur.

Lagrange, général de division.

Lamartillière, sénateur, général de division.

Lannes, maréch. de l'empire, colonel gén. des suisses.

Laplace, sénateur, chancelier du sénat.

Lefevre, duc de Dantzig, maréchal de l'empire, sénat.

Legrand, général de division.

Lespinasse, sénateur, général de division.

Loison, général de division.

Macdonald, général de division.

Marescot, inspecteur-général du génie.

Maret, ministre, secrétaire d'état.

Marmont, gén. de div., col.-gén. des chasseurs à cheval

Martin, vice-amiral.

Massena, maréchal de l'empire.

Mathieu, général de division.

Menou, général de division.

Moncey, maréchal de l'empire.

Monge, sénateur.

Morard-de-Galles, vice-amiral, sénateur.

Mortier, maréchal de l'empire.

Muraire, cons. d'état, prem. présid. de la cour de cass.

Ney, maréchal de l'empire.

Olivier, général division.

Oudinot, général division.

Pérignon, maréchal de l'empire, sénateur.

Rampon, sénateur, général de division.

Regnaud-de-Saint-Jean-d'Angely, ministre d'état ;
   président de la section de l'intérieur.

Régnier, grand-juge, ministre de la justice.

Roger-Ducos, sénateur.

Saint-Hilaire, général de division.

Serrurier, maréch. de l'empire, gouv. des invalides.

Sieyes, sénateur.

Songis, inspecteur-général de l'artillerie.

Sorbier, général de division.

Soult, maréchal de l'empire.

Suchet, général de division.

Thévenard, vice-amiral.

Treilhard, cons. d'état, présid. de la sect. de législ.

Turreau, général de division.

Vandamme, général de division.

Vaubois, sénateur, général de division.

Verdier, général de division.

Victor, maréchal de l'empire.

Villaret-Joyeuse, vice-amiral.

Walter, général de division.

Promotions du 12 pluviose an 13.

Caulaincourt, général, grand-écuyer de l'empereur.
Ségur, conseiller d'état, grand-maître des cérémonies.

Promotions du 5 thermidor an 13.

Bayanne, cardinal.
Caselli, cardinal, évêque de Parme.

Promotions du 4 nivose an 14.

Belliard, général de brigade.
Bisson, *idem.*
Caffarelli, *idem.*
Lery, *idem.*
Malher, *idem.*
Nansouty, *idem.*

Promotion du 2 février 1806.

Otto, ministre plénipotentiaire près S. M. le Roi de Bavière.

Promotion du 6 février 1806.

Gazan, général de division.

Promotions du 8 février 1806.

Savary, général de division.
Clarke, général de division.

Promotion du 10 février 1806.

Beaumont, général de division.

Promotion du 4 mai 1806.

Reignier, général de division.

Promotion du 28 juillet 1806.

Molitor, général de division.

Légion d'honneur.

Promotion du 29 mai 1807.

Drouet, général de division.

Promotion du 4 juin 1807.

Lariboissière, général de division, commandant l'artillerie de la garde impériale.

Promotions du 7 juillet 1807.

Morand, général de division.
Gudin, général de division.

Promotions du 11 juillet 1807.

Barrois, général de brigade.
La Bruyère, général de brigade.
Seroux, général de division d'artillerie.
Espagne, général de division
Compans, général de division.
Dulauloy, général de division.
Carra-St.-Cyr, général de division.

Promotion du 6 décembre 1807.

Rœderer, sénateur.

Promotion du 22 décembre 1807.

Grenier, général de division, gouverneur de Mantoue.

Étrangers Grands Officiers.

Le baron *de Werde*, général au service de S. M. le Roi de Bavière.
Le lieutenant-général *de Triva*, chef de l'état-major de S. M. le Roi de Bavière.
Litta (de), grand-chambellan du royaume d'Italie.

Grande Chancellerie.

S. Exc. monseigneur LACÉPÈDE, grand chancelier.

Le grand chancelier a séance au grand conseil et est

dépositaire du sceau. S. Exc. présente à S. M. I. et R. les candidats pour les nominations et promotions relatives à la légion d'honneur ; signe et fait expédier les brevets ; présente les diplômes à la signature de S. M. ; donne les décorations au nom de S. M. , ou transmet les délégations nécessaires aux membres qui doivent les donner ; prend des ordres de S. M. au sujet des ordres étrangers conférés à des français ; transmet les autorisations pour les accepter ; présente à S. M. le travail relatif aux gratifications extraordinaires des membres de la légion , à l'exercice de leurs droits politiques et à leur adjonction à des colléges électoraux de département et d'arrondissement ; à l'admission des filles des membres de la légion d'honneur, dans la maison Impériale Napoléon, dans celle de Chambord , et à la nomination des dames chargées de leur éducation ; prend les mesures nécessaires pour l'exécution du décret de discipline des membres de la légion d'honneur ; dirige et surveille l'administration des domaines de la légion , etc.

Secrétariat particulier, M. Bock, *chef*; Lacondamine , *sous-chef.*

1re. *division* , MM. Amalric , *chef*; Huet et Jubé , *sous-chefs.*

Dépêches ; délibérations du grand conseil ; promotions , diplômes , décorations ; la décoration d'ordres étrangers ; comptabilité, etc.

2e. *division*. MM. Davaux, *chef*; Simonot et Bélu, *sous-chefs.*

Pétitions ; présentation des candidats , etc.

3e. *division*. MM. Pagauel, *chef*; Barouillet, *sous-chef.*

Immatriculation, traitemens; gratifications, pensions; adjonction à des colléges électoraux de département ou d'arrondissement.

4e. *division.* MM. Royer, père, *chef;* Perrotte et Bernault, *sous-chefs.*

Administration des domaines, des maisons impériales d'éducation des filles des membres de la légion d'honneur; admission des élèves, etc.

5e. *division.* M. Lavallée, *chef.*
Archives; nécrologe, etc.

Membres du Comité.

S. Exc. le Grand Chancelier, *président.*

MM. Abrial, sénateur, grand officier de la légion.
 S. Ex. Bigot-Préameneu, ministre des cultes.
 Chabert, direct. de l'école vétérinaire d'Alfort.
 Fleurieu, sénateur, grand officier de la légion.
 François-de-Neufchâteau, grand officier.
 Gondoin, membre de l'institut et de la légion.
 Jaubert, conseiller d'état, command. de la lég.
 Lacuée, ministre d'état, grand officier.
 Siméon, conseiller d'état, command. de la lég.
 Vimar, sénateur, commandant de la légion.
 Treilhard, conseiller d'état, grand officier.

 Bock, secrétaire du comité.
 Raoul, avocat au conseil d'état et à la cour de
  cassation, chef et agent du contentieux.

Les rapports concernant les affaires contentieuses, les poursuites judiciaires, et tous les objets communiqués au comité de consultation par S. Exc. le grand chancelier,

44

Légion d'honneur.

Grande Trésorerie.

S. Exc. monséigneur le général Déjean, ministre-directeur de l'administr. de la guerre, grand trésorier.

Le grand trésorier a séance au grand conseil.

La grande trésorerie reçoit les revenus et fait les dépenses de la légion.

M. Louis, *maître des requêtes et administrateur du trésor public.*

Surveillance et direction des bureaux.

M. Croizet, *chef.*

Comptabilité; mouvement des fonds; direction des livres et écritures.

M. Le Bœuf, *chef.*

Correspondance, compte des revenus territoriaux; affaires contentieuses.

M. Martinet, *sous-chef.*

Etat des légionnaires et mandats de paiement.

Nota. Les paiemens peuvent se faire à la personne et dans la ville de France qu'il convient au légionnaire de désigner au bas de l'extrait de revue ou certificat de vie.

M. Leclerq, *sous-chef.*

Départ et enregistrement des depêches; vérification et classement des pièces comptables; régularisation des dépenses intérieures de la grande chancellerie.

Bureaux.

M. . . . . . secrètaire-général.

Cohortes.

Le département de la Seine fait partie de la 1re. coh.

[horte dont le chef-lieu est établi à . . . . . . Cette
 cohorte se compose des départemens de l'Aube, de la
 Marne, de l'Oise, de la Seine, de Seine-et-Oise et
 de Seine-et-Marne.

S. A. S. le maréch. Berthier, prince de Neufchâtel, *chef.*

M. Lefeuvre, commis. ordon. des guerres, *chancelier.*

M. Esteve, trésorier gen. de la cour., *trésor. de la coh.*

Archevêchés et Evêchés de France. Voir ci-devant
page 390.

Cours d'appel.

Il y a pour tout l'Empire 35 Cours d'appel, dont
32 sur le continent et 3 dans les colonies.

Abréviations. 1. P. signifie, *premier président.*
P. *président ; int.* faisant les fonctions par *interim.*
PP. *Présidens. p. i., procureur - général impérial.*
Lég. *législateur.*

Chefs-lieux, présidens et procureurs-impériaux. MM.

Agen, Lacuée, 1. P. Bergognié, P. Mouysset, *pr. i.*

Aix, Baffier, P. Peisc, *p. i.*

Ajaccio, Boerio, P. Chiappe, *p. i.*

Amiens, Varlet, 1. P. Margerin, P. Petit, *p. i.*

Angers, Menard-la-Groye, 1. P. Beguyer-Cham-
boureau, P. Dandenac, *p. i.*

Besançon, Louvot, P. Gros, *p. i.*

Bordeaux, Brezets, lég., 1. P. Cavaillon, P. Ra-
teau, *p. i.*

Bourges, Sallé, P. Forest, *p. i.*

Bruxelles, Latteur, 1. P. Wautelée et Michaux, PP. Beyts, *p. i.*

Caen, Lemenuet, 1. P. Cailly, P. Lautour-Duchâtel, *p. i.*

Colmar, L. Schirmer, P. Antonin, *p. i.*

Dijon, Larché, lég. P. Guillemot, *int.* Ballant, *p. i.*

Douay, Dhaubersart, 1. P. De Warenghein, *int.* Lenglet, P. Michel, *p. i.*

Gênes, Carbonaza, 1. P. Azuni, P. Legoux, *p. i.*

Grenoble, Barral, lég. 1. P. Brun, *int.* Réal, P. Royer-Deloche, *p. i.*

Guadeloupe, Desmarais, P. Lavielle, *p. i.*

Guyane française, Molère, 1. P. Gabriel, P. Grimard, *p. i.*

Liége, Dandrimont, 1. P. Nicolaï, P. Danthine, *p. i.*

Limoges, Verguiaux père, P. Roulhac, *p. i.*

Lyon, Vouty, 1. P. Vilet, P. Rambaud, *p. i.*

Martinique, Clarke, P. Bence Sainte-Catherine, *p. i.*

Metz, Pêcheur, P. Perrin, *p. i.*

Montpellier, Perdrix, P. Fabre, *p. i.*

Nancy, J. A. Henry, P. Demetz, *p. i.*

Nismes, Mayneaud, P. Giraudy, *p. i.*

Orléans, Petit-Lafosse, P. Chabrol-Croussol, *int.* Sézeur, *p. i.*

Paris, Voir page 194.

Pau, Claverie, P. Delgue, *p. i.*

Poitiers, Thibaudeau, 1. P. Leydet, *int.* Arnault-Menardière, P. Bera, *p. i.*

Rennes, Desbois, 1. P. ......, *int.* Lemoine Des-
forges et Costard, PP. ......, *p. i.*

Riom, Redon, 1. P. Verny, P. Favart, *p. i.*

Rouen, Thieullen, 1. P. Eude, P. Fouquet, *p. i.*

St.-Domingue, Minuty, P.

Toulouse, Desazars, P. Corbière, *p. i.*

Trèves, Garreau, P. Dobsen, *p. i.*

Turin, Peyretti-Condove, 1. P. Avogadro et Ca-
valli, PP. Tixier, *p. i.*

Divisions militaires.

On compte en France 28 divisions militaires, dont
les chefs-lieux sont :

1re.	Paris.	15.	Rouen.
2.	Mezières.	16.	Lille.
3.	Metz.	17.	
4.	Nancy.	18.	Dijon.
5.	Strasbourg.	19.	Lyon.
6.	Besançon.	20.	Perigueux.
7.	Grenoble.	21.	Bourges.
8.	Marseille.	22.	Tours.
9.	Montpellier.	23.	Bastia.
10.	Toulouse.	24.	Bruxelles.
11.	Bordeaux.	25.	Liége.
12.	Nantes.	26.	Mayence.
13.	Rennes.	27.	Turin.
14.	Caen.	28.	Gênes.

Conservations forestières et Louveteries.

On compte 29 conservations forestières et louveteries, dont les chefs-lieux sont :

1re.	Paris.	16.	Aix.
2.	Troyes.	17.	Grenoble.
3.	Rouen.	18.	Dijon.
4.	Caen.	19.	Besançon.
5.	Rennes.	20.	Strasbourg.
6.	Angers.	21.	Nancy.
7.	Orléans.	22.	Metz.
8.	Bourges.	23.	Liége.
9.	Poitiers.	24.	Bruxelles.
10.	Moulins.	25.	Lille.
11.	Bordeaux.	26.	Amiens.
12.	Pau.	27.	Ajaccio.
13.	Toulouse.	28.	Coblentz.
14.	Montpellier.	29.	Alexandrie.
15.	Nismes.		

DÉPARTEMENS DE LA FRANCE.

Abréviations. Pop. signifie population du département ; *sup.* superficie ; h. *hectares ;* arrond. *arrondissement.* Cette marque * indique le chef-lieu du département et de la cour criminelle.

l. *lieues de poste de Paris.*

div. mil. *division militaire.*

coh. *cohorte de la Légion d'honneur.*

cons. for. *conservation forestière.*

séu. *sénatorerie.*

c. d'ap. *cour d'appel.*

dioc. *diocèse.*

présid. président de la cour criminelle.

contr. contributions.

enreg. enregistrement et domaines.

dr. réun. droits réunis.

recev. gén. receveur général.

Ces différens fonctionnaires résident au chef-lieu du département.

Pour connoître les titulaires des sénatoreries, voir page 330.

Les présidens, etc., cours d'appel, pag. 519.

Les chefs-lieux des divisions militaires, des cohortes, des conservations forestières, voir pag. 521 et suivantes.

1. AIN. *Pop.* 284,455, *sup.* 537,300 h., 4 arrond., Bourg, * à 111 l. Belley, Nantua, Trévoux; 6 div. mil., 7 coh., 17 cons. for., sén. et c. d'ap., dioc. de Lyon. M. Bossi, *préfet*, M. Riboud, *présid. Directeurs*, MM. Dutaillis, *contr.* Boullée, *enreg.* Porquier, *dr. réun.* M. Michallet, *recev. gén.*

2. AISNE. *Pop.* 430,628, *sup.* 749,183 h., 5 arrond. Laon * à 32 l. Château-Thierry, S.-Quentin, Soissons, Vervins; 1 div. mil., 2 coh., 26 cons. for., sén. et c. d'ap., d'Amiens, dioc. de Soissons. M. Méchin, *préfet*, M. Legrand-de-la-leu, *présid. Directeurs*, MM. Debatz, *cont.* Bourgeois, *enreg.* Laligant, *dr. réun.* M. Bourboulon, *recev. gén.*

3. ALLIER. *Pop.* 272,616, *sup.* 742,272 h.; 4 arrond. Moulins * à 74 l. Gannat, la Palisse, Mont-Luçon; 21 div. mil., 7 coh., 10 cons. for., sén. dioc. de Clermont, c. d'ap. de Riom. M. Guillemardet, *préfet*, M.

Vernin, *présid. Directeurs*, MM. Bastide, *contr.* Colas, *enreg.* Dubois, *dr. réun.* M. Jaladou, *recev. gén.*

4. ALPES (basses). *Pop.* 140,121, *sup.* 745,007 h. 5 arrond., Digne * à 194 l. Barcelonnette, Castellane, Forcalquier, Sisteron; 8 div. mil., 8 coh., 16 cons. for., sén. et c. d'ap. d'Aix, dioc. de Digne. M. Duval, *préfet*, M. Thomas, *présid. Directeurs*, MM. Bovis. *contr.* Rippert-Villecrose, *enreg.* Lacorbière, *dr. réun.* M. Gaston, *recev. gén.*

5. ALPES (hautes). *Pop.* 118,322, *sup.* 553,570, h. 3 arrond., Gap * à 171 l. Briançon, Embrun. 7 div. mil., 8 coh., 17 cons. for., sén. et c. d'ap. de Grenoble, dioc. de Digne. M. Ladoucette, *préfet*, M. Labastie, *présid. Directeurs*, MM. Tournilhon, *contr.* Schisler, *enreg.* Degerando, *dr. réun.* M. Brochier, *recev. gén.*

6. ALPES (maritimes). *Pop.* 87,071, *sup.* 376,455 h. 3 arrond., Nice * à 246 l. San Remo, Puget-Téniers; 8 div. mil., 8 coh., 16 cons. for., sén. et c. d'ap. d'Aix, dioc. de Nice. M. Dubouchage, *préfet*, M. Trémois, *présid. Directeurs*, MM. Seraine, *contr.* Mainssonnat, *enreg.* Multedo, *dr. réun.* M. Mieulle, *recev. gén.*

7. APENNINS. *Pop.* 196,014, *sup.* ___ h., 3 arrond., Chiavari * à 217 l. Barai, Sarzanne; 28 div. mil., ...coh., 21 cons. for., sén. et c. d'ap., de Gênes, dioc. de Sarzanne. M. Rolland de Villarceaux, *préfet*, M. Busson, *présid. Directeurs*, MM. Saporiti, *contr.* Bonnelli, *enreg.* Steck, *dr. réun.* Vissei, *recev. gén.*

8. ARDÈCHE. *Pop.* 267,525, *sup.* 550,000 h. 3 arrond. Privas * à 155 l. Argentières, Tournon; 9 div. mil., 9 coh., 15 cons. for., sén. et c. d'ap. de Nîmes, dioc. de Mende. M. Bruneteau-Ste-Suzanne, *préfet*, M. Gamon, *présid. Directeurs*, MM. Fenouil, *contr.* Boucault, *enreg.* Hardi, *dr. réun.* Gamon fils, *recev. gén.*

9. ARDENNES. *Pop.* 264,036, *sup.* 525,280 h., 5

arrond., Mézières * à 60 l, Rethel, Rocroy, Sedan, Vouziers; 2 div. mil., 2 coh., 22 cons. for., sén. c. d'ap. et dioc. de Metz, M. Frain, *préfet*, M. Féart, *prés. Directeurs*, MM. Dubois, *contr.*, Magnieu, *enreg.*, Malus, *dr. réun.* M. Mollet, *recev. gen.*

10. ARRIÈGE. *Pop.* 191,693, *sup.* 529,540 h. 3 arrond. Foix * à 193 l., Pamiers, St.-Girons; 10 div. mil., 10 coh., 13 cons. for., sén. et c. d'ap., dioc. de Toulouse. M. Brun ✿, *préfet*, M. Caubère, *prés. Directeurs*, MM. Briard, *contr.* Hocbocq, *enreg.* Brothier, *dr. réun.* M. Laroque, *recev. gén.*

11. AUBE. *Pop.* 240,661, *sup.* 610,610 h., 5 arrond., Troyes * à 41 l., Arcis-sur-Aube, Bar-sur-Aube, Bar-sur-Seine, Nogent-sur-Seine; 18 div. mil., 1 coh., 2 cons. for.. sén. et c. d'ap. de Paris, dioc. de Troyes. M. Bruslé ✿, *préfet*, M. Parisot, *prés. Directeurs*, MM. Vaugourdon, *contr.* Bourgoin, *enreg.* Jaillant-Deschenets, *dr. réun.* M. Pierlot, *recev. gén.*

12. AUDE. *Pop.* 226,198, *sup.* 651,000 h., 4 arrond. Carcassonne * à 196 l., Castelnaudary, Limoux, Narbonne; 10 div. mil., 10 coh., 14 cons. for., sén. et c. d'ap. de Montpellier, dioc. de Carcassonne. M. J. Trouvé ✿, *préfet*, M. Fabre, *prés. Directeurs*, MM. Marianne, *contr.* Tricot, *enreg.* Debosque, *dr. réun.* M. Rivals, *recev. gén.*

13. AVEYRON. *Pop.* 328,191, *sup.* 902,064 h., 5 arrond. Rodès * à 178 l., Espalion, Milhau, St.-Afrique, Villefranche; 9 div. mil., 9 coh., 14 cons. for.; sén. et c. d'ap. de Montpellier, dioc. de Cahors. M. Saint-Horent ✿, *préfet*, M. Vaissette, *prés. Directeurs*, MM. France de l'Orne, *contr.* Le Chartreux, *enreg.* Grand, *dr. réun.* M. Costes, *recev. gén.*

14. BOUCHES-DU-RHÔNE. *Pop.* 320,072, *sup.* 601,960 hect., 3 arrond., Marseille * à 208 l., Aix, Tarascon; 8 div. mil., 8 coh., 16 cons. for., sén. et c. d'ap.,

dioc. d'Aix M. A. C. Thibaudeau (C. ✚), *conseiller d'état, préfet,* M. Guérin, *prés. Directeurs,* MM. Grillois, *contr.* Farjou, *enreg.* Geffrier, *dr. réun.* M. André, *recev. gén.*

15. CALVADOS. *Pop.* 480,317 , *sup.* 570,430 h. , 6 arrond. Caen * , à 67 l. , Bayeux, Falaise, Lizieux, Pont-Levêque , Vire; 14 div. mil. 14 coh. , 4 cons. for. sén. et c. d'ap. de Caen , dioc. de Bayeux. M. Caffarelli, *préfet,* M. Gauthier ✚, *présid Directeurs,* MM. Briard, *contr.* Letourneur, *enreg.* Brémontier, *dr. réun.* M. Dumont, *recev. gén.*

16. CANTAL. *Pop.* 237,224 , *sup.* 574,080 h., 4 arrond. Aurilliac * , à 138 l., Mauriac, Murat, St.-Flour ; 19 div. mil. 9 coh. , 10 cons. for sén. de Clermont , c. d'ap. de Riom , dioc. de S.-Flour. M. Riou ✚ *préfet,* M. Daude, *presid. Directeurs,* Delormell, *contr.* Bouygues, *enreg.* Quibert-Palisseaux, *dr. réun.* M. Croizet, *recev. gén.*

17. CHARENTE. *Pop.* 321,477 , *sup.* 588,818 h. , 5 arrond. Angoulême * , à 116 l., Barbezieux, Cognac, Confolens, Ruffec ; 20 div. mil. 12 coh. , 11 cons. for. sén. et c. d'ap. de Bordeaux, dioc. d'Angoulême. M. Rudler ✚, *préfet,* M. Mestreau, *présid. Directeurs,* MM. Doche , *contr.* Masson-Longpré, *enreg.* Bouisseren, *dr. réun.* M. Astier, *recev. gén.*

18. CHARENTE (infér.), *Pop.* 402,105, *sup.* 716,815 h. , 6 arrond. Saintes * , 124 l., Jonzac, La Rochelle, Marennes, Rochefort, St.-Jean - d'Angely ; 12 div. mil. 12 coh , 9 cons. for. sén. et c. d'ap. de Poitiers , dioc. de la Rochelle. M. J. E. Richard , ✚ *préfet,* M. Garnier, *présid. Directeurs,* MM. Gillis , *contr.* Vassal, *enreg.* Gaudin-Lagrange , *dr. réun.* M. Titon, *recev. gén.*

19. CHER. *Pop.* 218,297, *sup.* 740,125 h, 3 arrond. Bourges * , à 60 l., St.-Amand , Sancerre; 21 div. mil. 15 coh. , 8 cons. for. sén. c. d'ap. et dioc. de

Bourges. M. le *général* de Barral ※ , *préfet*, M. Augier, *présid. Directeurs*, MM. Ruelle, *contr.* Raymond, *enreg.* Juhel, *dr. réun.* M. Gressin, *recev. gén.*

20. CORRÈSE. *Pop.* 243,654, *sup.* 594,720 h., 3 arrond. Tulle *, à 118 l., Brive, Ussel; 20 div. mil. 11 coh., 10 cons. for. sén. et c. d'ap. de Limoges, dioc. de Limoges. M. *le général de div.* Millet-Mureau, ※ *préfet*, M. Grivel, *présid. Directeurs*, MM. Besse-Chevalier, *contr.* Rolland-Laduérie, *enreg.* Lemercier, *dr. réun.* M. Floucaud, *recev. gén.*

21. COTE-D'OR. *Pop.* 347,642, *sup.* 876,956 h., 4 arrond., Dijon *, à 78 l., Beaune, Châtillon-sur-Seine, Semur; 18 div. mil., 6 coh., 18. cons. for. sén. c. d'ap. et dioc. de Dijon. M. Molé, *préfet*, M. Morizot, jeune, *présid. Directeurs*, MM. Leroy, *contr.* Berard, *enreg.* Lejéas-Charpentier, *dr. réun.* M. Lejéas, *recev. gén.*

22. COTES-DU-NORD. *Pop.* 499,927, *sup.* 736,720 h., 5 arrond. St.-Brieux *, à 114 l., Dinan, Guingamp, Lannion, Loudéac.; 13 div. mil. 13 coh., 5 cons. for. sén. et c. d'ap. de Rennes, dioc. St.-Brieux. M. Boullé, *préfet*, M. Gourlay, *présid. Directeurs*, MM. Deroual, *contr.* Baudot, *enreg.* Bonami, *dr. réun.* M. Latimier-Duclésieux, *recev. gén.*

23. CREUSE (la), *Pop.* 216,255. *sup.* 579,455 h., 4 arrond., Guéret *, à 110 l., Aubusson, Bourganeuf, Boussac; 21 div. mil., 15 coh., 10 cons. for. sén. c. d'ap. dioc. de Limoges. M. Maurice, *préfet*, M. Porat, *présid. Directeurs*, MM. Vaugelade, *contr.* Voësnicy, *enreg.* Hargenvilliers, *dr. réun.* M. Devarambon, *recev. gén.*

24. DOIRE. *Pop.* 224,127, *sup*...... h., 3 arrond., Yvrée*, à 210 l., Aost, Chivasso; 27 div. mil. 16 coh. 29 cons. for. sén. et c. d'ap. de Turin, dioc. d'Yvrée. M. de Plancy, *préfet*, M. Bertolotti, *présid. Direc-*

teurs , MM. Lallemand , *contr.* Aigoin , *enreg.* Debourcet , *dr. réun.* M. Kesner , *recev. gén.*

25. DORDOGNE. *Pop.* 410,350 , *sup.* 898,274 h. , 5 arrond. , Périgueux *, à 121 l. , Bergerac , Montron, Riberac, Sarlat ; 20 div. mil 11 coh., 11 cons. for. sén. et c. d'ap. de Bordeaux , dioc. d'Angoulême. M. Rivet, *préfet* , M. Dalbi , *présid. Directeurs* , MM. Dauteville *contr.* Papou , *enreg.* Garnier-Laboissière , *dr. réun.* M. Chambon , *recev. gén.*

26. DOUBS. *Pop.* 227,075, *sup.* 522,493 h., 4 arrond. Besançon *, à 102 l. , Baume , Pontarlier , St.-Hypolyte; 6 div. mil. 6 coh. , 19 cons. for. sén. c. d'ap. dioc. de Besançon. M. Jean-de-Bry , C. ✤ , *préfet*, M. Spicrenaël , *présid. Directeurs* , MM. Ferroux , *contr.* Reymorand , *enreg.* Jacomin , *dr. réun.* M. Monnot , *recev. gén.*

27. DRÔME. *Pop.* 231,188, *sup.* 675,915 h, 4 arrond. Valence *, à 145 l. , Die , Montelimart , Nyons; 7 div. mil. 8 coh. , 17 cons. for. sén. et c. d'ap. de Grenoble , dioc. de Valence. M. Descorches ✤ , *préfet* , M. Fayolle , *présid. Directeurs*, MM. Gailhard , *contr.* Robin , *enreg.* Français, *dr. réun.* M. Blachette , fils , *recev. gén.*

28. DYLE. *Pop.* 363,956, *sup.* 342,850 h., 3 arrond. Bruxelles *, à 78 l. , Louvain , Nivelles ; 24 div. mil. 3 coh. , 24 cons. for. sén. et c. d'ap. de Bruxelles , dioc. de Malines. M. Chabau ✤ , *maître des requêtes* , *préfet*, M. Bonaventure, *présid. Directeurs*, MM. Maupassant, *contr.* Guilleminot , *enreg.* Prat , *dr. réun.* M. Passy , *recev. gén.*

29. ESCAUT. *Pop.* 495,600, *sup.* 357,000 h. , 4 arrond. Gand *, à 85 l. , Audenarde, Eccloo, Termonde; 24 div. mil. 3 coh , 24 cons. for. sén. et c. d'ap. de Bruxelles, dioc. de Gand. M. Faypoult ✤ , *préfet* , Blémont , *présid. Directeurs*, MM. Gervaise, *contr.*

Geynet, *enreg.* Clavareau, *dr. réun.* M. Muguet-
Varange, *recev. gén.*

30. EURE. *Pop.* 415,574, *sup.* 623,280 h., 4 arrond.
Evreux *, à 26 l., Andelys, Bernay, Louviers, Pon
taudemer; 15 div. mil. 14 coh., 3 cons. for. sén. et c.
d'ap. de Rouen, dioc. d'Evreux. M. Rolland-Cham-
baudouin, *préfet*, M. Dupont, *présid. Directeurs*,
MM. Bourry, aîné, *contr.* Delarue *enreg.* l'Hôpital,
dr. réun. M. Gazzanue, *recev. gén.*

31. EURE-ET-LOIR. *Pop.* 259,967, *sup.* 607,915 h.,
4 arrond. Chartres *, à 24 l., Châteaudun, Dreux,
Nogent-le-Rotrou; 1 div. mil. 14 coh, 1 cons. for.
sén. et c. d'ap. de Paris, dioc. de Versailles. M. Delaitre ✳, *préfet*, M. Brocheton, *présid. Directeurs*,
MM. Janmar *contr.* Palliard, *enreg.* Parceval-Des-
chênes, *dr. réun.* M. Delabouer, *recev. gén.*

32. FINISTÈRE. *Pop.* 474,349, *sup.* 693,384 h.,
5 arrond. Quimper *, à 160 l., Brest, Châteaulin,
Morlaix, Quimperlé; 13 div. mil. 13 coh., 5 cons.
for. sén. et c. d'ap. de Rennes, dioc. de Quimper.
M. Miollis ✳, *préfet*, M. Leguillou-Kerincuff,
présid. Directeurs, MM. Abgrall, *contr.* Bouglé,
enreg. Toulgoet-Legoga, *dr. réun.* M. Sauvinet,
recev. gén.

33. FORÊTS. *Pop.* 225,540, *sup.* 691,035 h. 4 arrond.,
Luxembourg * à 94 l. Bitbourg, Diekirch, Neuf-Châ-
teau; 3 div. mil., 4 coh., 22 cons. for., sén., c. d'ap.
et dioc. de Metz. M. J. B. Lacoste ✳, *préfet*, M. Pastoret, *présid. Directeurs*, MM. Laramée, *contr.* Pru-
neau, *enreg.* Perrin, *dr. réun.* M. Milleret, fils, *recev. gén.*

34. GARD. *Pop.* 309,052, *sup.* 599,725 h. 4 arrond.
Nismes * à 180 l. Alais, Uzès, Vigand; 9 div. mil.,
9 coh., 15 cons. for., sén. et c. d'ap. de Nismes. dioc.
d'Avignon. M. Dalphonse C. ✳, *préfet*, M. Soustelle,

45

présid. Directeurs, MM. Vernelle, *contr.* Moreaut, *enreg.* Viguier, *dr. réun.* M. Labarollière, *recev. gén.*

35. GARONNE. (haute) *Pop.* 432,263, *sup.* 755,920 hect. 5 arrond., Toulouse * à 172 l. Castel-Sarrasin, Muret, s. Gaudens, Villefranche; 10 div. mil. 10 coh. 13 cons. for. sén., c. d'ap. et dioc. de Toulouse. M. Desmousseaux ✠, *préfet*, Guyon, *présid. Directeurs*, MM. Beguillet, *contr.* Loysel, *enreg.* Devienne, *dr. réun.* M. Marragon, *recev. gén.*

36. GÈNES. *Pop.* 399,300, *sup.* 237,600 h. 5 arrond., Gènes * à 215 l. Bobbio, Novi, Tortonne, Voghéra; 28 div. mil., 12 cous. for., sén. c. d'ap. et dioc. de Gènes. M. Latourette ✠, *préfet*, M. Molini, *présid. Directeurs*, MM. Asscreto, *contr.* Tomati, *enreg.* Gandolphi, *dr. réun.* M. Baratta, *recev. gén.*

37. GERS. *Pop.* 291,845, *sup.* 670,095 h, 5 arrond., Auch * à 190 l. Condom, Lectoure, Lombez, Mirande; 10 div. mil., 10 coh., 12 cons. for., sén., c. d'ap. et dioc. d'Agen. M. Balguerie * *préfet*, M. Tartanac, *présid. Directeurs*, MM. Lussigny, *contr.* Bordez, *enreg.* Aimé, *dr. réun.* M. Mas, *recev. gén.*

38. GIRONDE. *Pop.* 519,685, *sup.* 1,082,555 h. 6 arrond., Bordeaux * à 129 l. Bazas, Blaye, la-Réole, Lesparre, Libourne; 11 div. mil., 11 coh., 11 cons. for., sén., c. d'ap. et dioc. de Bordeaux, M. J. Fauchet ✠, *préfet*, M. Desmirails, *présid. Directeurs*, MM. Salafout, *contr.* Magnan, *enreg.* Mathieu, *dr. réun.* Decler, *recev. gen.*

39. GOLO. *Pop.* 103,466, *sup.* 424,230 h. 3 arrond., Bastia * à 224 l. Calvi, Corté; 23 div. mil., 8 coh., 27 cons. for., sén., c. d'ap. et dioc. d'Ajaccio. M. Pietry ✠, *préfet*, M. Suzzoni, *présid. Directeurs*, MM. Ramolino, *contr.* Biosse, *enreg.* Ramolino, *dr. réun.* M. Viguier, *recev. gén.*

40. Hérault. *Pop.* 291,957, *sup.* 630,935 h. 4 arrond. , Montpellier * à 193 l. Béziers, Lodève, S. Pons; 9 div. mil. , 9 coh. , 14 cons. for. , sén. , c. d'ap. et dioc. de Montpellier. M. Nogaret C. ✱, *préfet,* M. Cavalier, *présid. Directeurs ,* MM. Teles, *contr.* Marcel, *enreg.* Costaz, *dr. réun.* M. Despons, *recev. gén.*

41. Ille-et-Villaine. *Pop.* 488,605, *sup.* 681,975 hect. , 6 arrond. , Rennes * à 89 l. , Fougères, Montfort-sur-meu, Rédon, S. Malo, Vitré; 13 div. mil. , 13 coh. , 5 cons. for. , sén. , c. d'ap. et dioc. de Rennes. M. Bonnaire ✱, *préfet,* M. Robinet, *présid. Directeurs,* MM. Poutallier, *contr.* Ginguene., *enreg.* Cordeil-Judicelly, *dr. réun.* M. Le Crosnier, *recev. gén.*

42. Indre. *Pop.* 207,911, *sup.* 687,760 h., 4 arrond., Châteauroux* à 67 l., Blanc, Issoudun, La Châtre; 21 div. mil. , 15 coh. , 8 cons. for. , sén., c. d'ap. et dioc. de Bourges. M. Prouveur ✱, *préfet,* M. Jaimebon, *présid. Directeurs,* MM. Marcolle, *contr.* Thibaut, *enreg.* Pincemaille, *dr. réun.* M. Marquery, *recev. gén.*

43. Indre-et-Loire. *Pop.* 278,758, *sup.* 195,235 h., 3 arrond. , Tours * à 62 l., Chinon, Loches; 22 div. mil. , 15 coh. 7 cons. for. , sén. et c. d'ap. d'Orléans, dioc. de Tours. M. Lambert, *préfet,* M. Moreau, *présid. Directeurs,* MM. Hennet, *contr.* Marteau, *enreg.* Vauzelle, *dr. réun.* M. Peyrusse, *recev. gén.*

44. Isère. *Pop.* 441,208, *sup.* 841,230 h., 4 arrond., Grenoble * à 145 l. , la Tour-du-Pin, S.-Marcellin, Vienne; 7 div. mil. , 7 coh., 17 cons. for. , sén. c. d'ap. et dioc. de Grenoble. M. Fourier ✱, *préfet,* M. Paganon, *présid. Directeurs,* MM. Gelly, *contr.* Bois-de-Pacé, *enreg.* Bernadotte, *dr. réun.* M. Giroud, *recev. gén.*

45. Jemmape. *Pop.* 412,129, *sup.* 376,620 h., 3 arrond., Mons * à 66 l., Charleroy, Tournay; 24 div. mil., 2 coh., 24 cons. for., sén. et c. d'ap. de Bruxelles, dioc. de Tournay. M. De Coninck-Outerive ⚜, *préfet*, M. Foncez, *présid. Directeurs*, MM. François. *contr.* Van-derbach, *enreg.* Milanges, *dr. réun.* M. Henne-Kinne, *recev. gén.*

46. Jura. *Pop.* 289,865, *sup.* 503,364 h., 4 arrond., Lons-le-Saulnier * à 105 l., Dôle, Poligny, S.-Claude; 6 div. mil., 6 coh., 19 cons. for., sén. c. d'ap. et dioc. de Besançon. M. Poncet ⚜, *préfet*, M. Gacon, *présid. Directeurs*, MM. Royer-Dupré, *contr.* Richette, *enreg.* Vernety, *dr. réun.* M. Danet fils, *recev. gén.*

47. Landes. *Pop.* 228,889, *sup.* 919,820 h., 3 arrond., Mont-de-Marsan * à 180 l., Dax, S.-Séver; 11 div. mil., 11 coh., 12 cons. for., sén. et c. d'ap. de Pau, dioc. de Bayonne. M. Valantin-Duplantier ⚜, *préfet*, M. Chaumont, *présid. Directeurs*, MM. Galatoire, *contr.* Origet, *enreg.* Mauriet, *dr. réun.* M. Dayries, *recev. gén.*

48. Léman. *Pop.* 215,884, *sup.* 280,000 h., 3 arrond., Génève * à 132 l., Bonneville, Thonon; 7 div. mil., 6 coh., 17 cons. for., sén. et c. d'ap. de Lyon, dioc. de Chambéry. M. Barante ⚜, *préfet*, M. Lefort, *présid. Directeurs*, MM. Girod, *contr.* Lemaistre, *enreg.* Virgile, *dr. réun.* M. Favrat, *recev. gén.*

49. Liamone. *Pop.* 63,347, *sup.* 461,210 h., 3 arrond., Ajaccio * à 224 l., Sartene, Vico; 23 div. mil., 8 coh., 27 cons. for., sén., c. d'ap. et dioc. d'Ajaccio. M. Arrighi ⚜, *préfet*, M. Bertora, *présid. Directeurs*, MM. Ramolino, *contr.* Biosse, *enreg.* Ramolino, *dr. réun.* M. Po, *recev. gén.*

50. Loir-et-Cher. *Pop.* 211,152, *sup.* 603,115 h.,

3 arrond., Blois * à 46 l., Romorantin, Vendôme; 22 div. mil., 15 coh., sén., c. d'ap. et dioc. d'Orléans. M. Corbigny ✠, *préfet*, M. Martin, *présid. Directeurs*, MM. Caffary *contr.* Belland, *enreg.* Boé, *dr. réun.* M. Lefevre, *recev. gén.*

51. LOIRE. *Pop.* 292,588, *sup.* 270,423 h., 3 arrond., Montbrisson * à 114 l., Roanne, S.-Étienne; 19 div. mil., 7 coh., 17 cons. for., sén., c. d'ap. et dioc. de Lyon. M. Ducolombiers, *préfet*, M. Bruyas, *présid. Directeurs*, MM. Payan-Dumoulin, *contr.* Couturier, *enreg.* Petretto, *dr. réun.* M. Letellier, *recev. gén.*

52. LOIRE (haute). *Pop.* 237,901, *sup.* 502,855 h., 3 arrond., Le Puy à 130 l., Brioude, Yssingeaux; 19 div. mil., 7 coh. 10 cons. for., sén. et c. d'ap. de Riom; dioc. de S.-Flour. M. Lamothe ✠, *préfet*, M. Lafaye, *présid. Directeurs*, MM. Clicquot, *contr.* Martin, *enreg.* Ruinet, *dr. réun.* M. Dursus, *recev. gén.*

53. LOIRE (inférieure). *Pop.* 368,506, *sup.* 706,285 hect. 5 arrond., Nantes * à 100 l., Ancenis, Châteaubriant, Paimbœuf, Savenay; 12 div. mil., 12 coh., 5 cons. for., sén. et c. d'ap. de Rennes, dioc. de Nantes. M. Wischer-de-Celles, *préfet*, M. Maussion, *présid. Directeurs*, MM. Gaudon, *contr.* Lamairie, *enreg.* Saget, *dr. réun.* M. Lauriston, *recev. gén.*

54. LOIRET. *Pop.* 289,728, *sup.* 675,290 h., 4 arrond., Orléans * à 32 l., Gien, Montargis, Pithiviers; 1 div. mil., 15 coh., 7 cons. for., sén., c. d'ap. et dioc. d'Orléans. M. Peyre ✠, *préfet*, M. Le Bœuf, *présid. Directeurs*, MM. Paulmier, *contr.* Davezies. *enreg.* Delâage, *dr. réun.* M. Doyen, *recev. gén.*

55. LOT. *Pop.* 383,683, *sup.* 714,619 h., 4 arrond., Cahors * à 143 l., Figeac, Gourdon, Montauban; 20 div. mil., 11 coh., 11 cons. for., sén. et c. d'ap. d'Agen, dioc. de Cahors. M. Bailly ✠, *préfet*, M.

Judicis, *présid. Directeurs*, MM. Henry, *contr.* Jaylé, *enreg.* Duclaux, *dr. réun.* M. Anduze, *recev. gén.*

56. LOT-ET-GARONNE. *Pop.* 352,908, *sup.* 570,020 hect., 4 arrond., Agen * à 183 l., Marmande, Nérac, Villeneuve-d'Agen; 20 div. mil., 11 coh., 11 cons. for., sén., c. d'ap. et dioc. d'Agen. M. Villeneuve-Bargemont, *préfet*, M. Bory, *présid. Directeurs*, MM. Senbauzel, *contr.* Decressonnières, *enreg.* Reguis, *dr. réun.* M. Lemaitre, *recev. gén.*

57. LOZÈRE. *Pop.* 155,936, *sup.* 509,545 h., 3 arrond., Mende * à 145 l., Florac, Marvejols; 9 div. mil., 9 coh., 15 cons. for., sén. et c. d'ap. de Nismes, dioc. de Mende. M. Florens, *préfet*, M. Martin, *présid. Directeurs*, MM. Delmas, *contr.* Ravault, *enreg.* Pascal fils, *dr. réun.* M. Borelly fils, *recev. gén.*

58. LYS. *Pop.* 470,707, *sup.* 366,910 h., 4 arrond., Bruges * à 98 l., Courtray, Furnes, Ypres; 16 div. mil., 3 coh., 24 cons. for., sén. et c. d'ap. de Bruxelles, dioc. de Gand. M. Chauvelin, *préfet*, M. Dekersmaker, *présid. Directeurs*, MM. Groslevin, *contr.* Robillard, *enreg.* Vanhoobrough-Moreghem, *dr. réun.* M. Mortier, *recev. gén.*

59. MAINE-ET-LOIRE. *Pop.* 376,033, *sup.* 718,810 hect., 5 arrond., Angers * à 77 l., Baugé, Beaupréau, Saumur, Segré; 22 div. mil., 13 coh., sén., c. d'ap. et dioc. d'Angers. M. Bourdon-de-Vatry, *préfet*, M. Delaunay, *présid. Directeurs*, MM. Violas-Martini, *contr.* Lemonnier, *enreg.* Clavier, *dr. réun.* M. Taillepied-de-Bondi, *recev. gén.*

60. MANCHE. *Pop.* 528,912, *sup.* 675,715 h., 5 arrond. St.-Lô *, à 84 l., Avranches, Coutances, Mortain, Valognes; 14 div. mil. 14 coh., sén. et c. d'ap. de Caen, dioc. de Coutances. M. Costaz, *préfet*, M. Lefollet, *présid. Directeurs*, MM. Walwin, *contr.* Pipaud, *enreg.* Rajeal-la-Roche, *dr. réun.* M. Bunel, *recev. gén.*

61. MARENGO. *Pop.* 314,525 , *sup* . . . . h. .,
3 arrond. Alexandrie * , à 219 l., Asti , Casal ; 28
div. mil. 16 coh. , 29 cons. for. sén. de Turin et c.
d'ap. de Gênes, dioc. de Casal. M. Robert , *préfet ,*
M. Brayda , *présid. Directeurs* , MM. Navarre ,
contr. Rolland , *enreg.* Mazin , *dr. réun.* M. Deniset ,
recev. gén.

62. MARNE. *Pop.* 310,493 , *sup.* 820,270 h. , 5 ar-
rond. Chaalons * , à 42 l., Epernay , Rheims , Ste.
Ménéhould , Vitry sur-Marne ; 2 div. mil. 1. coh. ,
2 cons. for. sén. et c. d'ap. de Paris , dioc. de Meaux.
M. Bourgeois-Jessaint , *préfet* , M. Baron , *presid.*
Directeurs , MM. Aubourg , *contr.* Choblet , *enreg.*
Deffosse , *dr. réun.* M. Pein , *recev. gén.*

63. MARNE (haute), *pop.* 225,350, *sup.* 633,170 h.,
3 arrond. Chaumont * , à 63 l., Langres , Wassy ;
18 div. mil. 5 coh. , 18 cons. for. sén. c. d'ap. et dioc.
de Dijon. M. Jerphanion ✠ , *préfet* , M. Guyardin ,
présid. Directeurs , MM. Crépinet , *contr.* Harmand ,
enreg. Bosse , *dr. réun.* M. Gouvillier , *recev. gén.*

64. MAYENNE. *Pop.* 328,397, *sup.* 518,863 h., 3 arrond. Laval * , à 72 l., Château-Gonthier , Mayenne ;
22 div. mil. 13 coh. , 6 cons. for. sén. et c. d'ap.
d'Angers , dioc. du Mans. M. Harmand , *préfet ,*
M. Moullin , *présid. Directeurs* , MM. Morizet , *contr.*
Bernard - Dutreil , *enreg.* Bourguignon , *dr. réun.*
M. Boutray , *recev. gén.*

65. MEURTHE. *Pop.* 342,107 , *sup.* 629,000 h. ,
5 arrond. Nancy * , à 86 l., Château-Salins , Luné-
ville , Sarrebourg , Toul ; 4 div. mil. 5 coh. , 21 cons.
for. sén. c. d'ap. et dioc. de Nancy. M. Marquis ,
préfet, M. Mengin , *présid. Directeurs* , MM. Delanoë ,
contr. Brevilliers , *enreg.* Viart , *dr. réun.* M. Monnier,
recev. gén.

66. MEUSE. *Pop.* 275,898 , *sup.* 633,000 h. , 4 arrond. Bar-sur Ornain * , à 65 l., Commercy , Mont-

médi, Verdun; 2 div. mil. 5 coh., 21 cons. for. sén. c. d'ap. et dioc. de Nancy. M. Leclerc, *préfet*, M. Grison, *présid.* Directeurs, MM. Humbert, *contr.* Servan, *enreg.* Loison, *dr. réun.* M. Buffault, *recev. gén.*

67. MEUSE (infér.). *Pop.* 232,662, *sup.* 392,500 hect. 3 arrond. Maëstricht *, à 115 l., Hasselt, Ruremonde; 25 div. mil. 4 coh., 23 cons. for. sén. c. d'ap. et dioc. de Liége. M. Rogieri, *préfet*, M. Membrède, *législ.* Schmithz, *présid.* par *int.* Directeurs, MM. Prissé, *contr.* Fidières, *enreg.* Boucqueau, *dr. réun.* sona, M. Weugen, *recev. gén.*

68. MONT-BLANC. *Pop.* 283,106, *sup.* 640,425 h., 4 arrond. Chambéry, à 145 l., Annecy, Moutiers, St.-Jean-de-Maurienne; 7 div. mil. 7 coh. 17 cons. for. sén. et c. d'ap. de Grenoble, dioc. de Chambéry. M. Maissemy, *préfet*, M. Filliard, *présid.* Directeurs, MM. Mermoz, *contr.* Tiffet, *enreg.* Lesdr. réun. M. Besson, *recev. gén.*

69. MONTENOTTE. *Pop.* 290,000, *sup.* .... h., 4 arrond. Savone *, à 214 l., Acqui, Ceva, Port-Maurice; 28 div. mil. ...coh, 29 cons. for. sén. c. d'ap. et dioc. de Gênes. M. Chabrol, *préfet*, M. Spinetta, *présid.* Directeurs, MM. Demarini, *contr.* Maynier, *enreg.* Gaude, *dr. réun.* M. Mariani, *recev. gén.*

70. MONT-TONNERRE. *Pop.* 342,316, *sup.* ..... h, 4 arrond. Mayence *, à 140 l., Deux-Ponts, Kaiserslautern, Spire; 26 div. mil. 4 coh., 28 cons. for. sén. et c. d'ap. de Trèves, dioc. de Mayence. Jean-Bon-St.-André, *préfet*, M. Bebmann, *présid.* Directeurs, MM. Daigrefeuille, *contr.* Guyon, *enreg.* Hoscmann, *dr. réun.* Reczet, *recev. gén.*

71. MORBIHAN. *Pop.* 425,485, *sup.* 681,705 h., 4 arrond. Vannes *, à 128 l.; Napoléon-Ville, l'Orient, Ploermel; 13 div. mil. 13 coh., 5 cons.

for. sén. et c. d'ap. de Rennes, dioc. de Vannes.
M. Jullien, conseiller d'état, *préfet*, M. Perret,
présid. Directeurs, MM. Choisne, *contr.* Macaire,
enreg. Delon, *dr. réun.* M. Danet, *recev. gén.*

72. Moselle. *Pop.* 353,788, *sup.* 647,920 h., 4 arrond., Metz * à 79 l., Briey, Sarreguemines, Thionville ; 3 div. mil., 5 coh., 22 cons. for., sén., c. d'ap.
et dioc. de Metz. M. Vaublanc, *préfet*, M. Stourm,
présid. Directeurs, MM. Mennessier, *contr.* Dumaine,
enreg. Champion, *dr. réun.* M. Possel, *recev. gén.*

73. Nethes (deux). *Pop.* 249,376, *sup.* 285,380 h.,
3 arrond., Anvers * à 91 l., Malines, Turnhout; 24
div. mil., 3 coh., 24 cons. for., sén. et c. d'ap. de
Bruxelles, dioc. de Malines. M. Cochon, *préfet*, M.
Van-Cutsem, *présid. Directeurs*, MM. Mazeau, *contr.*
Dobigny, *enreg.* Michel, *dr. réun.* M. Ducos, *recev. gén.*

74. Nièvre. *Pop.* 251,158, *sup.* 686,620 h., 4 arrond., Nevers * à 61 l., Château-Chinon, Clamecy,
Cosne; 21 div. mil, 6 coh., 8 cons. for., sén. et c.
d'ap. de Bourges, dioc. d'Autun. M. Adet, *préfet*, M.
Laurent, *présid. Directeurs*, MM. Hennet, *contr.*
Gauvilliers, *enreg.* Crépy, *dr. réun.* M. Lefèvre-Lemaire, *recev. gén.*

75. Nord. *Pop.* 774,450, *sup.* 579,689 h., 6 arrond.,
Lille * à 61 l., Avesnes, Cambrai, Douai, Dunkerque, Hazebrouck; 16 div. mil., 2 coh., 25 cons. for.,
sén. et c. d'ap. de Douai, dioc. de Cambrai. M. Pommereul, *préfet*, M. Delaetre, *présid. Directeurs*, MM.
Pigal, *contr.* Bovet, *enreg.* Guinard, *dr. réun.* M.
Gossuin, *recev. gén.*

76. Oise. *Pop.* 369,086, *sup.* 581,425 h., 4 arrond.,
Beauvais * à 23 l., Clermont, Compiègne, Senlis; 1
div. mil., 1 coh., 26 cons. for., sén., c. d'ap. et dioc.
d'Amiens. M. Belderbusch, *préfet*, M. Demonchy,
présid. Directeurs, MM. Delorme, *contr.* Langlumé,

enreg. Dumesnil, *dr. réun.* M. Gibert, *recev. gén.*

77. ORNE. *Pop.* 397,931, *sup.* 645,245 h., 4 arrond., Alençon * à 49 l., Argentan, Domfront, Mortagne; 14 div. mil., 14 coh., 4 cons. for., sén., et c. d'ap. de Caën, dioc. de Séez. M. Lamagdelaine, *préfet*, M. Delaunay, *présid. Directeurs*, MM. Raunet-Duplessis, *contr.* Barruly, *enrèg.* Ludot, *dr. réun.* M. Decrès, *recev. gén.*

78. OURTE. *Pop.* 100,565, *sup.* 640,000 h., 3 arrond, Liège * à 105 l., Huy, Malmédy; 25 div. mil., 3 coh., 23 cons. for., sén., c. d'ap. et dioc. de Liège. M. Micoud-d'Umons, *préfet*, M. Beauin, *présid. Directeurs*, MM. Poupet, *contr.* Serigny, *enreg.* Digueffe, *dr. réun.* M. Desoër, *recev. gén.*

79. PAS-DE-CALAIS. *Pop.* 566,061, *sup.* 679,685 h., 6 arrond., Arras * à 50 l., Béthune, Boulogne, Montreuil, S.t-Omer, S.t-Pol; 16 div. mil., 2 coh., 25 cons. for., sén. et c. d'ap. de Douay, dioc. d'Arras. M. La Chaise ✠, *préfet*, M. Boubert, *présid. Directeurs*, MM. Hubert, *contr.* Suin, *enreg.* Sezeau, *dr. réun.* M. Harlé, *recev. gén.*

80. PÔ. *Pop.* 393,210, *sup.* 515,270 h., 3 arrond. Turin *, à 195 l., Pignerol, Suze; 27 divis. mil., 16 coh., 25 cons. for., sén. et c. d'ap. de Turin, dioc. de Turin et Saluces. M. Vincent, *préfet*, M. Bertolotti, *présid. Directeurs*, MM. Destor, *cont.* Boiteux, *enreg.*, Fontanes, *dr. réun.* M. Musnier l'Hérable, *recev. gén.*

81. PUY-DE-DÔME. *Pop.* 508,444, *sup.* 794,370 h., 5 arrond., Clermont *, à 98 l., Ambert, Issoire, Riom, Thiers; 19 div. mil. 7 coh., 10 cons. for., sén. et c. d'ap. de Riom, dioc. de Clermont M. Ramond, *préfet*, M. Deval, *présid. Directeurs*, MM. Lefour, *contr.* Palliard, *enreg.* Allard, *dr. réun.* M. Gilbert-de-Riberolles, *recev. gén.*

82. Pyrennées (Basses). *Pop.* 385,708, *sup:* 755,950 hect., 5 arrond., Pau *, à 200 l., Bayonne, Mauléon, Oleron, Orthès; 11 div. mil. 10 coh., 12 cons. for., sén. et c. d'ap. de Pau, dioc. de Bayonne. M. Castillane ✳, *préfet*, M. Dufau, *présid. Directeurs*, MM. Lestapis, *contr.* Delaporte, *enreg.* Turgan, *dr. réun.* M. Rouziez, *recev. gén.*

83. Pyrennées (Hautes), *pop.* 206,680, *sup.* 469,915 hect., 3 arrond., Tarbes *, à 209 l., Argelès, Bagnères; 10 div. mil. 10 coh., 12 cons. for., sén. et c. d'ap. de Pau, dioc. de Bayonne. M. Chazal ✳, *préfet*, M. Figarol, *présid. Directeurs*, MM. Brisse-Gertoux, *contr.* Ardant, *enreg.* Guesviller, *dr. réun.* M. Barbanègre, *recev. gén.*

84. Pyrennées (Orientales). *Pop.* 117,764, *sup.* 411,375 hect., 3 arrond., Perpignan *, à 228 l., Ceret, Prades; 10 div. mil. 10 coh., 14 cons. for., sén. et c. d'ap. de Montpellier, dioc. de Carcassonne. M. Martin, *préfet*, M. Mathieu, *présid. Directeurs*, MM. Lefévre, *contr.* Cavaignac, *enreg.* Julia, *dr. réun.* M. Garnier-Deschesnes, *recev. gén.*

85. Rhin (Bas). *Pop.* 450,238, *sup.* 498,500 h., 4 arrond., Strasbourg *, à 119 l., Saverne, Sélestatt, Wissembourg; 5 div. mil. 5 coh., 20 cons. for., sén. et c. d'ap. de Colmar, dioc. de Strasbourg. M. le conseiller d'état Shée (C. ✳), *préfet*, M. Froerescin, *présid. Directeurs*, MM. Cadet, *contr.* Thomassin, *enreg.* Gravelotte, *dr. réun.* M. Doumerc-Belan, *recev. gén.*

86. Rhin (Haut). *Pop.* 382,285, *sup.* 398.530 h., 5 arrond., Colmar *, à 123 l., Altkirch, Belfort, Delemont, Porentruy; 5 div. mil. 5 coh., 20 cons. for., sén. et c. d'ap. de Colmar, dioc. de Strasbourg. M. Félix Desportes ✳, *préfet*, M. Wicka, *présid. Directeurs*, MM. Séguret, *contr.* M. Mouton, *enreg.* Metzger, *dr. réun.* M. Marx, *recev. gén.*

87. Rhin-et-Moselle. *Pop.* 203,290, *sup.* : . . . . hect.!, 3 arrond. , Coblentz *, à 153 l. , Bonn, Simmern; 26 div. mil. 4 coh. , 28 cons. for. , sén. et c. d'ap. de Trèves, dioc. d'Aix-la-Chapelle. M. Adrien Lezaymarnesia, (C. ✠), *préfet* M. Gunther, *présid. Directeurs* , MM. Franchemont, *contr.* Golbery, *enreg.* Petou, *dr. réun.* M Dalton. *recev. gén.*

88. Rhône. *Pop.* 345,644, *sup.* 270,425 h., 2 arrond., Lyon *, à 120 l., Villefranche; 19 div. mil. 7 coh., 17 cons. for., sén. c. d'ap. et dioc. de Lyon. M. d'Herbouville (C. ✠.), *préfet*, M. Cozon, *présid. Directeurs*, MM. Dulaurens, *contr.* Peyronny, *enreg.* Vergnes, *dr. réun.* M. Nivière, *recev. gén.*

89. Roer. *Pop.* 516,287 , *sup.* . . . . , 4 arrond. , Aix-la-Chapelle *, à 117 l. , Clèves, Cologne, Crevelt; 25 div. mil. 4 coh. , 23 cons. for. , sén. et c. d'ap. de Liége , dioc. d'Aix - la - Chapelle. M. le général Alex. Lameth ✠ , *préfet* , M. Meller , *présid. Directeurs* , MM. Lerat , *contr.* Darrabiat , *enreg.* Lippe, *dr. réun.* M. Gay, *recev. gén.*

90. Sambre-et-Meuse. *Pop.* 165,192, *sup.* 457,920 h., 4 arrond., Namur * à 89 l., Dinant, Marche, St.-Hubert; 25 div. mil., 3 coh., 23 cons. for., sén. et c. d'ap. de Liége, dioc. de Namur. M. Perès, *préfet*, M. Vaugeois, *présid. Directeurs*, MM. Michel , *contr.* Trablaine, *enreg.* Coppieter, *dr. réun.* M. Akermann, *recev. gén.*

91. Saone (Haute). *Pop.* 391,579, *sup.* 511,720 h., 3 arrond., Vesoul * à 95 l., Gray, Lure; 6 div. mil., 6 coh., 19 cons. for., sén., c. d'ap. et dioc. de Besançon. M. Hilaire, *préfet*, M. Garnier, *présid. Directeurs*, MM. Chatelain, *contr.* Pinard, *enreg.* Moyroud, *dr. réun.* M. Junot, *recev. gén.*

92. Saone-et-Loire. *Pop.* 455,000, *sup.* 857,680 h., 5 arrond., Mâcon * à 102 l., Autun, Châlons, Charolles, Louhans; 18 div. mil., 6 coh., 16 cons. for. ,

sén. et c. d'ap. de Dijon, dioc. d'Autun. M. Roujoux (O. ✸), *préfet*, M. Rubat, *présid. Directeurs*, MM. Vitalis, *contr.* Mottin, *enreg.* Gauthier, *dr. réun.* M. Moreau, *recev. gén.*

93. Sarre. *Pop.* 219,049, *sup.* . . . . h., 4 arrond., Trèves * à 150 l., Birkenfeld, Prum, Sarrebruck; 26 div. mil., 4 coh., 28 cons. for., sén., c. d'ap. et dioc. de Trèves. M. Keppler ✸, *préfet*, M. Bruges, *présid. Directeurs*, MM. Lambrie, *contr.* Berger, *enreg.* Haudel, *dr. réun.* M. Failly, *recev. gén.*

94. Sarthe. *Pop.* 387,166, *sup.* 639,275 h., 4 arrond., Le Mans * à 54 l., La Flèche, Mamers, St.-Calais; 22 div. mil., 15 coh., 6 cons. for., sén. et c. d'ap. d'Angers, dioc. du Mans. M. Aunay ✸, *préfet*, M. Ysambart, *présid. Directeurs*, MM. Lerebours, *contr.* Garnier, *enreg.* Laurent de Mézières, *dr. réun.* M. Goupil, *recev. gén.*

95. Seine. *Pop.* 632,000. V. la Table des matières.

96. Seine-et-Marne. *Pop.* 298,815, *sup.* 595,980 h., 5 arrond., Melun * à 12 l., Coulommiers. Fontainebleau, Meaux, Provins; 1 div. mil., 1 coh., 1 cons. for., sén. et c. d'ap. de Paris, dioc. de Meaux. M. Lagarde, *préfet*, M. Gaillard, *présid. Directeurs*, MM. Mahou, *contr.* Jaquin-Margerie, *enreg.* Picault, *dr. réun.* M. Jars, *recev. gén.*

97. Seine-et-Oise. *Pop.* 426,523, *sup.* 575,040 h., 5 arrond., Versailles * à 5 l.; Corbeil, Etampes, Mantes, Pontoise; 1 div. mil., 1 coh., 1 cons. for., sén. et c. d'ap. de Paris, dioc. de Versailles. M. Laumond (C. ✸), *cons. d'état, préfet*, M. Brière, *présid. Directeurs*, MM. Leroy, *contr.* Deszille, *enreg.* Randon-Duthil, *dr. réun.* M. Gilles, *recev. gén.*

98. Seine-inférieure. *Pop.* 642,773, *sup.* 593,810 h., 5 arrond., Rouen * à 35 l.; 15 div. mil., 14 coh., 3 cons. for., sén., c. d'ap. et dioc. de Rouen. M. Sa-

voye-Rollin ✻, *préfet*, M. Barel, *présid.* *Directeurs*, MM. Reculé, *contr.*, Lebon, *enreg.*, Suchel, *dr. réun.* M. Soulès, *recev. gén.*

99. Sesia. *Pop.* 202,445, *sup.*..... 3 arrond., Verceil *, à 214 l., Bielle, Santhia ; 27 divis. mil., 16 coh., 29 cons. for., sén. et c. d'ap. de Turin, dioc. de Verceil. M. Giulio, *préfet*, M. Brayda, *présid.* ; *Directeurs*, MM. Vaugelade, *contr.* Fulchéry, *enreg.* Lauthier Xaintrailles, *dr. réun.* M. Delaleuf, *recev. gén.*

100. Sèvres. (Deux) *Pop.* 242,658, *sup.* 585,275 h. 4 arrond., Niort *, à 107 l., Bressuire, Melle, Parthenay ; 12 divis. mil., 12 coh., 9 cons. for., sén. c. d'ap. et dioc. de Poitiers. M. Dupin ✻, *préfet*, M. Briault, *prés.* *Directeurs*, MM. Tuffet fils, *cont.* Paliern, *enreg.* Belzevrie, *dr. réun.* M. Proust, *recev. gén.*

101. Somme. *Pop.* 465,034, *sup.* 604,455 h., 5 arrond., Amiens *, à 33 l., Abbeville, Doullens, Montdidier, Péronne ; 15 divis. mil., 2 coh., 26 cons. for., sén., c. d'ap. et dioc. d'Amiens. M. Quinette ✻, *préfet*, M. Ballue, *présid.* *Directeurs*, MM. Chamont, *contr.*, Dhaubersart, *enreg.* ; Bailleul, *dr. réun.* M. Louchet, *recev. gén.*

102. Stura. *Pop.* 395,074, *sup.*......, 5 arrond., Coni *, à 216 l., Alba, Mondovi, Saluces, Savigliano ; 27 divis. mil., 16 coh. 29, cons. for., sén. et cour d'ap. de Turin, dioc. de Mondovi, Saluces, Asti. M. Arborio ✻, *préfet*, M. Bertolin, *présid.* *Directeurs*, MM. Thibault, *contr.* Castelli, *enreg.* Cérutti, *dr. réun.* M. Drappier, *recev. gén.*

103. Tarn. *Pop.* 272,163, *sup.* 576,820 h., 4 arrond. Alby *, à 168 l., Castres, Gaillac, Lavaur ; 9 divis. mil., 9 coh., 13 cons. for., sén. et c. d'ap. de Toulouse, dioc. de Montpellier. M. Gary ✻, *préfet*,

M. Gausserand, *présid. Directeurs*, MM. Soulié, *contr.* Bouire, *enreg.* Dhautpoul, *dr. réun.* M. Aguiel, *recev. gén.*

104. VAR. *Pop.* 269,142, *sup.* 725,580 h., 4 arrond. Draguignan *, à 228 l., Brignolles, Grasse, Toulon; 8 divis. mil., 8 coh., 16 cons. for., sén., c. d'ap. et dioc. d'Aix. M. d'Azemar ✠, *préfet*, M. Reibaub, *présid. Directeurs*, MM. Maurine, *cont.* Giffey, *enreg.*, Caze de Méry, *dr. réun.* M. Cagnard, *recev. gén.*

105. VAUCLUSE. *Pop.* 190,180, *sup.* 234,560 h., 4 arrond., Avignon *, à 185 l., Apt, Carpentras, Orange; 8 div. mil. 8 coh., 15 cons. for., sén. et c. d'ap. de Nismes, dioc. d'Avignon. M. Delatre (C. ✠), *préfet*, M. Moynier-Dubourg, *présid. Directeurs*, MM. André, *contr.* Syeyes, *enreg.* Isoard, *dr. réun.* M. Saint-Martin Valogne, *recev. gén.*

106. VENDÉE. *Pop.* 270,271, *sup.* 675,460 h., 3 arrond., Napoléon *, à 114 l., Montaigu, Sables-d'O-lonne; 12 div. mil. 12 coh., 9 cous. for., sén. et c. d'ap. de Poitiers, dioc. de la Rochelle. M. Merlet, (C. ✠), maître des requêtes, *préfet*, M. Bouron, *présid. Directeurs*, MM. Hébert, *contr.* Genet, *enreg.* Leforestier, *dr. réun.* M. Luce, *recev. gén.*

107. VIENNE. *Pop.* 250,807, *sup.* 689,080 h., 5 arrond., Poitiers *, à 88 l., Châtellerault, Civray, Loudun, Montmorillon; 12 div. mil. 12 coh., 9 cons. for. sén. c. d'ap. et dioc. de Poitiers. M. Mallarmé, *préfet*, M. Picaud, *présid. Directeurs*, MM. Boutry, je., *contr.* Sisterne, *enreg.* Vincent, *dr. réun.* M. Cha-zaud. *recev. gén.*

108. VIENNE (Haute). *Pop.* 259,795, *sup.* 570,035 h., 4 arrond., Limoges *, à 97 l., Bellac, Rochechouart, St.-Yrieix; 21 div. mil. 15 coh., 10 cons. for., sén. c. d'ap. et dioc. de Limoges. M. Texier-Olivier ✠, *préfet*, M. Debeaume, *présid. Directeurs*, MM. Char-

pentier, *contr.* Theurey, *enreg.* Malevergue-Fressiniat, *dr. réun.* M. Fournier, *recev. gén.*

109. Vosges. *Pop.* 308,052, *sup.* 587,955 h., 5 arrond., Epinal *, à 98 l., Mirecourt, Neufchâteau, Remiremont, St.-Dié; 4 div. mil. 5 coh., 21 cons. for., sén. c. d'ap. et dioc. de Nancy. M. Himbert ⚓, *préfet,* M. Hugo, *présid. Directeurs,* MM. Godeau, *contr.* Gresy, *enreg.* Daslon, *dr. réun.* M. Doublat, *recev. gén.*

110. Yonne. *Pop.* 239,278, *sup.* 729,225 h., 5 arrond., Auxerre *, à 43 l., Avallon, Joigny, Sens, Tonnerre; 18 div. mil. 6 coh., 2 cons. for., sén. et c. d'ap. de Paris, dioc. de Troyes. M. Rougier-la-Bergerie ⚓, *préfet,* M. Paradis, *présid. Directeurs,* MM. Sauvé, *contr.* Guignon, *enreg.* Bajat, *dr. réun.* M. Guichard, *recev. gén.*

SUPPLÉMENT.

GARDE DE PARIS.

LA Garde de la ville de Paris est composée de 2154 hommes d'infanterie, et de 180 hommes de troupes à cheval.

L'infanterie forme deux régimens; l'un destiné au service des ports et grandes barrières, et l'autre à celui de l'intérieur de la ville. Le premier régiment est divisé en deux bataillons; l'un destiné particulièrement au service des ports, et l'autre à celui des grandes barrières. Le régiment destiné au service de l'intérieur de la ville de Paris est aussi divisé en deux bataillons. Les troupes à cheval forment un seul corps qui porte le nom d'escadron.

Premier Régiment. MM.

Remoissenet (O. ✻), colonel.
Estève (O. ✻), major.
Bernel ✻ et *Vidal* ✻, lieutenans-colonels.
Recouselet, ..., adjudans-majors.
Richerand, chirurgien-major.
Nobérasco, aide-major.
Secondat, sous-aide-major.
Didier ✻ et *Vigneron*, sous-adjudans-majors.

PREMIER BATAILLON.

Grenadiers, MM.	Première compagie.
Forest ✻, capitaine.	*Davanture*, capitaine.
Thomas ✻, lieutenant.	*Trébois*, lieutenant.
Lemine ✻, s.-lieutenant.	*Puech*, sous-lieutenant.

Deuxième compagnie.

Guesnier, capitaine.
Watrin, lieutenant.
Stainbach, s.-lieutenant.

Troisième compagnie.

Moreau, capitaine.
Bastard, lieutenant.
Jacquemin, s.-lieutenant.

Quatrième compagnie.

. . . ., capitaine.
Moulin, lieutenant.
Chadelas, s.-lieutenant.

Voltigeurs.

Leblanc, capitaine.
Rossignol, lieutenant.
Félix, sous-lieutenant.

DEUXIÈME BATAILLON.

Grenadiers.

Fouquier, capitaine.
Méjanel, lieutenant.
Schneider, s.-lieutenant.

Première compagnie.

Tilloy (O. ✠), capitaine.
. . . ., lieutenant.
Magnien, sous-lieutenant.

Deuxième compagnie.

Viel ✠, capitaine.
Chapsal, lieutenant.
Bidermann, s.-lieutenant.

Troisième compagnie.

Fournier, capitaine.
Borie, lieutenant.
Garnier, sous-lieutenant.

Quatrième compagnie.

. . . ., capitaine.
Ducoing, lieutenant.
Masson, sous-lieutenant.

Voltigeurs.

Peillon ✠, capitaine.
Peigné, lieutenant.
Bernelle, s.-lieutenant.

St.-Paul, officier à la suite.

Deuxième Régiment. MM.

Rabbe (O. ✠), colonel.
Bardin ✠, major.
Pegard, quartier-maître.
Godard, capitaine adjudant-major.
Colard, capitaine adjudant-major.
Coutanceau, chirurgien-major.

Cazeneuve, aide-chirurgien.
Redinger, sous-aide-chirurgien.
Bourdillat et *Vinaus*, adjudans-sous-officiers.

PREMIER BATAILLON.

Parcis ✠, chef de bataillon.

Grenadiers.

Lefevre ✠, capitaine.
Lavarde ✠, lieutenant.
Bourdillat, s.-lieutenant.

Première compagnie.

Coëffard St.-Aubin, cap.
Chanoine, lieutenant.
Charpentier, s.-lieuten.

Deuxième compagnie.

Henry, capitaine.
Mousse, lieutenant.
Desallas, s.-lieutenant.

Troisième compagnie.

Leborgne, capitaine.
Blancheron, lieutenant.
Caillon ✠, s.-lieutenant.

Quatrième compagnie.

Berard, capitaine.
Mellay, lieutenant.
Rozé, sous-lieutenant.

Chasseurs.

Hignet ✠, capitaine.
Levasseur ✠, lieutenant.
Vidal ✠, s.-lieutenant.

DEUXIÈME BATAILLON.

Daviet ✠, chef de bataillon.

Grenadiers.

Tavey, capitaine.
Rathelot, lieutenant.
Bleigent, s.-lieutenant.

Première compagnie.

Grimaud, capitaine.
Moisy, lieutenant.
Legendre, s.-lieutenant.

Deuxième compagnie.

Thomas, capitaine.
Robert, lieutenant.
Fauchisson, s.-lieuten.

Troisième compagnie.

Dupré, capitaine.
Ollivier, lieutenant.
Dumay, s.-lieutenant.

Quatrième compagnie.

Rouff, capitaine.
Haran, lieutenant.
Vental, sous-lieutenant.

Chasseurs.

Bernard, capitaine.
Pascalis, lieutenant.
Busquin, s.-lieutenant.

État-major des Dragons de la Garde de Paris.

Messieurs,

Goujet (O ⚓), colonel, commandant l'escadron.
Sallez, quartier-maître-trésorier.
Sengensse, chirurgien-major.
Hein, trompette-brigadier.

Première compagnie.	*Deuxième compagnie.*
Monniot, capitaine.	Descamps ⚓, capitaine.
Latille, lieutenant.	Giost, lieutenant.
Lafargue, s.-lieutenant.	Sagrade, s.-lieutenant.
Cugnet, maréchal-des-logis, chef.	Gourel, maréchal-des-logis, chef.

RENOUVELLEMENT des Maires et Adjoints des deux Arrondissemens ruraux, par M. le Préfet du Département, en vertu du Décret du mois d'avril 1807, et de la Loi de pluviose an 8.

Nominations pour 5 ans, à compter du 1er janvier 1808.

Arrondissement de Saint-Denis.

Communes.	Maires.	Adjoints.
Asnières.	Ravigneau.	Deloron.
Aubervilliers.	Demars.	Mézières.
Auteuil.	Benoît.	Reculé.
Bagnolet.	Baudon Dissoncourt.	Maurice.
Baubigny.	Mongrolle père.	Dutour.

Communes.	Maires.	Adjoints.
Belleville.	Le Vert.	Julien.
Bondy.	Rousselle.	Gatine.
Boulogne.	Vauthier.	Chenet.
Charonne.	Chevalier.	Pagnière.
Clichy.	Paillié.	Breton.
Colombes.	Carondelet.	Feuillette.
Courbevoie.	Le Frique.	Gallez.
Drancy.	De Behague.	Delusseux.
Dugny.	Rossignol.	Penon,
Epinay.	De Nayer.	Baudouin.
Gennevilliers.	Halligon.	Manet.
La Chapelle.	Boncry.	Ruelle.
La Courneuve.	Le Boue.	Le Vasseur.
La Villette.	Hony.	Bevière.
Le Bourget.	Musnié.	Seigneuret.
L'Isle St.-Denis.	L'Abbaye.	Guenin.
Montmartre.	Gandin.	Picard.
Nanterre.	Gillet.	Garreau.
Neuilly.	Delabordère.	Collière.
Noisy.	Cottereau.	Belon.
Pantin.	Rouiller.	Bonhomme.
Passy.	Amavet.	Pagès.
Pierrefite.	Defaucompret.	Imbert.
Pré St.-Gervais.	Ordolphe.	Cottin.
Putaux.	Saulnier.	Jean.
Romainville.	Cardon.	Moulin.
St.-Denis.	Desobry fils.	Besche et Gessard.
St.-Ouen.	Poirié.	Daunay.
Stains.	Garde.	Bonnemain.
Surennes.	Bidard.	Lemoine.
Villetaneuse.	Bordiel.	Couty.

Arrondissement de Sceaux.

Communes.	Maires.	Adjoints.
Antony.	Chandoisel.	Nicon.
Arcueil.	Vattier.	Dieu.
Bagneux.	Vollée.	Bazin.
Bercy.	Duflocq.	Mainguet.
Bonneuil.	Coindre.	Jeunesse.
Brie-sur-Marne.	Bonval.	Mentienne.
Champigny.	Desterne.	Feret.
Charenton-le-P.	Cahouet.	Lecoupt.
Charenton-S.-M.	Buran.	Finot.
Châtenay.	Mouette.	Troufillot.
Châtillon.	Pluchet.	Maufra.
Chevilly.	Moinery.	Andry.
Choisy.	Duchef-Delaville.	Deliège.
Clamart.	Corby.	Corby.
Creteil.	Jean-Dier.	Mouret.
Fontenai-aux-R.	Debeine.	Delaunay.
Fontenai-sous-B.	Mouscadet.	Lapy.
Fresnes.	Gassot.	Chailloux.
Gentilly.	Recodere.	Jullienne.
Issy.	Baron.	Allard.
Ivry.	Luisette.	....
La Branche-du-P.	Pinçon.	Lemaire.
Lay.	Boudet.	Frottier.
Le Bourg-la-R.	Lavisé.	Aubouin.
Le Plessis.	Cagniet.	Plet.
Maisons.	Roger.	Buni-Saintain.
Montreuil.	Viel de Lunas.	Vitry et Mériel.
Mont-Rouge.	Dubreuil.	Blain.

Communes.	Maires.	Adjoints.
Nogent-sur-M.	Loubet.	Vitry.
Orly.	Roux.	Mouzard.
Rosny.	Poissallolle de Nanteuil.	Mauregard.
Rungis.	Frottiée.	Nolo.
Saint-Mandé.	Montzaigle.	Tarault.
Saint-Maur.	Caylus.	Simonnet.
Sceaux.	Desgranges.	Bouvet.
Thiais.	Piot.	Pierre.
Vanvres.	Duval.	Potin.
Vaugirard.	Dunepart,	Trianon.
Villejuif.	Barre.	Godefroy.
Villemonble.	Girardot.	Fenot.
Vincennes.	Jannets.	Lemaître.
Vitry.	Bouquet.	Jouette.

Théâtres.

Le Décret impérial du 29 juillet 1807 a fixé à huit le nombre des théâtres de la ville de Paris. Indépendamment des quatre grands théâtres dont on a parlé page 471 et suiv., les quatre suivans ont été aussi autorisés à ouvrir, afficher et représenter. Le théâtre de la *Gaieté*, établi en 1760, et celui de l'*Ambigu-Comique*, en 1772, boulevart du Temple. Le théâtre des *Variétés*, boulevart Montmartre, établi en 1777, et le théâtre du *Vaudeville*, rue de Malthe, établi en 1792.

Petits Spectacles et Amusemens publics.

Spectacle pittoresque et mécanique de M. Pierre, rue de la Fontaine-Michaudière, carrefour Gaillon.

Ombres chinoises de Séraphin, Palais - Royal, n. 121, côté de la rue des Bons-Enfans.

Cirque olympique de Franconi, rue St.-Honoré, près la place Vendôme.

Spectacle du sieur Olivier, tours d'adresse, etc., rue de Grenelle Saint-Honoré, hôtel des Fermes.

Panoramas. Amsterdam et Boulogne, boulevart Montmartre.

Tivoli d'hiver, en la Cité, vis-à-vis le Palais.

Frascati, rue de Richelieu, au coin du boulevart.

Hameau de Chantilly, rue Saint-Honoré, vis-à-vis celle du Four, n. 91.

Salon d'Herculanum, rue de Grenelle Saint-Honoré.

FIN.

TABLE ALPHABÉTIQUE

DES MATIÈRES

CONTENUES DANS CET OUVRAGE.

A.

D.

E.

Fin de la Table.